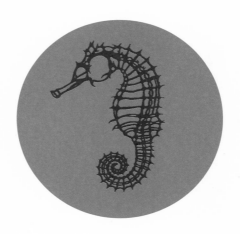

WHAT EVOLUTION IS

진화란 무엇인가

SCIENCE MASTERS

WHAT EVOLUTION IS

by Ernst Mayr

WHAT EVOLUTION IS

진화란 무엇인가

─

에른스트 마이어가 들려주는
진화론의 핵심 원리

에른스트 마이어 지음

임지원 옮김

진화를
다룬
최고의 책

진화는 지난 2세기 동안 인류가 생각해 낸 모든 개념 중에서 가장 심원하고 강력한 개념이다. 진화라는 개념은 1859년『종의 기원(*Origin of Species*)』에서 처음으로 상세하게 전개되었다. 이 책을 쓴 찰스 다윈(Charles Darwin)은 믿기 어려울 만큼 생산적인 긴 삶을 살았다. 22세 되던 해 HMS 비글호에 승선함으로써 세계 곳곳의 생물학 표본 수집 여행에 발을 들여놓는 것으로 공식적인 전문 경력이 시작되었지만, 다윈은 이미 소년 시절부터 야외 자연 탐구 활동에 열중했다.

다윈의 시대 이래로 진화와 관련해서 엄청나게 많은 새로운 증거와 사실들이 밝혀졌다. 만약 당대의 위대한 생물학자였을 뿐만 아니라 명확하고도 강력한 논조를 지닌 저술가 다윈이 되살아나 오늘날의 진화 사상의 위치를 재정립해 줄 새로운 책을 써 준다면 얼마나 멋진 일일까? 물론 그런 일은 불가능하다. 다윈은 1882년에 죽었으니까. 그렇다면 그 다음으로 좋은 대안이 바로 이 책이다. 이 책의 저자 에른스트 마이어(Ernst Mayr)는 우리 시대의 가장 위대한 생물학자, 다윈 이래 최고의 진화 생물학자 중 한 사람으로, 역시 믿기 어려울 정도로 생산적인 긴 삶을 살았고, 또한 명확하고도 강력한 논지를 지닌 저술가이다.

에른스트 마이어에 대한 이야기를 하기 전에 먼저 나 자신의 경험을 이야기하고자 한다. 1990년 나는 키클롭스(Cyclops) 산에서 실시된 두 번째 조류 조사 원정에 올랐다. 키클롭스 산은 열대 섬 뉴기니의 북부 해안에 솟아 있는 높고 가파른 고립된 산이다. 이 조사는 무척이나 힘들고 위험한 활동으로 드러났다. 매일 가파르고 미끄러운 등산로에서 굴러 떨어질 위험이 도사리고 있었고 빽빽한 밀림에서 길을 잃을 수도 있었다. 춥고 습기 찬 기후에 노출되기도 했으며 원주민들과의 충돌도 염려되는 상황이었다. 나는 원주민들의 도움에 의존하고 있었지만 그들은 그들 나름대로의 문제가 있었다. 다행히 내가 탐사를 시작할 무렵 뉴기니는 '평

화기'에 접어들고 나서 몇 년이 흐른 상태였다. 원주민 부족들 간
의 내전은 끝났고, 유럽의 방문자들 역시 이미 그들에게 친숙해진
터라 살해의 위협은 거의 잦아들었다. 그러나 키클롭스 산에서 최
초의 조류 탐사가 실시된 1928년에는 상황이 달랐다. 1990년에 이
루어진 나의 조사 활동의 어려움을 상기해 볼 때 도대체 누가 그 최
초의 탐사 활동에서 살아남을 수 있었을지 상상하기조차 힘든 막
막함을 느낀다.

1928년 그 조사를 실시한 사람은 바로 23세의 청년 에른스트
마이어였다. 그는 동물학 박사 학위와 의과 대학의 기초 의학 과정
(pre-clinical studies) 수료를 동시에 성취한 전도 유망한 청년이었다.
다윈과 마찬가지로 에른스트 역시 소년 시절부터 야외 자연사 탐
사 활동에 엄청난 열정을 보였다. 그는 결국 베를린 동물학 박물관
의 유명한 조류학자였던 에르빈 슈트레제만(Erwin Stresemann)의 주
목을 받게 되었다. 1928년 슈트레제만은 뉴욕의 미국 자연사 박물
관, 그리고 런던 근교의 로드 로스차일드(Lord Rothschild) 박물관의
조류학자들과 함께 뉴기니 섬에 남아 있는 조류학의 신비의 구름
을 말끔히 걷어 버리자는 야심찬 계획을 수립했다. 당시까지 유럽
인들의 발길이 닿지 않고 오직 뉴기니 섬 원주민들이 건네준 표본

으로만 존재를 알려왔던 비밀에 싸인 '극락조(birds of paradise)'의 본거지를 직접 눈으로 확인하려는 계획이었다. 그리고 유럽 밖으로 한 번도 나가 본 일이 없었던 에른스트가 이 대담한 연구 프로그램에 선발되었다.

신비의 구름을 걷어내기 위해 에른스트가 맡은 임무는 뉴기니 북부 해안의 가장 중요한 다섯 개 산을 대상으로 전면적이고 철저한 조류 탐사를 벌이는 것이었다. 이 일은 조류 탐사자가 숲에 매복한 원주민의 습격을 받을 위험이 사라진 오늘날에도 거의 불가능한 임무로 여겨질 만큼 어려운 작업이다. 에른스트는 원주민 부족들과 친해지는 데 가까스로 성공했지만 원주민들에게 살해당했다는 엉뚱한 공식 보고가 전해지기도 했다. 그는 말라리아와 뎅기열(dengue), 이질 등 풍토병의 공격을 받았고 어쩔 수 없이 폭포 속으로 뛰어들어야 했으며 카누가 전복되어 익사의 위기에 처하기도 했다. 그런 일들을 겪으면서 그는 결국 다섯 개 산의 정상에 모두 도달했고 새로운 종과 아종을 포함한 방대한 양의 표본을 수집했다. 그의 철저한 수집 활동에도 불구하고 신비스러운 '사라진(missing)' 극락조의 표본은 단 하나도 발견할 수 없었다. 이 실망스러운 발견은 슈트레제만이 내린 미스터리의 해법에 결정적 단서 역할을 했다. 그는 결국 사라진 모든 새들이 그 희귀성으로 미루어 현존하는 극락조 종들의 교배에 의해 탄생한 잡종이라고 결론지었다.

뉴기니를 떠난 에른스트는 남서 태평양의 솔로몬 제도로 향한다. 이곳에서 그는 위트니 남해 탐험대(Whitney South Sea Expedition) 일원의 자격으로 몇몇 섬에서 이루어진 조류 조사 활동에 참가했다. 섬 중에는 악명 높은 말레이타(Malaita) 섬(그 당시에도 뉴기니보다 더 위험한 곳이었다.)이 포함되어 있었다. 그 후 1930년 그를 뉴욕의 미국 자연사 박물관으로 초대하는 한 장의 전보가 날아들었다. 위트니 탐험대가 수십 개의 태평양 섬에서 수집한 수천, 수만 가지 조류 표본을 확인하는 일을 맡아달라는 것이었다. 고향 집에 '폭발적으로' 밀려든 따개비의 표본이 갈라파고스 제도를 방문한 것만큼이나 다윈의 통찰을 형성하는 데 커다란 역할을 한 것처럼, 박물관에 '폭발적으로' 밀려든 새의 표본들은 뉴기니나 솔로몬 제도에서 이루어진 현장 연구만큼이나 지리적 변이와 진화에 대한 에른스트 마이어의 통찰을 형성하는 데 중요한 역할을 했다. 1953년 에른스트는 뉴욕에서 하버드 대학교 비교 동물학 박물관으로 자리를 옮겼다. 그리고 그는 2005년 101세를 일기로 생을 마감하는 그날까지 이곳에서 연구에 몰두하며 한두 해에 한 권씩 책을 썼다. 진화 및 생물학의 역사와 철학을 연구하는 학자들에게 수백 편에 달하는 에른스트의 전문 논문과 수십 권의 책들은 오랫동안 표준적인 참고 문헌이 되고 있다.

그러나 에른스트는 태평양의 여러 섬들과 그가 일한 박물관의 수만 가지 조류 표본들에서 통찰을 얻었을 뿐만 아니라 다른 많은 과학자들과의 협력을 통해서 파리에서 종자식물, 달팽이, 인간에 이르는 많은 종으로부터 통찰을 얻었다. 에른스트의 그와 같은 협동 연구 중 하나가 나의 인생을 완전히 바꾸어 놓았다. 에르빈 슈트레제만과의 만남이 에른스트의 인생을 바꾸어 놓았듯이. 내가 아직 10대 학생이었을 때 인간의 혈액형을 연구하는 의사였던 나의 아버지가 인간의 혈액형 집단의 진화가 자연선택의 영향을 받는다는 사실을 처음으로 입증하는 연구를 에른스트와 함께 진행했다. 그리하여 나는 우리 집에서의 저녁 식사에서 에른스트를 처음 만나게 되었다. 그 후 1964년을 시작으로 나는 뉴기니와 솔로몬 제도에서 19회에 걸친 조류 탐사에 나서게 되었는데 그때 나는 태평양의 섬에 사는 새들을 구분하는 방법을 그에게 배웠다. 그리고 1971년 나는 솔로몬 섬과 비스마르크 섬의 새들에 대한 방대한 책을 쓰면서 에른스트와 협력하기 시작했다. 이 작업에는 30년의 시간이 걸렸고, 2001년에야 겨우 완성되었다. 나의 경력은, 오늘날의 다른 많은 과학자들이 그런 것처럼, 에른스트 마이어가 그의 사상, 글, 협력, 실례, 일생동안 지속된 따뜻한 우정과 격려를 통해서 어떻게 20세기의 과학자들의 삶의 형태를 규정했는지를 보여 주는 본보기와 같다.

그러나 과학자뿐만 아니라 일반 대중 역시 진화를 이해할 필요가 있다. 적어도 진화의 일부 측면에 대한 이해 없이는 우리를 둘러싼 생명의 세계, 인간의 독특성, 유전 질병 및 그러한 질병의 치료법, 유전자 변형 작물과 그러한 작물의 잠재적 위험성 등을 이해할 수 없다. 진화는 생명의 다른 어떤 측면보다도 매혹적이고 수수께끼로 가득하다. 모든 종들이 자신의 선택된 생태적 지위(niche, 니치)에 기가 막히게 적응하게 된 현상을 우리는 어떻게 설명할 수 있을까? 극락조, 나비, 꽃의 아름다움은? 35억 년 전의 가장 단순한 세균이 공룡으로, 고래로, 난초로, 거대한 세쿼이아로 차츰차츰 변모해 나간 현상을 어떻게 설명할 수 있을까? 자연 신학자들이 수백 년 동안 그와 같은 질문을 던져 왔으나 전지전능한 창조자가 만든 것이라는 대답 이외에 어떤 답도 찾지 못했다. 그러다 결국 다윈이 놀라운 생명의 세계는 자연 과정에 의해서 세균 같은 가장 단순한 생물로부터 점진적으로 진화한 것이라고 주장했다. 그리고 그는 깊은 성찰이 담긴 진화 이론들을 가지고 자신의 주장을 뒷받침했다. 가장 중요한 진화의 원인으로 그는 자연선택 이론을 내놓았다.

자연의 다양성을 이루는 원인이 진화라는 기초적인 생각은 1859년 이후 즉각 널리 받아들여졌지만, 진화의 좀 더 특징적이고 세부적인 측면들은 그 후 80여 년 동안 논란으로 남아 있었다. 이 기간 동안 진화적 변화는 왜 일어나는지, 어떻게 종이 생겨났는지, 진화가 점진적 과정인지 불연속적 과정인지에 관해서는 끊임없는 의견 충돌이 빚어졌다. 그러다가 1937년에서 1947년 사이에 이른바 진화의 종합을 통해 대폭적 합의를 이루었다. 그리고 그 후 나타난 분자 생물학의 혁명은 계속해서 다윈주의 패러다임과 그것을 지지하는 생물학자들의 입장을 강화시켜 주었다. 오늘날에도 반대 이론을 제기하려는 많은 시도가 이루어지고 있지만 그중 어느 하나도 성공하지 못했다. 모든 시도가 철저하게 반박되었던 것이다.

우리는 점점 다윈주의 패러다임이 생물학적 진화를 설명하는 것뿐만 아니라 인간과 관련된 모든 현상을 설명하는 데 중요하다는 사실을 깨닫게 되었다. 그 결과 진화의 모든 측면에 대한 다양한 책들이 쏟아져 나오기 시작했다. 지금까지 창조론자들의 주장에 반박하기 위해 엄청난 양의 진화의 증거들을 제시한 책들이 10여 권에 이른다. 전문가들은 이제 푸투머(Futuyma), 리들리(Ridley), 스트릭버거(Strickberger)가 쓴 뛰어난 세 권의 진화 생물학 저서를 참조하면 된다. 장장 600쪽이 넘는 이 책들은 진화의 모든 측면을 매우 상세하게 담아내고 있다. 이 책들은 진화 생물학의 사실과 이론에 대한 훌륭한 지침을 제공해 줄 것이다.

그러나 기존의 문헌들이 훌륭하기는 하지만 여전히 채워지지 않는 틈이 있다. 바로 진화에 대한 중간 수준의 이야기, 과학자뿐만 아니라 교육받은 일반 대중이 쉽게 읽을 수 있는 보고서, 특히 진화적 현상과 과정을 강조한 책이 없다는 점이다. 그리고 바로 이 분야야말로 에른스트 마이어의 『진화란 무엇인가(*What Evolution Is*)』가 빛을 발하는 영역이다. 평생 과학자들을 위한 글을 써 온 에른스트 마이어가 누구도 따라올 수 없는 그 자신의 경험으로부터 추출해 낸 정수를 모아 대중을 위한 책을 펴냈다는 것은 우리에게 큰 행운이 아닐 수 없다. 게다가 중요한 진화 현상들을 모두 설명을 필요로 하는 질문의 형식으로 다루어 평소 진화에 대해 품고 있던 의문과 궁금증을 말끔히 해소해 준다. 에른스트는 종종 예전에 실패한 설명들의 역사를 이용해서 궁극적으로 옳은 해답의 본질을 밝혀낸다.

그리고 도움이 되는 이 책의 특징 중 하나는 에른스트가 각 주제들을 세 부분으로 나누어 구성했다는 점이다. 첫째, 진화의 증거, 둘째, 진화적 변화 및 적응에 대한 설명, 셋째, 생물 다양성의 기원과 의미가 그 세 부분이다. 그리고 별도의 장에서 다룬 인류의 역사는 '단지 다른 종류의' 유인원 집단이었던 인류와 그 조상인 호미니드(hominid)의 진화를 매우 성공적으로 설명하고 있다. 예를 들어 오스트랄로피테쿠스(Australopithecus)속에서 사람(Homo)속으로 진화하면서 갑작스럽게 뇌의 크기가 폭발적으로 증가한 현상의 원인이나 이타적 행동의 원천과 같은 매우 새로운 개념들이 포함되어 있다.

그렇다면 에른스트의 『진화란 무엇인가』는 특히 어떤 독자들에게 적당할까? 일단 진화에 관심이 있는 모든 사람들이 그 대상이 될 수 있다. 특히 진화적 변화의 원인을 알고 싶어 하는 사람들에게 많은 도움이 될 것이다. 분자 생물학의 최신 발견과 같은 기술적 세부 사항들은 생략되었다. 왜냐하면 이러한 내용들은 진화에 대한 상세한 문헌이나 다른 현대 생물학 문헌에서 찾아볼 수 있기 때문이다. 『진화란 무엇인가』는 생물학 비전공자에게 이상적인 진화론 교재가 되어 줄 것이다. 고생물학자와 인류학자들은 개념과 설명을 강조한 이 책을 보고 반가워할 것이다. 에른스트의 명료한 글은 진화와 관련된 주제를, 일반인 누구라도 쉽게 이해할 수 있도록 소개할 것이다.

다윈주의는 최근 매우 인기를 얻고 있어서 해마다 적어도 한 권 이상의 신간이 제목에 '다윈'이라는 이름을 달고 나오고 있다. 독자들이 그 책에 제시된 주장을 평가할 때 『진화란 무엇인가』를 참조하면 큰 도움이 될 것이다. 다윈주의적 사고, 특히 '변이와 선택(제거)' 원리는 인문학과 사회과학에서도 널리 적용되고 있다. 그와 같은 원리를 적용하는 사람들에게도 이 책은 유용한 길잡이가 될 것이다.

에른스트 마이어의 『진화란 무엇인가』에 대한 나의 견해를 한마디로 요약하자면 진화에 조금이라도 관심이 있는 사람이라면 반드시 소장하고 읽어야 할 책이라는 것이다. 이 책을 선택한 여러분은 풍요로운 보상을 받을 것이다. 진화를 다룬 책 중에 이보다 뛰어난 책은 없다. 그리고 앞으로도 없을 것이다.

제러드 다이아몬드

앞선 세대의
위대한
진화론 사상가들

1920년대 이전부터 진화에 관심을 가져온 나에게 있어서, 지금까지 내가 얻은 대부분의 지식들은 이제 내가 직접 감사의 말을 전달할 수 없는, 앞선 세대의 위대한 진화론 사상가들의 가르침에 힘입은 것이다. 나는 테오도시우스 도브잔스키, R. A. 피셔, J. B. S. 홀데인, 데이비드 랙, 마이클 레너, B. 랜시, G. 레디어드 스테빈스, 에르빈 슈트레제만에게 감사드린다. 사실 거론될 명단은 훨씬 길어져야 마땅하겠지만 위의 사람들이 지금 이 순간 내 마음에 떠오른 이름들이다. 그들은 현대 다윈주의의 체계를 쌓아 올린 위대한 사상가들이다.

한편 내가 이 책을 쓰는 과정에서 정보를 제공해 주고 비판을 아끼지 않은 수많은 진화론자들에게 직접 감사의 말을 전할 수 있는 것은 나에게 큰 기쁨이다. 프란시스코 아얄라, 월터 벽, 프레더릭 버크하트, T. 캐벌리어-스미스, 네드 콜버트, F. 드발, 제러드 다이아몬드, 더그 푸투마, M. T. 기셀린, G. 기리벳, 베른 그랜트, 스티븐 굴드, 댄 하틀, F. 제이컵, T. 융커, 린 마굴리스, R. 메이, 액셀 메이어, 존 A. 무어, E. 네보, 데이비드 필빔, 윌리엄 쇼프, 브루스 월리스, E. O. 윌슨, R. W. 랭햄, 엘우드 짐머만이 그들이다.

비교 동물학 박물관(Museum of Comparative Zoology) 에른스트 마이어 도서관의 사서들은 참고 문헌을 찾고 이 책의 참고 문헌 항목을 작성하는 데 누구보다 큰 도움을 주었다. 데버러 화이트헤드, 주희 리, 채노워스 모팻은 내가 원고를 준비하고 완성하는 과정에서 셀 수 없이 많은 방식으로 도움을 주었다. 덕 랜드는 삽화와 관련된 프로그램의 문제를 해결해 주었다. 마지막으로 나는 베이직북스 출판사와 이 회사의 편집부 직원들에게 감사드리고 싶다. 특히 조-앤 밀러, 크리스틴 마라, 존 C. 토마스는 이 원고가 책으로 편집되어 나오는 과정에 큰 역할을 담당했다.

진화에 대해
묻고
답하다

진화는 생물학에서 가장 중요한 개념이다. 생물학 분야의 "왜?"라는 질문 가운데 진화를 고려하지 않고 적절한 대답을 찾을 수 있는 질문은 단 하나도 없다. 그러나 진화 개념의 중요성은 생물학을 훨씬 넘어선다. 현대를 살아가는 인간의 사고는 자신이 깨닫든 깨닫지 못하든 진화적 사고로부터 깊은 영향을 받고 있다. 사실 영향을 받는 정도가 아니라 결정된다고 말하고 싶은 유혹을 느낄 정도이다. 따라서 이처럼 중요한 주제에 대한 책을 내놓으면서 굳이 사과의 말은 필요치 않으리라.

그러나 이렇게 말하는 사람들이 있을지 모르겠다. "도서 시장은 이미 진화에 대한 책으로 포화 상태이지 않나요?" 출간된 책의 양만 따져 본다면 "맞다."고 할 수 있을 것이다. 특히 진화 연구가 전공인 생물학자들에게 훌륭한 기술적 교본이 될 수 있는 책들이 있다. 또한 창조론자들의 공격에 맞서 진화론을 효과적으로 옹호하는 훌륭한 책들도 있다. 그리고 진화의 특별한 측면들, 예를 들어 행동 진화, 진화 생태학, 공진화, 성 선택, 적응 등을 집중적으로 다룬 뛰어난 저서들도 있다. 그러나 이 책들 중 어떤 것도 내가 마음에 두고 있는 생태적 지위를 효과적으로 점유하지 못하는 듯하다.

  이 책은 세 종류의 독자를 염두에 두고 썼다. 첫째 가장 중요한 대상은 생물학자이든 일반인이든 진화에 대해 좀 더 알고 싶어 하는 모든 사람들이다. 이 독자들은 진화라는 과정이 얼마나 중요한지 매우 잘 알고 있다. 그러나 진화가 어떻게 작용하고 다윈주의적 해석에 대한 일부 공격에 어떻게 대응해야 할지는 잘 모르고 있다. 그 다음 두 번째 독자층은 진화를 인정하지만 진화에 대한 다윈주의적 설명이 옳은 것인지를 확신하지 못하는 사람들이다. 나는 이러한 종류의 독자들이 주로 묻는 질문에 이 책이 모든 답을 제공할 수 있기를 진심으로 바란다. 그리고 마지막으로 나는 이 책을 현재 진화론 과학의 패러다임에 대해 더 많은 것을 알고 싶어 하는, 그 이유가 단지 좀 더 효과적으로 진화론을 공격하기 위해서라고 해도, 창조론자들에게도 권하고 싶다. 나는 이 부류의 독자들의 생각을 바꿀 수 있으리라고는 기대하지 않는다. 그러나 진화 생물학을 유도해 낸 증거들이 얼마나 강력한지, 그리고 왜 창세기에 제시된 이야기들과 어긋날 수밖에 없는지 보여 주고 싶다.

기존에 그와 같은 요구를 충족하기 위해 쓰였던 책들은 다음과 같은 몇 가지 단점을 지니고 있다. 거의 대부분의 책들이 비교적 짜임새가 엉성하다. 또한 독자들이 이해하기 쉽고 간결하게 이야기를 전달하지 못하고 있다. 대부분의 책들이 의도한 만큼 교훈적이지 못하다. 왜냐하면 진화와 같은 어려운 주제는 일련의 질문에 대한 답변으로 제시되어야 하기 때문이다. 그 책들 대부분이 진화의 특화된 측면들, 이를테면 변이의 유전적 기초나 성비(sex ratios)의 역할과 같은 주제에 지나치게 많은 지면을 할애하고 있다. 그리고 대부분의 책들이 너무나 기술적이며 너무 많은 전문 용어들로 뒤덮여 있다. 오늘날 진화 관련 주요 문헌의 약 4분의 1은 유전학에 집중되어 있다. 나는 유전학의 원리를 철저하게 설명해야 한다는 점에는 동의한다. 그러나 멘델식 계산이 그렇게 많이 등장해야 할 필요는 없다고 본다. 또한 유전자가 자연선택의 대상이라는 이미 시대에 뒤떨어진 주장에 대한 반박,

또는 극단적인 발생 반복주의(recapitulationism, 개체 발생이 계통 발생을 반복한다는 개념)를 반박하는 데 그토록 많은 지면을 할애할 필요도 없다. 한편 이러한 문헌 중 일부는 각기 다른 종류의 자연선택, 특히 번식의 성공에 대한 선택을 분석하는 데에는 충분한 주의를 기울이지 못하고 있다.

진화를 주제로 삼은 기존에 나온 책은 대부분 두 가지 다른 약점들을 가지고 있다. 첫째, 그러한 책들은 거의 모든 진화 현상이 두 가지 주요 진화 과정 중 하나에 해당된다는 사실을 제대로 지적하지 못하고 있다. 그 두 가지 현상은 바로 적응성의 획득과 유지, 그리고 생물 다양성의 기원과 역할이다. 두 현상은 동시에 일어나지만, 각 현상들이 진화에서 맡고 있는 역할을 완전히 이해하기 위해서는 따로따로 분석해야만 한다.

둘째, 진화에 대한 대부분의 문헌들은 환원주의적 방식으로 쓰여 있어서 모든 진화 현상을 유전자 수준으로 환원시키고 있다. 그런 다음 '상향식' 추론에 의해 더 높은 수준의 진화 과정을 설명하고자 한다. 이러한 시도는 예외 없이 실패하게 되어 있다. 진화는 개체의 표현형, 개체군, 종을 다루는 것이지 '유전자 빈도의 변화'를 다루는 것이 아니다. 진화에서 가장 중요한 두 가지 단위는 바로 선택의 근본적 대상인 개체, 그리고 다양한 진화의 무대가 되는 개체군이다. 나는 바로 이 개체와 개체군을 주요 분석 대상으로 삼고자 한다.

특정한 진화론적 문제를 풀려는 사람이 그 과정에서 진화 생물학의 긴 역사 동안 반복되어 온 전철을 밟아 동일한 실패를 되풀이하는 것을 보면 참으로 놀랍지 않을 수 없다. 우리가 현재 가지고 있는 진화에 대한 지식은 250년에 걸친 철저한 과학적 연구의 결과물이라는 사실을 기억하자. 주어진 진화론적 문제를 이해하려는 사람은 앞서 간 사람들이 밟아 온 단계들(그중 상당수는 실패한 단계)을 고려함으로써 많은 도움을 얻을 수 있을 것이다. 내가 이 책에서 종종 어려운 진화적 문제들을 풀어 나가며, 진보해 온 역사에 대해 상당히 자세히 다루는 이유가 바로 그것이다. 마지막으로 나는 인간의 진화에 상당한 주의를 기울였고, 진화를 잘 이해하는 것이 현대 인류의 관점과 가치에 어느 정도 영향을 주었는지 논의했다.

내가 원한 것은 지나치게 세부적으로 빠지지 않고 원리에 중점을 둔 책이다. 나는 오해를 바로잡고자 노력했지만 이를테면 단속 평형설이나 중립 진화 이론의 의의와 같은 덧없는 논쟁에 지나치게 지면을 할애하지는 않았다. 또한 끝없이 나타나는 진화의 증거들을 일일이 열거할 필요도 없었다. 진화가 계속되어 왔다는 사실은 너무나 분명해서 더 이상 상세한 증거를 제시할 필요가 없다. 어쨌든 설득당하기를 원치 않는 사람들은 어떤 증거를 들이대도 믿지 않을 테니까.

에른스트 마이어

추천의 말 · · · · · · · 4

감사의 말 · · · · · · · 16

머리말 · · · · · · · 18

1부 진화란 무엇인가? · · · · · · · 25

1 | 우리는 어떤 세계에서 살고 있을까? · · · · · · · 27

2 | 지구에서 진화가 일어났다는 증거는? · · · · · · · 45

3 | 생명 세계의 출현 · · · · · · · 95

2부 진화적 변화와 적응은 어떻게 설명되는가? · · · · · · · 149

4 | 진화는 왜, 어떻게 일어나는가? · · · · · · · 151

5 | 변이 진화 · · · · · · · 171

6 | 자연선택 · · · · · · · 231

7 | 적응과 자연선택: 향상 진화 · · · · · · · 293

3부 다양성의 기원과 진화 · · · · · · · 315

8 | 다양한 단위: 종 · · · · · · · 317

9 | 종 분화 · · · · · · · 343

10 | 대진화 · · · · · · · 369

4부 인간 진화 · · · · · · · 451

11 | 인류는 어떻게 진화했을까? · · · · · · · 453

12 | 진화 생물학의 미개척 분야 · · · · · · · 517

부록 A · · · · · · · 524

부록 B · · · · · · · 534

용어 해설 · · · · · · · 554

참고 문헌 · · · · · · · 564

EVOLUTION

1부 진화란 무엇인가?

1
우리는 어떤 세계에서 살고 있을까?

알 수 없고 당혹스러운 문제를 마주할 때마다 인간은 그것을 이해하고 설명하려는 욕구를 갖게 된다. 가장 원시적인 부족에서 전승되어 온 이야기에도 그들이 세계 역사의 기원에 대해 의문을 갖고 생각해 왔음이 나타나 있다. 그들은 '누가, 또는 무엇이 이 세계를 만들었을까?', '미래는 어떤 모습일까?', '인간의 기원은 무엇일까?'와 같은 질문들을 던졌다. 그리고 이러한 질문에 대한 대답을 담은 수 없이 많은 민간 신화들이 탄생했다. 많은 경우에 사람들은 세계의 존재를 그저 당연한 것으로 받아들인다. 세계가 언제나 지금과 같은 모습으로 존재했을 것이라고 믿는 것이다. 그러나 인간의 기원이나 창조에 대해서는 무수히 많은 이야기들이 전해진다.

시간이 더 흐른 후 종교의 창시자들과 철학자들 역시 이러한 질문들에 답하기 위해 노력했다. 그 대답을 조사해 보면 크게 세 가지 범주로 나눌 수 있다. (1) 무한히 지속되는 세계, (2) 짧은 기간 동안 지속되는 불변하는 세계, (3) 진화하는 세계가 그것이다.

(1) 무한히 지속되는 세계

그리스의 철학자 아리스토텔레스는 세계가 항상 존재해 왔다고 믿었다. 어떤 철학자들은 이 영원한 세계가 결코 변화하지 않으며 항상 일정하다고 믿었고, 다른 철학자들은 세계가 각기 다른 단계(주기)들을 거치지만 궁극적으로는 원래의 상태로 되돌아간다고 생각했다. 그러나 무한한 세계라는 믿음이 인기를 끌었던 적은 한 번도 없다. 사람들에게는 이 세계가 어떻게 시작되었는지 설명하고자 하는 충동이 항상 존재해 온 듯하다.

(2) 짧은 기간 동안 지속되는 불변하는 세계

이것은 물론 성서에 제시된 기독교적 세계관이다. 또한 중세부터 19세기 중반까지 서양 사회를 지배했던 세계관이기도 하다. 이는 전지전능한 지고의 존재인 신이 성서(창세기)에 묘사된 창조에 대한 두 가지 이야기에 따라서 세계 전체와 인간을 만들어 냈다는 믿음이다.

전능한 신이 세계를 창조했다는 믿음을 창조론이라고 한다. 이러한 믿음을 가진 사람들은 대부분, 신이 자신의 피조물을 너무나 지혜롭게 만들었기 때문에 모든 식물과 동물들은 서로에게, 그리고 그들을 둘러싼 환경에 완벽하게 적응한 상태라고 믿는다. 오늘날 세계에 존재하는 모든 것들은 세계가 창조된 무렵의 모습 그대로라는 것이다. 이는 성서가 기록된 시대에 알려져 있던 사실에 근거해서 도출한 전적으로 논리적인 결론이다. 일부 신학자들은 성서를 계통학적으로 분석해서 우리가 사는 세계가 기원전 4004년, 즉 약 6,000년 전에 창조되었다고 결론 내렸다. 상당히 젊은 셈이다.

창조론에 대한 믿음은 과학적 발견과 충돌을 일으킨다. 그리고 그 결과로 창조론자와 진화론자 사이에 논쟁이 벌어지게 되었다. 이 책은 그 논쟁을 펼쳐 놓기에 적절한 장소는 아니다. 대신 박스 1.1과 참고 문헌에 그 주제와 관련된 광범위한 문헌들을 소개해 놓았다. 창세기의 창조론 이야기에 대한 출처는 무어(Moore, 2001)를 참조하라.

기독교의 창조론과 어느 정도 유사한 창조에 대한 이야기는 전 세계의 민간 전승 신화에서 찾아볼 수 있다. 이러한 이야기들은

인간의 문화가 존재한 이래로 제기되어 온, 이 세계에 대한 심원한
질문들에 답하려는 인류 욕망의 간극을 채워 주었다. 우리는 여전
히 이러한 이야기들을 문화 유산의 일부로 소중히 여긴다. 그러나
세계의 역사에 대한 진실을 알고자 한다면 우리는 과학으로 눈을
돌려야 할 것이다.

박스 1.1 반창조론 저서들

Berra, Tim M. 1990. *Evolution and the Myth of Creationism*. Stanford: Stanford University Press.

Eldredge, Niles. 2000. *The Triumph of Evolution and the Failure of Creationism*. New York: W. H. Freeman.

Futuyma, Douglas J. 1983. *Science on Trial: The Case for Evolution*. New York: Pantheon Books.

Kitcher, Phlip. 1982. *Abusing Science: The Case Against Creationism*. Cambridge, Mass: MIT Press.

Montagu, Ashley (ed.). 1983, *Science and Creationism*. New York: Oxford University Press.

Newell, Norman D. 1982. *Creation and Evolution: Myth or Reality?* New York: Columbia University Press.

Peacocke, A. R. 1979. *Creation and the World of Science*. Oxford: Clarendon Press.

Ruse, Michael, 1982. *Darwinism Defended*. Reading, Mass.: Addison-Wesley.

Young, Willard. 1985. *Fallacies of Creationism*. Calgary, Alberta, Canada: Detrelig Enterprises.

진화론의 등장

17세기 과학 혁명이 시작되면서 과학적 관찰 결과들은 점점 성서의 이야기와 충돌을 일으키게 되었다. 결국 일련의 발견으로 성서에 대한 신뢰는 점차 약해지게 되었다. 코페르니쿠스의 혁명은 성서의 모든 구절들이 글자 그대로 해석될 수 없음을 보여 준 최초의 사건이었다. 새롭게 발전하던 과학은 초기에는 주로 천문학, 즉 태양과 항성과 행성과 기타 물리 현상에 초점을 맞추었다. 시간이 흐르면서 초기의 과학자들은 이 세상의 다른 많은 현상들에 대해서도 타당한 설명을 찾아내야 한다는 것을 느끼게 되었다.

다른 분야의 과학 역시 새롭고 당혹스러운 문제들을 제기했다. 17세기와 18세기에 이루어진 지질학 연구는 지구의 나이가 어마어마하게 많다는 사실을 밝혀냈으며 멸종된 동물의 화석은 창조론에서 이야기하는 세계의 영속성과 불변성에 대한 믿음의 토대를 침식해 들어갔다. 세계가 변하지 않고 언제나 같은 모습이라는 가정에 반하는 증거가 점점 더 많이 나타나고, 과학자와 철학자들 사이에서 성서 이야기의 진위를 의심하는 목소리가 점점 더 자주 들려오고, 장 바티스트 드 라마르크(Jean-Baptiste de Lamarck)가

1809년 완전히 무르익은 진화론 이론을 제안했음에도 불구하고, 1859년까지는 일반 대중뿐만 아니라 자연 과학자와 철학자 사이에서도 여전히 성서의 세계관이 지배적인 위치를 차지하고 있었다. 성서는 세계에 대한 온갖 질문에 단순 명쾌한 답을 제공해 주었던 것이다. 하나님이 세계를 창조했으며, 하나님이 이 세계를 너무나 현명하게 설계했기 때문에 지상의 모든 생물들은 자연에서 자신의 자리에 완벽하게 적응하고 있다는 것이다.

모순되는 증거들이 속속 등장하던 이 과도의 시기에 그러한 모순을 해결하기 위한 온갖 종류의 타협이 시도되었다. 그러한 시도 중 하나가 자연의 계단(Scala Naturae)이라고 불리는 존재의 대사슬(Great Chain of Being)이다 그림 1.1. 이 체계에서는 세상의 모든 존재가 긴 사다리 위에 차례로 자리 잡고 있다. 맨 아래에는 암석이나 광물 같이 생명이 없는 존재들이 있고, 그 위로 이끼, 식물, 산호, 그 위로 계속해서 고등동물, 포유류, 영장류 등이 차례로 나타나며 맨 위에 인간이 자리 잡고 있다. 이 자연의 계단은 결코 변화하지 않으며 이는 완벽을 향해 나아가는 방식으로 모든 것의 순서를 정한 창조주의 마음을 반영하는 것이라고 생각되었다(Lovejoy, 1936).

그러나 결국 세계는 불변하는 것이 아니라 영원히 변화한다

그림 1.1

존재의 대사슬. 물질의 특성에서부터 동물, 인간에 이르기까지 지구상에서 발견된 다양한 종류의 모든 존재들을 하나의 연속적인 선형의 '대사슬' 또는 자연의 계단 위에 놓았다. 보네(Bonnet, 1745)의 사슬 개념을 나타낸 것이다.

는 사실을 뒷받침하는 증거가 너무나 우세하게 된 나머지, 세계는 계속 변화한다는 주장을 더 이상 부정할 수 없는 지경이 되었다. 그 결과 세 번째 세계관이 제안되고 궁극적으로 채택되었다.

(3) 진화하는 세계

이 세 번째 세계관에 따르면 세계는 오래도록 지속되며 영원히 변화한다. 현대인의 눈에는 이상하게 보일지 모르지만 진화라는 개념은 처음에 서양인들의 사고방식에 무척 낯설게 다가왔다. 기독교의 근본주의적 교리의 힘이 너무나 강했기 때문에 17세기와 18세기에 걸쳐 길고 긴 일련의 발전이 이루어진 후에야 진화라는 개념이 완전히 받아들여졌다. 진화론이 받아들여졌다는 것은 과학의 입장에서 볼 때 이제 세계를 단순히 물리 법칙의 활동이 일어나는 무대로 볼 것이 아니라 세계의 역사, 그리고 더욱 중요한 측면으로서, 시간의 전개에 따른 생명 세계의 관찰된 변화를 포함하는 것으로 간주해야 한다는 것을 의미한다. 차츰차츰 '진화'라는 말이 이러한 변화를 반영하는 용어로 쓰이게 되었다.

어떤 종류의 변화인가?

지구상의 모든 것은 끊임없이 움직이는 흐름을 타고 있다. 그중에는 상당히 규칙적인 변화가 있다. 지구의 자전 때문에 생기는 낮과 밤의 변화가 바로 규칙적, 주기적인 변화의 한 예이다. 달의 주기에 따른 조수 간만의 변화도 마찬가지이다. 또한 1년 주기로 지구가 태양의 둘레를 돌아서 생기는 계절의 변화도 우리 곁에 밀접하게 자리 잡은 규칙 변화이다. 한편 불규칙 변화들도 있다. 지각 구조의 움직임, 불규칙한 기후 변동(엘니뇨 현상, 빙하 시대의 도래), 특정 국가의 경제적 번영기, 해마다 달라지는 겨울의 기온 변화 등이 그 예이다. 불규칙적 변화는 대개 예측할 수 없고 다양한 확률론적 과정에 의존한다.

그러나 이러한 변화 가운데 계속해서 진행되며 일종의 방향성을 가지고 있는 특정한 변화가 있다. 이러한 변화를 진화라고 한다. 우리가 사는 세계가 창조론에서 그려진 것처럼 일정불변한 것이 아니라 점점 진화해 나가는 것이라는 생각이 최초로 널리 퍼진 시기는 18세기로 거슬러 올라간다. 결국 정적인 자연의 계단이라는 개념은 가장 하등한 생물에서 점점 더 고등한 단계의 생물로, 그리하여 궁극적으로 인간으로 나아가는 일종의 생물학적 에스컬레이터라는 개념으로 변모하게 되었다. 수정란에서 시작해서 완전히 성숙한 성체로 자라나는 생물 개체의 점진적 변화처럼 유기물의 세계 전체가 단순한 유기체에서 점점 더 복잡한 생물로 이동하며 그 정점에 인간이 있다는 것이다. 이러한 개념을 처음으로 분명하고 상세하게 표현한 사람은 프랑스의 자연학자인 라마르크였다. 뿐만 아니라 그는 샤를 보네(Charles Bonnet)가 배(胚)의 발달에 적용했던 진화라는 용어를 빌려 와 생명 세계의 발달을 지칭하는 것으로 사용했다. 라마르크의 말에 따르면 진화는 단순한 것에서 복잡한 것으로, 하등한 것에서 고등한 것으로의 변화들로 이루어져 있다고 한다. 진화는 변화이기는 하지만 방향성을 가진 변화, 즉 계절의 변화 같은 주기적 변화나 빙하기의 도래나 날씨의 변화 같은 불규칙적 변화가 아니라 점점 더 완벽한 상태를 향해 나아가는 방향성을 가진 변화인 것처럼 보인다.

그렇다면 생물의 세계에서 일어나는 이러한 지속적인 변화에 실질적으로 관여하는 것은 무엇일까? 다윈이 이미 그 답을 내놓았지만 이 질문은 초기에는 상당한 논쟁을 불러일으켰다. 결국 진화의 종합(evolutionary synthesis)이 이루어지는 가운데 합의가 도출되었다. "진화는 시간의 흐름에 따라 일어나는 개체군의 특성 변화이다." 다시 말해 개체군이 진화의 단위라는 의미이다. 유전자, 개체, 종 역시 일정 역할을 수행하지만 생물의 진화를 규정하는 것은 바로 개체군의 변화이다.

진화는 질서를 만들어 내기 때문에 물리학의 '엔트로피 증가의 법칙'에 위배된다는 주장이 이따금씩 제기된다. 엔트로피 증가의 법칙을 따르자면 무질서가 증가하는 방향으로 진화가 일어나야 한다는 것이다. 그러나 사실 진화와 엔트로피 법칙은 서로 모순되지 않는다. 왜냐하면 엔트로피 증가의 법칙은 닫힌 계에서만 유효한데, 생물 종의 진화는 열린 계에서 일어나기 때문이다. 열린 계에서는 생물은 환경의 희생을 대가로 엔트로피를 감소시킬 수 있다. 그리고 태양이 끊임없이 필요한 에너지를 공급해 주고 있다.

진화적 사고방식은 18세기 후반과 19세기 전반에 걸쳐 널리 퍼져 나갔다. 생물학 분야뿐만 아니라 언어학, 철학, 사회학, 경제학, 그밖에 다양한 학문 분야에 스며들었다. 그러나 전체적으로 볼 때 과학계에서 진화론은 오랫동안 소수의 견해로 남아 있었다. 고정불변하는 정적인 세계관에 대한 믿음에서 진화론 쪽으로 추가 옮겨 오게 된 것은 1859년 11월 24일, 찰스 다윈의 『종의 기원』 출간이라는 극적인 사건이 일어난 후였다.

다윈과 다윈주의

이 사건은 아마도 인류가 경험한 가장 위대한 지적 혁명이라고 할 수 있을 것이다. 이 개념은 세계가 불변하는 것이라는 (그리고 세계가 생겨난지 얼마 되지 않는다는) 믿음뿐만 아니라 이 세계에 대한 생물의 놀라운 적응을 설명해 온 원인, 그리고 무엇보다 생명의 세계에서 인간이 차지하고 있던 유일무이하고 독특한 위치에 도전장을 던지는 것이었다. 그러나 다윈의 업적은 진화라는 가정을 제안하는 데(그리고 진화에 대한 압도적인 증거를 제시하는 데) 그치지 않았다. 그는 초자연적 힘을 빌지 않고 진화의 원인을 설명하는 가설을 제시했다. 그는 진화가 자연적으로 일어난다고 설명했다. 다시 말해 모든 사람들이 자연에서 일상적으로 관찰할 수 있는 현상과 과정을 이용해서 진화를 설명했다. 사실 그와 같은 진화 이론 말고도 다윈은 진화가 왜, 어떻게 일어나는지에 대해 네 가지 이론을 제안했다. 『종의 기원』이 그와 같은 거대한 소용돌이를 일으킨 것은 당연했다. 이 책은 혼자 힘으로 과학을 종교로부터 분리해 냈다고 해도 과언이 아니다.

찰스 다윈은 1809년 2월 12일 영국의 작은 시골 마을에서 의

그림 1.2
지적 창조력의 정점에 있었던 29세의 다윈. 출처: 미국 자연사 박물관 소속 도서관 허락을 얻어 게 재함. (필름 번호: 326694)

사의 둘째 아들로 태어났다 그림 1.2. 소년 시절 이래로 다윈은 열렬한 자연학자였다. 특히 딱정벌레에 엄청난 열정을 보였다. 아버지의 바람대로 다윈은 한동안 에든버러에서 의학을 공부했다. 그러나 그는 의학, 특히 수술에 질겁하고 곧 그만두고 말았다. 그러자 가족들은 그가 성직자가 되어야 한다고 결정했다. 이는 당시 젊은 자연학자가 거쳐야 할 완벽하게 자연스러운 교육 과정이었다. 왜냐하면 당시에 주도적인 자연학자들은 모두 서품을 받은 사제들이었기 때문이다. 다윈은 교육 과정에 필요한 고전과 신학 관련 문헌을 모두 읽었지만, 그가 진심으로 한결같이 추구했던 것은 오로지 자연사였다. 케임브리지 대학교 크라이스트 칼리지에서 학위를 받은 다음 그는 케임브리지에서 만났던 스승 중 한 사람을 통해 당시 해군의 조사선인 HMS 비글호에 승선할 기회를 얻게 된다. 이 배는 남아메리카의 해안, 특히 항구들을 조사하는 임무를 맡고 있었다. 비글호는 1831년 12월 말에 영국을 떠났다. 5년에 걸친 비글호의 항해 동안 다윈은 해군 중령이자 배의 선장인 로버트 피츠로이(Robert Fitzroy)와 같은 선실을 썼다. 비글호가 파타고니아의 동쪽 해안, 마젤란 해협, 그리고 서부 해안과 부근 섬의 일부를 조사하는 동안 다윈은 본토와 섬의 생물상을 탐구할 풍부한 기회를 얻었다. 이 여행을 통해서 그는 상당한 양의 자연사 표본들을 수집할 수 있었다. 그리고 그보다 더 중요한 의의로 땅의 역사와 땅 위의 동물상과 식물상에 대해 끊임없는 질문을 던졌다는 점을 들 수 있다. 이는 그의 진화론 개념이 자라날 토대가 되었다.

　1836년 10월 영국으로 돌아온 다윈은 자신이 수집한 표본들을 연구하고 과학 논문을 발표하는 데 모든 시간을 바쳤다. 처음에는 주로 지질학적 관찰 결과에 대해 논문을 썼다. 몇 년 후에는 그의 사촌이자 유명한 도자기 제조업자인 웨지우드의 딸 에마(emma)와 결혼하고 런던 근처에 집(다운 하우스)을 사서 1882년 4월 19일 73세를 일기로 세상을 떠날 때까지 이곳에서 살았다. 그는 주요 논문과 저서를 모두 이 집에서 썼다.

　그렇다면 다윈을 그토록 위대한 과학자이자 혁신적인 지성인으로 만든 요소는 무엇일까? 먼저 그는 만족할 줄 모르는 호기심을 가진 뛰어난 관찰가였다. 그는 무엇이든 당연히 받아들이는 법이 없었으며 언제나 왜 그런지, 어떻게 그러한지를 묻고 또 물었다. 왜 이 섬의 동물상은 육지의 동물상과 그토록 다른 것일까? 생물의 종은 어떻게 만들어졌을까? 왜 파타고니아의 화석은 기본적으로 파타고니아의 생물상과 그토록 유사할까? 왜 군도에 속한 각각의 섬들은 그 섬 특유의 종을 가지고 있으며 각 섬의 종들은 멀리 떨어진 지역에 있는 종보다 근처 섬에 있는 종들과 더 유사한 것일까? 다윈이 그토록 많은 과학적 발견을 해내고, 그토록 독창적인 개념들을 생각해 내고 발전시킬 수 있었던 것은 바로 이와 같이 흥미로운 사실들을 관찰하고 관찰 사실에 적절한 질문을 던질 수 있는 능력 덕분이었다.

다윈은 또한 진화에는 두 가지 종류가 존재한다는 사실을 발견했다. 하나는 조상에서 후손으로 이어지는 과정에서 점차적으로 계통 발생 줄기의 '위쪽으로' 움직이는 진화이다. 이것이 바로 향상 진화(anagenesis)이다. 또 다른 종류의 진화는 진화의 계통을 여럿으로 쪼개는, 좀 더 폭넓게 말해서 계통 발생 나무에서 새로운 가지(계통 분기군(clade, 공통의 선조에서 진화한 생물군——옮긴이))를 만들어 내는 진화이다. 다양성의 원천인 이러한 진화를 분기 진화(cladogenesis)라고 한다. 이는 언제나 종 분화(speciation)로부터 시작되지만 새로운 분기군은 시간이 흐름에 따라서 또 다시 여러 개의 잔가지를 쳐서 계통 발생 나무에서 중요한 굵은 가지가 될 수 있다. 분기 진화의 연구는 대진화(macroevolution) 연구의 주요 관심사 중 하나이다. 향상 진화와 분기 진화는 대체로 독립적인 과정이다(Mayr, 1991).

1860년대에 이미 식견을 갖춘 생물학자와 지질학자들은 진화를 사실로 받아들였다. 그러나 왜, 그리고 어떻게 진화가 일어

나는지에 대한 다윈의 설명은 오래도록 커다란 저항과 마주해야
했다. 이에 대해서는 뒤에서 다룰 것이다. 일단 진화가 실제로 일
어난 사실임을 증명해 주는 1859년 이후 수집된 증거들을 간단히
검토해 보자.

2
지구에서 진화가
일어났다는 증거는?

다윈 이전의 진화 이론들은 사람들의 생각에 별다른 영향을 미치지 못했다. 지질학자, 생물학자, 심지어 문학가나 철학자 사이에서 일부 진화론적 사상이 퍼져 나갔지만, 창세기 1장과 2장에 나타난 기독교적 창조론은 일반 대중뿐만 아니라 과학자와 철학자들 사이에서 거의 만장일치로 받아들여졌다. 그런데 이러한 상황이 글자 그대로 하룻밤 만에 뒤바뀌게 되었다. 1859년 찰스 다윈이『종의 기원』을 출간한 것이 그 변화의 시발점이었다. 진화를 설명하는 다윈의 이론 가운데 일부는 그 후 80여 년 동안 계속해서 수많은 저항에 부딪혔지만 이 세계가 진화하고 있다는 그의 결론은 1859년 이후 몇 년 안에 널리 받아들여지게 되었다.

19세기에는 사람들이 진화에 대해 이야기할 때면 언제나 다윈의 진화론이 하나의 이론으로 언급되었다. 지구상의 생명이 진화했다는 생각은 처음에는 분명 추측에 지나지 않았다. 그러나 1859년 다윈이 물꼬를 튼 이래로 오직 진화라는 개념으로만 설명할 수 있는 증거들이 점점 더 많이 발견되었다. 결국 진화를 지지하는 압도적인 수의 증거들이 나타나자 진화는 더 이상 이론이 아니라 태양 중심설만큼이나 확고한 사실로 받아들여지게 되었다. 이 장은 과학자들이 진화가 명백한 사실임을 확신하도록 이끈 증거들을 제시하는 데 초점을 맞출 것이다. 그리고 아직도 진화가 일어났다는 사실에 확신을 갖지 못한 사람들에게 도전을 안겨 줄 생각이다.

진화는 역사적 과정이므로 순수한 물리적, 기능적 현상을 입증할 때 쓰는 방법이나 주장으로는 입증할 수 없다. 진화 전체나 특정 진화적 사건에 대한 설명은 모두 관찰로부터 도출되어야 한다. 이러한 추론은 새로운 관찰을 통해 되풀이해서 시험을 거치게 된다. 그 결과 원래의 추론이 거짓으로 드러날 수도 있고, 또는 이러한 시험들을 모두 성공적으로 통과해 추론이 더욱 강화될 수도 있다. 진화론자들이 제기했던 추론들은 지금까지 수많은 시험을 성공적으로 통과했기 때문에 확실한 것으로 받아들여지고 있다.

진화의 증거에는 어떤 것들이 있을까?

현재 진화를 지지하는 풍부한 증거들이 존재한다. 이 증거들은 푸투머(1983, 1998), 리들리(1996) 스트릭버거(1996) 등의 문헌, 그리고 1장에서 제시한 반창조론 저서들에 자세히 소개되어 있다. 이 책에서는 진화를 입증하는 데 사용할 수 있는 증거들에 초점을 맞추고자 한다. 여러 갈래로 뻗어 나간 다양한 생물학 분야에서 제시된 결론들이 서로 맞아떨어지면서 진화론을 뒷받침하고 있다. 실제로 생물학의 각 분야에서 이루어진 많은 발견들은 진화론이 아니고는 다른 어떤 방법으로도 설명할 수 없다.

화석 기록

진화가 실제로 일어났다는 사실을 가장 확실하게 보여 주는 증거는 오래된 지층에서 발견된 멸종한 생물의 흔적이다. 과거 특정 지질학 시대에 살았던 생물의 잔해는 그 시대에 형성된 지층에 화석으로 묻혀 있다. 시간적으로 더 앞선 시대의 지층에는 나중에 형성된 지층에 들어 있는 생물의 조상에 해당하는 화석이 들어 있다. 가장 최근의 지층에서 발견되는 화석들은 종종 오늘날 현존하는 생물 종과 무척 흡사하다. 어떤 경우에는 거의 구분할 수 없을 만큼 비슷하다. 화석이 발견된 지층이 오래된 것이면 오래된 것일수록, 즉 시간적으로 앞선 것일수록 화석의 모습은 오늘날의 생물과는 많이 다르다. 다윈은 더 오래된 지층의 동물상과 생물상이 시간이 지나면서 점차 진화하여 나중의 지층에 나타나는 후손으로 이어진 것이라고 추론했다.

진화라는 개념을 바탕으로 우리는 화석들이 조상에서 후손에 이르기까지 지속적으로 꾸준히 조금씩 변화했을 것이라고 예상한다. 그런데 고생물학자들이 발견하는 사실은 그와 좀 다르다. 고생물학자들은 진화의 모든 계통에 단절 내지는 공백이 존재한다는 사실과 마주하게 된다. 새로운 종류의 생물이 갑자기 나타나기도 하고 그보다 더 오래된 지층에서 생물의 직계 조상이 전혀 발견되지 않기도 한다. 일련의 종들이 점진적으로 조금씩 단절 없이 변화해 온 흔적을 찾아내기란 매우 어렵다. 실제로 화석 기록은 불연속적이다. 마치 어느 한 종류의 생물이 다른 종류의 생물로 도약(진화(saltation))하는 증거처럼 보이기도 한다. 이러한 사실은 곤혹스러운 문제를 제기한다. 왜 화석 기록은 우리가 진화에서 기대하는 점진적인 변화를 반영하지 못하는 것일까?

다윈은 일생동안 그 이유를 단지 화석 기록이 상상하기조차 어려울 정도로 불완전하기 때문이라고 설명했다. 한때 지구상에 살았던 생물 가운데 극도로 적은 종만 화석으로 보존되었다. 그리고 많은 경우에 화석이 들어 있는 지층은 판구조론(plate tectonic, 지구 표면이 여러 개의 판이라는 조각으로 이루어져 있고 이 판들의 움직임으로 새로운 암석권과 화산 활동, 지진들이 일어난다는 이론——옮긴이)에 따른 판의 운동 과정에서 다른 지각판 아래로 깔려서 파괴된 판에 존재한다. 다른 지층의 경우 강하게 접히고, 압착되고, 변성이 일어나서 화석의 흔적이 말끔히 사라지게 된다. 그리고 화석을 함유한 지층 가운데 현재 지구 표면에 노출되어 있는 것은 일부에 지나지 않는다. 그리고 무엇보다도 어떤 생물이 화석이 되는 것 자체가 매우 일어나기 힘든 일이다. 대부분의 경우 동물이나 식물이 죽으면 다른 동물들에게 먹히거나 썩는다. 생물이 죽은 직후에 침적물이나 화산재에 파묻히는 경우에만 화석으로 변하게 된다. 다행히 조상뻘 되는 생물과 현대의 후손 사이의 단절된 틈을 메워 주는 진귀한 화석이 간혹 발견되기도 한다. 예를 들어 시조새(Archaeopteryx)는 상부

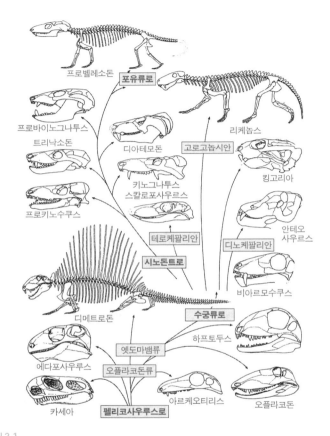

그림 2.1

단궁형 파충류의 진화. 시노돈트(cynodont)가 초기 포유류로 진화하는 과정. 출처: Ridley, M. (1993). *Evolution*. Blackwll Scientific: Boston, 533쪽. Reprinted by permission of Blackwell Science, Inc.

쥐라기(upper Jurassic, 약 1억 4500만 년 전) 지층에서 화석이 발견된 원시 새이다. 시조새는 이빨과 긴 꼬리, 그밖에 파충류 조상의 특징을 가지고 있었다. 그러나 뇌나 큰 눈, 깃털, 날개 등 다른 측면에서 볼 때는 오늘날의 새와 비슷한 특징을 보인다. 진화 단계상의 커다란 틈새를 메워 주는 화석들을 우리는 '미싱 링크(missing link, 잃어버린 고리)'라고 부른다. 1861년 시조새가 발견되었을 때 연구자들은 그 발견에 환호했다. 그 전에 이미 해부학자들이 조류가 파충류의 후손일 것이라고 결론을 내렸기 때문이다. 시조새는 그들의 예측에 잘 맞아떨어지는 증거였다.

화석 증거가 놀라울 정도로 완벽하게 이어지는 계통도 있다. 단궁형 파충류(synapsid reptile)에서 수궁류 파충류(therapsid reptile)를 거쳐 포유류로 이어지는 계통이 그러한 예이다 그림 2.1. 이러한 화석 가운데 일부는 파충류와 포유류의 딱 중간에 위치하기 때문에 파충류에 포함시켜야 할지 포유류에 포함시켜야 할지 난감한 경우도 있다. 한편 육지에 살았던 고래류의 조상에서 바다에 사는 후손으로 이어지는 계통 역시 변이 과정이 완벽하게 남아 있는 한 예다. 이 화석들은 고래류가 메조니키드 유제류(mesonychid condylarthra)에서 파생되어 차츰차츰 수중 생활에 적응해 왔음을 입증해 준다

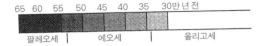

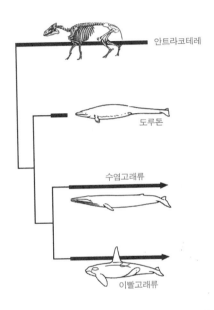

그림 2.2

에오세의 메조니키드라는 유제류에서 고래로 이어지는 계통은 오늘날 전통적인 화석을 통해 충분히 입증되었다. 기존의 자료로 재구성한 위의 계통은 추가적인 화석 자료를 통해 확인할 필요가 있다. 출처: 다양한 자료로부터 구성함. 특별히 개인적인 정보는 D. Gingerich로부터 얻음.

그림 2.2. 인간의 조상뻘 되는 오스트랄로피테쿠스 역시 침팬지와 비
슷한 유인원 단계에서 현대 인류로 이어지는 매우 인상적인 변이
를 보여 주는 화석이다. 초기의 원시 종류에서 현대의 후손에 이르
기까지의 변이 과정이 가장 완벽하게 화석으로 남아 있는 예는 바
로 고대의 말 에오히푸스(Eohippus)에서 현대의 말(Equus)로 이어
지는 계통이다 그림 2.3.

계통 발생학(phylogeny)은 사실상 생물들 사이의 서로 유사한
특성, 즉 상동 관계에 있는 특징(homologous characters)을 연구하는
학문이다. 특정 분류군 안의 모든 구성원들은 가장 가까운 공통 조
상의 후손들로 이루어져 있다. 그런데 이 공통 조상의 자손인지 여
부는 상동 관계에 있는 형질을 연구해서 추론해 내는 수밖에 없다.
그렇지만 두 개의 종, 또는 그보다 더 높은 수준의 분류군의 형질
이 상동 관계에 있는지의 여부를 어떻게 결정할 수 있을까? 만일
그 특징들이 상동이라는 개념의 정의에 부합한다면 상동 관계에
있다고 볼 수 있을 것이다. 상동 관계의 정의는 이렇다. 둘이나 그
이상의 분류군이 나타내는 특질이 그들의 가장 가까운 조상의 동
일한(또는 유사한) 특질에서 파생된 것일 때 그것을 상동 관계에 있
는 특질이라고 한다.

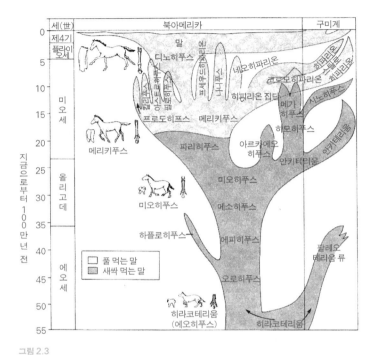

그림 2.3

에오세의 히라코테리움(Eohippus)에서 현대의 말(Equus)에 이르기까지 말과의 진화 과정. 색 다른 기원과 번성 과정을 거쳤으며 미오세에 이르러 많은 종류의 말들이 멸종된 것을 볼 수 있다. 출처: Strickberger, Monroe, W., *Evolution*, 1990, Jones and Bartlett, Publishers, Sudbury, MA. www.jbpun.com. Reprinted with permission.

　　이 정의는 구조적, 생리적, 행동적, 그리고 분자 수준의 특징에 모두 똑같이 적용된다. 그렇다면 특정 사례에서 상동성을 어떻게 실증할 수 있을까? 다행히 구체적 사례에서 상동성 여부를 결정하는 데 적용할 수 있는 수많은 기준들이 존재한다(Mayr and Ashlock, 1991). 구조적 특징을 예로 들면 인접한 구조나 기관의 관계를 연구하는 것이 포함된다. 한편 서로 다른 두 가지 특질을 조상에게서 나타나는 중간 단계를 통해 서로 연결시킬 수 있다. 또한 개체 발생 과정에서 나타나는 유사점을 살펴볼 수 있다. 또는 중간 단계를 화석에서 찾을 수도 있다. 최근에는 분자 생물학이 상동성에 대한 최상의 증거들을 제공하고 있다. 분자 생물학 연구는 거의 대부분의 동물의 상위 분류군 사이의 관계에 신뢰할 만한 증거를 제공해 왔으며, 식물의 상위 분류군의 관계를 재구성하는 데에도 빠른 진전을 보이고 있다. 다윈 분류 체계의 제한을 받지 않고 따라서 가장 가까운 공통의 조상들의 후손들로만 이루어진 분류군을 단일 계통(monophyletic)이라고 한다.

　　동물의 화석이 특히 중요한 증거가 되는 것은 각 종류의 화석들이 우리가 예상할 수 있는 시기의 지층에서 발견된다는 점이다. 예를 들어 현대 포유류는 팔레오세(Paleocene) 초기의 앨버레즈 절

멸(Alvarez extinction, 1968년 노벨 물리학상을 받은 앨버레즈가 이끄는 연구 팀
이 중생대 말 지층에 운석의 성분인 이리듐이 많이 포함되어 있는 것에 착안해 내놓
은, 공룡의 절멸을 가져온 대변이가 운석 충돌에 의한 것이라는 가설.―옮긴이)
사건 이후부터(약 6000만 년 전) 진화하기 시작했다. 따라서 1억 년
전이나 2억 년 전 지층에서 현대 포유류의 화석이 발견되서는 안
된다. 그리고 실제로 그런 일은 일어나지 않았다. 또 다른 예를 들
면 기린은 약 3000만 년 전인 제3기(Tertiary) 중기에 출현한 것으로
생각된다. 그런데 만일 6000만 년 전 팔레오세의 지층에서 기린의
화석이 발견된다면 그동안 우리가 가졌던 모든 믿음과 계산들이
뿌리부터 흔들릴 것이다. 그러나 그런 일은 일어나지 않았다.

　　예전에는 화석이 얼마나 오래되었는지 단순히 추측할 수밖에
없었다. 사람들이 아는 것이라고는 단지 아래에 있는 지층은 그 위
에 있는 지층보다 더 오래되었다는 사실뿐이었다. 그러나 일정한
속도로 일어나는 방사능 붕괴(radioactive decay) 현상은 특정 지층,
특히 화석층 사이에 자리 잡은 용암이나 화산 침전물이 얼마나 오
래된 것인지를 정확하게 알려 주는 시계를 제공해 주었다 박스 2.1.
이제 어떤 화석이든 그 화석이 어느 지층에서 발견되었는지만 알
면 정확하게 그 연대를 측정할 수 있다 그림 2.4. 21세기에 접어들면

서 정확한 연대 측정 결과에 따른 화석의 배열은 진화를 가장 확정
적으로 입증해 주었다.

분기 진화와 공통 유래

　자연의 계단은 하등한 생물에서 고등한 생물로 이어지는 연
속적인 진보를 나타낸 것이었고, 라마르크의 진화 개념은 자발적
으로 생겨난 것으로 생각되는 (단세포의) 섬모충류(infusorian)로부터

박스 2.1 **방사능 시계**

어떤 암석, 대개 화산 활동으로 만들어진 암석(예를 들어 분출된 용암이
굳어서 형성된 암석)들은 칼륨, 우라늄, 토륨과 같은 방사성 광물을 함
유하고 있다. 이러한 광물들은 특유의 붕괴 속도를 가지고 있고 그로
부터 물리학자들은 반감기(half-life)를 구할 수 있다. 예를 들어 우라
늄238의 반감기는 45억 년이고 붕괴 과정에서 납206을 생성한다. 그
러므로 특정 암석에 포함된 우라늄과 납의 비율을 계산하면 그 암석
의 나이를 산출할 수 있다. 방사성 광물을 포함하고 있지 않은 퇴적암
의 경우 연대를 직접 측정할 수 있는 지층들로부터의 상대적인 위치
를 통해 연대를 추정한다.

누대	대	기		세	연대 100만 년	생명체
현생누대	신생대	제4기		충적세		
				홍적세		
		제3기	신제3기	플라이오세	1.8	최초의 호모속 출현
				마이오세	5.2	
			고제3기	올리고세	23.8	최초의 유인원 출현
				에오세	33.5	최초의 고래 출현
				팔레오세	55.6	최초의 말 출현
	중생대	백악기		후기	65	공룡의 절멸 최초의 태반 포유류 출현
				전기	98.9	
		쥐라기		후기	144	최초의 조류 출현
				중기	160	
				전기	180	
		트라이아스기		후기	206	최초의 포유류 출현
				중기	228	최초의 공룡 출현
				전기(스키티타)		
	고생대	페름기			251	
		석탄기	펜실베이니아기		290	최초의 포유류와 유사한 파충류 출현
			미시시피기		353.7	최초의 파충류 출현 최초의 양서류 출현
		데본기				최초의 곤충류 출현
		실루리아기			408.5	최초의 육상식물 출현
					439	최초의 턱을 가진 어류 출현
		오르도비스기			495	
		캄브리아기			543	최초의 껍데기를 가진 생물 출현
원생대						최초의 다세포 생물 출현
					2500	
시생누대						최초의 박테리아 출현
					3600	생명의 기원?
하데스대						가장 오래된 암석 등장
					4600	지구의 형성

그림 2.4

지질학 연대표. 선캄브리아기는 생명이 탄생한 시기(약 38억 년 전)에서 캄브리아기가 시작될 무렵(약 5억 4300만 년 전)까지이다. 새로운 화석이 발견되면 종종 더 높은 단계의 분류군이 최초로 나타난 시점을 수정하게 된다. 출처: *Evolutionary Analysis* 2nd ed. by Freeman/Herron, copyright ⓒ 1997. Reprinted by permission of Pearson Education, Inc., Upper Saddle River, NJ.

각 계통들이 비롯되었다는 것이었다. 진화 과정에서 후손들은 조상에 비해 점점 더 복잡해지고 점점 더 완벽해진다. 실제로 다윈 이전에 논의되었던 진화론적 구조들은 모두 본질적으로 직선적인 진화 계통을 가정했다4장 참조. 다윈의 주요 업적 가운데 하나는 최초로 조리에 맞는 분기 진화 이론을 생각해 낸 것이다.

　그를 분기 이론으로 이끈 것은 바로 갈라파고스 섬에 사는 새를 관찰한 결과였다. 갈라파고스 섬은 해저 화산의 꼭대기가 물 밖으로 드러난 것으로 남아메리카 대륙을 비롯해서 어느 대륙과도 연결되었던 적이 없었다. 갈라파고스의 모든 동물상과 식물상은 멀리 떨어진 육지에서 물을 건너 이주해 온 것이었다. 다윈은 남아메리카에는 단 한 종의 흉내지빠귀(mockingbird)만 존재한다는 사실을 알고 있었다. 그러나 갈라파고스 군도의 세 개의 섬에서 서로 다른 세 종의 흉내지빠귀를 발견했다그림 2.5. 그는 이러한 관찰 결과로부터 남아메리카에 존재하는 하나의 흉내지빠귀 군집이 갈라파고스의 세 섬에 도달해서 각기 다른 세 종으로 갈라져 진화했을 것이라고 추측했다. 그의 추측은 옳은 것이었다. 그리고 다윈은 여기에서 한 걸음 더 나아가서 세상의 모든 흉내지빠귀들은 공통의 조상으로부터 비롯되었을 것이라고 추측했다. 왜냐하면 모든

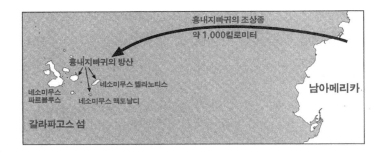

그림 2.5
남아메리카에 살던 고대의 흉내지빠귀 종이 갈라파고스 섬에 군락을 형성한 후 세 개의 서로 다른
종으로 진화한 과정.

종의 흉내지빠귀들은 본질적으로 서로 유사하기 때문이다. 뿐만
아니라 더 거슬러 올라가면 흉내지빠귀는 친족뻘 되는 지빠귀사
촌(thrasher, 티티새 비슷한 북아메리카산 앵무새류——옮긴이)이나 고양이새
(catbird)와도 공통의 조상을 가지고 있을 것이다.

　　이처럼 꼬리에 꼬리를 무는 추론을 통해서 다윈은 지구상의
모든 생물들은 공동의 조상을 가지고 있으며 지구상의 모든 생명
은 하나의 생명의 기원으로부터 비롯된 것이라는 궁극적 결론에
도달했다. 다윈은 "이는 생명에 대한 장대한 관점이다. 몇 가지 힘
에 의해서 최초에 하나 또는 몇 개의 형태로 생명이 태어났다. 그리

고 그토록 단순한 형태로부터 끝없이 다양한, 가장 아름답고 가장 놀라운 생명들이 진화했으며 지금 이 순간에도 진화하고 있다."라고 표현했다.(Darwin, 1859:490) 우리가 현재 알 수 있듯 서로 다른 종류의 증거를 바탕으로 한 수많은 연구들이 다윈의 추측을 확인해 주고 있다. 이러한 개념은 현재 '공통 유래(common deescent) 이론'이라고 한다.

고생물학자, 유전학자, 철학자들은 언제, 그리고 왜 분기가 일어나서 공통 유래와 같은 현상을 일으키는가라는 문제를 풀기 위해 오랫동안 고심해 왔다. 이 문제를 푼 것은 분류학자들이었다. 그들은 분기 진화가 일어나는 것은 종 분화, 특히 많은 경우에 지리적 종 분화(geographic speciation)에 의한 것임을 보여 주었다9장 참조.

공통 유래 이론은 자연사 분야의 오랜 수수께끼를 풀었다. 어마어마한 생명의 다양성과 특정 집단에 속하는 생물들이 종종 동일한 특성을 공유한다는 사실은 기본적으로 서로 모순인 듯 보였다. 개구리, 뱀, 새, 포유류 등 겉보기에는 너무나 다른 다양한 종류의 척추동물들은 기본적인 해부학 특성에서는 서로 동일하며 한편 곤충과는 커다란 차이를 보인다. 공통 유래 이론은 이처럼 당혹스러운 관찰 결과를 설명해 줄 수 있다. 특정 생물들이 서로 연결된 일련의 공통 특징을 가지고 있다면 다른 차이가 많다고 하더라도 이 생물들은 공통의 조상으로부터 진화한 것이다. 공통점은 바로 이 공통의 조상으로부터 물려받은 것이고 차이점은 계보에서 서로 갈라진 이후에 획득한 것이다.

공통 유래의 증거는?

화석 기록은 공통 유래에 대한 풍부한 증거를 제공한다. 예를 들어 제3기 중기 지층에서 우리는 개와 곰의 공통 조상이었던 동물의 화석을 발견할 수 있다. 그보다 더 이른 시기의 지층에서는 개와 고양이의 공통 조상을 찾을 수 있다. 실제로 고생물학자들은 모든 육식동물이 동일한 공통 조상으로부터 진화했다는 사실을 밝히는 데 성공했다. 공통의 조상으로부터 내려오는 공통 유래는 모든 종류의 설치류, 유제류, 그밖에 다른 모든 포유류의 목(目, order)에 적용된다. 실제로 공통 유래 원리는 조류, 파충류, 어류, 곤충류, 그밖에 모든 생물 집단에서도 옳은 것으로 판명되었다.

형태학적 유사성   공통 유래 원리에 대한 매우 설득력 있는 증거는 비교 해부학 연구에서도 나타났다. 서로 유사한 특정 생물을 두고 "친족 관계에 있다(related)."라고 말하는 것은 18세기에도 이미 굳어진 관행이었다. 당시 프랑스의 자연학자 콩트 뷔퐁 (Comte Buffon)이 말, 당나귀, 얼룩말에 대해 이러한 표현을 사용했다. 만일 두 종류의 생물이 서로 덜 비슷할 경우 그 둘은 덜 가까운 '친족 관계'로 간주되었다. 계통학자(systematist)들은 유사성의 정도를 이용해서 분류학적 범주의 서열을 완성시킨다. 유사점이 가장 많은 생물들은 같은 종에 속한다. 그 다음 비슷한 종들은 같은 속으로, 비슷한 속은 같은 과로 분류하는 식으로 올라가다 보면 분류군의 정점에 이르게 된다.

생물을 유사성과 관련 정도에 따라 배열하는 방법은 이명법 (binomial) 분류 체계를 발전시킨 스웨덴의 식물학자 칼 폰 린네(Carl von Linné)의 이름을 따서 '린네식 계층 분류 체계(Linnaean hierarchy)' 라고 한다 그림 2.6. 이 분류 체계에서는 생물의 집단을 점점 더 큰 분류군으로 분류해서 마지막에는 모든 동물과 모든 식물을 아우르는 분류군에 도달하게 된다. 우리는 특정 종, 예를 들어 고양이에서 시작해서 계층의 위로 거슬러 올라갈 수 있다. 집고양이와 비슷한 다른 종의 고양이들이 있다. 린네는 이들을 고양이속(genus Felis)에 넣었다. 고양이속의 동물들은 사자, 치타, 그밖에 다른 속의 고양이

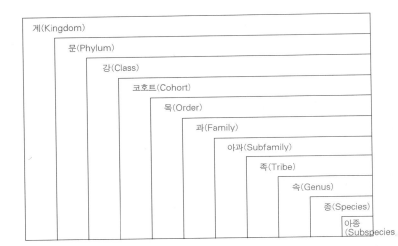

그림 2.6

린네식 계층 분류 체계. 각각의 범주(예를 들어 종)는 그보다 한 단계 위의 범주(예를 들어 속)에 포함되어 있다.

들과 함께 고양이과(family Felidae)에 속한다. 고양이와 비슷한 고양이과의 동물들은 개과(Canidae), 곰과(Ursidae), 족제비과(Mustelidae), 사향고양이과(Viverridae) 및 관련 동물들과 한데 묶여 식육목(order Carnivora)을 형성하게 된다.

이와 비슷한 방식으로 다른 포유류는 소목(Artiodactyla, 사슴

등), 유제목(Perissodactyla, 말 등), 쥐목(Rodentia, 설치류 등) 등의 목으로 분류될 수 있고 여기에 고래류, 박쥐류, 영장류 유대류 등을 모두 합쳐 포유강(class Mammalia)이 된다. 조류, 곤충 등 다른 모든 종류 의 동물과 식물에도 이와 비슷한 계층이 존재한다. 다윈이 '공통 유래' 때문임을 밝혀 주기 전까지는, 이러한 분류의 본질과 인과 관계는 창조론에 의거한 설명이 아니고서는 완전히 수수께끼였 다. 다윈은 각각의 분류군(생물의 집단)은 공통의 조상으로부터 이 어진 후손으로 이루어져 있으며 그러한 계보가 만들어지기 위해 서는 진화가 이루어져야 한다는 사실을 보여 주었다. 관찰된 사실 들은 다윈의 진화론에 너무나 완벽하게 맞아떨어졌기 때문에 '변 화(modification)에 의한 공통 유래'라는 그의 이론은 1859년 이후 거 의 즉시 받아들여졌다. 19세기 동물학자와 식물학자들의 가장 활 동적인 업무였던 분류(classification)는 이제 그 기초가 되는 원인에 대한 설명을 얻게 되었다. 생물 간의 관계와 공통 유래의 근거이자 가장 빈번하게 사용되는 증거는 형태학적, 발생학적 유사성이다. 그리고 그와 같은 유사성의 추구는 19세기 후반 비교 형태학과 발 생학을 꽃피웠다(Bowler, 1996).

　　계통 발생학 생물 계보의 패턴과 역사를 다루는 생물학의 특화된 한 갈래이다. 생물 계보의 패턴은 종종 계통수(phylogenetic tree) 또는 수상도(dendrogram)로 표현된다. 분류학의 일부 학파에서는 분기도(cladogram)로 나타내기도 한다. 독일의 동물학자이자 다윈과 동시대인이었던 에른스트 헤켈(Ernst Haeckel)의 영향으로 동물학자들과 식물학자들은 생물의 실제 계통 발생을 명확히 분류하는 데 많은 시간과 노력을 쏟았다 3장 참조.

형태학적 종류에 대한 설명 이와 관련된 생물학의 두 번째 분야 역시 공통 유래로 설명할 수 있다. 조르주 퀴비에(Georges Cuvier)가 이끄는 비교 해부학자들은 제한된 수의 생물 종들이 기본적 구조(원형(原型, archetype))에서 서로 일치한다는 것을 발견했다. 퀴비에(1812)는 네 개의 주요 문(門, phylum, 당시 embranchment라고 부름.)을 구분해 냈는데 각각의 문에 속하는 생물들은 모두 동일한 체제(體制, Bauplan, 신체 계획)를 가지고 있다고 보았다. 이처럼 각 집단을 연결하는 중간 단계나 변이 단계의 생물 없이 서로 뚜렷이 구분되는 집단이 존재한다는 것은 자연의 계단이라는 개념의 유효성을 논박하는 증거이다. 퀴비에는 이 기본적인 네 개의 집단을 척추동물(Vertebrate), 연체동물(Mollusk), 관절동물(Articulate), 방산동물(Radiate)이라고 명명했다. 이는 분류의 첫 번째 발걸음이 되었지만, 곧 네 집단 중 세 개는 사실은 복합적인 집단이며 척추동물은 결국 척삭동물(Chordate)의 하부 집단으로 분류될 수 있음이 밝혀졌다. 현재는 동물계에서 약 30개의 문이 확인되었고 대부분의 문은 그 안에서 또 다시 몇 개의 하부 유형(minor type)을 찾아볼 수 있다. 예를 들어 척추동물문에는 어류, 양서류, 파충류, 조류, 포유류 등이 포함된다. 각각의 유형이 기본적인 신체 계획을 공유하는 공통의 조상을 가진 후손들로 이루어져 있음이 확인되자 이와 같은 형태학적 유형이라는 분류 개념이 더욱 사리에 맞는 것으로 드러났다.

퀴비에와 같은 진화론 이전의 형태학자들은 사고방식에서 유형론자(typologist), 즉 본질주의자(essentialist)였다. 그들은 플라톤의 사상을 계승했다. 각각의 유형(문)은 다른 유형과 완전히 분리되어 있으며 그 유형의 본질(essence)에 의해 규정되고 그 본질은 불변한다고 믿었다. 이러한 이상주의적 형태학이 상당히 잘못된 철학적 기반을 가진 것이라고 하더라도, 형태 연구에 대한 강조는 계통 발생학을 재건하고 좀 더 광범위한 의미에서 진화를 이해하는 데 도움을 주는 수많은 귀중한 발견으로 이어졌다.

상동 관계(Homology) 비교형태학이 진화 과정 중 잃어버린 단계를 재구성하는 데 얼마나 큰 기여를 했는지를 생각하면 놀라지 않을 수 없다. 예를 들어 날지 못하는 동물로 이어지는 조류의 조상을 재구성해 내려던 T. H. 헉슬리(T. H. Huxley)는 조룡류(archosaurian) 파충류가 조류의 조상이었을 것이라고 결론 내렸다. 그로부터 몇 년이 흐른 1861년 조류와 지배 파충류(rulling reptiles) 사이에서 꼭 맞는 다리 역할을 하는 시조새의 화석이 발견되었다. 진화 곤충학자들은 개미가 말벌과 비슷하게 생긴 조상에서 진화했다고 추측했다. 그리고 최초의 개미들이 어떤 특징을 가지고 있을지를 추론했다. 그런데 호박에 들어 있는 중기 백악기 시대의 개미 화석이 발견되자 학자들의 추측이 거의 들어맞았다. 이들은 예외적인 사례가 아니다. 추론으로 재구성했던 잃어버린 조상의 모습은 차후에 발견된 진짜 조상의 화석과 놀라울 정도로 잘 들어맞았다.

진화 과정에서 생물의 어떤 특징이든 변경될 수 있다. 그러나 진화론 이전의 시대에도 일부 비교 해부학자들은 변경된 구조들 중 서로 대응하는 관계에 있는 것, 예를 들어 새의 날개와 포유류 앞발의 관계를 알아차렸다. 표상주의적 형태학자였던 리처드 오언(Richard Owen)은 그러한 구조들을 서로 '상동 관계'에 있다고 했으며 상동 관계를 "서로 다른 동물에게서 다양한 형태와 기능으로 존재하는 동일한 기관"이라고 정의했다. 이러한 정의는 물론 두 기관이 언제 '동일한 기관'이었는지를 어떻게 결정하느냐의 문제

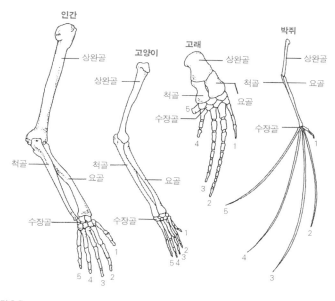

그림 2.7

포유류 앞다리의 적응적 변화. 상동 관계에 있는 인간, 고양이, 고래, 박쥐의 뼈의 요소들은 자연선택을 통해 종의 특이적인 기능에 맞도록 변경되었다. 출처: Stickberger, Monroe, W., *Evolution*, 1990, Jones and Bartlett, Publishers, Sudbury, MA. www.jbpub.com. Reprinted with permission.

를 남긴다. 그 문제를 해결한 사람이 다윈이었다. 다윈은 서로 다른 두 종의 어떤 특징들이 두 종의 가장 가까운 공통 조상의 상응하는 특징으로부터 진화한 것일 때 그 특징들이 상동 관계에 있다고 정의했다. 개와 같이 다리를 사용해서 보행하는 포유류의 앞다리는 땅을 파거나(두더지), 나무에 오르거나(원숭이), 헤엄을 치거나(고래), 나는(박쥐) 등의 다양한 기능을 수행하도록 진화에 의해 적절히 변화되었다그림 2.7. 뿐만 아니라 이러한 포유류의 구조는 특정 어류의 가슴지느러미와 상동 관계에 있다.

비교적 관계가 먼 분류군들 사이의 어떤 특징이 상동 관계에 있다는 주장은 처음에는 단순히 추측에 불과하다. 그와 같은 추론의 유효성은 일련의 기준들로 구성된 시험을 통과해야만 받아들여진다(Mayr and Ashlock, 1991). 그 기준에는 인접 기관과 비교했을 때의 위치, 관련된 분류군에서 중간 단계가 존재하는지의 여부, 개체 발생상의 유사점, 조상의 화석에 중간 단계가 존재하는지의 여부, 다른 상동 관계에 의해 제공되는 증거와의 합치 여부 등이 있다. 상동 관계는 입증할 길이 없다. 그저 추론할 수 있을 뿐이다.

상동 관계가 발생하는 것은 공통의 조상으로부터 부분적으로 동일한 유전자형(genotype)을 물려받았기 때문이다. 그렇기 때문에 상동 관계는 신체 구조적 특징뿐만 아니라 유전 가능한 모든 특질, 이를테면 행동에도 적용된다. 측계통성(parallelophyly)에 의해 독립적으로 생겨난 특징들도 역시 상동 관계에 있다. 왜냐하면 공통의 조상이 유전자형에 따라 생성된 것이기 때문이다. 상동 구조는 발달 정도에서 상당한 차이를 보일 수 있다. 상동 관계라는 용어가 다른 방식으로 사용되었던 사례는 버틀러(Butler)와 사이들(Saidel)의 책(2000)을 참조하기 바란다.

발생학(Embryology)   통찰력 있는 해부학자들은 18세기에 이미 서로 관계가 있는 동물들의 배아가 성체의 형태보다 좀 더 유사하다는 사실을 관찰했다. 예를 들어 인간 배아의 초기 상태는 다른 포유류(개, 소, 쥐)의 배아뿐만 아니라 파충류, 양서류, 어류의 배아의 초기 모습과도 무척 비슷하다 그림 2.8. 배아는 시일이 지남에 따라서 배아가 속한 높은 단계의 분류군이 갖는 고유한 특징을 더 많이 보이게 된다. 예를 들어 갑각류 가운데 고착성의 따개비(barnacle, 다른 동물이나 물체에 붙어 사는 고착성 조개.—옮긴이)처럼, 성체는 고도로 특화되었지만 자유롭게 헤엄쳐 다니는 유생(larva)은 다른 갑각류의 유생과 매우 비슷한 경우도 있다 그림 2.9. 다윈을 반대

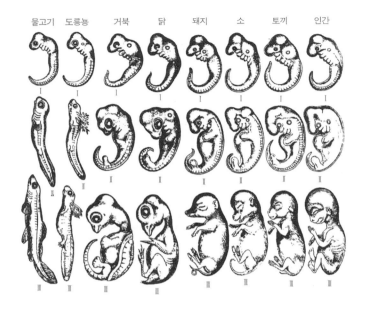

물고기 도롱뇽 거북 닭 돼지 소 토끼 인간

그림 2.8
이 그림은 헤켈(1874)이 인간과 다른 척추동물의 배아가 발달 단계에서 놀랄 만큼 흡사하다는 것을 보여 주는 데 사용했던 것이다. 헤켈은 인간 배아의 모습에 약간의 수정을 가했는데 그 때문에 사기라는 비난을 받았다. 그러나 수정을 가하지 않은 인간의 배아도 다른 포유류의 배아와 극도로 유사하다. 출처: Strickberger, Monroe, W., *Evolution*, 1990, Jones and Bartlett, Publishers, Sudbury, MA. www.jbpub.com. Reprinted with permission.

하는 사람 가운데 일부는 동물이 유생 시기에 서로 비슷한 것은 아무런 의미가 없다고 주장한다. 생물의 발달은 필연적으로 단순한 형태에서 복잡한 형태로 나아가며 발달 초기에는 모두 발달 후기에 비해 단순한 모습을 하고 있기 때문에 서로 비슷할 수밖에 없다는 것이다. 이러한 주장은 부분적으로 일리가 있다. 그러나 배아나 유생은 모두 자신이 속한 계통의 고유 특징을 어느 정도 나타내며, 이것은 생물 사이의 관계를 드러낸다. 뿐만 아니라 배아 단계의 연구는 많은 경우에 공통의 조상이 어떻게 계통수에서 서로 다른 가지로 분기되었는지를 보여 준다. 이는 결국 진화의 경로에 대한 높은 이해로 우리를 이끈다.

발생 반복(recapitulation)　'발생 반복'은 개체 발생 과정에서 다른 관련된 분류군의 성체에 보존되어 있는 신체 구조가 나타났다가 사라지는 현상을 가리킨다. 따라서 이는 진화상의 한 계통의 생물에서는 배아 단계의 후기에 조상의 형질이 사라지지만, 공통의 조상에서 유래한 현존하는 다른 계통의 종에는 이 형질이 남아 있음을 의미한다. 예를 들어 수염고래(baleen whale)의 배아에서는 발달 단계의 특정 시점에 이빨이 나타났다가 나중에 재흡수되어 사라진다. 이처럼 조상의 형질이 나타났다가 차후의 배아 단계에서 다시 사라지는 현상은 너무나 놀랍게 여겨져서 결국 '발생 반복설'이라는 특별한 이론을 낳게 되었다. 이 현상에 대해서 발생학

(c) 노플리우스(Nauplius) (엣킨(Etkin)
과 길버트(Gilbert)의 그림을 옮겨 그림.)

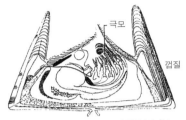

(c) 발라누스속(Balanus) 갑각류(바네스
(Barnes)의 그림을 옮겨 그림.)

그림 2.9
자유롭게 헤엄치는 따개비(만각강, cirripedia)의 유생은 다른 갑각류의 유생과 비슷하다. 그러나
고착형의 성체는 다른 갑각류와 무척 다르기 때문에 초기의 동물학자들은 이를 연체동물이라고 생
각했다. 출처: Kelly, Mahlon G. and McGrath, John C. (1975). *Biology: Evolution and
Adaptation to the Environment*. Houghton Mifflin.

자들은 극단적으로 다른 두 가지 해석을 내놓았다.

카를 에른스트 폰 베어(Karl Ernst von Baer)의 이론에 따르면 각
기 다른 생물의 배아는 배아기 초기에는 서로 너무 비슷해서 그 유
래를 모르고서는 어느 생물인지 정확하게 식별하기 어렵다. 그러
나 발달 과정을 거치면서 배아는 점점 더 성체와 비슷하게 변화해
가며 따라서 다른 생물의 발달 계통으로부터 점점 더 멀리 분기되
어 나가게 된다. 폰 베어는 이러한 관점을 다음과 같은 유명한 문

장으로 요약했다. "균일하고 일반적인 것에서부터 이질적이고 고유한 것으로 점차적인 변이가 일어난다." 그의 설명은 널리 받아들여졌다. 그러나 이 주장은 개체 발생의 특정 사실들과 상충하는 면이 있다. 예를 들어 왜 조류와 포유류의 배아에서 어류의 배아와 마찬가지로 아가미틈(gill slit)이 나타나는 것일까? 아가미틈은 육상 척추동물의 목 부위의 일반적인 상태라고 보기 어렵다그림 2.8. 이 배아의 아가미틈은 1790년대, 그러니까 『종의 기원』이 출간되기 70년 전쯤 발견되었다. 당시에는 이 현상을 설명할 수 있는 유일한 이론이 존재의 대사슬, 즉 모든 생물들이 가장 하등한 생물에서부터 어류, 파충류 등의 단계를 거쳐 궁극적으로 인간에 이르기까지 점점 더 '완벽'한 상태를 향해 나아간다는 자연의 계단 이론이었다. 이러한 이론은 고등한 생물의 배아가 '자연의 계단'에서 낮은 계단에 있는 생물들의 개체 발생을 '되풀이한다(recapitulate)'는 주장으로 이어지게 되었다. 진화론이 받아들여지자 헤켈(1866)은 발생 반복을 "개체 발생은 계통 발생을 되풀이한다."라고 새롭게 정의했다. 이는 분명 지나치게 과장된 주장이었다. 사실상 포유류 배아의 발달 단계 중 어떤 것도 물고기의 성체와 같은 모습을 나타내지는 않는다. 그러나 새낭(gill pouch)과 같은 어떤 특질은 포유류의 배아에서 실제로 조상의 상태를 반복해서 보여 준다. 그리고 이러한 발생 반복 사례는 결코 드물지 않다. 따개비의 유생은 다른 갑각류의 유생과 몹시 비슷하다 그림 2.9.그리고 배아의 구조 중에는 조상의 상태를 드러내지만 성체에 이르는 과정에서 사라져 버리는 것이 무수히 많다.

이러한 사례들에서 왜 개체 발생이 먼 길을 돌고 돌아 성체 단계에 이르는가 하는 문제가 항상 발생학자들을 따라다녔다. 왜 동굴에 사는 종들이 색소 형성이나 눈을 제거해 버리듯 더 이상 필요하지 않은 배아의 구조를 제거해 버리지 않았을까? 결국 실험 발생학자들이 그 이유를 찾아냈다. 이 조상의 구조들이 배 발생 과정에서 다음 단계의 발달에 대한 '형성체(organizer)'로 작용한다는 사실을 밝혀낸 것이다. 예를 들어 양서류의 배아에서 전신관(앞콩팥관, pronephric duct)을 잘라 버리면 중신(중간 콩팥, mesonephros)이 발달하지 않는다. 이와 비슷하게 원장(archenteron) 윗부분의 중심선의 줄을 제거하면 척삭과 신경계가 발달하지 않는다. 이처럼 '쓸모없어 보이는' 전신(pronephros)이나 중심선의 줄이 그 이후 단계의 구조 발달을 위한 배아의 형성체로서 필수 불가결한 기능을 지니고 있었던 것이다. 모든 육상 척추동물의 개체 발생의 특정 단계에서 아가미틈이 나타나는 것 역시 같은 이유에서이다. 이 아가미 비슷한 구조는 결코 호흡에 사용되지 않는다. 대신 배 발생 후기에 커다란 변화를 겪어 파충류, 조류, 포유류의 목 부위의 다양한 구조를 만들어 낸다. 이에 대한 명백한 설명은 유전적 발달 프로그램이 조상으로부터 이어진 특정 발달 단계를 제거할 방법을 갖고 있지 않으며, 따라서 차후의 발달 단계에서 그것을 수정함으로써 생물의 새로운 생명 형태에 적합하도록 만드는 수밖에 없다는 것이다. 조상 기관의 원기(原基, anlage)였던 것이 이제는 재구성된 기관의 이후의 발달을 위한 신체 형성 프로그램으로 작용하는 것이다 (Mayr, 1994). 그런데 이때 발생 반복을 겪는 것은 언제나 조상의 완전한 성체가 아니라 생물의 특정 구조이다.

흔적 구조(Vestigial Structures) 많은 생물들이 완전히 기능하지 않거나 혹은 전혀 기능하지 않는 구조들을 가지고 있다. 인간의 맹장이 그 예이다. 또한 수염고래 배아에서 나타나는 이빨이나 동굴에 사는 동물의 눈도 마찬가지이다. 이러한 흔적 구조들은 해당 생물의 조상에서는 완전한 기능을 했으나 생태적 지위에 따른 사용상의 변화로 그 기능이 크게 줄어든 구조의 잔해이다. 생활 방식의 변화로 이러한 구조들이 기능을 잃어버리게 되면 더 이상 자연 선택에 의해 보호받지 못하게 되고 그 결과 점차 해체된다. 이들은 생물 진화의 이전 과정에 대한 좋은 단서가 된다.

이 세 가지 현상, 즉 배아의 유사성, 발생 반복, 흔적 구조는 창조론으로는 도저히 설명하기 어려운 장애물이지만 공통 유래, 변이, 자연선택에 기초한 진화론적 설명과는 완전히 부합한다.

생물 지리학(Biogeography) 한편 진화는 동물과 식물의 지리 적 분포라는 생물학의 또 다른 거대한 수수께끼를 푸는 데 도움을 준다. 왜 북대서양의 양쪽 끝에 있는 유럽과 북아메리카의 동물상 은 비교적 비슷한데 비해서 남대서양의 양쪽 끝에 있는 아프리카 와 남아메리카의 동물상은 그토록 다른 것일까? 왜 오스트레일리 아의 동물상은 다른 모든 대륙과 그토록 다른 것일까? 왜 대양 섬 (oceanic island)에는 대개 포유류가 존재하지 않는 것일까? 이처럼 겉보기에 변덕스럽기 그지없는 동식물의 분포 양상을 창조의 산물 로 설명할 수 있을까? 쉽지 않을 것이다. 그러나 다윈은 현재 동물 과 식물의 분포가 각 생물의 기원으로부터 분산되어 온 역사의 결 과물임을 보여 주었다. 두 개의 대륙이 서로 떨어진 지 오래되었을 수록 각 대륙의 생물상은 더욱 큰 차이를 보이게 된다.

　　많은 생물들이 불연속적 분포를 보인다. 예를 들어 서로 멀리 떨어진 대륙에서 각각 낙타와 낙타의 친족 관계에 있는 동물이 발견된다. 진짜 낙타는 아시아와 아프리카에서, 낙타의 가까운 친족뻘 되는 라마는 남아메리카에 서식한다. 만일 진화가 연속적으로 일어난다고 믿는다면 현재 격리되어 있는 두 지역 사이에 연결 고리가 있어야 할 것이다. 다시 말해서 북아메리카에도 낙타가 존재해야 이치에 맞는다. 그런데 북아메리카에는 낙타가 살지 않는다. 이러한 상황은 실제로 북아메리카에 한때 낙타가 존재해서 아시아의 낙타와 남아메리카 낙타를 잇는 연결 고리 노릇을 했으나 그후에 멸종했을 것이라는 추론을 낳았다. 그리고 얼마 후 북아메리카에서 제3기에 살았던 낙타의 화석 동물상이 대규모로 발견되어 이 추론을 확증해 주었다 그림 2.10. 마찬가지로 현재 서로 떨어져 있는 북아메리카와 유럽 대륙이 제3기 초기(약 4000만 년 전)에는 북대서양을 가로지르는 넓은 육지로 연결되어 있었다는 사실이 발견되자 유럽과 북아메리카의 동물상이 서로 유사한 이유가 밝혀지게 되었다. 이 육로를 통해 동물상의 활발한 교류가 이루어졌을 것이다. 반면 아프리카와 남아메리카는 대륙 이동으로 8000만 년 전

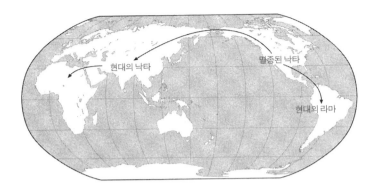

그림 2.10
현존하는 낙타과 동물의 서식 범위(아시아에서 남아메리카)는 대폭 단절되어 있다. 북아메리카의
제3기 지층에서 대량으로 발견된 낙타의 화석 동물상은 예전에는 동물상이 완전히 연속된 분포를
나타냈음을 보여 준다.

에 서로 분리되었고 그 후 오랜 격리 기간 동안 두 대륙의 생물상은
제각기 갈라져 나가게 되었던 것이다. 영문을 알 수 없던 동식물의
분포 패턴이 공통 유래와 뒤이어 일어난 절멸로 설명되는 사례가
거듭되었다. 이처럼 진화는 이전에는 알 수 없었던 수많은 당혹스
러운 현상들에 답을 제공해 왔다.

　　분산(dispersal) 서로 다른 종들은 매우 높은 정도로 분기해 나
가는 분산 능력을 가지고 있다. 뉴기니의 새 가운데 100종 이상은

바다를 건너는 것을 몹시 싫어해서 본토 연안으로부터 1~2킬로
미터 정도 떨어진 섬에서도 발견되지 않는다. 반면 거의 기적적이
라고 할 만한 분산 능력을 가지고 있는 종들도 있다. 이구아나과
(Iguanidae)의 도마뱀들은 대개 서식지가 아메리카 대륙으로 한정
되어 있다. 그런데 두 개의 종으로 이루어진 한 속은 오직 피지와
통가에서 발견된다 그림 2.11. 이들은 이 지방 고유 종으로 이 섬을 방
문한 사람들을 통해 전파되었을 가능성도 없다. 이 현상을 설명할
수 있는 유일한 방법은 도마뱀이 오랜 옛날 바다 위를 표류하는 통
나무나 화물 등에 올라타고 바다 물결을 따라 이곳에 도착했다는
것이다. 외래 동식물이 수천 킬로미터에 달하는 거리를 살아서 건
너왔다는 것은 믿기 어려운 사실이다. 이들은 처음에는 폴리네시
아 동부에 도착했을 것이다. 그리고 그곳에서는 폴리네시아 인들
에 의해 깡그리 말살되고 말았을 것이다. 이러한 설명은 여전히 놀
라운 이야기다. 그렇다고 하더라도 다른 설명이 있을 수 없다. 그
리고 장기간에 걸친 뗏목 여행 동안 성공적으로 생존한 다른 사례
들도 발견되었다.

생물 종의 분산 능력의 차이는 겉보기에 의아해 보이는 분포
에 관련된 대부분의 문제를 설명해 준다. 포유류(박쥐를 제외한)는

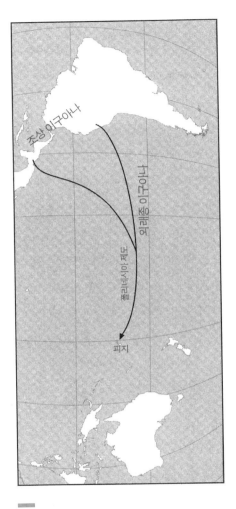

조상 이구아나

바다이구아나류

피지이구아나류

피지

그림 2.11
분산의 극단적인 사례. 파충류에 속하는 이구아나과의 동물들은 단 두 종만 제외하고 오직 북아메리카와 남아메리카에서만 발견된다. 그 두 종은 아메리카 대륙으로부터 수천 킬로미터 떨어진 서부 폴리네시아 제도(피지 섬과 통가 섬)의 토착 속인 피지이구아나 속(Brachylophus)에 속하는 두 종이다. 이들은 바다에 표류하는 나무토막을 타고 아메리카 대륙에서 폴리네시아 제도까지 건너온 것으로 생각된다.

물을 건너 이동하는 것이 무척 어렵다. 대부분의 대양 섬에 포유류가 살지 않는 이유도 바로 그 때문이다. 서쪽의 대순다 열도와 동쪽의 소순다 열도, 그리고 술라웨시(sulawesi)를 가르는 말레이 제도의 월리스선(Wallace's line, 동물 지리학상 경계선의 하나. 1860년 A. R. 윌리스가 말레이 제도의 동물상 연구를 바탕으로 하여 동양구와 오스트레일리아구의 경계선으로서 제창한 것으로, 1968년 T.H. 헉슬리에 의해 월리스선이라 명명되었다.—옮긴이)이 포유류에게는 중요한 생물 지리적 경계지만 조류나 식물에서는 큰 의미가 없는 이유도 바로 이것이다그림 2.12. 실제로 이 선은 동쪽의 깊은 바다와 순다 대륙붕(Sunda shelf)의 가장자리를 나누는 선이기도 하다. 포유류의 서식은 순다 대륙붕의 육지에 제한되지만 많은 종류의 조류와 식물의 종자는 매우 쉽게 물을 건너 이동할 수 있다.

　　분포의 간극(Distributional Gap) 일부 분류군의 서식 범위는 해당 분류군이 발견되지 않는 지역의 공백에 의해 단절되기도 한다. 그러한 공백이 생기는 경우는 두 가지이다. 앞에서 살펴본 것처럼 낙타과(camel family)의 서식 범위에는 북아메리카라는 공백이 존재한다. 이는 북아메리카에 살던 낙타과 동물이 멸종했기 때문이다. 원래 낙타과는 아시아에서 남아메리카에 이르기까지 연속적으로

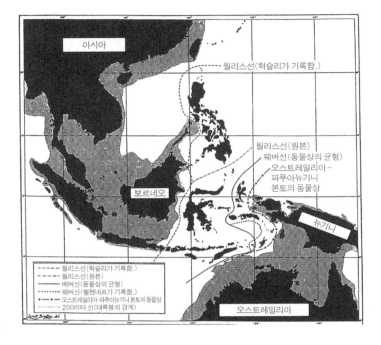

그림 2.12

인도네시아-말레이시아(Indo-Malayan) 동물상과 오스트레일리아-파푸아뉴기니(Australo-Papuan) 동물상의 접경 지대. 서쪽의 빗금 친 영역은 아시아(순다) 대륙붕이고 동쪽은 오스트레일리아(사훌) 대륙붕이다. 한번도 육지로 연결된 적이 없었던 두 대륙붕 사이의 영역을 월리시아(Wallacea)라고 부른다. 아시아와 오스트레일리아의 동물상의 진짜 경계는 웨버선(Weber's line)이다. 출처: Mayr, Ernst. (1944). *Quarterly Review of Biology* 19(1):1~14.

분포했다. 이는 '분단 분포(vicariance, 지각의 변동에 의해 산맥·해양 등의 장벽이 생겨 동일 종의 생물 분포가 분리되는 것 ─ 옮긴이)'의 한 예이다. 대륙에서 나타나는 생물 분포의 불연속 사례의 대부분은 예전에는 연속적이었다. 예를 들어 북극의 종 가운데 상당수는 플라이스토세의 빙하 작용으로 매우 높은 지대에 살 수 있었고 그 결과 알프스나 록키 산맥에 이주해서 그곳에 서식하게 되었다. 그러나 높은 산 꼭대기 부분을 제외하고 얼음이 녹게 되자 이제 북극에 사는 종들로부터 격리되어 버렸다.

　　두 번째 종류의 분포의 불연속 현상은 일차적 원인에 의한 것이다. 어느 한 종의 구성원들이 서식하기에 적절하지 못한 지역(바다나 산, 또는 부적절한 식물이 생장하는)을 너머 분산된 다음 그곳에서 새로운 개체군을 형성하는 경우이다. 이와 같은 분산에 의한 불연속은 섬과 같은 분포 특성을 보이는 지역에서 특징적으로 나타난다. 갈라파고스 제도의 분류군들은 그들의 조상들이 살았던 남아메리카 대륙의 분포와 연속성을 보이지 않는다. 이 격리된 생물상의 모든 종들은 약 1,000킬로미터 거리의 바다를 건너 갈라파고스 제도로 이주한 것으로 보인다. 창조론자들은 이러한 불규칙적 분포 양상을 합리적으로 설명할 방법이 없다. 그러나 진화의 역사를 통해서는 완벽하게 설명할 수 있다.

분자적 증거(Molecular Evidence) 생물의 신체 구조가 진화하듯 분자 역시 진화를 겪는다는 분자 생물학의 발견은 예기치 않은 멋진 선물과 같은 것이었다. 전체적으로 볼 때 두 생물이 서로 가까운 관계에 있을수록 각 생물을 이루는 분자들 역시 그만큼 더 비슷하다. 생물 사이의 관계를 연구하는 사례에서 얻어진 결론에는 많은 경우에 상당한 정도의 의구심이 따라다닌다. 형태학적 증거는 모호한 면이 있기 때문이다. 그런데 분자에 대한 연구가 생물 사이의 확실한 관계를 밝혀 주게 되었다. 그 결과 분자 생물학은 계통 발생학적 관계에 대한 가장 중요한 정보의 원천으로 자리 잡게 되었다.

유전자, 또는 좀 더 정확히 말해서 유전자를 구성하고 있는 분자들의 구조는 거시 구조와 마찬가지로 진화적 변화를 겪는다. 서로 다른 생물에서 서로 상동 관계에 있는 유전자, 그리고 다른 상동 관계에 있는 분자들을 비교해 보면 그 유사성의 정도를 판별할 수 있다. 그러나 각 분자들마다 진화적 변화를 겪는 속도가 각기 다르다. 피브리노펩타이드(fibrinopeptide)의 경우와 같이 어떤 변화는 매우 빠르게 일어난다. 하지만 히스톤(histone)처럼 매우 느리게 변화하는 분자도 있다. 인간과 침팬지의 계통은 약 600만 년 전에 서로 갈라져 나왔지만 두 종의 체내에 있는 매우 복잡한 분자인 헤모글로빈은 사실상 동일하다. 기쁜 사실은 형태적, 행동적 형질에 기초하여 성립된 계통 발생학적 사실들이, 분자적 특성에 기초하여 도출한 계통 발생학적 결론과 대부분 일치한다는 것이다.

양쪽으로부터 얻어진 증거를 비교하는 것은 형태학적 분석 결과가 모호한 사례에 큰 도움을 준다. 그와 같은 사례는 이제 해당 분류군의 분자 계통에 비추어 분석해 볼 수 있다. 많은 유전자들이 이러한 분석에 이용될 수 있다. 어떤 경우에는 분자 수준의 증거에 의해 형태학적 연구에서 도출된 결론보다 더욱 정확한 계통 분류가 이루어지는 수도 있다. 최근 문헌에서 사례를 두 개만 인용하면, 남아프리카의 금빛두더쥐(golden mole)와 마다가스카르의 마다가스카르고슴도치붙이(tenrec)는 전통적으로 형태학적 증거에 기초하여 식충목(Insectivora)으로 분류되었으나 실제로는 식충목 동물들과 관계가 먼 것으로 나타났다. 마찬가지로 유수동물문(Pogonophora)과 의충동물문(Echiura)은 언제나 각기 독립적인 문으로 간주되었으나 다모류(polychaet)의 다른 과보다 특정과에 특히 더 가까운 것으로 나타났다. 인간이 침팬지, 그리고 다른 유인 원과 매우 가까운 관계에 있다는 사실도 신체 구조적 특징뿐만 아니라 분자적 특징을 통해 확실하게 입증되었다.

분자 분석의 중요성 진화를 이해하는 데 분자 생물학이 미친 가장 중요한 영향 중 하나는 모든 생물의 기본적인 분자 수준의 뼈대가 무척이나 오래되었다는 사실을 발견했다는 것이다. 동물, 균류, 식물의 문들에 의해 획득된, 특정 생태적 지위나 적응적인 환경에서 생존하고 번성할 수 있는 특정 구조들은 전체적으로 보아 비교적 최근에 나타난 것이다. 따라서 우리는 이러한 적응적 구조를 동물, 균류, 식물 등을 분류하는 데 이용할 수 있다. 그러나 이러한 구조들은 균류가 동물 또는 식물과 어떤 관계를 이루고 있는지에 대해서는 그다지 많은 정보를 주지 못한다. 예를 들어 균류는 전통적으로 식물에 더 가까운 것으로 간주되었고 균류 연구는 식물학 분과에서 이루어졌다. 그런데 그들은 균류의 세포벽이 곤충의 단단한 부분을 구성하는 데 사용되지만 식물에서는 전혀 찾아볼 수 없는 키틴질로 이루어져 있다는 사실에 곤혹스러워 했다. 그리고 이것은 단순히 생물학에서 흔히 나타나는 전형적인 예외로 여겨졌다. 그러나 결국 분자 수준의 분석은 균류가 기본적인 화학 특성에서 동물계(Animalia)에 더 가깝다는 사실을 보여 주었다.

　　명확한 구분이 이루어지지 못해서 혼란스러웠던 '원생생물(protist)'의 50~80개 문(門)이 점차 명료하게 정리된 것 역시 분자 생물학(그리고 막이나 미세 구조에 대한 연구)의 커다란 업적이라고 할 수 있다. 속씨식물(angiosperm)을 관련 목(目)이나 과(科)에 적절하게 배열시킨 것 역시 대체로 분자 생물학적 방법을 적용한 덕분이었다. 분자적 접근 방법의 가장 커다란 장점은 이 분야에 연구할 만한 잠재적 형질들이 무궁무진하다는 것이다. 어떤 특정 유전자가 모호한 결과를 내놓은 경우에도 원칙적으로 수천 가지 다른 유전자들을 가지고 염두에 두고 있는 관련성을 확인해 볼 수 있다.

　　분자 시계(Molecular clock) 오랜 세월 동안 적당한 화석 기록이 존재하지 않을 경우에는 진화 계통의 지질학적 연대를 확인할 길이 없었다. 그런데 주커캔들(Zuckerkandle)과 폴링(Pauling, 1962)은 대부분의 분자들이 오랜 시간을 놓고 볼 때 비교적 규칙적인 속도로 변화를 겪는다는 사실을 보여 주었다. 우리는 그와 같은 분자들을 분자 시계로 이용할 수 있다. 현대적 후손을 가지고 있고 연대가 정확하게 밝혀진 화석들을 기준으로 삼아 분자 시계를 보정할 수 있다. 인간과 침팬지가 서로 갈라져 나온 시점이 예전에 널리 받아들여졌던 1400만~1600만 년 전이 아니라 500만~800만 년 전인 것으로 밝혀진 것도 분자 시계를 이용한 방법을 통해서였다.

그러나 분자 시계를 적용하는 데에는 주의가 필요하다. 왜냐하면 분자 시계는 우리가 종종 믿는 것처럼 일정하지 않을 수 있기 때문이다. 각각 다른 분자들이 각각 다른 변화 속도를 가지고 있을 뿐만 아니라 어느 한 분자도 시간이 흐름에 따라 변화 속도가 달라질 수 있다. 모자이크 진화(mosaic evolution)의 사례들이 그와 같은 사실을 반영한다. 따라서 분자 시계를 적용하는 데에 모순이나 불일치점이 발견될 경우 다른 분자의 변화 속도를 확인해 보고 또 다른 적절한 화석을 찾아볼 필요가 있다.

유전자형 전체의 진화 연구 방법의 커다란 향상으로 한 생물의 유전체(genome) 전체의 완전한 DNA 서열을 확인할 수 있게 되었다. 이러한 작업은 처음에는 대장균(Escherichia coli)을 포함한 몇몇 세균(진정세균(eubacteria)과 고세균(archaebacteria))을 대상으로 이루어졌다. 그 다음 효모(Saccharomyces), 식물(Arabodopsis), 회충(선충류, Caenorhabditis)과 초파리(Drosophila) 같은 몇몇 동물들로 확대되었다표2.1. 그리고 2000년 6월 드디어 인간 유전체의 서열 역시 완전하게 확인되었다. 유전체의 분자 수준의 구조를 다루는 분야가 유전체학(genomics)이다.

이 서열들은 이제 가장 흥미진진한 비교 연구의 재료로 사용되고 있다. 유전자는 진화하지만 유전자가 가지고 있는 원래의 기능이 유전자의 진화에 상당한 제한을 가한다. 그 결과 유전자의 기본 구조는 일반적으로 수백만 년에 걸쳐 그대로 보존되며, 그렇기 때문에 우리는 각 유전자의 계통을 연구할 수 있다. 이 연구의 가장 놀라운 결과는 고등 생물의 기본 유전자 가운데 일부는 그 자취를 거슬러 올라가다 보면 세균의 상동 유전자에 이르게 된다는 사실이다. 효모, 회충, 초파리의 많은 유전자들이 그 기원을 거슬러 올라가다 보면 동일한 조상 유전자에 이른다. 이 유전자들은 각기 다른 생물에서 정확히 동일한 기능을 수행하지 않을지도 모르지만 비슷하거나 대등한 기능을 수행한다.

새로운 유전자의 기원 세균, 그리고 가장 오래된 진핵생물(원생생물)들은 비교적 작은 유전체를 가지고 있다 박스 3.1 참조. 이러한 사실은 다음과 같은 의문을 제기한다. 새로운 유전자는 어떻게 생겨나는 것일까? 많은 경우에 새로운 유전자가 탄생하는 것은 기존의 유전자가 배가(倍加, doubling)된 다음 같은 염색체상의 기존의 유전자 바로 옆자리에 직렬로 삽입됨으로써 이루어진다. 적당한 시기

표 2.1 **게놈 크기 및 DNA의 양**

생물	게놈 크기 (염기쌍의 수 × 10⁹)	DNA 부호
박테리아(Escherichia coli)	0.004	100
효모(Saccharomyces)	0.009	70
선충(Caenorhabdities)	0.09	25
초파리(Drosophia)	0.18	33
영원(Triturus)	19.0	1.5~4.5
인간(Homo sapiens)	3.5	9~27
폐어(lungfish)	140.0	0.4~1.2
종자식물(Arabidopsis)	0.2	31
종자식물(Fritillaria)	130.0	0.02

출처: Maynard Smith and Szathmary(1995), 5쪽

가 되면 이 새로운 유전자는 새로운 기능을 얻게 되고 그렇게 되면 전통적 기능을 가진 기존의 유전자는 병렬 상동 유전자(orthologous gene)로 불리게 된다. 바로 이 병렬 상동 유전자로 유전자의 계통을 추적할 수 있다. 조상 유전자와 공존하는 파생된 유전자를 직렬 상동 유전자(paralogous gene)라고 한다. 다양성을 향해 나아가는 진화의 특성은 어떤 면에서는 직렬 상동 유전자의 생성으로 추진된다고도 볼 수 있다. 때로는 하나의 유전자뿐만 아니라 염색체 전체

또는 유전체 전체가 두 벌로 늘어나기도 한다.

결론

앞에서 살펴본 것처럼 생물학의 어떤 측면을 연구하든 우리는 반박할 수 없는 진화의 증거를 찾아낼 수 있다. 유명한 유전학자 T. 도브잔스키(T. Dobzhansky)가 남긴 "진화라는 조명으로 비추기 전에는 생물학의 그 어떤 것도 무의미하다."라는 말은 지극히 적절하고 옳은 것이다. 실제로 진화론을 제외한 다른 어떤 자연에 대한 이론도 이 장에 제시된 사실들을 설명할 수 없을 것이다.

어마어마하게 다양한 살아 있는 유기체의 세계에 명확한 질서를 부여하고 이해할 수 있도록 해 준 것이 아마도 진화론적 접근 방법의 가장 큰 공로일 것이다. 그 결과 우리는 가장 단순한 생명의 형태에서 보다 높은 차원의 생물(식물과 동물)이 생겨난 과정을 이해할 수 있게 되었다. 다음 장에서는 이러한 생명 세계의 발달에 대해 다룰 것이다.

3
생명
세계의 출현

천문학 및 지구 물리학의 증거에 따르면 지구는 약 46억 년 전에 태어났다. 갓 태어난 어린 지구는 고열과 방사능 때문에 생명을 담아내기에 적당하지 못했다. 천문학자들은 지금으로부터 약 38억 년 전 지구는 생명체가 살 수 있는 곳이 되었으며, 실제로 이 무렵에 지구상에 생명의 기원이 나타난 것으로 보고 있다. 하지만 우리는 최초의 생명이 어떤 모습이었는지 알지 못한다. 분명한 사실은 이 최초의 생명은 자신을 둘러싼 무생물 분자와 태양 에너지로부터 물질과 에너지를 끌어들일 수 있는 거대 분자들의 집합체였을 것이다. 이 초기 단계에 여러 차례에 걸쳐서 생명의 기원이 출현했을 수도 있다. 그러나 확실한 것은 알 수 없다. 만일 생명의 기원이 여럿 있었다고 하더라도 하나를 제외한 나머지 형태는 모두 사멸해 버렸을 것이다. 가장 단순한 세균을 포함해서 지금 지구상에 존재하는 생명의 형태들은 모두 하나의 기원으로부터 파생된 것이 분명하기 때문이다. 이는 가장 단순한 생물까지 포함하여 모든 생물의 유전 암호가 동일하다는 사실로 미루어, 그리고 세포의 수많은 특성들이 미생물을 포함해서 모든 생물들에서 동일하다는 사실로 미루어 명백하다. 화석으로 남겨진 최초 생명의 흔적은 약 35억 년 전의 것이다. 이 최초의 화석들은 세균과 비슷한 생물로 실제로 오늘날 존재하는 남세균(blue-green bacteria)이나 그밖의 다른 세균과 놀라울 정도로 비슷하다.

생명의 기원

그렇다면 생명의 시초에 대해 우리가 이야기할 수 있는 것들은 무엇일까? 1859년 이후 다윈의 비판자들은 이렇게 말했다. "다윈이라는 작자가 지구상의 생물이 어떻게 진화했는지를 설명했는지는 모르지만, 그는 아직 처음에 생물이 어떻게 생겨났는지는 설명하지 못했다. 어떻게 생명이 없는 물질에서 갑자기 생명이 나타날

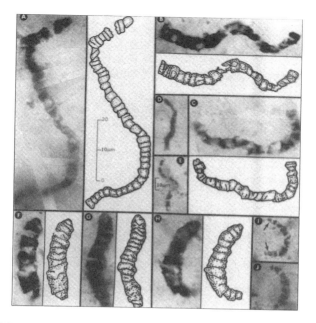

그림 3.1

세균의 화석. 가장 오래된 것은 약 35억 년 전에 남겨진 것으로 보인다. 그런데 세균은 그때부터 지금까지 그다지 많이 변화하지 않았다. 출처: Reprinted with permission from J. Williams Schopf, "Microfossils of the early Archean Apex chert: New evidence of the antiquity of life, *Science* 260: 620~646, 1993. Copyright 1993 by the American Association for the Advancement of Sceience.

수 있는가?" 이는 다윈주의자들에게 만만치 않은 도전이었다. 실제로 그 후 60년 동안 이 질문은 풀 수 없는 수수께끼로 여겨졌다.

다윈이 이 문제에 대한 추측을 내놓기는 했다. "최초의 살아 있는 유기체를 생성하기에 적합한 모든 조건들이……(갖추어진다면)…… 모든 종류의 암모니아와 인산염으로 가득한 어느 따뜻한 작은 연못 에 빛, 열, 전기 등이 주어진다면……"(Darwin, 1859). 그러나 이는 다 윈이 생각했던 것만큼 쉽지는 않은 것으로 드러났다.

생물권

생명의 기원으로부터 현재에 이르는 내내 생물과 생물을 둘 러싼 생명이 없는 환경, 특히 대기 사이에는 역동적인 상호 작용 이 있어 왔다. 어린 지구의 대기는 산소가 없는 환원성 대기로 대 부분 메탄, 수소 분자, 암모니아, 수증기 등으로 이루어졌다. 결국 청남세균류(시아노박테리아)의 활동으로 지구상의 대기는 산소를 함 유한 대기로 바뀌게 되었다. 석회암이나 그밖의 다른 암석의 형성 은 생물(예를 들어 산호초)이 대기에 어떤 영향을 미쳤는지를 보여 주 는 또 다른 증거이다.

생물의 활동과 그에 따른 무생물 환경의 반응이라는 상호 작 용은 많은 경우에 정적인 상태의 균형을 이룬다. 마찬가지로 서로 다른 종류의 생물 사이의 상호 작용 역시 생물권에 심원한 영향을 미친다. 동물 개체군의 번성으로 이산화탄소의 생산량이 증가하면 식물의 이산화탄소 흡수량 역시 증가하게 된다. 산소가 풍부한 대기는 분명 원핵생물보다 더 복잡한 형태로 발전한 후손 진핵생물이 출현하고 번성하는 데 도움이 되었을 것이다. 이러한 상호 작용은 고도로 균형 잡힌 지속적인 상태를 이루기 때문에 어떤 사람들은 이에 대해 '가이아 가설(Gaia hypothesis)'을 제안하기도 했다. 이 가설에 따르면 지구의 무생물 세계와 생물 세계가 하나로 합쳐져서 잘 균형 잡힌 계획된 시스템을 이루고 있다는 것이다. 그러나 그와 같은 '계획(program)'이 존재한다는 구체적인 증거는 등장하지 않았으며 대부분의 진화론자들은 가이아 가설을 거부한다. 진화론자들은 그 균형을 단지 무생물 세계의 변화에 대한 생물 세계의 반응 또는 그 반대에 의해 우연히 일어나는 결과라고 생각한다.

　생명의 기원에 대해 처음으로 진지한 이론이 제기된 것은 1920년대였다(Oparin, Haldane). 지난 75년간 이 문제를 다루어 온 광범위하고 방대한 문헌들은 생명의 기원을 설명하는 예닐곱 가지의 이론을 탄생시켰다. 비록 완전히 만족스러운 이론은 아직 나타나지 않았지만 이 문제는 이제 20세기 초만큼 위압적으로 느껴지지는 않는다. 현재 우리는 무생물 물질로부터 생명이 어떻게 생겨났는지를 설명하는 그럴듯한 시나리오를 여럿 가지고 있다고 말할 수 있다. 이 다양한 이론들을 이해하기 위해서는 상당한 수준의 생화학 분야의 전문 지식이 필요하다. 이 책에서 그 상세한 내용을 전부 다루는 것은 무리가 있으므로 생명의 기원에 초점을 맞춘 몇 가지 문헌들을 독자에게 소개하고자 한다(Schopf, 1999 ; Brack, 1999 ; Oparin, 1938 ; Zubbay, 2000).

지구상 생명의 선구자는 다음과 같은 두 가지 중요한 (그리고 그보다 덜 중요한 여러개의) 문제를 해결해야만 했다. (1)어떻게 에너지를 얻을까? (2)어떻게 복제를 할까? 당시 지구의 대기에는 산소가 없었다. 그러나 태양으로부터, 그리고 바다의 황화물로부터 풍부한 에너지를 얻을 수 있었다. 따라서 에너지를 얻고 성장하는 것은 그다지 큰 문제가 아니었다. 심지어 암석의 표면이 성장은 할 수 있지만 복제는 할 수 없는 대사 활동을 하는 얇은 피막으로 덮여 있었을 것이라는 주장이 제기되기도 했다. 복제가 등장하는 것이 더욱 어려운 문제였을 것이다. 현재 (몇몇 바이러스를 제외하고) 복제에서 필수적인 역할을 담당하는 분자는 DNA로 알려져 있다. 그런데 DNA가 어떻게 이러한 기능을 떠맡게 되었을까? 그 이유에 대해서는 만족할 만한 이론이 없다. 그러나 RNA가 효소의 능력을 가지고 있으므로 이러한 기능을 위해 선택되었으며 복제는 부차적인 역할로 따라온 것이라고 상상해 볼 수 있다. 오늘날 우리는 DNA의 세계 이전에 RNA의 세계가 지배했을 것이라고 믿고 있다. 이 RNA의 세계에서도 이미 단백질 합성이 일어났음이 분명하다. 단 그 효율은 DNA에 의한 단백질 합성보다 떨어졌을 것으로 보인다.

생명의 기원이라는 문제를 풀기 위한 이론적 진보가 이루어졌지만, 아직까지 아무도 실험실에서 생명을 창조해 내지 못했다는 냉정한 사실은 그대로 남아 있다. 생명이 탄생하기 위해서는 단순히 산소가 없는 대기뿐만 아니라 지금까지 어느 누구도 재현한 일이 없는 특이한 조건들(온도, 배지의 화학 조성)이 필요할지도 모른다. 아마도 그 조건은 액체(물)로 이루어진 배지로, 아마도 대양 바닥의 화산 분출구 근처의 뜨거운 물과 비슷한 상태가 아니었을까 생각된다. 실험실에서 실제로 생명을 만들어 내기까지는 앞으로도 상당한 기간 동안 연구가 진행되어야 할 것이다. 그러나 생명을 창조하는 일은 지나치게 어렵지는 않을 것이다. 왜냐하면 이미 38억 년 전 모든 조건들이 적당하게 조성되었을 때 지구상에서 일어났던 일이니 말이다. 불행히도 우리는 38억 년 전부터 35억 년 전 사이 3억 년에 이르는 기간 동안의 화석을 아직 발견하지 못했다. 화석을 함유한 암석 가운데 우리가 알고 있는 가장 오래된 것이 약 35억 년 전에 만들어진 것이다. 여기에는 이미 풍부한 세균의 생물상이 들어 있다. 우리는 그 이전 3억 년 동안 생명의 선조들이 어떤 모습을 하고 있었을지 전혀 알 수 없다(그리고 아마도 화석 없이는 결코 알아낼 수 없을 것이다.).

생물 다양성의 출현

원핵생물

지구상의 생명은 약 38억 년 전에 나타났다. 최초의 생물은 원핵생물(세균)로, 현재 발견되는 이들의 화석 가운데 가장 오래된 것은 약 35억 년 전의 것이다. 그 후 약 10억 년 동안 지구상의 생명은 오직 원핵생물로 이루어졌다. 이들은 그보다 고등한 생물인 진핵생물(핵을 가진 세포로 이루어진 생물)과 일련의 특징에서 차이를 보인다. 다시 말해서 진핵생물이 가진 특징들박스 3.1을 가지고 있지 않다. 세균은 몹시 다양하며 남세균(cyanobacteria), 그람음성세균, 그람양성세균, 홍색세균(purple bacteria), 고세균 등으로 불린다. 이들

박스 3.1 **원핵생물과 진핵생물의 차이**

지금까지 알려진 원핵생물과 진핵생물의 차이점은 30가지 정도이다. 그에 비하면 고세균과 다른 세균의 차이는 보잘것없었다.

특질	원핵생물	진핵생물
세포 크기	작다. 약 1~10마이크로미터	크다. 대개 10~100마이크로미터
핵	없다. 대신 핵양체(nucleoid)가 있다.	막으로 둘러싸인 핵이 있다.
소포체 세포막 계	없다	소포체, 골지체
DNA	단백질과 복합체를 이루고 있지 않다.	50퍼센트 이내의 히스톤 및 기타 단백질과 함께 염색체를 이루고 있다.
세포 소기관	막으로 둘러싸인 소기관이 없다.	대개 세포내 소기관(미토콘드리아 엽록체 등)을 가지고 있다.
대사	다양하다.	아미토콘드리아트를 제외하고 유산소 대사
세포벽	진정세균의 경우 펩티도글리칸 단백질	식물에서는 셀룰로스 또는 키틴. 동물은 세포벽이 없다.
번식	이분법 또는 출아법	동식물의 경우 감수 분열-수정 주기를 통한 성적 번식
세포 분열	이분법	유사 분열
유전자 재조합	일방향성 유전자 전달	감수 분열 도중에 재조합 일어남.
편모	플라젤린 단백질로 만들어진 회전하는 편모.	대개 튜블린 단백질로 만들어진 굽이 치는 섬모.
호흡	막에서 이루어짐	미토콘드리아에서 이루어짐.
환경에 대한 내성	넓은 범위	특정 범위
번식체	건조에 저항성 있는 포자 (내생포자와 외생포자)	문(門)에 따라 크게 다름 열에 저항성 있는 내생포자포낭, 씨앗 등등. 세균에비해 건조나 열에 대한 저항성 적음.
스플라시오솜, 페록시좀, 수소 발생 소포	없음	있음

이 서로 어떻게 관련되어 있으며 어떻게 분류해야 할지에 대해서는 아직 논쟁 중이다.

합의에 이르지 못하는 데에는 크게 두 가지 이유가 있다. 첫째 세균은 생물학적 종이 없으며 성적 생식을 하지 않는다. 그 대신 이들은 수평 (유전자) 전달(lateral (gene) transfer)이라는 절차를 통해 유전자 또는 유전자의 커다란 덩어리를 서로 교환한다. 예를 들어 세균의 특정 하위 집단, 이를테면 그람음성세균에 속하는 어느 세균이 완전히 다른 하위 집단 세균의 유전자들의 한 무리를 거느린 경우가 있다. 따라서 원핵생물의 경우 잘 정돈된 위계적 계통수를 구성하는 것이 매우 어렵고 경우에 따라서는 불가능할 수도 있다. 논란의 두 번째 이유는 전문가들이 서로 다른 두 가지의 분류학적 철학을 고집하기 때문이다. 전통적으로 원핵생물의 분류는 모든 분류군을 다른 분류군들과의 차이 정도에 기초하여 배열한다는 전통적인 원리에 입각해서 이루어졌다. 그런데 일부 전문가들은 '헤니지언 분류 체계(Hennigian ordering system)'라는 새로운 분류법을 채택하고 있다. 이 체계에 따르면 분류군들은 계통수에서 분기된 지점의 순서에 따라 배열된다.

이러한 논쟁은 특히 고세균을 어디에 편입시키느냐 하는 문제에 영향을 주었다. 워즈(Woese)가 발견한 이 세균 집단은 몇 가지 형질, 특히 세포벽과 리보솜의 구조에서 다른 세균들과 큰 차이를 보인다. 그러나 다른 모든 형질에서는 전형적인 원핵생물이다. 실제로 세균 분류학 분야를 주도하고 있는 전문가인 카발리어-스미스(Cavalier-Smith, 1998)는 고세균을 세균의 네 가지 하위 분류 단위 중 하나에 포함시켰다. 고세균과 다른 세 세균의 차이는, 원생생물의 대부분 하위 분류 단위 사이의 차이에 비해 더 크지 않다는 것이다. 확실히 고생물은 리보솜의 구조를 비롯해서 몇몇 형질에서 진핵생물과 유사하다. 그러나 최초의 진핵생물은 고생물과 진정생물이 공생하고 그 다음 두 공생생물(symbiont)이 키메라(chimaera)를 형성하여 생겨났다 그림 3.2. 그렇기 때문에 새로운 분류군인 진핵생물은 고세균과 진정세균의 형질을 모두 가지고 있다 박스 3.1.

어떤 세균들이 이 과정에 참여했는지는 이야기하기 어렵다. 나선균(Spirochaetes)이 섬모를 제공하는 데 관여했을 것으로 보인다. 린 마굴리스(Lynn Margulis)는 하나의 단순한 원생생물에서 다섯 가지 세균의 유전체가 확인된다고 주장했다. 최초의 키메라가 일방향성 유전자 전달(unilateral gene transfer)을 통해서 추가적으로 유전체를 얻은 것이 확실하다. 서로 먼 관계에 있는 원핵생물인 진

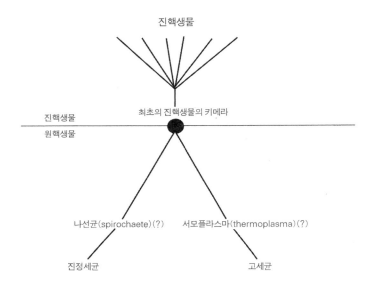

그림 3.2
최초의 진핵생물의 기원에 대한 모델. 두 원핵생물인 진정세균과 고세균이 키메라를 형성하고 그로부터 진핵생물이 비롯되었다.

정세균과 고세균 사이에 이루어지는 전이를 포함해서 이러한 유전자의 전이가 빈번하게 일어나기 때문에 원핵생물의 계통을 재구성하는 것은 무척 어렵다.

진핵생물의 기원은 지구상의 생명의 역사를 통틀어 가장 중요한 사건이라고 볼 수 있다. 진핵생물이 나타남에 따라 식물, 균류, 동물 등 좀 더 복잡한 모든 생물들이 나타날 수 있게 되었다. 핵을 가진 세포, 성적 생식, 감수 분열, 그밖에 좀 더 발달한 다세포 생물에게서 나타나는 다른 모든 독특한 특성들은 최초의 진핵생물의 후손들이 이룬 업적들이다.

최초의 진핵생물이 나타난 이후에도 여전히 매우 풍부한 원핵생물이 존재했다. 원핵생물은 유기질 쇄설물(organic detritus)에 기생해서 살아가는 경향을 보이기 때문에 진핵생물이 나타난 후에는 오히려 더 번성하게 되었을지도 모른다. 어느 전문가의 계산에 따르면 오늘날 지구상의 원핵생물의 생물량(biomass, 살아 있는 동물·식물·미생물의 유기물량. 보통 건조중량 또는 탄소량으로 표시한다.——옮긴이)이 모든 진핵생물의 생물량을 넘어선다고 한다.

'고등' 생물인 진핵생물에는 없고 오직 세균들만이 공유하고 있는 여러 가지 특징들이 있다 박스 3.1. 핵이 없고, DNA가 생식체(gonophore) 안에 위치하고 있으며, 단백질로 둘러싸인 염색체가 없고, 성적 생식 대신 단순한 출아법(budding)이나 이분법(fission)에 의해 번식하며, 감수 분열이나 유사 분열이 일어나지 않고, 플라젤린 단백질로 이루어진 회전하는 편모를 가지고 있고, 대개 세포의 크기가 작고(1~10마이크로미터) 일부는 군체를 형성하며 세포 소기관(미토콘드리아 등)이 없다는 것이 그와 같은 특징이다.

이 풍부한 원핵생물의 세계를 어떻게 세분해야 할지에 대해 전문가들 사이에 의견이 분분하다. 세균의 한 하위 분류 단위인 고세균의 경우 일부 속(屬)은 온천이나 유황온천, 소금물 등 극단적인 환경 조건에 적응해 나갔지만 다른 종들은 바닷물을 포함해서 일반적인 환경에서 발견된다.

원핵생물의 화석 중에서 가장 오래된 것은 35억 년 전의 남세균_{그림 3.1}이다. 남세균의 놀라운 점은 형태의 안정성이다. 화석으로 남아 있는 초기의 원핵생물 종 가운데 3분의 1은 현존하는 종과 형태상으로 구분할 수 없으며 거의 대부분이 현대의 속(屬)에 속한다. 이들은 무성 생식으로 번식하며 개체군의 크기가 매우 크고 다양하며 많은 경우에 극단적인 환경 조건에서 살아갈 수 있다. 이러한 특성들이 형태의 안정성을 낳았을 수도 있다.

진핵생물

그 후 약 10억 년 동안 지구상에는 오직 세균만이 살았다. 아마 생명의 역사에서 가장 중요하고 극적인 사건은 바로 진핵생물의 탄생일 것이다. 진핵생물은 막으로 둘러싸인 핵을 가지고 있으며 그 안에 각각의 염색체가 들어 있다는 점에서 원핵생물과 크게 다르다. 최초의 진핵생물이 나타난 것은 진화의 중요한 단계이다. 고세균과 진정세균이 공생하다가 키메라를 형성해 그로부터 최초의 진핵생물이 나타났음이 분명하다 그림 3.2. 진핵생물의 기원에 대한 이러한 추측은 진핵생물이 부분적으로 진정세균과 고세균의 유전체를 가지고 있다는 사실에서 나온 것이다(Margulis et al. 2000). 이 새로운 진핵세포는 그 후 다양한 공생생물을 세포 소기관으로 흡수했다. 미토콘드리아나 식물세포의 엽록체가 그 예이다.

소기관들은 차례차례 시차를 두고 편입된 것으로 보인다. 왜냐하면 오늘날 존재하는 일부 원시적인 진핵생물에도 미토콘드리아나 다른 세포내 소기관들이 없는 경우가 있기 때문이다. 염색체가 막에 둘러싸여 있는 형태의 핵이 어떻게 생겨났는지는 아직 확실하게 알려지지 않았다. 핵의 기원에는 공생이 관여하지 않은 것으로 보인다.

미토콘드리아는 홍색세균의 한 아문(亞門, alpha-subdivision)에서 유래한 것으로 보인다. 그리고 식물의 엽록체는 남세균에서 비롯되었다. 최초의 진핵생물이 조합되고 핵이 생겨나는 과정의 순서에 대해서는 아직까지 논란이 벌어지고 있다. 핵의 형성에 대한 매우 혁신적인 새로운 이론이 제시되었는데(Martin and Müller, 1998) 이 이론은 아직 시험을 거쳐야만 한다.

원생생물(Protists) 최초의 진핵생물에 대한 화석 기록은 매우 빈약하다. 그러나 최근 진핵생물 대사의 부산물인 지질(스테란(sterane))의 흔적이 약 27억 년 전의 암석에서 발견되었다. 따라서 진핵생물의 기원은 생각했던 것보다 훨씬 더 이전인 것으로 밝혀졌다. 그러나 이 분자들이 좀 더 나중의 지층으로부터 오래된 퇴적 암층으로 스며들어 갔을 희박한 가능성도 있다. 하지만 대부분의 지질학자들은 그와 같은 가능성을 일축하고 있다. 대기 중의 자유 산소의 양도 그 무렵에 증가했으며, 이는 그 무렵 진핵생물이 등장했을 것이라는 주장을 더욱 강화시켜 준다. 한편 분자 시계에 기초한 연구 역시 진핵생물의 기원이 더 오래되었다는 주장에 힘을 실어 준다. 초기의 진핵생물은 핵을 가진 하나의 세포로 이루어졌다. 세포 소기관을 가지고 있는 경우도 있었고 그렇지 않은 경우도 있었다. 단세포 진핵생물은 각기 매우 이질적이지만, 이들을 하나로 통틀어 원생생물이라는 속칭으로 부른다. 그러나 이들은 서로 다른 여러 계(원생동물계(Protozoa) 등)로 분류된다. 그리고 식물, 균류, 동물 같은 모든 고등한 분류군의 가장 단순한 구성원들 역시 단세포 생물이다. 현재 세포 소기관을 가지고 있지 않은 원생생물 가운데 일부는 한때는 존재한 세포 소기관을 나중에 잃어버린 것으로 보인다.

약 27억 년 전 처음 발생한 진핵생물은 매우 다양하게 퍼져 나갔다. 원생생물의 문(門)이 36가지가 넘는다는 마굴리스와 슈바르츠(Margulis and Schwartz, 1998)의 발견은 원생생물의 다양성을 대변해 주고 있다. 원생생물의 문에는 아메바, 미포자충류(microsporidia), 점균류(slime mold), 쌍편모류(dinoflagellate), 섬모충류(ciliate), 포자충류(sporozoa), 은편모조류(cryptomonad), 편모충류(flagellate), 황조식물류(xanthophyta), 규조류(diatom), 갈조류(Phaeophyta, 일부는 다세포), 난균류(oomycete), 홍조류(Rhodophyta), 녹조류, 방산충류(radiolaria) 그리고 그보다 덜 알려진 20가지 문이 포함되어 있다. 그러나 또 다른 현대적인 분류 체계에서는 원생생물을 80개의 문으로 나누고 있다. 이러한 사실은 단세포 진핵생물 사이의 관계에 대한 우리의 이해 부족을 시사한다. 원생생물계(Protista)라는 이전의 분류군은 원생생물들 간의 극단적인 이질성(heterogeneity) 때문에 더 이상 인정되지 않는다. 원생생물에 대한 안정적인 분류 체계를 완성하기까지는 아직 갈 길이 멀어 보인다. 분자 생물학적 방법의 광범위하고 집중적인 적용이 필요할 것으로 보인다.

단세포 진핵생물(원생생물과 조류)의 가장 오래된 화석은 약 17억 년 전에 만들어진 것으로 보인다. 그러나 다양한 방법을 통해 추론한 단세포 진핵생물의 실제 기원은 그보다 약 10억 년쯤 더 앞선 것으로 나타났다. 초기 진핵생물의 다양성은 17억 년 전에서 9억 년 전 사이에는 그리 크지 않다가 그 후 급격히 커져서 캄브리아기에 원생생물의 미화석(microfossil)의 수가 폭발적으로 늘었을 것으로 생각된다.

다세포성(Multicellularity) 다세포성의 기원은 진화의 역사에서 반복적으로 나타났다. 세균에서 다세포성의 전조를 많이 찾아볼 수 있다. 여남은 개 이상의 단세포 원생생물의 집단, 조류, 균류에서 나타나는 크기의 증가에서 다세포성을 향한 최초의 발걸음이 엿보인다. 이는 세포 집합체 내에서 세포들의 노동 분화로 이어지고 한데 모여서 종국에는 진정한 다세포성에 이르게 된다.

최초의 진핵생물은 하나의 세포로 이루어졌다. 실제로 오랜 기간 동안 원생생물은 단세포 진핵생물로 정의되었다. 그러나 나중에 단세포 식물(녹조류), 단세포 동물(원생동물), 단세포 균류 등도 존재하는 것이 발견되었다. 뿐만 아니라 갈조류나 홍조류처럼 대부분 단세포 종으로 구성된 분류군 안에 일부 고도로 다세포화된 종이 포함되기도 한다. 길이가 100미터에 이르는 자이언트 켈프(giant kelp, 마크로키스티스(Macrocystis)속) 역시 원생생물과에 속한다. 다세포성의 형태는 기본적으로 단세포 분류군 사이에도 널리 퍼져 있다. 심지어 세균조차도 이따금씩 한데 뭉쳐서 거대한 세포 덩어리를 이룬다. 다세포성은 식물(metaphyta), 균류, 동물(metazoan)이라는 세 개의 거대한 계(kingdom)에서 그 절정을 이룬다. 예전의 분류 체계는 단세포 식물(조류), 균류, 동물의 분류군을 인정했지만 지금은 이들 단세포 생물들을 모두 원생생물로 분류한다.

동물계의 계통

동물의 계통을 재구성하는 데에는 오랫동안 논란이 뒤따랐다. 진화론이 등장하기 전에 이미 퀴비에가 꼬리를 물고 이어진 하나의 선으로 표현되었던 18세기의 자연의 계단이라는 개념을 무너뜨렸다. 퀴비에는 동물을 척추동물, 연체동물, 관절동물, 방사동물이라는 네 개의 문으로 나누었다 2장 참고. 그런데 그 후 얼마 되지 않아서 방사동물은 강장동물과 극피동물을 인위적으로 묶어 놓은 집합체인 것으로 밝혀졌다. 그리고 뒤를 이어서 퀴비에가 정한 다른 네 개의 문들도 재정비되었다. 그리하여 다세포 동물들은 최종적으로 30개에서 35개에 이르는 문으로 분류되었다. 이 문들은 동물의 가장 큰 분류 집단으로, 여기에는 해면동물(Porifera), 강장동물, 극피동물(Echinodermata), 절지동물, 환형동물, 연체동물, 편형동물, 척삭동물, 그리고 좀 더 규모가 작은 다른 많은 문들이 포함된다. 이들은 모두 대체로 뚜렷한 차이에 의해 서로 구분된다. 1859년 이후로 이 문들이 서로 어떤 관계를 맺고 있으며 하나의 계통수 안에 어떻게 자리 잡아야 할지를 결정하는 일은 진화론자들의 몫이 되었다. 최초의 다세포 동물이 어떤 모습이었으며 어떤 고등 분류군이 더 고등한 분류군을 낳았을까? 1860년대 이래로 계통 발생학자들은 이러한 문제를 적극적으로 탐색해 왔다. 그 결과 오늘날 동물 진화의 큰 줄기는 이해할 수 있게 되었지만 아직 수많은 세부 사항은 논란의 선상에 있다. 현재 가장 도움이 될 것으로 보이는 체계는 다윈식 분류 체계의 전통적 원리, 즉 분기된 지점보다는 유사성에 기초해서 분류군의 범위를 정하는 방식에 기초한 것이다.

문의 거의 대부분은 선캄브리아기 말기와 캄브리아기 초기인 약 5억 6500만 년에서 5억 3000만 년 전 사이에 완전히 자리를 잡았던 것으로 보인다. 각 문 사이의 중간 단계에 위치하는 생물의 화석은 발견되지 않았고 현존하는 생물에서도 역시 중간 단계를 찾아볼 수 없다. 그 결과 이 문들은 서로 연결될 여지없이 깊은 심연의 틈으로 서로 분리되어 있는 것처럼 보인다. 이러한 틈새를 어떻게 설명할 수 있을까? 그리고 각 문의 관계를 어떻게 이어 붙일 수 있을까? 그에 대한 잠정적 설명을 곧 독자들에게 제공할 것이다. 가장 오래된 최초의 동물들은 화석 기록을 남기지 않았기 때문에 그들의 계통을 복원하기 위해서는 현존하는 후손을 연구하는 수밖에 없다. 약 100년에 걸쳐 무척추동물을 철저하게 형태학적, 발생학적으로 비교한 결과 어느 정도 신뢰할 만한 동물의 계통수를 만들어 낼 수 있었다. 그러나 몇몇 소규모 문 사이의 관계는 여전히 불확실한 상태이고 기본적인 문제에 대해서도 완전히 합의가 이루어지지 못했다. 수렴(convergence), 평행 진화(parallel evolution), 극단적인 종 분화, 모자이크 진화, 중요 형질의 손실, 그리고 다른 여러 진화 현상들이 한동안 더 이상의 진전을 가로막고 있는 듯 보였다. 이러한 막다른 골목은 형태학적 증거에 분자 수준의 형질이 더해지면서 돌파구를 찾게 되었다.

유전자를 구성하는 분자들 역시 진화를 겪으며 형태학적 형질들과 마찬가지로 나름의 계통을 가지고 있다는 사실이 발견되자 사람들은 곧 생물의 명확한 계통이 밝혀질 것이라는 희망에 부풀었다. 형태학적 자료가 모호한 경우에는 언제든 분자 연구의 증거들이 확실한 결론을 제시해 줄 것이다! 아, 그러나 슬프게도 문제는 그렇게 간단하게 풀리지 않았다. 왜냐하면 그 추론은 모자이크 진화라는 현상을 간과하고 있었기 때문이다. 유전형의 각 요소들은 다른 유전형으로부터 상당히 독립적으로 진화할 수 있다. 어느 특정 분자의 진화에 기초하여 구성한 계통수는 종종 다량의 형태학적 증거나 기타 증거와 모순되었다. 기술적 이유 때문에 분자 생물학적 분석에 처음 이용되었던 분자들은 리보솜 RNA와 미토콘드리아 DNA였다. 그런데 불행히도 이 분자들은 많은 경우에 그들 각자의 진화의 길을 걸어온 것으로 드러났다. 특히 18S RNA에 기초하여 만든 계통수에는 오류가 있었던 것으로 드러났다. 그 후 실시된 분자 분석의 경우 핵의 유전자를 포함한 여러 종류의 분자들을 분석해서 결론을 도출해 냈다. 이따금씩 일어나는 실패만으로 분자 분석으로 얻은 증거의 어마어마한 공헌을 폄하해서는 안된다.

우리는 형태학과 발생학으로 얻은 확고한 기초 위에 이 새로운 증거를 보태서 신뢰할 만한 동물계의 계통을 이룩할 수 있다.그림 3.3. 향후 15년 안에 동물의 계통 발생에 대한 실질적 합의에 도달할 수 있을 것으로 보인다. 현재도 계통수에서 어떤 위치를 차지하고 있는지 전혀 알 수 없는 문은 거의 없는 상태이다.

최초의 동물에서 좌우 대칭 동물(Bilateria)까지

현존하는 가장 원시적인 다세포 동물은 배쪽과 등쪽의 세포층만으로 이루어진 털납작벌레(Trichoplax, 판형동물(Placozoa))이다. 이 동물은 유주포자(遊走胞子, swarmer)를 통해 번식한다. 그보다 한 단계 높은 동물은 해면동물이다. 해면동물은 원생동물인 코아노모나드(choanomonad)에서 비롯된 것으로 보인다. 분자 수준의 분석 결과 동물 진화에서 해면동물의 다음 단계에 놓인 강장동물은 해면동물에서 파생된 것으로 보인다. 그러나 강장동물이 다른 종류의 원생생물로부터 독립적으로 진화했을 가능성도 있다. 강장동물의 두 개의 문(자포동물(Cnidaria)과 유즐동물(Ctenophora))은 방사 대칭(생물의 중심을 지나면서 선을 기준으로 양쪽 부분이 거울상을 이루도록 자를 수 있는 선이 셋 이상인 형태 —옮긴이) 구조를 가지고 있다. 이들은 배아가 외배엽과 내배엽이라는 두 개의 세포층으로 이루어져 있는 이배엽성 동물이다. 그밖에 다른 모든 다세포동물들(좌우 대칭 동물)은 좌우 대칭에 중배엽이라는 또 다른 세포층을 가진 삼배엽성 동물이다.

좌우 대칭 동물의 진화

좌우 대칭 동물에 속하는 문들의 관계는 100년 이상 논쟁의 대상이 되어 왔다. 분자 분석이 도입되기 전에는 다양한 형태학적 형질 가운데 어디에 무게를 두느냐에 따라 분류 체계가 달라졌다. 오랫동안 체강(coelom)의 존재 유무가 가장 중요한 특징으로 여겨져 왔다. 그러나 사실 이는 잘못된 생각이었다. 예전에는 체강이 없는 편형동물이 좌우 대칭 동물의 기초적인 집단이며, 여기에서 많은 집단들이 파생되었을 것이라고 생각했다. 이는 지금까지도 널리 받아들여지는(또한 상당히 근거 있는) 생각이다. 그러나 편형동물 역시 하나의 파생된 집단이며 나중에 체강과 항문을 잃어버렸

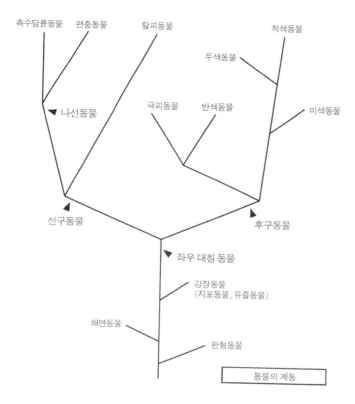

그림 3.3

동물의 주요 집단의 계통. 선구동물의 분류에 대해서는 본문을 참조하자. 몇몇 잠정적 분류에 대해서는 논란이 계속되고 있다.

을 것이라는 견해를 지지하는 증거도 많이 나타나고 있다.

체강(Coelom) 가장 먼저 나타난 좌우 대칭 동물은 온몸이 부드러운 조직으로 이루어져 있었다. 이들은 대양의 바닥이나 바다의 다른 부분을 기어다니며 살았다. 이들로부터 파생된 좌우 대칭 동물의 다른 분류군들은 자신을 보호하기 위해서, 그리고 풍부한 영양분을 이용하기 위해서 기질(substrate) 속을 헤집고 다닌다. 이들은 강력한 중배엽 근육판의 연동 수축을 통해 부드러운 기질 속에서 몸을 전진시킬 수 있다. 액체로 가득한 강(腔)에 체벽의 근육이 가하는 압력에 의해 이러한 추진력이 얻어진다. 일부 문의 경우 신체 조직 사이의 혈액이 필요한 액체 역할을 맡는다. 그러나 다른 문의 경우 액체로 가득 찬 강(腔)이 존재하며 이를 체강이라고 한다. 체벽 근육과 체강으로 이루어지는 이러한 유체 정역학(hydrostatic) 시스템은 연동 운동에 필요한 견고성을 제공한다.

선구동물과 후구동물(Protostomia and Deuterostomia) 동물의 출현에서 다음 단계에 일어난 사건은 좌우 대칭 동물이 선구동물(先口動物)과 후구동물(後口動物)이라는 두 계통으로 갈라진 것이다. 선구동물의 경우 배아에서 낭배(gastula) 단계에 존재하는 원구(原

口, blastopore)가 성체의 입으로 발달하고 항문은 낭배의 끝에 새롭게 형성된다. 반면 후구동물의 경우 새로 형성된 구멍이 영구적인 입이 되고 원구는 항문이 된다 박스 3.2. 뿐만 아니라 이 두 갈래의 동물들은 체강의 형성에서도 차이를 보인다. 선구동물과 후구동물로 나누는 것은 동물의 기초적인 분류이다.

환형동물, 연체동물, 절지동물, 그리고 많은 수의 규모가 작은 문들이 선구동물에 속한다. 반면 극피동물과 척삭동물(척추동물 포함), 그리고 세 개의 작은 문들이 후구동물이다. 선구동물과 후구

박스 3.2 **선구동물과 후구동물의 차이점**

특징	선구동물	후구동물
입	원구가 성체에서 입이 됨.	새롭게 형성됨.
항문	새롭게 형성됨.	원구로부터 형성됨.
체강	존재하는 경우, 열체강 (schizocoely)으로부터 형성	장체강(enterocoely)으로부터 형성
수정란의 난할	대개 나선형	항상 방사형
발달	결정성	비결정성
유생	유생이 존재하는 경우 하류 쪽으로 섬모들이 나 있다.	유생의 섬모들이 상류 쪽으로 나 있다.

동물이라는 두 커다란 집단은 여러 가지 근본적인 특징에서 차이를 보인다. 대부분의 선구동물의 경우 수정란은 나선형 난할(spiral cleavage)을 거치게 된다. 이 경우 세포의 분할면이 배아의 수직축에 대각선을 이룬다. 후구동물의 수정란은 방사형 난할(radial cleavage)을 통해 발달한다그림 3.4. 또한 대부분의 선구동물의 수정란은 결정성 난할을 한다. 즉 접합체(zygote) 각 부분의 궁극적 기능이 처음부터 결정되어 있다. 반면 대부분의 후구동물은 비결정 난할을 하는데 초기의 난할에서 생겨난 세포들은 각각 완전한 배아로 발달할 수 있는 능력을 가지고 있다.

우리가 형태학적 형질에만 의존한다면 어떤 문을 선구동물에 포함시키고 어떤 문을 후구동물에 넣어야 할지에 대해 논란이 있을 수 있다. 선구동물을 어떻게 여러 개의 문으로 나누느냐 하는 문제는 더욱 더 논란에 휩싸일 수 있다. 분자 분석이 이러한 문제들을 상당한 정도로 명확하게 밝혀 주었다. 분자 분석 정보로 계통에서의 분기 지점을 산출하는 수학 방법들이 개발되었다. 계통 발생의 분기 패턴을 발견하기 위한 방법론을 '분기 분석(cladistic analysis)' 또는 '계보학적 분석'이라고 한다. 분기 지점을 발견하는 데 유용한 정보는 오직 파생된 형질로부터 제공된다.

(a)

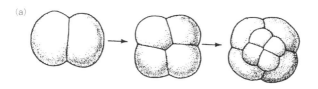

(b)

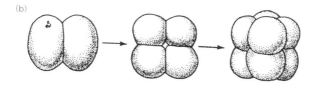

그림 3.4
수정란의 최초의 난할. 나선형 난할(a) vs. 방사형 난할(b). 출처: *Evolutionary Analysis*, 2nd
ed. by Freeman/Herron, Copyright © 1997. Reprinted by permission of Pearson
Education, Inc., Upper Saddle River, NJ.

선구동물의 경우 약 24개의 문으로 이루어진 것으로 밝혀졌
다. 단 불확실한 것은 유수동물문이나 의충동물문, 미악동물문
(micrognathozoa)과 같은 작은 분류군들이 문에 위치해야 하는지 아
니면 강(綱, class)이나 아문(亞門, subphyla)과 같이 좀 더 낮은 단계에
위치해야 옳은지 하는 문제이다. 대부분의 문의 배치는 대개 널리
받아들여지고 있다. 그러나 모악동물(Chaetognatha)과 같은 일부 문

의 경우 아직 불확실하다고 할 수 있다. 다음 선구동물의 문의 분류는 널리 받아들여지고 있기는 하지만 최종적인 것은 아니다.

탈피동물(Ecdysozoa)
 범절지동물(Panarthropoda)
  유조동물(Onychophora)
  완보동물(Tardigrada)
  절지동물(Arthropoda)
 인트로베르타(Introverta)
  동문동물(Kinorhyncha)
  새예동물(Priapulida)
  동갑동물(Loricifera)
  선형동물(Nematoda)
  유선형동물(Nematomorpha)
나선동물(Spiralia)
 편충동물(Platyzoa)
  복모동물(Gastrotricha)
  편형동물(Plathelminthes 또는 Platyhelminthes)
  악구동물(Gnathostomulida)
  미악동물(Micrognathozao)
  윤형동물(Rotifera)-구두동물(Acanthocephala)

　　　구륜동물(Cycliophora)

　　　모악동물(Chaetognatha)

　촉수담륜동물(Trochozoa 또는 Lophotrochozoa)

　　　완족동물(Brachiopoda)

　　　태형동물(Bryozoa)

　　　추형동물(Phoronida)

　　　내항동물(Entoprocta)

　　　성구동물(Sipuncula)

　　　연체동물(Mollusca)

　　　환형동물(Annelida)(유수동물(Pogonophora) 포함)

　　　의충동물(Echiura)

　　　유형동물(Nemertea)

　　잠정적으로 선구동물의 문들은 크게 탈피동물(Ecdysozoa)과 나선동물(Spiralia)이라는 두 집단으로 나눌 수 있다. 탈피동물의 모든 구성원들은 탈피를 거친다. 여기에는 절지동물과 선형동물, 그리고 이들과 관계 있는 동물들을 비롯하여 가장 풍부한 종을 지닌 동물의 문들이 포함되어 있다. 나선동물은 크게 두 개의 무리가 인지되고 있다. 촉수관을 지닌 무리(태형동물, 완족동물)와 담륜자(膽輪子, trochophore, 부화한 섬모를 가진 부유성 유생──옮긴이) 유생기를 거쳐 발달하는 무리(환형동물, 연체동물, 기타)이다. 윤형동물 및 그와 관계 있는 유형동물, 편형동물 등이 잠정적으로 여기에 위치한다.

대부분의 새로운 문은 '출아(budding)'를 통해 생성된다. 다시 말해서 주요 문 중에는 하나의 곁가지로 시작해서 새로운 가지로 뻗어 나갈 때 비교적 짧은 시간 동안 원래 갈라져 나온 가지와 너무나 달라져서 분자 분석을 통해서만 그 관계를 확인할 수 있는 문이 대부분이다. 일부 문의 파생 경로는 아직도 불확실하다.

분자 분석 방법은 한 가지 중요한 발견을 낳았다. 각 계통의 관계를 파악할 때 분절(segmentation)이나 체강, 나선형 난할, 담륜자 유생 등과 같은 복잡한 형질들은 우리가 예전에 생각했던 것처럼 결정적인 증거가 아니라는 사실이다. 왜냐하면 이들 형질은 진화 과정에서 다시 사라질 수 있기 때문이다. 예를 들어서 연체동물과 유수동물의 조상은 분절을 가지고 있었고 편형동물의 조상은 체강을 가지고 있었다. 그런데 유수동물의 특정 형질 때문에 우리는, 오랫동안 이를 뒷받침할 다른 형질들을 찾아볼 수 없는데도 이들이 다모류(Polychaete, 환형동물의 일종—옮긴이)와 가까운 관계에 있을 것이라고 생각해 왔다. 그러나 이제 우리는 유수동물이 다른 형질들을 잃어버렸을 것이라고 추론할 수 있다. 다행히도 겉으로 드러나는 형질이 상실된 경우에도 분자적 형질은 명확한 답을 준다.

　　이 각각의 문의 형질에 대한 분석은 이들이 모두 공통의 조상에서 유래한 것이라는 사실을 일관되게 드러내고 있다. 예를 들어 절지동물과 환형동물은 하나의 동일한 선구동물 조상에서 유래했다. 그리고 선구동물과 후구동물은 동일한 좌우 대칭 동물에서 유래했다. 동물, 식물, 균류는 모두 단세포 진핵생물 조상에서 유래했고 진핵생물은 세균에서 유래했으며 세균은 단 하나의 생명의 기원으로부터 유래했다.

　　이러한 분류학적 세부 사항이 지루하게 느껴질지도 모르겠다. 그러나 이것은 진화론자들에게 오늘날의 생물학적 다양성이 진화되어 온 단계를 비추어 주는 귀중한 자료들이다. 과거에 분기를 일으켰던 작은 사건이 선구동물과 후구동물처럼 서로 현격히 다른 집단으로 이어졌다. 그리고 이러한 분류군들을 구별해 주는 차이가 그대로 남아 있는가 하면 어떤 경우에는 같은 형질(이를테면 체절)이 진화 과정에서 여러 차례 생겨났다 사라지기를 반복하기도 한다. 현재의 고등한 분류군들의 다양성에 대한 조사와 이 다양성에서 출발하여 제한된 수의 조상까지 거슬러 올라가는 작업을 통해서 진화의 경로에 대한 놀라운 그림이 완성될 수 있다.

동물 진화의 연대기 비교적 최근 선캄브리아기 말기인 약5억 5000만 년 전의 것으로 보이는 가장 오래된 동물 화석이 발견되었다. 화석이 발견된 당시만 해도 사람들은 어마어마하게 다양하게 뻗어 나간 동물의 진화가 믿을 수 없을 만큼 짧은 시간, 즉 1000만 년에서 2000만 년 정도에 걸쳐서 이루어졌을 것이라고 믿었다. 이는 믿기 어려운 사실이었고 실제로 틀린 것으로 밝혀졌다.

처음에는 지구상의 모든 생명이 바다에 살았다. 최초의 육상 식물이 나타난 것은 4억 5000만 년 전이었고 최초의 종자식물(속씨식물)이 나타난 것은 트라이아스기로, 약 2억 년이 조금 더 되었다. 오늘날 고등 생물 가운데 가장 풍부한 종을 거느린 곤충은 약 3억 8000만 년 전에 나타났다. 척삭동물이 나타난 것은 약 6억 년 전이지만 최초의 육상 척추동물(양서류)이 발견된 지층은 약 4억 6000만 년 전이다. 즉 양서류에서 파충류가 비롯되었고 2억 년 전쯤 조류와 포유류가 등장했다.

각 문(門)의 등장과 퇴장

지질학자들은 지구의 역사를 일정한 시기(era)로 나눈다. 각 시기는 특정 생물 집단의 번성 또는 절멸을 특징으로 한다. (5억 4300만 년 전에 시작된) 캄브리아기는 처음으로 주요 다세포 진핵생물이 번성했던 시대이다. 그 이전 시대를 모두 통틀어 선캄브리아기 (46억 년 전에서 5억 4300만 년 전까지)라고 한다. 우리가 생명의 시초가 나타났을 것이라고 생각하는 시기(38억 년 전)로부터 약 10억 년 동안은 오직 원핵생물만 존재했다. 그러나 원생대(Proterozoic period, 27억 년 전에서 17억 년 전)에 진핵생물이 나타났고 그 뒤를 이어 다세포 진핵생물이 처음으로 나타났다. 이들은 화석 기록을 남기지 않았지만 그 이후에 탄생한 캄브리아기의 후손들로부터 그들의 존재를 추론할 수 있으며, 진화 시계(evolutionary clock)를 통해 산출할 수 있다. 선캄브리아기 말기(6억 4000만 년~5억 4300만 년 전)의 에디아카라(Ediacaran, 오스트레일리아 애들레이드 북쪽에 있는 구릉 지대로 선캄브리아기 말의 비교적 진화된 다세포 동물들의 화석이 발견된 곳. 이는 원생동물 이외에 세계에서 가장 오래된 해서동물(海棲動物)이다. ──옮긴이) 생물상 화석이 최초의 동물상의 화석이다.

  풍부한 화석 기록이 남아 있는 캄브리아기에서 현재에 이르는 시기를 현생 누대(Phanerozoic eon)라고 한다. 고생물학자들은 현생누대를 고생대, 중생대, 신생대로 나눈다. 이 각각의 대(代,

era)는 다시 여러 기(期, period)로 세분된다. 고생대와 중생대의 경계는 페름기 말기의 대절멸(mass extinction)로, 중생대와 신생대는 백악기 말의 대절멸로 구분된다.

다세포동물의 기원, 캄브리아기 폭발(Cambrian Explosion)

우리는 오랫동안 캄브리아기, 즉 5억 4300만 년 전에 다세포동물이 출현했을 것이라고 믿어 왔다. 초기 캄브리아기 지층에서 발견된 화석 기록에 따르면 골격을 가진 동물의 문 대부분이 매우 짧은 기간 동안에 한꺼번에 나타났다. 완족동물, 연체동물, 절지동물(삼엽충), 극피동물 등이 당시에 나타난 동물들이다. 그토록 많은 동물 문이 갑자기 거의 동시에 나타난 것처럼 보이는 것은 그 무렵 나타났던 또 다른 진화적 발달 때문이다. 새롭게 등장한 대부분의 화석은 부드러운 몸을 가졌던 조상들과 달리 골격을 가지고 있었고 그렇기 때문에 화석으로 보존되기 쉬웠다. 그러나 그보다 더 이른 시기인 선캄브리아기 말기(벤드기(Vendian Period))의 화석 생물상(에디아카라) 역시 세계 각 곳에서 발견되고 있다. 이 화석 생물상에는 캄브리아기의 생물들과 관계 있는 생물뿐만 아니라 수많은 특이하고 낯선 종류가 포함되어 있다. 이 벤드기 생물상에서 발견되는 동물 가운데 일부는 현존하는 동물의 문 어디에도 포함될 수 없는 것으로 보인다. 이들은 캄브리아기 이전에 모두 절멸해 버린 것이다. 벤드기의 생물상에서 발견된 가장 오래된 삼배엽성 생물의 화석은 약 5억 5500만 년 전의 것으로 추정된다.

만약 캄브리아기 초기에 새로운 문들이 폭발적으로 등장한 것이, 부분적으로 기존의 부드러운 몸을 가진 동물들의 골격화(skeletonization) 때문이라면, (실제로 그럴 가능성이 높다.) 이러한 의문이 생길 것이다. 서로 관련이 없는 수많은 문의 동물들이 갑자기 왜 일제히 골격화된 것일까? 이에 대해서는 두 가지 대답이 제시되었다. 첫째, 지구의 대기에 변화가 생겼다거나(예를 들어 산소 농도가 높아졌다든지) 바다물의 화학 조성에 변화가 생겼기 때문일 수 있다. 둘째, 진화에 의해 효율적인 포식 동물이 등장해서 그로부터 몸을 보호할 외골격을 만들어 낼 필요성이 대두했을 것이다. 아니면 두 원인이 복합적으로 작용했을 수도 있다.

새로운 구조적 유형(문)이 폭발적으로 생겨나는 시기는 곧 끝나게 된다. 약 70개에서 80개의 새로운 구조 유형(신체 계획(body plan))이 선캄브리아기 말기와 캄브리아기 초기에 나타났으나 그 이후에는 어떤 새로운 구조 유형도 나타나지 않은 것으로 보인다.

물론 그 시기 이후의 지층에서 일부 작고 부드러운 몸을 가진 분류 군들의 화석이 발견되기도 했다. 그러나 이 동물들의 화석이 캄브 리아기 지층에서 발견되지 않았던 것은 단지 보존되지 않았기 때 문인 것이 분명해 보인다. 현존하는 작은 무척추동물 가운데 화석 기록이 전혀 남아 있지 않은 문도 6개나 된다.

오랫동안 약 35개에 이르는 현존하는 모든 동물의 문은 캄브 리아기 초기의 약 1000만 년 동안에 생겨난 것이라고 생각되어 왔 다. 어떻게 그토록 짧은 기간에 신체 구조의 혁신이 급격하게 일어 나고 또 갑자기 끝나 버릴 수 있었을까? 최근 연구 결과에 따르면 이 질문의 전제는 적어도 부분적으로는 화석 기록의 불완전성 때 문인 것으로 나타났다. 분자 시계를 적용하는 방법을 통해서 동물 의 문이 시작된 연대를 재구성해 본 결과 화석 기록으로 얻은 결론 보다 훨씬 앞선 시점으로 나타났다. 분자 시계가 이따금 상당한 정 도로 빨리 가는 경우가 있다는 점을 감안하더라도 분자 분석적 증 거에 따르면 우리는 동물 문의 기원 시기를 벤드기(선캄브리아기)보 다 훨씬 더 이전으로 잡아야 한다. 18개의 단백질 암호의 유전자좌 (locus)의 차이에 기초해서 아얄라(Ayala) 등(1998)이 산출한 결과 에 따르면 후구동물에서 선구동물이 갈라져 나온 것은 약 6억

7000만 년 전이고 극피동물에서 척삭동물이 갈라져 나온 것은 약 6억 년 전인 것으로 나타났다. 강장동물과 해면동물의 기원은 그보다도 더 오래된 것으로 보이며 한 전문가는 그 시점을 약 8억 년 전으로 보고 있다.

이 선캄브리아기 전체를 통해서 풍부한 다양성을 지닌 원생동물들이 다세포로 이루어진 후손들을 탄생시켰으며 이들 중 일부가 식물, 균류, 동물로 진화되어 나갔다. 그중 상당수가 절멸했지만 오늘날 지구상의 생물 중 상당수가 그 당시에 진화한 것들이다. 이들이 오래전에 진화했을 것임을 암시하는 또 다른 자료는 캄브리아기의 화석들이다. 이 화석들을 면밀히 검토해 보면 당시의 생물이 수억 년의 진화 과정을 거쳤을 것으로 짐작된다. 이들 생물의 조상뻘 되는 생물의 화석이 선캄브리아기의 지층에서 발견되지 않는 이유는 최초의 다세포 동물들이 현미경으로 관찰해야 할 정도로 크기가 작고 체조직도 부드러웠기 때문으로 생각된다. 그래서 화석화되지 못했을 뿐만 아니라 크기가 워낙 작아서 지층의 내부나 표면에 흔적조차 남기지 않았을 것으로 생각된다. 그러나 이러한 요소 이외에 후생동물(metazoan)의 초기 진화는 예외적으로 급격하게 일어났다. 최초의 후생동물의 유전자형은 어쩌면 나중에 나타난 후손들에 비해서 조절 유전자의 구속을 덜 받았을지도 모른다. 최초의 후생동물에서 매우 특이한 신체 계획이 자주 발견된다는 사실도 이러한 추측을 뒷받침해 준다. 캄브리아기 초기 이후에 유전자형의 통합이 더욱 긴밀하게 일어나면서 새로운 신체 구조를 생성해 내는 능력이 점점 더 많은 제한을 받게 되었다. 그러나 주어진 신체 계획 안에서의 통합은 여전히 충분히 느슨한 상태라서 극피동물, 절지동물, 척삭동물, 식물의 경우 속씨식물의 경우에서 보듯 다양한 변이가 탄생하게 되었다.

이러한 증거들로부터 얻을 수 있는 가장 중요한 결론은 동물계의 모든 하위 분류 집단들, 예를 들어 이배엽성 동물(해면동물과 강장동물)과 삼배엽성 동물(선구동물과 후구동물), 그리고 선구동물의 주요 하위 분류 집단인 탈피동물과 나선동물표 3.1 등이 이미 지금으로부터 5억 년 전인 캄브리아기에도 존재했다는 사실이다. 그 이후로는 더 이상 다른 문과 어떤 관계에 있는지 도무지 알 수 없는 수수께끼의 문들이 새로 나타나지 않았다. 매우 두드러진 고생대 화석으로 당혹스럽게 여겨지던 코노돈트(conodont)조차도 척삭동물로 밝혀졌다. 강(綱, class) 수준에서는 아직도 불확실한 측면들이 상당히 많이 남아 있다. 특히 계통 발생이 거의 밝혀지지 않은 원

표 3.1 **척추동물 주요 강의 출현 시기 추정**

척추동물 강	지질 시대	기원 연대
턱이 있는 어류	오르도비스기	4억 5000만 년 전
엽지느러미 어류	실루리아기	4억 1000만 년 전
양서류	상부 데본기	3억 7000만 년 전
파충류	상부 펜실베니아기	3억 1000만 년 전
조류	상부 트라이아스기	2억 2500만 년 전
포유류	상부 트라이아스기	2억 2500만 년 전

생동물의 경우가 그렇다. 그러나 후생동물의 분류와 진화에 대한 전체적인 그림은 상당히 잘 알려져 있다.

형질에 대한 올바른 평가

분류의 유효성은 분류의 기초가 되는 형질을 얼마나 적절히 평가하는가에 달려 있다. 퀴비에는 방사 대칭성을 가지고 있다는 이유로 극피동물과 강장동물을 방사동물이라는 더 높은 분류군으로 묶었다. 그러나 곧 다른 형질에서 두 분류군이 얼마나 큰 차이를 보이는지 드러났고, 극피동물의 신체 계획은 기본적으로 좌우 대칭이었으나 수렴 진화(convergent evolution)에 의해 방사 대칭성을 띠게 되었음이 밝혀지게 되었다. 몇몇 동물의 문, 특히 환형동물, 절지동물, 척추동물은 체절성(metamerism)을 갖고 있다. 그런데 이 세 집단에서 이 체절성이라는 특징은 각기 따로따로 생겨난 것임을 입증하는 증거들이 많이 나타나고 있다. 다른 측면에서는 차이를 보이는 집단 사이에서 그러한 유사성이 발견될 경우 그 유사성이 수렴에 의한 것인지의 여부를 판단하기 위해서 상동성을 주의 깊게 시험해 보아야 한다. 한편 서로 관련이 없는 분류군이 독립적으로 동일한 형질을 잃어버리는 경우에도 수렴에 의한 유사성이 나타날 수 있다. 예를 들어 연체동물, 의충동물, 유수동물 등의 체절이 없는 동물 집단들은 체절을 형성했던 조상으로부터 따로따로 진화되어 왔다.

측계통성

서로 관련이 없는 집단들이 진화 과정을 통해 서로 독립적으로 동일한 형질을 획득하는 현상으로 인해 다계통성(polyphyletic) 집단이라는 개념이 생겨나게 되었다. 예를 들어 린네의 '어류'에는 고래가 포함되어 있었다. 이러한 다계통성과 구분되는 측계통성(paraphyly)이라는 개념이 있다. 이것은 동일한 조상으로부터 유래된 서로 다른 몇몇 후손들이 개별적으로 동일한 형질을 획득하는 현상이다(10장 참조). 이 경우 후손들이 공유하고 있는 조상의 유전자형이 각기 독립적으로 동일한 표현형을 생성하는 것이다. 그 놀라운 예로 물고기 시클리드(cichlid)를 들 수 있다. 동아프리카 탕가니카(Tanganyika) 호수에 사는 시클리드는 여섯 계통에서 동일한 열대성 분화(trophic specialization)의 평행 진화가 일어났다. 어쩌면 백악기의 일부 이족 보행 공룡의 골반과 다리의 구조가 역시 이족 보행을 하는 새의 골반과 다리와 놀라울 정도로 유사한 이유도 측계통성에서 찾을 수 있을지도 모른다. 이러한 설명은 트라이아스기에 조치목 조룡류 파충류(thecodont archosaurians)로부터 조류가 분화되었다는 주장과 일맥상통한다. 이 파충류 집단은 공룡의 조상이기도 하며 그렇기 때문에 비교적 유전자형이 유사하고 동일한 형태학적 경향을 가졌다(이 장의 '조류의 기원'의 마지막 부분 참조.).

계통의 연속성

다윈주의에 따르면 연속된 지층에서 발견되는 화석의 순서는 매끄러운 연속성을 띄어야 한다. 그러나 다윈 자신이 한탄했던 대로 화석 기록은 엄청난 불연속성만을 보여 줄 뿐이다. "그 이유는 지질학적 기록이 가진 극도의 불완전함 때문이라고 나는 믿는다." 라고 다윈은 말했다. 그런데 다행스럽게도 1859년 이후로 엄청난 양의 화석 기록이 발견되었고, 덕분에 오늘날 우리는 한 종이 다른 종으로 점차적으로 변화되는 과정을 단계별로 입증해 주는 풍부한 화석 기록들을 가지고 있다. 심지어 화석 기록을 통해서 한 속에서 다른 속으로 변이되는 과정을 추적할 수도 있다. 특히 인상적인 사례는 수궁목 파충류가 시노돈트를 거쳐 포유류로 진화하는 과정이다. 이 계통에 속하는 몇몇 시노돈트의 속은 이미 일부 포유류의 형질을 보여서 포유류에 포함시킬 수 있을 정도이다 그림 2.1.

현재의 말이 진화한 과정에 관한 화석 기록은 더욱 더 완전하게 보존되어 있다 그림 2.3. 단순한 과도기적 속인 메리키푸스(Merychippus) 가 아홉 개의 새로운 속을 낳았고 그중 하나인 디노히푸스 (Dinohippus)가 현대의 말을 탄생시켰다. 그리고 메조니키드 유제류 와 그 후손인 고래류 사이의 중간 단계에 관해서도 훌륭한 화석 기록 이 남아 있다 그림 2.2. 대부분의 사례에서 새로운 종의 출현은 기존 종에서 주변으로 격리된 개체군으로부터 곁가지를 치듯 이루어진다. 그러나 이러한 소수의 지엽적 개체군은 화석 기록으로 보존되는 경우가 드물다. 따라서 새로운 종이 갑자기 등장했다가 절멸할 때까지 거의 변하지 않고 그대로 유지되는 것처럼 보인다. 이러한 계통 진화 양식은 이끼벌레류(bryozoan)의 속인 메타랍토도(Metaraptodos)속 (Cheetham, 1987)에서 특히 잘 드러난다. 푸투머(1998)는 거의 완전한 계통을 보이는 무수히 많은 사례들을 열거했다.

식물의 진화

최초의 식물에 대한 화석 기록은 매우 빈약하다. 현존하는 육상 식물 가운데 가장 원시적인 것으로 생각되는 이끼의 화석은 데본기부터 나타나기 시작했다. 그러나 분명 이끼는 그 전부터 존재했으나 단지 화석화되지 않았을 것으로 생각된다. 이들은 윤조강 (charophycean algae)에서 진화한 것으로 보인다. 척박한 육상의 환경을 정복하는 데에는 공생하는 균류가 중요한 역할을 했을 것으로 짐작된다. 최초의 유관속식물(維管束植物, vascular plant)이 발견된 시기는 실루리아기이다. 고생대(특히 석탄기)에 가장 우세했던 식물은 석송류(lycopod), 고사리류(fern), 종자고사리류(seed fern) 등이었다. 중생대에는 겉씨식물(gymnosperm), 그중에서도 특히 소철류 (cycad)와 소나무류(conifer) 등이 번성했다. 한편 오늘날 번성하는 속씨식물은 트라이아스기에 출현했으며 약 1억 2500만 년 전인 백악기가 되어서야 비로소 번성하기 시작했다. 지금까지 약 27만 종의 종자식물이 발견되어 83개 목과 380개 과로 분류되었다. 형태학적 방법과 분자적 방법을 함께 적용함으로써 속씨식물의 목 사이의 관계(계통)에 대한 많은 이해가 이루어졌다. 백악기 중기 이후로 종자식물의 엄청난 방사(radiation)가 이루어졌으며 이때 공진화하는 곤충 역시 같은 방사의 양상을 나타냈다.

척추동물의 기원

커다란 자연사 박물관에 들어서면 우리는 어류, 양서류, 거북, 공룡, 조류, 포유류의 다양한 모습을 보여 주는 거대한 전시관과 마주하게 된다. 동물학자들은 이러한 생물들을 한데 묶어 척추동물아문에 포함시킨다. 이 분류군은 척삭동물(Chordata)문에 속한다. 전통적으로 동물의 문 중에서 30~35개가 무척추동물(Invertebrata) 항목에 포함된다. 그러나 사실 무척추동물이라는 이름 뒤에는 서로 커다란 차이를 보이는 온갖 다양한 동물들이 숨어 있다. 이들은 어떤 동물들이고 어떻게 진화해 왔을까?

원생생물의 한 집단인 깃털편모충류(choanoflagellates)가 가장 단순한 동물인 해면동물을 낳았다. 그리고 이로부터 이배엽성 강장동물(자포동물, 유즐동물)이 생겨났다. 이들은 또다시 삼배엽성 좌우 대칭 동물을 탄생시켰고 이들은 또다시 선구동물과 후구동물로 나누어졌다. 후구동물은 극피동물, 반색동물(Hemichordata), 미색동물(Urochordata), 척삭동물(Chordata)이라는 네 개의 문으로 이루어져 있다. 척삭동물 가운데 가장 오래된 것 중 하나인 창고기(Amphioxus)는 현존하고 있으며 우리의 가장 오래된 조상이 어떤 모습이었는지를 짐작하는 데 도움을 준다. 아가미틈과 배쪽에 척삭(notochord)을 가지고 있기 때문에 창고기는 척추동물과 더불어 척삭동물문으로 분류되었다. 창고기는 여과식자(filter feeder, 물속에 떠 있는 작은 플랑크톤이나 부유물에 들어 있는 유기물을 아가미나 여과 장치를 이용하여 걸러먹는 생물. ─옮긴이)이지만 최초의 척추동물은 포식자였을 것으로 추측된다. 척삭동물과 가까운 친족 관계에 있는 동물로 절멸된 코노돈트가 있다. 이 동물은 화석을 통해 풍부하게 보존되어 온 정교하고 단단한 치아를 가지고 있다.

　　최초의 척추동물에 대한 화석 기록은 비교적 빈약한 편이다. 최근 중국의 운남(雲南) 지방에서 5억 3000년 된 어류의 화석이

발견되었다. 5억 2000만 년 전으로 거슬러 올라가는 무악류
(agnatha) 어류(먹장어(hagfish)와 칠성장어(lamprey))는 오늘날까지 생
존하고 있지만 최초의 이빨을 가진 척추동물(판피어류(placoderm))
은 멸종했다. 더 나중에 나타난 척추동물 강의 기원은 표 3.1에
제시되어 있다.

조류의 기원

어떤 새로운 상위 분류군의 최초의 확실한 조상과 그 후손 사
이에 커다란 간극이 있을 경우 전문가들이 분기점(branching point)을
제각기 다르게 볼 수 있다. 조류의 기원이 좋은 예이다. 조류의 가장
확실한 최초의 조상은 상부 쥐라기(약 1억 4500만 년 전) 지층에서 발견
된 시조새이다. 조류의 계통에 대해서는 두 가지 유력한 주장이 있
다. 조치류 유래 이론에 따르면 조류는 지금으로부터 2억 년 전 트
라이아스기 말에 조룡류 파충류로부터 진화했다. 한편 공룡 유래
이론에서는 조류가 백악기 말기(약 8000~1억 1000만 년 전)의 수각류
(theropod) 파충류에서 진화했다고 본다 그림 3.5. 공룡 이론을 뒷받침
해 주는 사실은 조류의 골격이 특정 이족 보행 공룡의 골격과 무척
비슷하다는 점이다. 특히 골반과 뒷다리의 모습이 흡사하다.

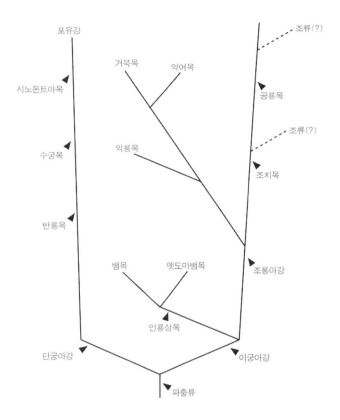

그림 3.5
파충류의 도식화된 계통도. 파충류 집단에서 포유류와 조류가 언제 분지해 나갔는지를 보여 준다.
이 그림에서는 지질 시대나 유사성의 정도는 고려되지 않았다.

그림 3.6

조류와 공룡의 유사점. A는 시조새, B는 현대의 새(비둘기), C는 수각류 공룡인 콤프소그나투스.
출처: Futuyma, Douglas J. (1998). *Evolutionary Biology* 3rd ed. Sinauer:
Sunderland, MA.

그렇다면 두 가지 추측 가운데 어느 쪽이 옳은지 어떻게 판별할 수 있을까? 공룡 유래설에 대한 가장 결정적인 반증은 트라이아스기, 그러니까 약 2억 2000만 년 전 지층에서 발견된 조류의 조상 화석일 것이다. 안타깝게도 지금까지 알려진 조류의 화석 가운데에는 1억 5000만 년보다 더 오래된 것은 존재하지 않는다. 실제로 그러한 화석으로 프로토아비스(Protoavis)가 보고되었으나(Chatterjee, 1997) 아직까지 선도적인 조류 해부학자의 조사를 받지 못한 상태이다. 자신의 주장을 증명할 증거가 부족한 까닭에 조치류 유래설과 공룡 유래설의 지지자들은 각각 상대방의 주장이 타당하지 않은 이유를 제시한다. 나는 박스 3.3에 왜 공룡 유래설이 옳지 않은지에 대한 조치류 유래설 지지자들의 주장을 열거했다. 그러나 조류와 공룡의 보행을 위한 신체 구조의 엄청난 유사성을 어떻게 설명해야 할까? 한 가지 가능성은 이족 보행의 운동 방식의 유사성과 측계통성이다. 두 분류군 모두 비록 그 시기는 크게 다르지만 동일한 조룡류 계통에서 유래했다. 조류의 조치류 조상은 공룡의 조상과 가까운 친족 관계에 있었으며 공룡과 비교적 비슷한 유전자형을 가졌을 것이라고 생각할 수 있다. 이족 보행으로 옮겨 간 사건이, 두 분류군이 가진 비슷한 유전적 성향이 비슷한 형태학적 구성으로 반응하도록 자극했을지도 모른다. 앞으로 화석 증거가 더 나타나야만 논쟁이 매듭지어질 것으로 보인다.

결론

다윈의 공통 유래 이론은 모든 생물 집단이 하나의 조상 집단에서 유래했다고 가정한다. 다시 말하면 하나의 조상 집단은 여러 개의 자손 집단을 가질 수 있다. 이론적으로는 모든 화석 집단 또는 현존하는 모든 생물 집단의 조상을 아우르는 계통을 수립할 수 있다.

1859년 다윈이 『종의 기원』을 출간했을 때 진화론자들은 이러한 목표를 달성할 수 있을 것이라고는 생각지도 못했다. 어떤 문에서 가장 가까운 친족이 어느 것인지조차 알 수 없었다. 그러나 토머스 헉슬리는 조류강이 파충류 조상에서 유래한 것이 틀림없음을 입증할 수 있었다. 그 후 140년 동안의 계통 발생학적 연구는 주요 계통의 계보를 어느 정도 정확하게 구성해 냈다. 예를 들어 파충류는 양서류의 한 집단에서 유래했으며 양서류는 선설아목 어류로부터 파생되었다. 선캄브리아기의 후구동물과 좌우 대칭

박스 3.3 **조류의 기원이 공룡이라는 가설에 대한 반박**

1. 연대: 구조적으로 가장 조류에 가까운 공룡들은 공룡 가운데 가장 나중에 나타났는데(8000~1억 1000만 년 전) 시조새는 그보다 훨씬 더 오래되었다(약 1억 4500만 년 전). 그리고 하부 쥐라기나 트라이아스기 지층에서는 조류의 조상으로 볼 만큼 조류와 비슷한 공룡은 나타나지 않았다.

2. 손가락: 공룡의 세 개의 손가락은 1,2,3이고 조류는 2,3,4이다. 따라서 조류의 손가락이 공룡에서 유래한 것으로 보는 것은 거의 불가능하다.

3. 이빨: 수각룡의 이빨은 뒤로 휘어져 있고 납작하며 끝이 톱니 모양으로 되어 있는데 이는 못처럼 뾰족하고 잘록하며 톱니처럼 들쭉날쭉하지 않은 시조새나 다른 초기 조류의 이빨과 차이를 보인다.

4. 앞다리: 나중에 나타난 수각류 공룡의 팔이음뼈(상지대, pectoral girdle)나 앞다리는, 초기 조류를 공중으로 날아오르게 해 준 강력한 날개의 기초가 되기에는 너무 작고 약하다. 또한 급격한 앞다리의 성장을 일으킬 만한 요인은 찾아볼 수 없다.

5. 비행: 새의 비행 분야의 선도적인 공기 역학 전문가들은 지상에서 공중으로 날아오르는 식으로 조류의 비행이 시작되는 것은 거의 불가능했을 것이라고 주장한다.

동물 같은 집단들까지 조상의 계보를 거슬러 올라가 보면 비록 후손에 대한 세부적인 사실은 아직 완전히 밝혀지지 않은 문의 경우에도 문 사이의 관련성을 확인할 수 있게 된다.

가장 고무적인 사실은 이 모든 발견들이 다윈의 공통 유래 이론과 맞아떨어진다는 점이다. 분자의 서열과 더불어 화석 기록은 비록 많은 틈새가 존재하기는 하지만 진화가 실제로 이루어졌다는 가장 확실한 증거이다. 그러나 화석의 순서가 연속적으로 이어져 있는 경우는 여전히 매우 드물다. 화석 기록은 심할 정도로 부족한 형편이다. 예를 들어 1400만 년 전과 450만 년 전 사이의 인간 조상의 화석이 발견되지 않았다. 가장 최근의 실러캔스(coelacanth) 화석은 약 6000만 년 전의 것이었고 따라서 모든 사람들은 이 집단이 약 6000만 년 전에 멸종했을 것이라고 믿었다. 그런데 지난 50년 동안 두 종의 실러캔스가 현존하고 있는 것이 발견되었다. 그러나 그와 같이 예기치 않던 발견이 이루어진다고 하더라도 그 모든 발견들은 언제나 다윈주의적 틀에 완벽하게 맞아 들어간다.

CHANGE AND ADAPTEDNESS

**2부 진화적 변화와 적응은
어떻게 설명되는가?**

4
진화는 왜,
어떻게 일어나는가?

<u>호기심 넘치는 인간의 마음은</u> 단순히 사실을 발견하는 것만으로 만족하지 못한다. 인간은 그 사실들이 어떻게, 그리고 왜 일어났는지 알고 싶어 한다. 다윈 이후로 진화론자들은 이러한 질문의 답을 얻기 위해 이리저리 탐색하고 궁리해 왔으며 그 과정에서 상당한 진보가 이루어졌다. 연구 대상인 생물의 종류에 따라(식물인지 동물인지, 살아 있는 생물인지, 화석인지), 그리고 연구자들의 철학적 배경에 따라 어마어마하게 다양한 이론들이 탄생했으며 이들 중 상당수는 서로 충돌을 일으켰고 다윈의 원래 이론에 어긋나기도 했다. 오랜 논쟁 끝에 1940년대에 이르러 '진화의 종합(evolutionary synthesis)'이라는 광범위한 합의가 이루어지게 되었다.

뿌리 깊은 철학적 관점의 지속적 영향

돌이켜 보면 1859년 직후에도 다윈의 이론이 보편적으로 받아들여지기에 충분한 증거와 사실들이 널려 있었다. 그러나 다윈의 이론이 널리 받아들여진 것은 그로부터 80년이 지나서였다. 이처럼 오랫동안 그의 이론이 거부당한 까닭은 무엇이었을까? 역사학자들은 오랫동안 이 질문에 고민해 왔지만 만족스러운 답을 얻은 것은 최근에 이르러서였다. 그와 같은 저항은 거의 보편적으로 받아들여졌던 당시의 지배적인 몇몇 철학 개념들이 다윈 반대자들의 세계관에 깊숙이 자리 잡고 있었기 때문이었다. 성서에 기록된 내용 한 글자, 한 글자에 대한 확고한 믿음이 그중 하나였다. 그러나 그 영향력은 제한적이었다. 다윈의 공통 유래 이론이 (창조론자들을 제외하고) 빠르게 수용되었던 것이 그 증거이다. 그밖에도 몇 가지 관념들이 다윈의 이론과 충돌을 일으켰는데 본질주의(essentialism)와 궁극 원인론(finalism)이 대표적이다.

이 잘못된 개념들을 반박하기 위해서 다윈은 개체군적 사고(population thinking), 자연선택, 기회, 역사(시간) 등과 같은 새로운 개념들을 도입했다. 이들은 19세기 중반의 과학 철학에서 거의 완전히 결여되어 있던 개념들이었다. 다윈은 반대편의 관념을 논박하는 데 그치지 않고 새로운 개념들을 만들어 냈으며 이 개념들은 궁극적으로 1950년 이후 발전하게 된 생물 철학의 토대가 되었다. 다윈주의에 반대하는 관념들의 본질을 이해하지 않고서는 다윈 이후 벌어진 논란의 본질을 이해할 수 없다. 따라서 반대 개념들을 간단히 소개하려 한다.

유형론적 사고(본질주의)

본질주의는 고대에서 다윈 이전의 시대까지 거의 보편적으로 받아들여졌던 세계관이다. 피타고라스학파와 플라톤이 그 기초를 세운 본질주의는 겉보기에는 다양한 자연의 현상들을 각각의 부류(class)로 구분할 수 있다고 보았다. 각 부류는 정의(본질(essence))에 의해 규정된다. 이 본질은 항구적이고(불변하고) 다른 본질들과 확연하고 명료하게 구분된다. 피타고라스는 삼각형을 예로 들었다. 삼각형은 어떤 모양을 취하든 언제나 삼각형이고 삼각형과 사각형 (또는 다른 기하학적 도형) 사이에 어중간한 중간 상태는 존재하지 않는다. 나무라는 부류는 줄기와 잎이 달린 윗가지들로 정의된다. 말은 긴 이빨과 발가락이 하나 달린 발로 규정된다.

기독교적 신앙에 따르면 이 각각의 종류, 유형, 종들은 처음부터 개별적으로 창조되었으며 오늘날 지구상에 살고 있는 모든 종의 구성원들은 신이 창조한 최초의 한 쌍의 자손들이다. 부류(유형)의 본질이나 정의는 항구적이어서 천지가 창조된 그날부터 오늘날까지 똑같다. 본질주의는 기독교인들뿐만 아니라 대부분의 불가지론 성향의 철학자 사이에서도 굳게 자리 잡고 있었다. 한 부류의 구성원 사이의 차이는 '부수적'이거나 무의미한 것으로 여겨졌다. 본질주의자들은 종 역시 그러한 부류 가운데 하나라고 생각했고 철학자들은 이를 '자연 종(natural kind)'이라고 불렀다.

개체군적 사고

다윈은 본질주의의 유형론적 사고로부터 급진적인 단절을 꾀하고 완전히 새로운 사고방식을 제안했다. 다윈은 살아 있는 생물을 관찰한 결과 발견하게 되는 것은 항구적인 부류(유형)가 아니라 가변적인 개체군이라고 주장했다. 모든 종은 무수히 많은 지역적 개체군으로 이루어져 있다. 그리고 부류의 경우와 달리 개체군 안에서 각각의 구성원들은 다른 구성원들과 모두 다르다. 이는 60억 개체수를 지닌 인간 종의 경우에도 해당하는 이야기이다. 개체군에 대한 연구에 기반을 둔 다윈의 새로운 사고방식을 오늘날 우리는 '개체군적 사고'라고 부른다. 대부분의 자연학자들은 이러한 접근 방법에 쉽게 공감한다. 그들의 체계적 연구 결과 동물과 식물의 종 역시 인간이라는 종만큼 (경우에 따라 그 이상으로) 개체의 차이와 독특성을 보이는 것으로 드러났기 때문이다. 개체군적 사고가 본질주의적 사고를 점차 대치해 나가는 과정에서 진화 생물학에서 오랫동안 지속된 논쟁들이 야기되었다. 본질주의적 사고는 도약 진화 이론을 수용하고, 반면에 개체군적 사고는 점진주의 (gradualism)를 수용하는 경향이 있다. 개체군적 사고는 생물학에서 가장 중요한 개념 가운데 하나이다. 이 개념은 현대 진화 이론의 토대이며 생물 철학의 가장 기본적인 요소 중 하나이다 아래 참조.

목적론

　19세기와 20세기 초에 다윈의 사상과 배치되었던 또 다른 관념 중에 목적론이 있다. 이는 생명의 세계가 '더 완전한 상태'를 향해 나아가는 경향이 있다는 생각이다. 목적론을 신봉하는 사람들은 진화가 필연적으로 하등한 생물에서 고등한 생물로, 원시 상태에서 진보 상태로, 단순성에서 복잡성으로 나아간다고 생각했다. 그리고 진화에는 그러한 방향으로 몰아가는 어떤 힘이 내재되어 있다고 보았다. 그렇지 않고서야 어떻게 가장 하등한 세균에서 시작해서 난초, 거대한 나무들, 나비, 원숭이 그리고 인간이 출현할 수 있었겠느냐고 그들은 묻는다. 이러한 목적론에 대한 신념은 멀게는 아리스토텔레스까지 거슬러 올라갈 수 있다. 그는 이 힘을 (자연의) 원인 중 하나, 즉 목적인(final cause)으로 보았다. (아리스토텔레스는 운동하고 변화하는 감각적 사물에는 다음 네 가지 원인이 존재한다고 말했다. 사물이 '그것으로부터' 생기는 사물의 소재에 해당되는 질료인(質料因), 사물이 '그것으로' 형성되는, 즉 사물의 정의가 되는 형상인(形相因), '그것에 의해서' 사물이 형성되는 시동인(始動因), 사물 형성의 운동이 '그것을 목표로' 이루어지는 목적인(目的因)이 그 네 가지이다. ─옮긴이) 1859년 이후에도 진화론자들 중 상당수가 여전히 목적론을 받아들였다_{아래 참조}. 그러나 다윈은 결코 목적론에 동의하지 않았다. 그와 같은 애매모호한 힘을 다윈은 단호하게 부정했다. 대신 그는 세상 만물은 순수한 기계적 (물리-화학적) 법칙의 지배를 받는다는 뉴턴의 신조를 완전히 받아들였다. 그러나 다윈은 그에 더하여 과학에 역사적 시각을 도입했다. 그것은 세계에 대한 뉴턴의 설명에 결여되어 있었던 요소이다. 진화 현상을 설명하기 위해서 우리는 반드시 역사적 선례에 의지해야만 한다.

본질주의나 목적론과 같은 관념들은 진화가 왜, 어떻게 일어나게 되었는지에 대한 다윈의 설명이 즉시 받아들여지는 데 걸림돌이 되었다. 그리하여 『종의 기원』이 출간된 후 80년 동안 다윈의 '변이 진화(variational evolution) 이론'은 진화를 설명하는 다른 세 가지 주요 이론들과 싸움을 벌여야 했다. 오늘날에도 세 가지 이론들을 지지하는 사람들이 간혹 있다. 따라서 이 이론들이 주장하는 내용과 그 약점이 무엇인지 이해하는 것은 중요하다. 실제로 다윈주의와 경쟁 관계에 있는 이론들의 약점에 대해 논의하는 것은 변이 진화 이론의 강점을 이해하는 데에 많은 도움이 된다.

진화의 주체는 무엇일까?

무생물의 우주에서도 역시 거의 모든 것들이 진화한다. 다시 말해서 확연히 구분되는 방향성을 가지고 순서에 따라 변화한다는 것이다. 그러나 생명의 세계에서 진화의 주체는 무엇일까? 종이 진화하는 것은 확실하다. 또한 종들의 조합으로 이루어진 린네 체계의 속, 과, 목, 그리고 더 높은 분류군들과 나아가 생명의 세계

전체가 진화한다. 그렇다면 종보다 낮은 수준에서는 어떨까? 개체도 진화할까? 유전적 의미에서 개체의 진화는 있을 수 없다. 확실히 우리의 표현형은 일생 동안 변화한다. 그러나 유전자형은 태어나서 죽는 순간까지 본질적으로 동일하다. 그렇다면 살아 있는 유기체에서 가장 하위 수준의 진화 단위는 무엇일까? 그것은 바로 개체군이다. 그리고 개체군이야말로 진화가 일어나는 가장 중요한 장소인 것으로 드러났다. 진화에 대한 최선의 이해는 한 세대가 다음 세대로 이어지는 과정에서 개체군에서 일어나는 모든 구성원들의 유전적 교체(turnover)라는 것이다.

유성 생식을 하는 종의 진화의 특징을 엄밀하게 규정하자면 진화적 의미에서의 개체군이 무엇인지 정확하게 정의할 필요가 있다. 최소 교배 단위(deme)는 주어진 장소에서 번식할 수 있는 한 종의 개체들로 이루어진 집단을 의미한다. 그런데 재미있게도 지금 논의하고 있는 개체군이라는 개념은 1859년 이전에는 알려져 있지 않았다. 심지어 다윈 자신도 이 개념을 일관되게 적용하지 못했다. 그밖에 다른 모든 사람들은 유형적으로 사고하는 경향을 보였다.

일단 우리가 다윈의 시대에 다윈에 반대하는 다양한 관념들이 존재했다는 사실을 깨닫게 되면 왜 그토록 많은 수의 서로 다른 진

박스 4.1 **본질주의에 기초한 진화 이론 vs. 개체군적 사고**

A. 본질주의에 기초한 이론

   1. 변환주의(Transmutationism) : 돌연변이나 도약(saltation)에 의해 새로운 종이나 유형이 생성됨으로써 진화가 이루어진다.

   2. 변형주의(Transformationism) : 기존 종이나 유형이 다음과 같은 이유로 새로운 종이나 유형으로 변형되어서 진화가 일어난다.

      a. 환경의 직접적인 영향에 의해서, 또는 기존의 표현형을 사용하거나 사용하지 않음으로써.

      b. 명확한 목표, 특히 '더 완전한 상태'를 행한 내재적 경향에 의해.

      c. 획득 형질의 대물림에 의해

B. 개체군적 사고에 기초한 이론

   3. 변이(다윈주의적) 진화: 새로운 유전적 변이가 계속해서 생성되고, 기존의 구성원이 새로운 구성원보다 성공적으로 번식하지 못하는 경우와 같은 개체의 비임의적 제거나 성적 선택이라는 과정을 통해서, 각 세대의 구성원들이 거의 모두 제거되고 그에 따라서 한 개체군 또는 종이 변화하게 된다.

화 이론들이 나타났는지, 그리고 궁극적으로 꼬리를 내릴 수밖에 없었던 그 이론들의 약점이 무엇이었는지, 한결 이해하기 쉽다.

본질주의에 기초한 세 가지 진화 이론

변환주의

만일 본질주의 철학에서 명시하는 것처럼 세상의 모든 현상들이 그 바탕에 있는 일정불변의 고정된 유형이 겉으로 표현된 것이라고 믿는다면 변화는 오직 새로운 유형의 창시를 통해서만 일어날 수 있을 것이다. 유형(본질)은 점차적으로 진화할 수 없는 것이기에 (본질주의에서 유형은 항구적이고 변치 않는 것으로 간주된다!) 기존의 유형으로부터 단숨에 '돌연변이' 또는 도약을 통해 새로운 부류 또는 유형이 생겨난다는 것이다. 종종 도약 진화론자라고 불렸던 이러한 관점의 지지자들은 이 세상이 불연속성으로 가득하다고 생각했다. 변환설의 지지자들은 돌연변이로 인해 갑자기 새로운 종류의 개체가 생겨난다고 믿었다. 이 개체들과 그 개체들의 자손과 후손들이 새로운 종을 형성한다는 것이다.

변환주의의 싹은 그리스 철학자들까지 거슬러 올라갈 수 있다. 그리고 18세기의 프랑스 철학자 모페르튀(Maupertuis)가 이러한 개념을 채택했고 1859년 이후에는 다윈의 반대자들뿐만 아니라 T. H. 헉슬리를 비롯한 다윈의 친구들 중에도 이 이론의 지지자가 생겨났다. 아우구스트 바이즈만(August Weismann)이나 다른 다윈주의자들이 격렬하게 도약 진화주의(saltationism)를 비판했지만 이 이론은 그 후에도 거의 100년간 인기를 누렸다. 1900년대 초 이른바 멘델주의자로 지칭되던 저명한 유전학자들(드브리스, 베이트슨(Bateson), 요한센(Johannsen))이 그와 같은 도약 진화주의자였다. 심지어 20세기 중반까지도 이 이론을 옹호하는 탁월한 논문이 발표되었다. (Goldschmidt, 1940; Willis, 1940; Schindewolf, 1950)

　　도약 진화주의가 그토록 오랫동안 인기를 끌었던 이유는 본질주의 철학과 일맥상통했을 뿐만 아니라 자연학자들의 관찰과도 일치했기 때문이다. 특정 지역의 동물상과 식물상에 존재하는 모든 종들은 다른 종들과 뚜렷하게 구분되며 화석 기록상에 나타나는 새로운 종의 출현(그리고 사라짐)은 언제나 즉각적으로 일어나는 것처럼 보인다. 자연을 살펴보면 다윈이 주장하는 점차적인 변화 대신 불연속성을 더 많이 발견하게 된다. 우리가 기대하는 점진적 변화(중간 단계) 대신 수많은 불연속성(간극)만 천지에 널려 있는 현실을 조리 있게 설명하지 못한다면 도약 진화를 반박할 수 없을 것이다. 이러한 답변을 내놓기 전에 종 수준의 분류학에 상당한 진전이 있어야 했는데 이러한 진전은 20세기가 되고도 한참 후에야 이루어졌다.

수많은 관찰과 주장 끝에 결국 변환주의(transmutationism)에 대한 반박이 성립되었다. 첫째는 종이 하나의 유형이 아니라 수많은 개체군의 집합체라는 사실에 대한 자각이다. 한 개체군에 속하는 모든 개체들이 동시에 동일한 돌연변이를 겪을 수는 없다. 따라서 즉각적으로 새로운 종이 탄생하는 것은 불가능하다. 새로운 돌연변이에 의해 탄생한 단 하나의 개체에서 전체 종의 변환이 비롯될 것이라고 추론하는 사람은 넘기 힘든 또 다른 거대한 산을 만나게 된다. 개체의 유전자형은 섬세하게 조화를 이루고 균형이 잘 잡힌 시스템으로 수백만 년의 세월 동안 각 세대마다 부과되는 자연선택을 통해서 하나로 통합되고 조절되어 온 시스템이다. 유전자의 위치에서 일어날 수 있는 거의 대부분의 돌연변이들이 해롭거나 치명적인 결과를 가져온다는 사실이 알려지게 되었다. 그렇다면 과연 유전자형 전체에 격변을 일으킬 만한 대규모 돌연변이에 의해서 생육 가능한 개체가 탄생하기를 기대할 수 있을까? 거의 밑을 수 없을 만큼 드문 확률로 그러한 개체(골트슈미트의 표현을 빌자면 "운 좋은 괴물(hopeful monster)")가 생존과 번식에 성공할 수도 있겠지만 대부분의 대돌연변이체(macromutant)는 실패의 길을 걷게 될 것이다. 그렇다면 그와 같은 대돌연변이 과정에서 만들어진 어마어마하게 많은 실패자들은 모두 어디로 갔을까? 왜 발견되지 않는 것일까? 그 이유는 명약관화하다. 그와 같은 대돌연변이는 실제로 일어나지 않기 때문이다.

점진적이라는 말과 불연속이라는 말은 각각 다른 쓰임을 가지고 있기 때문에 명확하게 구분하지 않을 경우 오해를 불러일으키기 쉽다. 다윈이 점진성(gradualness)과 연속성을 주장했을 때 그는 뻔히 드러나는 분류군 사이의 격차를 외면한 것이 아니었다. 지금 보기에 분명히 서로 다른 두 종 사이에 격차 또는 간극이 존재하지만 그렇다고 해서 도약 진화에 의해 그러한 격차가 발생한 것은 아니다. 오늘날 우리가 분명히 알게된 사실에 따르면 과거로 거슬러 올라가면 '분류군 간의 불연속성(taxic discontinuity)'은 존재하지 않는다. 왜냐하면 두 종은 공통 조상으로 연결되어 있으며 그 사이에는 연속적으로 이어지는 중간 단계의 개체군들이 다리를 놓고 있기 때문이다. 한편 어느 한 개체군에 속한 개체들은 눈에 띄는 형질에서 서로 차이를 보인다. 파란 눈과 갈색 눈, 세 개의 어금니와 두 개의 어금니, 또는 그보다 더 두드러진 차이를 보이는 형질들도 있다. 이처럼 한 개체군 안에 존재하는 '표현형의 불연속성'은 다형성(polymorphism, 같은 종의 생물이지만 모습이나 고유한 특징이 다양하게 나타나는 현상.——옮긴이)의 모든 사례에서 나타난다. 표현형 수준에서 커다란 영향을 미치는 성공적인 돌연변이는 점진적으로 개체군에 통합되고 원래의 유전자를 완전히 대체하기 전까지 일정 기간 동안 기존의 표현형과 공존한다. 솔직히 이따금씩 새로운 특정 표현형이 애초에 어떻게 획득되었는지를 이해하는 데 어려움을 느끼기도 한다. 땅다람쥐(pocket gopher)의 볼주머니(cheek pouch)가 그 예이다.

다윈은 대부분의 진화적 변화가 아주 작은 한 걸음 한 걸음이 모여서 이루어졌다는 사실을 강조하고 또 강조했다. 그런데 사실 모든 변화가 그와 같이 점진적으로 이루어진 것은 아니다. 단 한 발자국으로 새로운 종이 탄생하는 염색체 현상도 있다9장 참조. 특히 식물(배수성(polyploidy))과 특정 동물 집단(단성생식을 하는 종의 잡종?)의 경우에서 이러한 예가 나타났다. 그러나 이러한 예는 지엽적인 것으로 생물 전체의 진화를 설명할 때에는 점차적인 개체군의 진화가 압도적으로 우세하다고 할 수 있다. 그러나 진화적 변화를 일으키는 돌연변이의 크기에는 상당한 정도의 편차가 있다는 사실은 기억해 둘 필요가 있다.

변형주의

18세기에 이르자 진화의 증거가 널리 퍼져 나가고 사람들에게 깊은 인상을 불러일으켜서 더 이상 고전적인 유형론과 공존할 수 없게 되었다. 그리하여 본질주의 이론이 어느 정도 헐거워지게 되었다. 유형은 특정 시점에서는 본질적으로 일정하고 불변하는 속성을 지녔지만 시간이 흐르면서 점진적으로 '변형(transform)'을 겪을 수 있다는 것이다. 비록 유형은 변화할 수 있지만 언제나 동일한 대상이다. 이러한 이론을 믿는 사람들은 종의 진화를 마치 접합체가 수정란 상태에서 성체로 발달하는 것과 같은 종류의 변화로 보았다. 실제로 진화라는 용어는 스위스의 철학자 보네가 개체의 발달에 대한 전성설(preformation theory, 생물의 형상이 발생 이전의 난자 또는 정자 시기부터 이미 완성된다고 주장하는 생물 발생에 대한 학설.—옮긴이)을 전개하는 과정에서 처음 등장했다. 독일에서는 심지어 20세기에도 개체 발생(ontogeny)과 진화를 엔트베클링(Entweckling)이라는 동일한 용어로 지칭했다. 이러한 점진적인 진화 개념을 '변형주의 (transfornationism)'라고 부른다. 이는 어떤 대상이나 그 본질의 점진 적 변화에 기초한 어떤 이론에도 적용된다. 언뜻 보기에 진화하는 것처럼 보이는 무생물 세계의 모든 변화에도 이 개념이 적용될 수 있다. 어느 한 유형에서 다른 유형으로 변화해 나가는 별, 압력에 의해 융기하고 침식 작용에 의해 부식되는 산맥 등이 그 예이다. 변 형주의를 규정하는 두 가지 속성은 바로 특정 대상의 변화와 그 변 화의 점진적인 연속성이다.

다윈의 친구이자 조언자였던 지질학자 찰스 라이엘(Charles Lyell)은 이러한 점진주의의 굳건한 지지자였다. 그는 이 개념을 '동일 과정설(uniformitarianism)'이라고 불렀다. 라이엘은 자연, 특 히 지구의 역사에서 나타난 모든 변화는 점진적인 것으로 보았다. 불연속도 없고, 갑작스러운 도약(도약 진화)도 즉각적인 돌연변이 도 존재하지 않는다. 다윈이 점진주의를 채택한 데에는 라이엘의 영향이 매우 컸다. 그러나 다윈의 개체군적 점진주의는 라이엘의 동일 과정설과 완전히 다른 것이었다.

살아 있는 생명의 세계에서는 진화에 대한 두 가지 서로 다른 변형주의 이론들이 서로 분명하게 구별된다. 하나는 환경의 영향에 의한 변형 이론이고 다른 하나는 완벽성 지향을 기초로 하는 변형 이론이다.

환경의 영향에 의한 변형 라마르크주의라고도 불리는(많은 경우에 옳지만 완전히 옳다고 볼 수 없다.) 이 이론에 따르면 진화는 생물이 특정 신체 구조나 어떤 특성을 '사용하거나 사용하지 않음'에 따라서, 또는 유전 물질에 대한 환경의 직접적인 영향에 따라 겪게 되는 점진적인 변화이다. 이 이론은 유전 물질이 '유연하며(soft)'하며 따라서 환경에 따라 이리저리 변화할 수 있고 그 변화가 '획득 형질의 유전'에 의해 후세에 전달될 수 있다고 가정했다. 이러한 이론은 '연성 유전(soft inheritance)'에 대한 신념에 기초하고 있다.

획득 형질의 유전으로 가장 많이 거론되는 예는 기린의 목이다. 라마르크에 따르면 기린의 목은 각 세대마다 더 높은 곳에 있는 잎을 따 먹으려는 노력에 의해 점점 더 길어지고 그 결과가 다음 세대에 유전되어 지금처럼 길어졌다. 같은 맥락으로 동굴에 사는 동물의 눈처럼 어떤 신체 조직을 사용하지 않으면 점점 퇴화한다고 생각했다. 이처럼 자주 사용하는지의 여부뿐만 아니라 환경의 직접적 영향 역시 유전된다고 생각했다. 다윈 이전에는 흑인의 피부가 검은 이유가 수천 세대에 걸쳐서 열대의 태양에 그을렸기 때문이라는 생각이 널리 퍼져 있었다. 생물의 속성 가운데 상당수가 그와 같은 환경의 직접적인 영향 때문으로 간주되었다.

변형주의는 (종의 기원이 출간된) 1859년부터 진화의 종합이 이루어진 1940년대에 이르기까지 가장 널리 채택되었던 진화 이론임에 틀림없다. 비록 다윈에게는 자연선택이 가장 중요한 진화의 요인이었지만 다윈 자신도 연성 유전 개념을 받아들였다. 아마도 이것을 변이의 원천 중 하나로 여겼을 것이다.

라마르크주의는 점진주의 현상을 설명할 수 있었고 그 결과 변환주의의 반대자들에게 널리 받아들여졌다. 그러나 이 이론의 유효성을 입증하고자 했던 모든 실험들은 실패로 돌아갔다. 결국 멘델주의 유전학자들이 유전자의 불변성(constancy)을 입증함으로써 연성 유전에 결정적인 반박을 가하게 되었다. 결국 분자 생물학에 의해 신체의 단백질로부터 생식 세포의 핵산으로 어떤 정보도 전달될 수 없다는 사실, 다시 말해서 획득 형질의 유전은 일어날 수 없다는 사실이 밝혀지게 되었다. 이것이 이른바 분자 생물학의 '중심 원리(central dogma)'이다.

완벽성에 대한 지향에 의한 변형(정향진화) 이 이론 또는 이러한 종류의 이론들은 우주 목적론(cosmic teleology, finalism)에 대한 신념에 기초하고 있다. 이러한 신념에 따르면 생물의 세계는 점점 더 완벽한 상태를 향해 나아가는 경향을 갖는다. 에이머(Eimer) , 베르그송(Bergson), 오스번(Osborn) 등의 저자들과 그밖에 많은 진화론자들이 지지했던 이 이론을 '정향 진화론(定向進化論, orthogenetic or autogenetic theory)'이라고 한다. 이 이론의 지지자들은 유형(본질)은 내제된 경향에 의해 끊임없이 개선되며, 진화는 새로운 유형의 출현에 의해서가 아니라 기존 유형의 변형 때문에 나타나는 현상이라고 믿었다. 그러한 경향을 일으키는 어떤 메커니즘도 발견되지 않음에 따라 이러한 이론들은 폐기되었다. 뿐만 아니라 설사 그러한 경향이 존재한다고 하더라도 그렇다면 그 결과로 직선적인 진화의 계통이 나타나야 마땅할 것이다. 그러나 고생물학자들이 밝혀낸 사실에 따르면 진화적 경향은 시시때때로 그 진행 방향을 바꾸고 심지어 다시 뒤로 돌아가기도 한다. 결국 진화에서 나타나는 선형적 경향은 자연선택의 결과로 설명할 수 있게 되었다. 실제로 우주 목적론을 지지할 만한 어떤 증거도 존재하지 않는다.

궁극 원인의 존재에 대한 반박은 철학에서 근본적인 중요성을 갖는 문제였다. 왜냐하면 이것은 아리스토텔레스가 가정했던 원인 가운데 하나였고 대부분의 철학자들의 가르침에서 중요한 부분을 차지했던 개념이기 때문이다. 칸트가 목적론을 채택했다는 사실은 19세기 독일 진화론자들의 사고에 지대한 영향을 미쳤다.

우리가 살고 있는 세계와 이 세계의 변화(진화)를 설명하고자 하는 세 가지 시도는 모두 유형론적 사고(본질주의)에 기초를 두고 있으며 그 결과 진화를 설명하는 데 실패하고 말았다. 그 시도들과 전적으로 다른 접근 방법이 필요했으며 그 접근 방법을 찾아낸 사람이 바로 찰스 다윈과 앨프리드 러셀 월리스(Alfred Russel Wallace)였다.

5
변이 진화

변환주의나 두 종류의 변형주의에서 변이는 어떤 역할도 차지하지 않았다. 이 세 이론은 모두 엄밀하게 본질주의에 기초하고 있다. 변환주의에서는 새로운 본질의 출현으로 '진화'가 이루어지고 변형주의에서는 본질의 점진적인 변화로 '진화'가 진행된다.

변이와 개체군적 사고

다윈은 우리가 본질주의의 기반 위에서는 진화를 이해할 수 없음을 보여 주었다. 종과 개체군은 유형이 아니다. 이들은 본질적으로 규정된 부류가 아니라 유전적으로 각기 독특한 개체들로 이루어진 생물 개체군이라고 볼 수 있다. 이러한 혁명적인 통찰은 그에 걸맞는 혁명적인 진화 이론으로 설명되어야만 했다. 다윈의 변이 이론과 선택 이론이 바로 그 혁명적 이론이다. 다윈을 이 새로운 개념들로 이끌었던 것은 두 종류의 증거였다. 하나는 다양한 변이를 보이는 자연의 개체군에 대한 실험적 연구였고(특히 따개비의 연구 과정에서 이러한 통찰을 얻었다.), 또 다른 하나는 한 무리의 가축에서 어느 한 마리도 다른 한 마리와 같지 않으며, 또는 같은 계통의 식물 가운데 어느 한 개체도 다른 것과 동일하지 않다는 동식물 육종가들의 관찰 결과였다. 여기에서 개체들은 본질주의적 부류의 한 구성원이 아니다. 오늘날 우리가 모두 알다시피 유성 생식을 하는 개체군 안에서 모든 개체들은 유전적으로 고유성을 지니고 있다.

분명 대부분의 사람들은 이 고유성의 중요성을 쉽게 실감하지 못할 것이다. 그렇다면 이 사실을 상기해 보자. 60억 인구 중에서 어떤 사람이 다른 사람과 똑같은 경우는 없다. 심지어 일란성 쌍둥이도 서로 완전히 같지 않다. 본질적으로 동일한 대상의 부류와 각기 독특한 개체들로 이루어진 생물 개체군의 근본적인 차이를 이해하는 것은 이른바 '개체군적 사고'의 기반이 된다. 개체군적 사고는 현대 생물학의 가장 중요한 개념 가운데 하나이다.

개체군적 사고의 가정들은 유형론적 사고의 가정과 정반대에 있다. 개체군적 사고를 지지하는 사람들은 유기적 세계에 속한 모든 것들의 고유성을 강조한다. 그와 같은 고유성은 인간 종의 경우에도 적용되고(어떤 사람도 다른 사람과 같지 않다.), 그밖에 모든 동물과 식물 종에도 똑같이 적용된다. 실제로 한 사람만 놓고 보더라도 일생을 통해서, 그리고 다른 환경에 놓이게 되면 계속해서 변화한다. 모든 유기체와 유기적 현상들은 고유의 특성으로 이루어져 있으며 오직 통계적 맥락에서만 집단적으로 기술될 수 있다. 개인, 그리고 모든 종류의 생물 개체들은 개체군을 형성하며 우리는 이 개체군의 산술적 평균과 통계적 편차를 알아낼 수 있다. 그러나 여기서 평균은 단지 통계적으로 추상화된 개념일 뿐이고 현실성을 띠고 있는 것은 오직 개체군을 이루고 있는 개체들이다. 개체군적으로 사고하는 사람들이 내린 궁극적 결론과 유형론자들이 내린 결론은 정확히 대척점에 놓여 있다. 유형론자들에게는 유형(eidos)이 현실이고 변이는 환영이다. 그러나 개체군적 사고의 신봉자들에게는 유형(평균)은 추상적 개념이고 오직 변이만이 현실이다. 자연을 바라보는 시각 중에서 이처럼 서로 다른 경우는 찾아볼 수 없을 정도이다(Mayr, 1959).

다윈의 변이 진화

이 새로운 사고방식을 과학의 세계에 도입한 장본인이 바로 다윈이다. 그의 기본 추론은 생명의 세계가 불변의 본질(플라톤적 부류)로 이루어져 있는 것이 아니라 매우 가변적인 개체군으로 이루어져 있으며 진화란 바로 이 생물의 개체군에 일어나는 변화라는 것이다. 따라서 진화는 개체군의 모든 개체들이 세대에서 세대로 이어지면서 교체되는 것이라고 할 수 있다.

1837년 다윈이 진화론자가 되었을 때 _{3장 참조} 그는 진화 과정을 어떻게 설명할 수 있을지 자문했다. 그가 이미 제시되어 있던 기존의 설명들 중 하나를 채택할 수 있었을까? 다윈은 곧 궁극적으로 변환주의나 변형주의, 또는 그밖에 본질주의에 기초한 어떤 이론들도 진화를 설명할 수 없다는 사실을 깨달았다. 다윈 이후 벌어졌던 논쟁에서 확실하게 밝혀진 바와 같이 생물의 진화에 대한 모든 본질주의적 이론들은 심각한 결함을 가지고 있었다.

다윈은 자연에 그토록 풍부한 변이가 존재하는 현상에 대해 완전히 새로운 종류의 설명을 제시해야 했다. 그와 같은 노력은 결국 다윈이 자연선택 이론을 펼치게 했으며 이 이론은 개체군적 사고에 발을 딛고 있다_{6장 참조}. 한편 앨프리드 러셀 월리스가 독립적으로 동일한 이론을 발견해 냈다.

다윈은 『종의 기원』을 1859년에 출간했지만(실제로 월리스와 다윈이 최초로 견해를 발표한 것은 1858년이다.) 변이 진화에 대한 이론이 보편적으로 받아들여진 것은 그로부터 약 80년이 흐른 후였다. 변이 진화 이론은 개체군의 변이성(variability)에 기초한 이론이다. 이러한 변이성에 일찌감치 주목한 두 집단이 있었으니 분류학자들과 동식물 육종가들이 그들이다. 그리고 다윈은 이 두 집단과 모두 가까운 관계를 맺고 있었다.

비글호 항해에서 수집한 증거들을 분류할 때 다윈은 계속해서 같은 의문에 마주하게 되었다. 서로 약간씩 차이를 보이는 표본들은 단순히 한 개체군 안에서의 변이를 나타내는 것일까? 아니면 이들을 서로 다른 종으로 보아야 할까? 실제로 1840년대에 따개비에 대한 모노그래프(monograph, 어떤 분류군에 관한 정보의 집대성.—옮긴이)를 쓸 때 다윈은 한 개체군에서 얻은 표본들 가운데 완전히 동일한 것은 없다는 결론을 내렸다. 그 표본들은 마치 사람들이 제각기 다르듯 서로 독특한 차이를 보였다. 그리고 다윈이 케임브리지 대학교에 다니던 시절부터 교류를 이어 온 동식물 육종가들 역시 그의 생각을 확인해 주었다. 육종가들은 종축(種畜, breeding stock, 품종 개량 및 증식을 목적으로 사육하는 번식용 가축. —옮긴이)에서 다음 세대를 만들어 내기 위해 선발해야 할 개체가 어떤 것인지 언제나 잘 알고 있었다. 그것을 가능하게 한 것은 바로 각 개체의 고유성이었다.

'변환주의'나 '변형주의'라는 용어는 이 새로운 이론에 적합하지 않기 때문에 자연선택에 의한 다윈의 진화 이론은 '변이 진화 이론'이라고 부르는 것이 가장 타당하다. 이 이론에 따르면 각 세대마다 유전적 변이가 만들어지는데 많은 수의 자손 가운데 소수의 개체만이 살아남아 다음 세대를 생산한다는 것이다. 이 이론에 따르면 환경에 가장 잘 적응할 수 있는 특정 특징들의 조합을 가진 개체들이 성공적으로 생존하고 번식할 확률이 가장 높다. 이러한 특징들은 대체로 유전자에 의해 결정되기 때문에 이러한 개체들의 유전자형이 자연선택 과정에서 선호될 것이다. 그 결과 환경 변화에 가장 잘 대처할 수 있는 유전자형을 가진 개체(표현형)가 계속적으로 생존하므로 모든 개체군에서는 유전적 조성이 끊임없이 변화하게 된다. 각 개체들의 생존 확률이 서로 다른 이유는 부분적으로는 개체군 안의 새롭게 조합된 유전자형들 사이의 경쟁 때문이고, 부분적으로는 유전자의 빈도에 영향을 주는 우연의 작용 때문이다. 그 결과로 일어나는 개체군의 변화를 우리는 진화라고 부른다. 모든 변화는 유전적으로 제각기 독특한 개체들로 이루어진 개체군에서 일어난다. 따라서 진화는 필연적으로 점진적이고 연속적인 작용일 수밖에 없다.

다윈의 진화 이론

　　우리는 보통 진화에 대한 다윈의 견해를 '다윈주의 이론'이라고 부른다. 그런데 실제로 다윈주의 이론은 다수의 서로 다른 이론들로 이루어져 있으며 각 이론들을 따로 구분해서 이해하는 편이 도움이 된다. 다윈의 진화 이론 중에서 가장 중요한 내용들이 박스 5.1에 논의되어 있다. 실제로 이 다섯 가지 이론이 서로 독립적이라는 사실은 다윈과 같은 시대에 살았던 저명한 진화론자들이 이 이론 중 일부는 받아들이고 일부는 거부했다는 사실에서도 드러난다 _{박스 5.2 참조}.

　　이 다섯 이론 가운데 두 가지, 즉 진화의 기초적 정의와 공통 유래 이론은 종의 기원이 출간된 이후 몇 년 안에 생물학자들 사이에서 널리 받아들여졌다. 이것이 바로 첫 번째 다윈주의 혁명이다. 특히 혁명적이었던 부분은 바로 인간이 동물계 안의 영장류에 포함된다는 생각을 사람들이 받아들이기 시작한 것이었다. 나머

박스 5.1 **다윈의 다섯 가지 주요 진화 이론**

1. 종의 비균일성 (진화의 기초 이론)
2. 모든 생물은 공통의 조상으로부터 유래 (분기 진화)
3. 진화의 점진성 (도약 진화 부정, 불연속성 부정)
4. 종의 증가 (다양성의 기원)
5. 자연선택

지 세 이론, 즉 점진주의, 종 분화, 자연선택 이론은 강한 저항에 직면했고 진화의 종합이 이루어지기 전까지는 일반적으로 받아들여지지 않았다. 이 진화의 종합이 바로 두 번째 다윈주의 혁명이다. 획득 형질이 유전된다는 개념을 거부하는 바이즈만과 월리스가 주도했던 다윈주의는 조지 존 로메인즈(George John Romanes)에 의해 신다윈주의(Neodarwinism)라고 불렸다. 그 후 진화의 종합 이후에 수용된 다윈주의는 단순하게 '다윈주의(Darwinism)'라고 부르는 편이 가장 적절할 것이다. 왜냐하면 획득 형질이 유전된다는 믿음이 오늘날 완전히 폐기된 것을 제외하고는 가장 중요한 측면들에서 1859년 발표된 원래의 다윈주의와 거의 동일하기 때문이다.

다윈의 점진주의 이론은 변형주의자의 사고와 잘 맞았다. 그

다윈 이론의 일부를 거부한 초기의 진화론자들

다음 표는 다양한 진화론자들의 진화 이론의 구성을 보여 주고 있다. 다섯 가지 진화 이론 중에서, 진화가 항구적이고 불변하는 세계관과 반대되는 것이라는 점에는 모든 진화론자들이 동의했다. 다윈의 나머지 네 가지 진화 이론은 각각 받아들이기도 하고 거부하기도 했다.

	공통 유래	점진성	개체군적 종 분화	자연선택
라마르크	No	Yes	No	No
다윈	Yes	Yes	Yes	Yes
헤켈	Yes	Yes	?	부분적으로
신라마르크주의자	Yes	Yes	Yes	No
헉슬리	Yes	No	No	No
드브리스	Yes	No	No	No
모건	Yes	No	No	중요하지 않음

러나 도약 진화주의자들의 저항이 거셌기 때문에 진화의 점진성이 널리 수용되는 것은 진화의 종합이 이루어질 때까지 기다려야 했다. 그런데 다윈의 점진성에 대한 개념은 그 본질에서 변형주의자들의 점진성과 완전히 다른 것이다. 변형주의자들의 점진주의는 본질적 유형의 점진적인 변화에 따른 것이고 다윈의 점진주의

는 개체군의 점차적인 구조 재편에 따른 것이다. 이는 개체군 수준
에서 일어나는 사건인 다윈의 진화가 왜 항상 점진적으로 일어나
도록 되어 있는지를 명확하게 설명해 준다4장 참조. 다윈주의자들은
겉보기에 도약 진화나 불연속성의 증거인 것처럼 보이는 현상들
이, 실은 점진적인 개체군의 구조 개편으로 이루어진 결과임을 입
증할 수 있어야 한다.

변이

변이 가능성은 진화의 필수 불가결한 선결 조건이다. 그렇기
때문에 변이의 본질에 대한 연구는 진화 연구에서 가장 중요한 부
분에 속한다. 모든 개체들이 제각기 독특하다는 것을 의미하는 변
이는 앞에서 언급한대로 성적 번식을 하는 모든 종의 특성이다. 분
명 같은 종의 달팽이나 나비, 또는 물고기들은 언뜻 보기에 모두
똑같아 보인다. 그러나 이들의 개체성을 조금 더 자세히 파고들면
크기, 비율, 색깔 패턴, 비늘, 털, 그리고 연구할 수 있는 모든 형질
에서 차이를 보인다. 뿐만 아니라 변이성은 눈에 보이는 형질뿐만
아니라 생리적 특질, 행동 패턴, 생태학적 측면(예를 들어 기후 조건에

대한 적응), 분자 패턴에도 영향을 미치며 이 모든 증거들은 모든 개체들이 서로 다른 고유의 존재라는 사실을 뒷받침해 준다. 그리고 자연선택을 가능하게 해 주는 것이 바로 이 변이성이다.

거슬러 올라가 보면 다윈의 시대에도 표현형의 변이성에 대해서는 어느 정도 이해가 이루어졌지만 초기의 유전학자들은 유전자형을 균일한 것으로 생각했다. 그런데 1920년대에서 1960년대 사이의 개체군 유전학자들이 수행한 연구 결과 유전 암호에 상당한 정도의 변이가 있다는 사실이 밝혀지자 일부 고전적 저자들이 유전자형의 변이성 문제를 제기했다. 그러나 가장 열렬한 다윈주의자들조차도 분자 유전학적 방법으로 밝힌 정도의 유전적 변이가 개체군에 존재할 것이라고는 상상하지 못했다. DNA의 많은 부분이 비부호화 DNA(noncoding DNA)로 이루어졌을 뿐만 아니라, 수많은, 어쩌면 대부분의 대립 유전자들이 '중립적(neutral)'이라는, 즉 돌연변이가 일어나더라도 표현형의 적합성에 영향을 주지 않는다는 사실이 밝혀지게 되었다. 그 결과 오늘날 우리는 겉보기에 동일한 표현형도 유전자 수준에서는 상당한 변이를 감추고 있는 것일지도 모른다는 사실을 깨닫게 되었다.

다형성

어떤 경우에는 변이가 명확한 범주로 딱 떨어지는 경우가 있다. 이것을 다형성이라고 부른다. 인간 종의 경우 눈동자와, 머리카락의 색깔, 머리카락이 직모인지 곱슬머리인지, 혈액형, 그밖에 여러 가지 유전적 변이들이 이러한 다형성에 속한다. 다형성에 대한 연구는 자연선택의 강점과 방향, 그리고 변이의 이면에 있는 인과적 요인들을 이해하는 데에 크게 기여했다. 다형성에 대한 뛰어난 연구로서 줄무늬달팽이(banded snail, Cepaea)의 색깔 다형성에 대한 카인(Cain)과 셰퍼드(Sheppard)의 연구, 그리고 초파리의 염색체 배열에 대한 도브잔스키의 연구가 있다. 장기간에 걸쳐서 개체군 안에서 다형성을 유지하는 요인이 무엇인지는 알려져 있지 않다. 대개 선택압(selection pressure)의 균형을 그 주요 요인으로 추정한다. 하지만 개체군이 드문 유전자를 보유하는 것을 유리하게 만드는 이형 접합 보인자(heterozygous carriers)가 더 우수한 경우 다형성을 유지하는 경향이 강화될 수 있다. 줄무늬달팽이처럼 다양성이 매우 높은 환경에서는 표현형의 다양성이 선택될 수도 있다.

변이성의 원천

그렇다면 이와 같은 변이성의 원천은 무엇일까? 변이성은 어디에서 유래한 것일까? 그리고 세대와 세대를 거듭하면서 어떻게 유지될 수 있었을까? 이것이야말로 다윈이 일생 동안 고민했던 문제였다. 1900년 이후 유전학과 분자 생물학의 발달로 이러한 변이성의 본질을 이해하는 것이 마침내 가능해졌다. 변이를 설명해 줄 수 있는 유전 현상에 대한 기본적인 사실을 이해하지 않고서는 진화의 작용을 결코 완전히 이해할 수 없다. 따라서 유전학 연구는 진화 연구의 한 부분으로 통합되어 있다. 변이 가운데에서 오직 유전 가능한 부분만이 진화에서 한 역할을 수행한다.

유전자형과 표현형

거슬러 올라가면 1880년대에 통찰력 있는 생물학자들은 이미 유전 물질(germ plasm)이 생물의 신체(soma)와 어딘가 다르다는 사실을 알아보았다. 그리고 초기의 멘델주의자들이 유전자형(genotype)과 표현형(phenotype)이라는 용어를 도입함에 따라서 이러한 구별이 실현되었다. 그러나 당시에는 유전 물질이 신체의 다른 구성 물질처럼 단백질로 이루어졌을 것이라는 의견이 지배적이었다. 1944년 에버리(Avery)가 유전 물질이 핵산으로 이루어졌다는 사실을 입증했을 때 이 결과는 충격적으로 받아들여졌다. 생물과 유전자 사이의 용어 구분은 이제 새로운 의미를 띠게 되었다. 유전 물질 그 자체가 유전체(반수체, haploid) 또는 유전자형(이배체, diploid)이고, 이것이 생물의 신체와 모든 속성들, 즉 표현형을 생성해 낸다. 이 표현형은 발달 과정에서 유전자형과 환경이 일으키는 상호 작용의 결과물이다. 주어진 어느 유전자형이 서로 다른 환경 조건에 놓여 있을 때 표현형의 변이가 커지는 것을 '반응 양태(norm of reaction)'라고 부른다. 예를 들어 동일한 식물이어도 토양의 영양 성분이 풍부하고 물을 잘 주면 그와 같은 환경 요인이 없는 경우보다 더 크고 무성하게 자란다. 물속에서 자란 물미나리아재비(Ranunculus Flabellaris)의 잎은 깃털 모양인데 물 밖으로 나온 가지에서는 넓은 잎이 난다그림 6.3. 뒤에서 다시 논의하겠지만 자연선택의 대상으로 노출되는 것은 각각의 유전자가 아니라 표현형이다.

생물의 특정 성질이 '본성(유전자)'에 의한 것인지 또는 '양육(환경)'에 의한 것인지에 대해서는 과거에 뜨거운 논쟁이 벌어졌다. 지난 100년간 실시되었던 모든 관련 연구에 따르면 생물의 대부분의 특징은 유전자와 환경의 영향을 모두 받는 것으로 보인다. 특히 다수 유전자의 조절을 받는 형질의 경우에 더욱 그러하다. 유성 생식을 하는 개체군에서는 두 종류의 변이의 원천이 존재하며 이 둘은 서로 겹쳐져 있다. 유전자형의 변이(유성 생식을 하는 종의 경우 어떤 개체도 다른 개체와 유전적으로 동일할 수 없다.)와 표현형의 변이(각 유전자형은 고유의 반응 양태를 가지고 있다.)가 바로 그것이다. 이처럼 반응 양태가 서로 다르기 때문에 생물은 같은 환경 조건에도 상당히 다르게 반응할 수 있다.

변이의 유전학

변이에 대한 우리의 이해는 유전학이라는 생물의 한 분과에 크게 빚지고 있다. 유전학은 바로 유전의 본질을 연구하는 학문이다. 1900년 처음 수립된 이후 유전학은 생물학의 여러 분야 중에서 가장 큰 분야가 되었으며 풍부한 사실과 이론을 보유하고 있다. 심지어 오직 진화론적 유전학에 관련된 내용만 수록한 300쪽을 거뜬히 넘는 교과서도 있다. 이 책에서는 유전학의 기본 원리들만 분석하고 넘어갈 수밖에 없다. 좀 더 자세한 내용을 알고 싶은 독자들은 이 분야의 전문 문헌들을 참조하기 바란다. 이 분야를 특히 상세하고 완전하게 다룬 문헌으로는 메이너드 스미스(Maynard Smith)의 저서(1989)와 하틀과 존스(Hartl & Jones)의 저서(1999)가 있고 처음 접하는 독자라면 캠벨(Campbell)과 같은 생물학 교과서의 유전학 관련 장을 읽어 보는 것도 도움이 될 것이다. 또는 푸투머(1998), 리들리(1996), 스트릭버거(1996)의 진화에 관련된 저서의 유전학 관련 장을 읽어 보는 것도 좋다. 다행히 진화를 이해하는 데 필요한 정도로 기본적인 유전학 원리를 이해하는 데에는 이러한 저서에 나오는 모든 세부사항들까지 알 필요는 없다. 오직 유전에 관련된 몇 가지 기본 원리만으로도 충분하다. 그러나 몇 가지 원리는 완전하게 이해해야 한다. 다음에 제시된 17가지 원리들이 가장 중요한 것으로 생각되는 원리들이다.

유전의 17가지 원리

1. 유전 물질은 일정 불변하다('경성(hard)'이다.). 유전 물질은 환경이나 그 표현형을 자주 사용하는지의 여부와 같은 요인에 따라 변화하지 않는다. 일정불변하는 유전 물질에 의한 유전을 경성 유전(hard inheritance)이라고 한다. 유전자는 환경

에 의해 수정되지 않는다. 표현형의 단백질로부터 얻어진 특성은 생식 세포의 핵산으로 전달되지 않는다. 따라서 획득 형질의 유전은 일어나지 않는다.

2. 1944년 에버리의 발견으로 밝혀진 것과 같이 유전 물질은 DNA(deoxyribose nucleic acid) 분자(일부 바이러스의 경우 RNA)로 이루어져 있다. 1953년 왓슨과 크릭이 밝힌 대로 DNA 분자는 이중 나선 구조를 가지고 있다 그림 5.1.

3. DNA는 (지질이나 다른 분자들과 더불어) 모든 생물의 표현형을 구성하는 단백질을 생성해 내는 정보를 가지고 있다. DNA는 세포의 다른 구조와 기작의 도움을 받아 아미노산을 조립해 단백질로 만드는 과정을 조절한다.

4. 진핵생물의 경우 대부분의 DNA는 모든 세포의 핵 안에 존재하며 다수의 길쭉한 모양의 염색체라는 구조를 형성하고 있다 그림 5.2. (미토콘드리아나 엽록체와 같은 다른 세포 소기관에도 DNA나 RNA가 소량 존재할 수 있다.)

5. 유성 생식을 하는 생물들은 일반적으로 이배체 상태로 존재한다. 다시 말해 상동 관계에 있는 염색체 세트(아버지로부터 받은 것 하나와 어머니로부터 받은 것 하나)를 가지고 있다.

그림 5.1
유명한 DNA 이중 나선 구조. 나선형 사다리에서 염기
쌍(언제나 한쪽은 퓨린이고 다른 한쪽은 피리미딘이
다.)이 수평의 계단 역할을 한다. 출처: Futuyma,
Douglas J. (1998). *Evolutionary Biology* 3rd
ed. Sinauer: Sunderland, MA.

6. 남성과 여성 배우자(gamete)는 각각 한 세트의 염색체만을
   가지고 있다. 난자와 정자의 수정 후에 만들어진 새로운 생
   물(접합체)은 또다시 이배체 상태를 갖게 된다. 왜냐하면 양
   쪽 부모에게서 받은 각각의 염색체가 하나로 융합되지 않

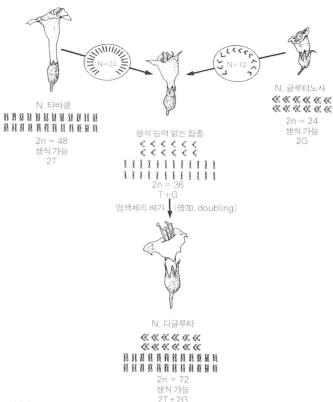

N. 타바쿰
2n = 48
생식 가능
2T

생식 능력 없는 잡종
2n = 36
T+G
염색체의 배가 (倍加, doubling)

N. 글루티노사
2n = 24
생식 가능
2G

N. 디글루타
2n = 72
생식 가능
2T+2G

그림 5.2

배수성의 기원. 서로 다른 종의 식물을 교배시키면 많은 경우에 생식 능력이 없는 잡종이 생성된다. 그런데 특정 교배에서 염색체 수가 두 배가 되는 경우 생식 능력이 있고 염색체 수가 두 배인 이질 배수성(allopolyploidy)을 가진 종이 만들어지기도 한다. 출처: Strickberger, Monroe, W., *Evolution*, 1990, Jones and Bartlett, Publishers, Sudbury, MA. www.jbpub.com. Reprinted with permission.

고 각각 따로 존재하기 때문이다_{원리 7번 참조}. 멘델의 유전을 '입자 유전(particulate inheritance, 부모의 형질이 특정 유전 단위를 통해 자손에게 전달된다는 개념.—옮긴이)'이라고 부르는 것도 바로 이 때문이다.

7. 정자와 난자가 수정되는 동안 수컷 또는 남성의 염색체(부계 유전자를 함유)는 암컷 또는 여성의 염색체(모계 유전자 함유)와 융합되거나 섞이지 않고 수정란(접합체) 안에 공존한다. 따라서 이따금 일어나는 돌연변이 현상을 배제할 경우 유전 물질은 변화하지 않은 채 한 세대에서 다음 세대로 전달된다_{원리11번 참조}.

8. 생물의 특징은 염색체상에 존재하는 유전자에 의해 조절된다.

9. 유전자는 핵산의 염기쌍의 순서이며 이 순서는 특정 기능을 가진 프로그램의 암호를 담고 있다.

10. 전체적으로 볼 때 생물의 모든 세포는 동일한 유전자를 담고 있다.

11. 유전자 자체는 여러 세대를 거치는 동안 대체로 일정하게 유지되지만 이따금 다른 형태로 '돌연변이'되는 능력을

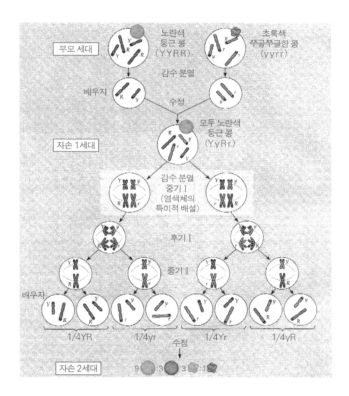

그림 5.3

한 유전자는 대립 유전자라는 다른 버전을 가질 수 있다. 멘델은 교배 실험 중 하나에서 두 가지 대립 유전자 Y(우성, 노란 콩)와 y(열성, 초록색 콩)를 가진 Y유전자와 두 개의 대립 유전자 R(우성, 둥근 콩)과 r(열성, 쭈글쭈글한 콩)를 가진 R유전자를 사용했다. 이 두 종류의 대립 유전자들의 교배에 따른 결과는 위의 그림에 제시되어 있다. 출처: 그림 15.1. *Biology* 5th edition, by Neil A. Campbell, Jane B. Reece, and Lawrence G. Mitchell, 262쪽. Copyright ⓒ 1999 by Benjamin/Cummings, an imprint of Addison Wesley Longman, Inc. Reprinted by permission of Pearson Education, Inc.

지니고 있다. 새롭게 돌연변이가 일어난 유전자(돌연변이체 (mutant))는 이후 새로운 돌연변이가 일어날 때까지 일정하게 유지된다.

12. 한 개체의 유전자 전체가 유전자형을 구성한다.

13. 각각의 유전자는 여러 가지 서로 다른 형태를 가지고 있는데 이를 '대립 유전자(allele)'라고 한다. 한 개체 내의 여러 개체들이 보이는 대부분의 차이는 이 대립 유전자에 의한 것이다 그림 5.3.

14. 이배체 생물은 각 유전자를 쌍으로 가지고 있다. 이중 하나는 아버지로부터, 다른 하나는 어머니로부터 물려받은 것이다. 만일 이 두 유전자가 동일한 대립 유전자일 경우 생물은 그 유전자에 대해 '동형 접합(homozygous) 상태'라고 한다. 만일 두 유전자가 서로 다른 대립 유전자에 속한다면 그 생물은 '이형 접합(heterozygous)'이다.

15. 이형 접합의 경우 두 대립 유전자 가운데 오직 하나만 표현형으로 발현된다. 이렇게 표현형으로 발현되는 대립 유전자를 우성이라고 하고 표현되지 않는 쪽을 열성이라고 한다.

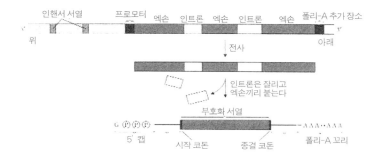

그림 5.4

엑손, 인트론, 주변 서열을 포함한 진핵세포 유전자의 구조. 출처: Futuyma, Douglas J. (1998). *Evolutionary Biology* 3rd ed. Sinauer: Sunderland, MA.

----

16. 유전자는 엑손(exon), 인트론(intron) 주변 서열(flanking sequence) 등으로 이루어진 복잡한 구조를 가지고 있다 그림 5.4.

17. 유전자에는 몇 가지 종류가 존재하는데 일부 유전자는 다른 유전자의 활동을 조절한다 아래 참조.

유전자의 나이 아마 오늘날 유전체에 대한 분자 수준의 연구에서 얻은 가장 뜻밖의 결과는 수많은 유전자들이 어마어마하게 나이가 많다는 사실일 것이다. 많은 경우에 염기쌍의 서열은 매우 잘 보존되는 경향이 있다. 예를 들어 포유류의 특정 유전자는 초파리나 선충류(예쁜꼬마선충(Caenorhabditis)) 유전체의 일부이기도 하다. 실제로 동물이나 식물에서 발견되는 유전자 가운데 일부는 세균까지 거슬러 올라갈 수 있다. 이러한 사실은 질병의 유전자를 연구할 때 특히 중요하다. 예를 들어 인간의 질병 유전자를 생쥐에게 주입한 다음 다양한 종류의 약물을 투여해서 치유 능력을 살펴볼 수 있는 것도 바로 유전자의 오래된 특성 때문에 가능한 것이다. 이러한 특성은 또한 유전 공학을 적용하는 데에도 커다란 잠재력을 불어넣어 준다. 이런 실용적인 적용이 불가능한 경우라고 하더라도 각기 다른 종류의 생물에 존재하는 동일한 유전자를 비교하는 것은 유전자 기능을 이해하는 데 커다란 도움이 된다.

개체군 내에서의 유전적 교체(Genetic turnover)

하디-바인베르크(Hardy-Weinberg)의 공식에 따르면 기존의 유전자의 손실을 일으키거나 새로운 유전자의 획득을 도모하는 다수의 작용이 없다면, 개체군 안에서의 유전자의 함량은 세대가 바뀌어도 일정하게 유지될 것이다. 그런데 그와 같은 작용들에 의해 진화가 일어난다 박스 5.3. 그중 특히 진화에서 중요한 역할을 하는

박스 5.3　**하디-바인베르크 원리**

유전학 발달 초기에는 어떤 개체군에서 대립 유전자의 빈도를 결정하는 것이 무엇인가를 두고 엄청난 혼란이 있었다. 그러나 1908년 영국의 G. H. 하디와 독일의 W. R. 바인베르크가 기존 유전자의 손실이나 새로운 유전자의 획득을 가져오는 특정 작용이 일어나지 않는 한 개체군 안에서 대립 유전자의 빈도는 세대가 거듭해도 일정하게 유지된다는 사실을 보여 주었다. 그들은 이 주장을 수학적 공식, 즉 이항 전개(binominal expansion)를 적용한 수식으로 표현했다. 이는 순수한 수학적 해법으로 생물학 법칙은 아니다.

　한 가지 예를 생각해 보자. 어떤 유전자가 개체군 안에서 두 개의 대립 유전자 A1과 A2로 대표된다고 하자. 그리고 A1의 발생 빈도를 p, A2의 발생 빈도를 q라고 하면 p + q = 1이 된다. 그렇다면 생식 과정에서 배우자의 빈도는 다음 표와 같이 나타날 것이고 생식 결과 다음과 같은 유전자형들을 만들어 낼 것이다.

난자	정자	
	A1(p)	A2(q)
A1(p)	A1A1(p^2)	A1A2(pq)
A2(q)	A1A2(pq)	A2A2(q^2)

　이때 유전자의 첨가나 손실이 없다면(본문 참조) 다음과 같은 이항 전개 결과가 유지될 것이다.

$$(p + q)(p + q) = p^2 + 2pq + q^2$$

일곱 가지 작용이 바로 선택, 돌연변이, 유전자 확산(gene flow), 변이에 기초한 유전자 부동(genetic drift), 편향 변이(biased variation), 전이 인자(transposable element, 가동성 요소(movable element)), 비임의 교배(nonrandom mating)이다. 이중 선택은 6장에서 다룰 것이고 지금은 나머지 여섯 가지에 대해 논의하도록 하자.

돌연변이

생물학에서 돌연변이라는 용어는 여러 번의 의미 변화를 겪었다(Mayr, 1963: 168~178). 1910년 이전에는 유형의 급진적인 변화면 무엇이든, 그리고 특히 그 변화가 즉각적으로 새로운 종을 탄생시키는 경우에는 그것을 돌연변이라고 불렀다. 모건(1910)은 돌연변이를 유전자형의 자발적인 변화, 좀 더 정확히 말하면 유전자의 갑작스러운 변화로 한정했다. 유전자의 돌연변이는 세포 분열 시의 복제(replication) 과정에서 발생하는 오류 때문에 일어난다. 보통 세포 분열과 배우자 형성 과정에서 DNA 분자의 복제는 놀라울 정도로 정확하게 이루어지지만 이따금씩 오류가 발생하는 것도 사실이다. 어떤 염기쌍이 다른 염기쌍으로 뒤바뀌는 현상은 '유전자 돌연변이(gene mutation)'라고 한다. 그런데 그보다 더 큰 규모로 일어나는 유전자형의 변화가 있다. 배수성(polyploidy, 염색체의 세트, 즉 유전체 전체가 중복되어 나타나는 현상. —옮긴이)의 형성이나 염색체의 역위 (inversion, 동일 염색체 내의 두 부위가 절단되어 위치가 바뀌는 현상. —옮긴이) 처럼 유전자 배열에 일어나는 변화가 그 예이다. 이러한 변화를 '염색체 돌연변이(chromosomal mutation)'라고 한다. 그리고 유전자 의 DNA에서 표현형의 아미노산이나 폴리펩타이드로 이어지는 경 로(메신저 RNA, 리보솜 등)에 발생하는 변화 역시 돌연변이로 분류된 다. 한편 염색체의 '전이 인자(transposable element)'가 삽입되는 경 우에도 돌연변이가 일어날 수 있다. 어쨌든 표현형에 변화를 일으 키는 모든 돌연변이는 자연선택되거나 역선택(discriminated)된다.

　　진화론적 중요성을 고려해 볼 때 돌연변이를 이로운 돌연변 이, 중립적 돌연변이, 해로운 돌연변이라는 세 종류로 나누어 생 각할 수 있다. 이로운 돌연변이가 일어난 유전자형을 지닌 개체는 자연선택에서 유리한 고지를 점할 수 있을 것이다. 그러나 안정적 인 환경의 어떤 개체군 안에서 우리가 생각할 수 있는 거의 모든 이 로운 돌연변이는 이미 예전에 선택되었을 것이므로, 새로운 이로 운 돌연변이가 일어날 가능성은 적은 편이다. 표현형에 별다른 영 향을 주지 않는 돌연변이, 즉 중립적 돌연변이는 빈번하게 일어난다. 이 중립적 돌연변이가 진화에서 수행하는 역할에 대해서는 잠시 후에 다시 논의할 것이다. 마지막으로 해로운 돌연변이는 자연선택에서 배제되기 때문에 조만간 제거된다. 돌연변이가 일어난 유전자가 열성이라면 이형 접합 상태로 개체군 안에서 생존할 수도 있다. 반대로 즉시 제거되는 돌연변이는 '치사(lethal) 돌연변이'라고 한다. 유전자의 선택 가치(selective value)는 해당 유전자가 유전자형의 나머지 부분과 갖는 상호 작용에 의존한다.

비록 새로운 유전자들은 모두 돌연변이에 의해 생성되기는 하지만 자연적 개체군에서 실제로 자연선택의 대상이 되는 대부분의 표현형의 변이는 '유전자 재조합(recombination)'을 통해 일어난다 아래 참조. 자연선택의 역할이 완전히 이해되기 전에는 많은 진화론자들이 일부 진화상의 변화가 '돌연변이압(mutation pressure)' 때문에 일어난다고 생각했다. 그러나 이는 잘못된 생각이다. 개체군 내의 유전자의 빈도는 장기적으로 볼 때 자연선택과 확률적 작용(stochastic process)에 따라 결정되는 것이지 돌연변이의 빈도에 따라 결정되는 것이 아니다.

유전자 확산

극도로 격리되어 있는 개체군을 제외한 모든 국지적 개체군의 유전자의 내용은 같은 종의 다른 개체군으로부터 이주해 오거나 다른 개체군으로 이주해 가는 유전자에 큰 영향을 받는다. 이웃한 개체군 사이에서 일어나는 이러한 유전자의 교환을 '유전자 확산'이라고 한다. 유전자 확산은 부분적으로 고립된 개체군의 분기(divergence)를 막는 보존적 역할을 하는 요인이다. 또한 널리 분산되어 있는 종의 안전성을 유지하고 개체 밀도가 높은 종의 균형을 유지하는 주요 원인이다. 유전자 확산의 양은 개체군에 따라, 종에 따라 다르다. 유소성(philopatry), 즉 한 곳에 정착해서 살아가는 경향이 높은 종의 경우 유전자 확산이 적은 반면, 분산 경향이 강한 종은 거의 범생식(panmictic) 개체군을 형성할 것이다.

여기서 유의할 점은 주어진 개체군 안에서도 개체에 따라 분산 경향이 매우 달라질 수 있다는 점이다. 실제로 이 점에서는 두드러진 다형성이 존재하는 듯하다. 어느 개체군 안의 특정 개체는 매우 유소성이 강해서 자신이 태어난 장소에서 아주 가까운 범위 안에서만 번식한다. 한편 어떤 개체들은 비교적 짧은 거리지만 분산되어 나가고, 몇몇 소수의 개체들은 탄생지에서 멀리 떨어진 곳, 어떤 경우에는 수백 킬로미터 떨어진 곳으로 이주한다. 이 마지막 부류의 개체들이 진화에서 가장 중요하다. 이러한 개체들 가운데 대부분은 아마도 새로운 장소에 적절히 적응하지 못하여 번식에 실패할 것이다. 그러나 장기 여행자이자 식민지 개척자인 이 개체들은 어쩌면 해당 종의 기존 서식 범위 이외에 새로운 적절한 서식지를 찾아내 창시자 개체군(founder population)을 수립할 수도 있다.

일부 종들은 분산에 매우 성공적이어서 전 세계에 분포되어 있다. 포자를 형성하는 종이나 완보류(tardigrade), 특정 갑각류처럼 알이 바람을 통해 퍼져 나가는 동물 종이 그러한 예이다. 그러나 상대적으로 분산 거리가 짧은 경우라고 하더라도 분산은 국지적 개체군이 새로운 종으로 분기되어 나가는 경향을 효과적으로 막을 수 있다. 유전자 확산은 진화에서 매우 큰 보존력을 나타내는 요인이다.

유전자 부동

개체군의 규모가 작을 경우 단순히 '표본 추출(sampling)'의 오류(통계적 작용)로 특정 대립 유전자가 손실될 수 있다. 이러한 현상을 '유전자 부동'이라고 한다. 실제로 비교적 큰 규모의 개체군에서도 대립 유전자의 무작위적(임의적) 손실이 일어날 수 있다. 이 현상은 널리 분포되어 있는 종에서는 거의 영향력이 없다. 왜냐하면 국지적으로 손실된 유전자는 다음 세대에서 유전자 확산으로 다시 보충될 수 있기 때문이다. 그러나 기존 종의 서식 영역의 경계를 벗어난 곳에 새롭게 자리 잡은 소규모의 창시자 개체군의 경우에는 상대적으로 균형 잡히지 못한 모(母)개체군의 유전자 풀(gene pool: 어떤 생물 집단 속에 있는 유전 정보의 총량. ──옮긴이) 표본 추출물을 가지고 있을 수도 있다. 이러한 사실은 그와 같은 개체군의 유전자형의 구조 변경을 촉진시킨다 아래 참조.

편향 변이

일부 유전자(지금까지 알려진 바로는 오직 소수의 종에만 존재)들은 감수 분열이 일어날 때 이형 접합 상태에 있는 대립 유전자의 분리에 영향을 주어 한쪽 부모로부터 물려받은 염색체가 배우자로 가는 비율이 절반이 넘도록 만든다. 만일 이 대립 유전자가 적응에 적합하지 못한 표현형을 나타내는 것이라면 선택 과정에서 도태될 것이다. 편향 변이가 자연선택의 제거 능력을 상쇄할 만큼 강력하게 나타나는 경우는 드물게 찾아볼 수 있을 뿐이다.

전이 인자

'전이 인자(transposable element, TE)'는 염색체상에 고정된 위치를 점유하지 않고 같은 염색체나 다른 염색체의 새로운 위치로 옮겨 갈 수 있는 DNA 서열(유전자)을 말한다. 생물에는 다양한 영향을 주는 다양한 전이 인자들이 존재한다. 전이 인자가 염색체상의 새로운 위치에 삽입되면 인접한 유전자에 돌연변이를 일으킬 수 있다. 전이 인자는 많은 경우에 짧은 DNA 서열을 만들어 내며 이들은 빈번하게 복제된다. 이러한 서열 가운데 하나는 Alu라고 불리는데 염색체에서 엄청나게 높은 빈도로 반복되는 경향이 있어서, 많은 포유류 종 개체에서 50만 개 이상의 사본이 발견된다. Alu는 인간 유전체의 약 5퍼센트를 차지한다. 전이 인자 중에서 특별히 선택 가치에 기여하는 예는 알려져 있지 않고, 오히려 해로운 영향을 주는 경우가 많다. 그러나 자연선택은 이 전이 인자들을 제거하지 못하는 것으로 보인다. 전이 인자가 다양한 형태로 발현되는 양상에 대한 상세한 내용은 유전학 교과서를 참조하기 바란다.

비임의적 교배

유성 생식을 하는 모든 종은 어느 한쪽 성이 특정 표현형을 지닌 이성을 배우자로 선호하는 경향이 있다. 이러한 현상은 특정 유전자형이 비임의적으로 선호되는 결과를 야기한다.

동소성 종 분화(sympatric speciation)의 일부 사례들은 비임의 교배의 결과물로 설명하는 것이 가장 타당하다. 특정 어류 집단, 특히 시클리드의 경우 암컷은 특정 하위 니치(subniche)를 선호하는 수컷과의 짝짓기를 선호한다. 예를 들어 A라는 종이 어느 호수를 점유하고 처음에는 저생성(benthic)과 준조광성(limnetic) 영역 모두에서 먹이를 먹었다고 하자. 그런데 한 무리의 암컷들은 저생성 수컷과의 짝짓기를 선호한다. 그렇다면 이 암컷들은 저생성 니치에서 먹이를 먹는 수컷을 특징적으로 나타내는 눈에 띄는 표시를 선택하게 될 것이다. 그러면 먹이 섭취와 짝짓기는 더 이상 임의적(무작위적)이 아닌 것이 되고, 결국 A라는 물고기 종은 각기 저생성이나 준조광성의 먹이 섭취와 짝짓기를 선호하는 두 개의 하위 개체군(subpopulation)으로 진화하게 된다. 어느 정도 시간이 흐르면 두 개의 하위 개체군은 두 개의 완전히 격리된 동소종(sympatric species)으로 진화할 것이다. 대부분의 어류 집단에서 이와 같은 방식의 동소성 종 분화는 일어나지 않는 것이 분명하다. 만약 숙주 특이성(host-specific) 곤충이 있어서 두 배우자가 똑같이 선호하는 식물에서 짝짓기가 우선적으로 일어난다면, 그에 따라 각각의 식물을 선호하는 다른 종으로 분화가 일어날 수도 있을 것이다.

단위 생식과 진화

다윈적 진화의 성공 여부는 대량 변이가 계속적으로 일어날 수 있는지에 달려 있다. 이러한 표현형의 변이 중 가장 큰 부분을 만들어 내는 것이 부모 염색체의 재조합이다. 이러한 재조합은 진핵생물이 발명해 낸 유성 생식 과정에서 나타난다. 그런데 상당수의 생물들이 유성 생식을 하지 않는다. 이 생물들은 단위 생식을 한다. 그렇다면 이들은 환경의 변화에 대응하기 위해 필요한 변이를 어떻게 만들어 낼 수 있을까?

대부분의 단위 생식, 즉 무성 생식의 경우 자손은 부모와 유전적으로 동일하다. 이러한 생식 방법을 통해 만들어진 계통을 '클론'이라고 한다. 그렇다면 클론은 어떻게 새로운 유전적 변이를 획득하게 될까? 고등 생물의 경우 보통 돌연변이를 통해 변이가 일어난다. 새로운 돌연변이는 언제나 새로운 '미니클론(miniclone)'을 생성한다. 만일 이것이 성공적인 돌연변이라면 새로운 클론은 번성하게 될 것이고, 추가적인 돌연변이를 거쳐 점차 기존의 클론으로부터 분기해 나갈 것이다. 궁극적으로 델로이드 로티퍼(bdelloid rotifer)에게서 일어났던 것과 같이 가장 성공적인 클론들의 차이점은 유성 생식을 하는 서로 다른 종 사이의 차이만큼이나 커지게 될 것이다. 성공적으로 생존하지 못한 클론은 절멸하고 그 결과 무성 생식을 하는 더 높은 분류군에서 '종' 사이의 간극이 생기게 된다.

원핵생물은 무성 생식을 한다. 이들은 돌연변이와 '수평적 유전자 교환(unilateral exchange of gene)'을 통해 유전적 변이를 획득한다. 그런데 진핵생물이 일단 유성 생식을 '발명'하게 된 후에는 무성 생식은 상대적으로 드문 것이 되어 버렸다. 동물 가운데에서 속 수준 이상에서는 오직 세 개의 분류군만이 전적으로 무성 생식으로 클론을 만들어 낸다. 전적으로 무성 생식에 의존하는 일은 식물에서는 드물지만 일부 균류 집단에서는 흔한 일이다.

어찌되었든 원핵생물은 무성 생식을 하고 따라서 모든 원핵생물 개체들은 성(性)이 같다고 할 수 있다. 원핵생물들은 유성 생식을 알지 못한다. 그러나 오늘날 진핵생물에서는 유성 생식이 거의 보편적인 생식 방법으로 자리 잡게 되었다. 고등 동물이나 식물에서 발견되는 단위 생식은 파생된 특성으로 보이며 대부분의 경우 한 속 안에서 오직 한 종, 또는 고립된 한 속에서만 관찰되는 특성이다. 동물의 전체 과 가운데에서 단성 생식(parthenogenesis, 생식 세포인 암 배우자(드물게는 수 배우자)가 수정 없이 발생하는 생물학적 생식 방법. ──옮긴이))을 하는 경우는 적은 수의 사례에 한정된다. 동물의 경우 여러 차례 거듭해서 단위 생식을 발견했으나 무성 생식을 하는 클론이 비교적 짧은 시간이 지난 후 멸종해 버린 것이 분명해 보인다.

유성 생식 vs. 무성 생식

진핵생물 사이에서 무성 생식이 드물다는 사실이 시사하는 것은 무엇일까? 그와 같은 사실은 오늘날 고등한 생물에게서 발견되는 단위 생식이 처음부터 존재했던 오래된 현상이 아니라 나중에 파생된 현상임을 보여 준다. 이러한 생식 방법은 서로 연관이 없는 집단에서 독립적으로 여러 번 진화했다가 곧 사라지고는 했다. 유성 생식이 자연선택에서 어떤 이점을 갖든지 간에, 무성 생식이 거듭해서 실패로 돌아간 것으로 미루어, 유성 생식이 더 이점을 갖는 것만은 확실하다.

언뜻 보기에는 무성 생식이 유성 생식보다 훨씬 더 생산적으로 보인다. 예를 들어 어떤 개체군에 두 종류의 암컷이 존재한다고 하자. 두 종류 모두 자손을 100마리씩 생산하지만 매 세대마다 오직 두 개체만이 생존한다고 하자. 그런데 A라는 암컷은 유성 생식을 해서 각각 암컷 50마리와 수컷 50마리를 낳고 B라는 암컷은 무성 생식을 해서 100마리의 암컷을 낳는다. 그렇다면 매우 간단한 산술로도 얼마간 시간이 흐르면 개체군은 거의 전적으로 무성 생식을 하는 암컷 B로 채워지게 될 것이라는 결론이 나온다.

무성 생식을 통해서 개체로 생장할 수 있는 알을 만들어 낼 수 있는 암컷은 수컷을 만드는 데 배우자를 '낭비'하지 않으며, 따라서 두 종류의 배우자를 만들어 내는 유성 생식을 하는 개체에 비해 두 배의 생산력을 갖는다. 그렇다면 왜 자연선택은 수컷에 의한 수정을 필요로 하지 않고 암컷 혼자서 발생 가능한 알을 만들어 내는 단성 생식을 선호하지 않았을까?

1880년대 이래로 진화론자들은 자연선택에서 유성 생식이 갖는 이점에 대해 논쟁을 벌여 왔다. 지금까지 뚜렷하게 어떤 주장이 승리를 거두었다고 말하기 어렵다. 이런 종류의 논쟁에서 흔히 보게 되듯 다수의 답이 모두 부분적으로 정답에 기여하는 것으로 보인다. 다시 말해서 유성 생식은 몇 가지 이점을 가지고 있으며, 이것을 모두 합치면 무성 생식의 양적 이점을 넘어서는 이점을 갖게 되는 것으로 보인다. 왜 유성 생식이 상대적으로 낮은 생산력에도 불구하고 장기적으로 볼 때 무성 생식보다 더 성공적인지 이해하기 위해서 일단 우리는 유성 생식의 전체 과정을 살펴볼 필요가 있다.

감수 분열과 유전자 재조합

100년 이상의 연구 끝에야 우리는 유성 생식 과정과 그 의미를 완전히 이해할 수 있게 되었다. 다윈은 일생 동안 유전적 변이의 원천이 무엇인지 찾아 헤맸으나 결국 찾지 못했다. 유전적 변이의 원천을 밝혀내기 위해서는 배우자 형성 과정, 유전자형과 표현형, 이들이 자연선택에서 수행하는 역할에 대한 지식, 그리고 개체군의 변이에 대한 이해가 필요하다.

결국 바이즈만과 한 무리의 세포학자들이 해답을 찾아냈다. 그들은 유성 생식에서 배우자 형성에 앞서서 두 차례의 특별한 세포 분열이 일어난다는 사실을 보여 주었다 박스 5.4. 먼저 상동 관계에 있는 어머니에게서 온 염색체와 아버지에게서 온 염색체가 서

박스 5.4 **감수 분열**

감수 분열은 반수체 배우자(haploid gamete)를 형성하기 전에 두 번에 걸쳐 연속적으로 일어나는 세포 분열을 말한다. 먼저 상동 염색체의 자매 염색 분체(sister chromatid)가 서로 달라붙는다. 교차(crossing-over)라는 과정에서 염색 분체의 동일한 지점에서 절단이 일어나고 절단된 염색 분체의 조각이 자매 염색 분체의 절단된 끝에 붙어서 새롭게 조합된 염색체가 만들어진다. 그 다음 '감수 분열(reduction division)'인 단계에서 상동 염색체가 무작위로 반대 극으로 이동하고 그 결과 완전히 새로운 염색체 세트를 만들어 낸다. 따라서 교차와 상동 염색체가 임의로 양쪽 극으로 이동하는 이 연속적인 두 단계를 통해 부모 유전자형의 완전히 새로운 재조합이 이루어진다.

감수 분열에 의해 생성되는 배우자(정자와 난자)는 반수체이다. 그러나 수정에 의해 이배체(diploid) 상태를 다시 획득하게 된다. 이 복잡한 과정에 대해 좀 더 자세히 알고 싶은 독자는 생물학 교과서를 참조하자.

로 달라붙었다가 한 곳 또는 여러 곳에서 절단된다. 이 절단된 염색체는 서로 각 조각들을 교환하고 그 결과 아버지 쪽 염색체 조각과 어머니 쪽 염색체 조각이 서로 뒤섞이게 된다. 이 과정을 '교차

(crossing-over)'라고 한다. 각각의 새로운 염색체는 아버지에게서 온 유전자와 어머니에게서 온 유전자의 완전히 새로운 조합을 갖게 된다. 그 다음 단계에서는 염색체 자체가 둘로 나누어지는 것이 아니라 상동 염색체 쌍의 하나가 임의적으로 두 딸 세포 중 하나로 가고 나머지 염색체는 다른 딸세포로 간다. 이와 같은 '감수 분열(reduction division)'의 결과로 반수체 배우자가 만들어지는데 반수체 세포의 염색체 수는 나중에 수정으로 생성되는 '이배체' 접합체의 염색체 수의 절반이다. 이와 같은 세포 분열을 '감수 분열(meiosis)'이라고 한다.

감수 분열 과정에서 부모의 유전자형의 과감한 '유전자 재조합'이 일어난다. 첫째, 교차가 일어나고 둘째, 상동 염색체가 각기 다른 딸세포로 무작위로 이동하기 때문이다. 그 결과 부모로부터 받은 유전자의 완전히 새로운 조합이 만들어지게 되고 이렇게 만들어진 배우자들은 모두 서로 다른 고유의 유전자형을 갖게 된다. 이처럼 제각기 독특한 유전자형은 역시 독특한 표현형을 낳게 되고 이와 같은 현상은 자연선택 과정에 무제한으로 새로운 재료를 공급해 준다.

유성 생식이 자연선택에서 차지하는 이점이 무엇인지는 분명

치 않지만 무성 생식으로 되돌아가려는 시도들이 모두 실패했다
는 점에서 유성 생식이 이점을 가지고 있는 것만은 분명해 보인다.
고등 식물에서는 전적인 무성 생식 사례는 찾아볼 수 없지만 수정
없이 씨앗을 생성하는 무수정 생식(agamospermy)의 예는 널리 퍼져
있다(Grant, 1981). 한편 특정 원생동물, 균류, 그리고 일부 비관속
(nonvascular) 식물의 무리에서는 단위 생식이 유성 생식보다 더 빈
번하게 일어나기도 한다. 단위 생식은 원생동물에게는 유일한 생
식 방법이다. 이 경우 '일방적인 유전자 전달'이 유전적 변이를 제
공한다.

왜 자연선택은 유전자형의 변이를 선호할까?

이따금씩 무성 생식을 하는 사례는 동물계에 널리 퍼져 있다.
(그러나 조류와 포유류에서는 찾아볼 수 없다.) 거의 대부분의 무성 생식 사
례는 대부분 유성 생식을 하는 속 중에서 단 한 종이나 하나의 속에
국한되어 있다. 더 높은 동물의 분류군(속 이상) 가운데 오직 세 종
류(델로이드 로티퍼와 일부 개충류(ostracod)와 진드기)만이 전적으로 단위
생식을 한다. 많은 종들이 자신의 성별(sexuality)을 대가로 치르고

두 배로 증가된 생산력을 '구매'했지만, 무성으로 증식된 클론들은 얼마 되지 않아 모두 죽어 사라진 것으로 생각된다.

　1세기가 넘도록 진화론자들은 성별이 가진 강력한 이점의 정체가 무엇인지 고심해 왔다. 그러나 지금까지도 만장일치의 합의에 이르지 못하고 있다. 분명한 것은 어느 개체군이 갑작스럽게 극도로 불리한 상황에 직면하는 경우에는, 유전적 다양성이 크면 클수록 단일한 클론이나 서로 밀접하게 관련되어 있는 클론들에 비해 환경의 요구에 더 잘 부응하는 유전자형을 갖게 될 가능성이 더 크다는 것이다.

　자연선택이 유성 생식(재조합)을 선호하는 기작에 대하여 많은 설명이 제시되어 왔다. 그 설명들이 공통적으로 가지고 있는 요소는 유성 생식을 하는 개체군에서는 무성 생식을 하는 개체군보다 이로운 돌연변이는 더 많이 살아남고 해로운 돌연변이는 더 빠르게 제거된다는 사실이다. 예를 들어 어떤 새로운 병원체가 나타났을 때 (개체군 수준에서) 여기에 가장 잘 대처하는 방법은 내성을 가진 유전자형을 만드는 것이다. 핵산으로 이루어진 유전자형은 자연선택에 직접 노출되지 않는다. 대신 수정란의 발달 과정 동안 단백질이나 그밖에 다른 표현형의 구성 물질로 번역(translate)된다 6장 참조. 표현형은 유전자형과 환경의 상호 작용의 결과물이라고 할 수 있다.

유성 생식 과정은 돌연변이를 포함하여 다른 어떤 작용보다 새로운 표현형을 더 많이 만들어 낼 수 있고 이 새로운 표현형들이 자연선택의 대상이 된다. 양성을 가진 종의 개체군에서 유성 생식은 가장 큰 변이의 원천이다. 그리고 대량의 변이를 만들어 내는 능력은 유성 생식의 가장 큰 선택의 이점인 것으로 보인다(The Evolution of Sex, Science 281(1988): 1979~2008의 특별 section 참조). 유성 생식에 엄청난 진화론적 중요성을 부여하는 것은 바로 재조합 능력이다.

재조합

유성 생식을 하는 종에 속한 개체들은 개체군 안의 다른 개체와 짝짓기를 하고 그 결과 생겨난 자손은 부모로부터 물려받은 유전자의 완전히 새로운 조합을 갖게 된다. 한 개체에서 발견되는 유전자들을 지칭하는 '유전자 풀'이라는 용어는 약간의 혼동을 줄 수 있다. 유전자들은 '풀' 안을 개별적으로 헤엄쳐 다니는 것이 아니라 염색체 위에 꼬리를 물고 놓여 있다. 그리고 유성 생식을 하는 이배체 종의 개체들은 아버지에게서 온 반수체 유전자와 어머니에게서 온 반수체 유전자로 이루어진 염색체들을 지니고 있다. 이것이 바로 20세기가 시작될 무렵 제기되었고 나중에 T.H.모건 (T. H. Morgan)이 확인한 서턴-보베리(Sutton-Boveri) 이론이다. 양쪽 부모의 유전 물질의 조합인 이배체 염색체를 유전자형이라고 부른다. 각 개체들은 부모로부터 받은 두 세트의 유전자들의 독특한 조합이며 유전자형(재조합된 유전자 세트)의 산물이 실질적인 자연선택의 목표물이 된다(아래 참조). 개체군 안에서의 재조합은 효과적인 자연선택을 위한 표현형 변이의 주요 원천이다.

수평 유전자 전달

원핵생물은 유성 생식을 하지 못하며 따라서 재조합으로 유전적 변이를 제공할 수 없다. 대신 세균은 '일방향성 수평 전달'이라는 과정을 통해서 유전적 변이를 도모한다. 이는 세균이 다른 세균에게 자신을 부착시킨 후 자신의 유전자 일부를 상대방 세균에게 전이시키는 과정을 말한다. 이 과정을 통해 어떤 종류의 유전자들이 전이되는지는 거의 알려지지 않았다. 아마도 전이되는 유전자는 특정 종류에 한정된 것으로 보인다. 왜냐하면 그람음성세균,

그람양성세균, 남세균 등의 주요 세균들은 이러한 과정을 통해 융합하지 않기 때문이다. 한편 고세균도 다른 과의 세균과 유전자를 교환한다.

그렇다면 유성 생식이 시작된 이후에 수평 전달은 어떻게 되었을까? 1940년대까지는 유성 생식을 하는 생물들 사이에서는 이러한 과정이 사라졌을 것이라고 생각되었다. 그런데 바바라 매클린톡(Barbara McClintock)이 옥수수에서 어느 한 염색체에서 다른 염색체로 자리를 이동하는 유전자인 전이 인자(transposon)를 발견했다. 이는 매우 새롭고 놀라운 발견인 만큼 아직까지는 이러한 현상이 널리 퍼져 있는지는 분명하지 않다. 그리고 염색체와 독립적으로 활동하는 핵산 물질이 있다(예를 들어 플라스미드(plasmid, 세균의 세포 내에 염색체와는 별개로 존재하면서 독자적으로 증식할 수 있는 DNA로 고리 모양을 하고 있으며 유전자 재조합 기술에 흔히 이용된다.—옮긴이)). 이와 같은 유전 요소들은 무성 생식을 하는 원핵생물들에서는 특히 큰 중요성을 갖는다. 이들이 표현형에 영향을 주는 한 이들은 자연선택의 대상이 된다.

유전자의 상호 작용

유전자의 활동으로 어떻게 표현형이 생성되는지는 생리학, 또는 발달 유전학의 문제이다. 전통적으로 사람들은 문제를 단순화시켜서 각각의 유전자가 다른 유전자와 관계없이 독자적으로 표현형을 생성해 낸다고 생각했다. 그러나 이는 옳지 않다. 실제로 유전자들 사이에는 어마어마한 정도로 상호 작용이 일어나고 있다. 예를 들어 많은 유전자들이 표현형의 여러 측면에 동시에 영향을 준다. 그와 같은 유전자를 '다면 발현(Pleiotropy) 유전자'라고 한다. 다면 발현은 주로 해로운 유전자, 즉 겸상 적혈구 빈혈증박스 6.3참조이나 낭포성 섬유증 등을 일으키는 유전자, 또는 그와 유사한 돌연변이 유전자들에서 가장 현격하게 나타난다. 이들 유전자는 신체 조직의 기본 활동에 영향을 주어서 각기 다른 다수의 신체 기관에서 각기 다른 결과를 일으킨다. 한편 표현형의 특정 측면은 각기 다른 여러 개의 유전자의 영향을 받기도 한다. 이와 같은 유전을 '다인자 발현(polygenic) 유전'이라고 한다. 다면 발현과 다인자 발현은 모두 유전자형의 응집력(cohesion)에 기여하는 성질이다. 유전자의 다중적 상호 작용을 상위성(epistasis, 한 유전자가 다른 유전자의 발현을 방해하는 것.—옮긴이)이라고 한다.

이와 같은 유전자의 상호 작용은 유전자형의 여러 측면 가운데에서 가장 알려지지 않은 부분이라고 할 수 있다. 이 현상에 대해서는 이 책의 뒷부분에서 진화적 안정성, 진화적 변화의 폭발, 모자이크 진화 등의 내용을 다룰 때 다시 언급하게 될 것이다. 이른바 '유전자형의 응집력'은 이러한 상호 작용의 한 측면이다_{아래 참조}. 유전자형의 구조에 대한 연구는 진화 생물학의 미래의 과제 가운데에서 가장 도전적인 분야라고 할 수 있다.

유전체의 크기

만일 새로운 유전자의 생성이 진화적 진보와 평행하게 나아가는 것이라면 계통수에서 정점을 차지하고 있는 생물이 가장 커다란 유전체를 가지고 있을 것이라고 예상할 수 있을 것이다. 이는 어느 정도는 들어맞는다. 유전체의 크기는 염기쌍의 수로 나타낸다. 편의상 1,000개의 염기쌍, 즉 메가베이스(megabase, Mb)를 그 단위로 삼고 있다. 인간의 유전체는 약 3,500Mb이다. 한편 세균은 고작 4Mb에 지나지 않는다. 그런데 도롱뇽(salamander)이나 폐어의 유전체도 상당히 크다. 그리고 식물에서도 이와 유사한 커다란 편차를 찾아볼 수 있다.

그렇다면 왜 이런 엄청난 편차가 존재하는 것일까? 특히 가까운 관계에 있는 생물 사이에서 왜 이런 큰 차이가 나타나는 것일까? 그에 대한 대답은 DNA에는 두 가지 종류가 있기 때문이다. 발달 과정에 적극적으로 관여하는 DNA(단백질 합성 암호를 지닌 유전자)와 그렇지 않은 비부호화 DNA가 그 두 가지이다 박스 5.5 참조. Mb 수의 커다란 차이는 거의 전적으로 보통 '정크(junk, 쓰레기)'라고 불리는 비부호화 유전자의 수가 더 많거나 적기 때문에 나타난다. 이러한 비부호화 유전자들이 생성되고 그 수가 늘어나도록 하는 기작이 많이 존재한다. 또한 이러한 쓰레기 DNA들을 제거하는 기작역시 존재한다. 그리고 종에 따라서 이 제거 기작의 효율이 각기다르다. 유전체의 크기를 조절하는 인자들에 대한 연구는 완전한이해에 이르기까지 아직 갈 길이 멀다.

새로운 유전자의 기원

세균은 약 1,000개의 유전자를 가지고 있다. 인간의 경우 기능성 유전자의 수가 아마도 약 3만 개에 이를 것이다. 그렇다면 이새로운 유전자들은 어떻게 생겨났을까? 이들은 중복(duplication)

박스 5.5 **비부호화 DNA**

염색체에 들어 있는 DNA 가운데 놀랄 만큼 높은 비율의 DNA가, RNA나 단백질 합성 암호와 같은 뚜렷한 기능을 가지고 있지 않은 것으로 드러났다. 그와 같은 DNA를 사람들은 때때로, 부정확한 표현이지만 쓰레기 DNA(junk DNA)라고 부른다. 인간 DNA의 약 97퍼센트가 이러한 쓰레기 DNA인 것으로 추정된다. 우리의 유전체 가운데 이 쓰레기 DNA에 포함되는 부분에는 인트론, 미세 인공위성(microsatellite) DNA와 같이 반복되는 서열들, Alu 서열을 포함한 다양한 종류의 '산재된 분자(interspersed element)'들이 있다. 다윈주의자들은 이처럼 불필요하게 보이는 DNA들이 정말로 아무런 기능이 없다면 자연선택에 의해 오래전에 제거되었어야 마땅하다고 생각한다. 그리고 이러한 생각은 아마도 지금까지 발견되지 않은 어떤 기능이 있지 않을까 하는 추론으로 이어진다. 실제로 인트론은 유전자의 활동(DNA의 암호 내용을 단백질로 번역(translate))이 시작되기 전에 엑손을 서로 분리해 주는 기능을 한다는 사실이 밝혀졌다. 이 번역 과정이 시작되기 직전 인트론이 먼저 절단된다. 인트론은 또한 수많은 조절 인자(전사 조절 유전자가 결합하는 자리(binding site) 역할을 하는 DNA 요소)를 가지고 있으며 시스(cis) 및 트랜스액팅(trans-acting) 인자를 통해 번갈아 가며 절단을 수행함으로써 진핵생물의 유전적 복잡성을 강화시키는 것으로 생각되고 있다.

에 의해 생겨난다. 중복된 유전자가 유전체상의 자매 유전자의 옆자리에 직렬로 끼어 들어가는 것이다. 이때 새로운 유전자를 '직렬 상동 유전자'라고 한다. 이 유전자는 처음에는 자매 유전자와 같은 기능을 수행한다. 그러나 대개 자체적인 돌연변이를 통해서 새롭게 진화하며 어느 정도 시간이 지나면 자매 유전자와 다른 기능을 갖게 된다. 한편 원래의 유전자 역시 진화를 겪는다. 그리고 그 결과로 생긴 원래 유전자의 직계 후손뻘 되는 유전자를 병렬 상동 유전자라고 한다. 생물의 상동 관계에 대한 연구에서는 오직 이 병렬 상동 유전자만을 비교의 대상으로 삼는다.

유전체가 추가되는 현상은 하나의 유전자의 중복뿐만 아니라 여러 유전자로 이루어진 유전자 집단 자체의 중복, 또는 염색체 세트 전체의 중복을 통해서 이루어질 수도 있다. 예를 들어 동원체(動原體, kinetochore, 방추사와 결합하는 염색체 부위로 체세포 분열이나 감수 분열 중에 정상적인 염색체의 분리에 중요한 역할을 함.—옮긴이)와 관련된 특별한 메커니즘에 의해 특정 목(目)의 포유류의 염색체 세트 전체의 중복이 일어날 수 있으며, 그 결과 해당 목의 동물들 사이에는 염색체 수의 편차가 엄청나게 커질 수 있다. 그리고 수평 전달 역시 유전체의 수를 증가시키는 방법 중 하나이다.

유전자의 종류

분자 생물학의 발달로 우리는 유전자에 여러 종류가 있다는 사실을 알게 되었다. 효소를 통해 유기 물질의 생산을 직접 조절하는 유전자가 있는가 하면 유전자를 생산하는 물질의 활성을 조절하는 유전자도 있다. 초파리의 유전자 1만 2000개 가운데 8,000개는 돌연변이가 일어나도 표현형에 아무런 영향을 주지 않는 것으로 보인다. 이러한 유전자에 생긴 변화를 '중립 진화(neutral evolution)'라고 한다 아래 참조.

단백질 합성 암호를 갖고 있지 않은 유전자들은 오랫동안 '쓰레기'로 여겨져 왔다. 그러나 어쩌면 이 유전자들은 다른 유전자들을 조절하는 데에 지금까지 알려지지 않은 중요한 역할을 가지고 있을지도 모른다. 비부호화 DNA의 역할에 대한 설명은 유전자형의 구조에 대한 풀리지 않은 일부 질문에 해답을 가져다줄지도 모른다. 비부호화 유전 물질에는 인트론, 위유전자(pseudogenes, 가짜 유전자, 유사 유전자라고 하기도 한다.—옮긴이), 고도 반복(highly repetitive) DNA를 포함하여 몇 가지 종류가 있다(Li, 1997). 이러한 비부호화 DNA 가운데 적어도 일부는 분명 어떤 기능을 가지고 있는 것으로 보인다. 인트론은 엑손을 분리시키는 역할을 한다. 그런데 특히 이해하기 어려운 부분은 비부호화 DNA의 엄청난 양이다. 한 추정치에 따르면 인간 DNA의 약 95퍼센트가 '쓰레기'라고 한다. 다윈주의자들은 이 유전자들이 완전히 쓸모없는데도 자연선택이 제거하지 않고 놓아두었다는 것은 뭔가 이상하다고 보고 있다. DNA를 생산하는 데에도 상당한 비용이 들지 않는가?

호메오박스(Homeobox) 유전자, 조절 유전자

살아 있는 동물들은 모두 제한된 수의 기본적 설계(design)에 속한다. 방사 대칭, 좌우 대칭, 체절 형성, 그리고 이 기본적 패턴의 특징적 하위 분류 집단 중 하나로 나눌 수 있다. 위대한 독일의 형태학자들은 이러한 기본적 설계를 체제(Bauplan)라고 불렀다. 영어로는 '신체 계획'이라고 번역되는데 이는 완전히 옳다고는 볼 수 없다. 독일어에서 Bauplan에서 plan이라는 음절은 '지도' 또는 '청사진'을 뜻한다. 여기에는 누군가가 계획했다는 의미는 들어 있지 않다. 즉 이것은 형이상학적 개념이 아니다.

몇 년 전까지만 해도 접합체의 발달 과정에서 어떤 부분이 배아의 앞부분이 되고 어떤 부분이 뒷부분이 되며 어느 곳이 등쪽이 되고 어느 곳이 배쪽이 되는지, 체절을 가진 생물의 경우 어떤 체절에 부속지(appendage)가 달리게 되는지 등을 한 세트의 유전자가 어떻게 결정짓는가 하는 문제는 완전히 수수께끼였다. 그러나 현재 발달 유전학이 이 문제에 상당히 진전된 해법을 내놓았다. 기질을 생산하는 '구조' 유전자 외에도 앞과 뒤, 배와 등을 결정하는 능력을 가진 단백질을 생산하는 조절 유전자(혹스(*Hox*) 유전자) 또는 눈과 같은 특별한 기관을 만들도록 결정하는 조절 유전자 (팍스(*pax*) 유전자)들이 있다. 해면동물은 단 하나의 혹스 유전자를 가지고 있다. 절지동물은 8개, 포유류는 38개의 유전자로 이루어진 4개의 혹스 유전자 집단(cluster)을 가지고 있다. 생쥐와 파리는 6개의 혹스 유전자를 공유하고 있는데 이는 그 조상인 선구동물과 후구동물에서부터 이미 가지고 있었던 것으로 생각된다 박스 5.6.

이 모든 사실들은 기본적인 조절 시스템은 아주 오랜 기원을 가지고 있으며 나중에 필요에 따라 추가적인 기능에 전용되었음을 암시한다(Erwin et al., 1997). 이와 같이 특화된 발달 유전자들은 대체로 다른 유전자들의 활동에 대해 독립적이며, 발달 중인 배아의 각기 다른 부분과 구조의 발달을 개별적으로 허용한다. 예를 들어 박쥐의 날개는 다른 발달 경로에 최소한의 교란을 일으키면서 독자적으로 발달한다. 이는 이른바 모자이크 진화라는 현상이 왜

박스 5.6 **혹스 유전자**

발달 생물학자와 진화 생물학자들은 생물의 개체 발생 과정에서 혹스 유전자의 발현 패턴을 분석함으로써 생물 복잡성의 진화와 진화 과정에서 형태학적 새로움(novelty)이 출현하게 되는 비밀을 밝히려고 노력하고 있다. 전문가들은 이 유전자들이 신체 계획의 국지적 정체성을 분화시키는 데 결정적인 역할을 하는 것이 아닐까 추측하고 있다. 혹스 유전자는 집단(cluster)을 이루고 있으며 특정 범주의 전사 인자(transcription factor, 다른 유전자의 발현을 조절하는 유전자)에 대한 암호를 담고 있다. 그리고 특히 중요한 점으로서, 이들은 공간적으로, 시간적으로 공직선적(共直線的, colinear) 방식으로 발현된다. 혹스 유전자 집단 가운데 전방(anterior) 유전자는 발달 과정에서 먼저 좀 더 앞부분에서 발현되고, 후방(posterior) 유전자는 좀 더 나중에 좀 더 말단 부위에서 발현된다.

　　진화 과정에서 신체 계획의 복잡성이 증가해 온 현상과 혹스 유전자 복합체의 복잡성이 증대되어 온 현상 사이에 인과적 관련성이 존재할 것이라는 주장이 제기되어 왔다. 무척추동물은 단 하나의 혹스 유전자 집단을 가지고 있고 모든 척삭동물의 공통 조상은 아마도 13개의 혹스 유전자로 이루어진 세트를 단 한 개 가지고 있었을 것으로 보인다. 창고기처럼 상대적으로 단순하고 체절 조직을 가진 두색동물(cephalochordate)로부터 네 개의 혹스 유전자 복합체를 가진 쥐나 인간처럼 좀 더 복잡한 생물로 진화되어 나가는 과정에서, 조상이 갖고 있던 하나의 혹스 유전자 집단이 아마도 두 번의 복사를 거쳐서

52개의 유전자, 네 개의 혹스 유전자 집단으로 불어났을 것으로 보인다. 하나의 혹스 유전자 집단이 둘로, 둘이 넷(A-D)으로 방사되는 과정은 직렬 복사(tandem duplication)라기보다는 혹스 유전자 집단들이 각각 다른 염색체에 위치하고 있는 것으로 보아 각각의 염색체의 복사에 의해서 일어나거나 아니면 유전체 전체의 복사에 의해 일어난 것으로 보인다. 진화 과정에서 나중에 특정 진화 계통에서 이 혹스 유전자 집단에 있는 각각의 혹스 유전자가 손실되었을 것이다. 그러나 생쥐와 인간은 네 개의 혹스 유전자 집단에 분포되어 있는 동일한 39개의 혹스 유전자를 가지고 있다. 이 혹스 유전자 집단 가운데 어떤 것도 원래의 13개 유전자로 이루어진 세트를 유지하고 있지 않으며 제각기 독특한 유전자 조성을 가지고 있다.

유전자 내용물과 혹스 유전자의 발현 패턴의 차이가 각기 다른 동물 문의 제각기 다른 신체 계획에서 적어도 부분적인 원인으로 작용하는 것으로 생각된다. 많은 혹스 유전자의 기능은 역설적이게도 진화 과정에서 매우 잘 보존되어 왔다. 그 결과 예를 들어 창고기에서 얻은 혹스 유전자가 그와 상동 관계에 있는 유전자를 실험적으로 제거한 생쥐에게 주입했을 때 그 기능을 대신할 수 있음을 보여 주었다. 이처럼 진화 과정에서 놀라울 정도로 잘 보존된 혹스 유전자 집단의 유전체 구조와 그토록 잘 보존된 그들의 기능을 생각해 볼 때 어떻게 새로운 신체 계획의 분화가 일어날 수 있었는지는 의문이 남는다.

그토록 널리 퍼지게 되었는지를 설명해 준다.

변이의 본질

다윈의 시대에는 개체군 안에서 나타나는 변이의 본질이 무엇인지 알 수 없었다. 변이의 본질에 대한 이해는 19세기 말과 20세기 이후에나 가능해졌다. 다윈이 자연학자로서, 분류학자로서, 자연 개체군의 신봉자로서 확실히 알고 있었던 사실은 자연적 개체군 안에서의 변이가 거의 무궁무진하다는 사실이었다. 무궁무진한 변이는 모든 생물, 적어도 유성 생식을 하는 동식물 종에게는 자연선택을 위한 풍부한 재료를 제공해 주었다. 눈에 드러나는 어떤 생물의 특성인 표현형은 발달 과정에서 생물의 유전자 지침에 의한 것이며 유전자형이 환경과의 상호 작용을 통해 낳은 결과이다.

분자 혁명의 영향

비록 유전의 기본 원리는 1900년과 1930년대 사이에 밝혀졌지만 유전의 본질에 대한 진정한 이해는 분자 혁명을 통해서 비로소 가능해졌다. 그와 같은 혁명은 1944년 유전 물질이 단백질이 아니라 핵산으로 이루어졌다는 사실이 밝혀지면서 시작되었다. 1953년 왓슨과 크릭이 DNA 구조를 발견했고 그 후 중요한 발견들이 속속 꼬리를 물고 나타나다가 1961년 니렌베르크(Nirenberg)가 유전 암호를 발견하면서 정점을 이루었다(Kay, 2000). 마침내 발달 과정의 생물에게서 유전 정보가 번역되는 과정 전체의 원리가 밝혀지게 되었다. 그런데 뜻밖의 사실은 이러한 발견들이 변이나 선택과 같은 다윈의 개념을 조금도 흔들지 못했다는 것이다. 심지어 유전 정보를 담고 있는 물질이 단백질이 아니라 핵산이라는 사실조차 진화론에 아무런 변화를 요구하지 않았다. 오히려 유전적 변이의 본질에 대한 이해는 획득 형질의 유전이 불가능하다는 유전학자들의 발견을 강화시켜 줌으로써 다윈주의를 한층 더 강화시켰다.

진화 생물학에 대한 분자 생물학의 커다란 기여는 발달 유전학이라는 새로운 분야를 만들었다. 오랫동안 진화의 종합을 거부해 왔던 발생 생물학은 이제 다윈주의적 사고를 채택하고 유전자형의 기능적 역할을 분석하고 있다. 그 결과 혹스 유전자나 팍스 유전자 같은 조절 유전자가 발견되었고 발달의 진화적 측면에 대한 이해가 큰 폭으로 확장되었다.

진화 발생 생물학 (Evolutionary Developmental Biology)

분자 유전학 분야의 가장 중요한 발견 가운데 하나는 일부 유전자가 굉장히 오래되었다는 사실을 알게 된 것이다. 다시 말해 초파리와 포유류처럼 매우 관계가 먼 생물들에게서 같은 유전자(즉 같은 염기쌍의 서열)가 발견된다. 두 번째 발견은 많은 경우에 조절 유전자라고 불리는 특정 유전자가 배아의 앞쪽과 뒤쪽, 등쪽과 배쪽과 같은 기본적인 발달 과정을 조절한다는 사실이다. 이러한 발견들은 과거에 완전히 당혹스러운 대상이었던 발달 과정뿐만 아니라 계통 발생상의 근본적 사건(분기점)의 발생에도 커다란 통찰을 제공한다.

과학자들은 동일한 유전자라면 어디에서 발견된 것이든 표현형에 동일한 영향을 미칠 것이라고 생각해 왔다. 그러나 오늘날 발생 유전학자들은 꼭 그렇지만도 않다는 사실을 보여 주고 있다. 동일한 유전자가 환형동물(다모류)과 절지동물(갑각류)에서 각기 다르게 발현될 수 있다. 자연선택은 과거에 다른 기능을 수행했던 유전자를 새로운 발달 과정에 이용할 수 있는 것으로 보인다.

형태학적-계통 발생학적 연구 결과에 따르면 눈과 같은 광수용 기관(photoreceptor)은 다양한 종류의 동물에게서 적어도 40번에 걸쳐서 독립적으로 발달되었다고 한다. 그런데 한편으로 발생 유전학자들은 눈을 가진 모든 동물들은 동일한 조절 유전자 팍스 6을 가지고 있음을 보여 주었다. 이 유전자는 눈의 형성 과정을 체계적으로 조절한다. 그 후에는 유전학자들이 눈이 없는 생물에게도 팍스 6이 존재한다는 사실을 발견하였다. 그리고 이 동물들이 눈이 있었던 조상으로부터 진화했을 것이라고 주장했다. 그러나 이러한 시나리오는 상당히 일어나기 어려운 것으로 드러났고 팍스 6이 널리 퍼져 있다는 사실은 다른 설명을 요구한다. 그리하여 오늘날에는 팍스 6이 눈이 출현하기 전에 눈이 없는 동물에게서 우리가 알지 못하는 기능을 수행하며 존재하다가 나중에 눈의 형성체 역할을 떠맡게 되었을 것이라고 믿고 있다.

결론

이 장에서 우리는 다윈이 플라톤적 유형 대신 생물 개체군을 진화론의 토대로 삼음으로써 진화에 대한 전적으로 새로운 해결책을 발견한 것을 살펴보았다. 그는 개체군의 무궁무진한 유전적 변이와 선택(제거)이 진화적 변화의 핵심이라고 생각했다. 구체적으로 변이와 선택이 어떻게 진화를 일으키는지를 이해하기 위해서는 유전의 원리를 알아야 한다. 따라서 이 장의 상당 부분은 변이의 유전적 기초를 설명하는 데 할애했다. 유전 물질은 일정하게 고정되어 있으며 따라서 획득 형질의 유전은 불가능하다. 유전자형은 환경과 상호 작용하여 발달 과정에서 표현형을 만들어 낸다. 돌연변이가 계속해서 유전자 풀에 변이성을 공급해 준다. 그러나 자연선택의 재료를 제공하는 표현형의 변이는 감수 분열 과정에서 일어나는 재조합, 즉 염색체 구조의 재편성과 재배치를 통해 이루어진다.

6
자연선택

1930년대까지 진화론자들은 (2~4장에서 논의한 대로) 본질주의에 기초한 어떤 진화 이론도 적절하지 못하다는 사실을 완전히 이해하지 못했다. 재미있는 사실은 당시보다 100년 전이었던 1838년에 다윈은 이미 옳은 해답을 발견했다는 점이다. 비록 실제로 발표한 것은 1858~1859년이었지만. 그 해답은 바로 자연선택이다. 다윈-월리스 이론의 특별히 새로운 점은 그 이론들이 본질주의가 아니라 개체군적 사고에 기초를 두었다는 점이다. 안타깝게도 그 당시의 지배적인 사고방식은 본질주의였고 수세대가 지난 후에야 자연선택이 보편적으로 채택되었다. 그러나 일단 사람들이 개체군적 사고를 받아들이자 이 이론이 거부할 수 없는 강력한 논리를 지넜음을 깨닫게 되었다.

다윈과 윌리스가 주창한 자연선택은 가장 새롭고 대담한 이론이다. 이 이론은 다섯 가지 관찰 결과(사실)와 세 가지 추론에 기초하고 있다 박스6.1. 자연선택을 논의할 때 누군가가 개체군을 언급한다면 아마도 그는 대개 유성 생식을 하는 종을 염두에 두고 있을 것이다. 그러나 자연선택은 무성 생식을 하는 생물의 개체군에서도 일어난다.

다윈과 윌리스의 자연선택 이론은 진화를 현대적으로 해석하는 주춧돌이 되었다. 이 이론은 과거 어떤 철학자들도 생각하지 못했던, 진정으로 혁명적인 개념이었다. 오히려 다윈의 동시대 사람인 윌리엄 찰스 웰즈(William Charles Wells)와 P. 매튜스(P. Matthews)가 우연히 언급한 일은 있었다. 하지만 오늘날에도 많은 사람들이 이 원리가 어떻게 작용하는지 이해하는 데 어려움을 느낀다. 일단 개체군적 사고를 적용해 보면 모든 것이 단순하기 이를 데 없다. 그렇지만 이 개념은 오랫동안 유지되어 온 전통, 그리고 다른 이데올로기의 저항에 부딪혀 1859년부터 1930년대까지는 소수의 견해로 머물러 있었다.

자연선택을 이해하는 데 따르는 어려움을 파악하기 위해서

박스 6.1 **자연선택을 설명하는 다윈의 모델**

사실 1. 모든 개체군은 매우 높은 번식력을 가지고 있어서 제한되지 않는다면 개체수는 지수적으로 증가할 것이다. (출처: 페일리와 맬서스)

사실 2. 개체군의 크기는 일시적, 계절적 변동을 제외하고 대개 오랜 기간 동안 일정하게 유지된다(지속적 상태의 안정성의 관찰). (출처: 보편적 관찰 결과)

사실 3. 모든 종의 경우 이용할 수 있는 자원이 제한되어 있다(출처: 관찰 결과. 맬서스에 의해 강화됨.).

추론1. 한 종의 구성원 간에 치열한 경쟁(생존 경쟁)이 벌어질 것이다. (출처: 맬서스)

사실 4. 한 개체군의 구성원들은 모두 제각기 다르다(개체군적 사고). (출처: 동물 육종가 및 분류학자들)

추론2. 개체군의 개체들은 생존(즉 자연선택) 확률에서 서로 모두 다를 것이다. (출처: 다윈)

사실 5. 개체군 안의 개체 사이의 차이는, 적어도 부분적으로는 유전될 수 있다. (출처: 동물 육종가)

추론3. 자연선택이 여러 세대에 걸쳐 일어나다 보면 진화를 일으킬 수 있다. (출처: 다윈)

우리는 이 과정을 좀 더 면밀히 살펴보아야 한다. 우리는 다윈주의 자들에게 이를테면 '시간의 흐름에 따라 주어진 개체군에 어떤 일이 생길까?' '변화의 원인은 무엇이며 그와 같은 변화가 한 종의 개체군에 어떤 영향을 줄까?'와 같은 질문을 던져 볼 수 있다.

개체군

어떤 종이 새로 등장할 때에는 항상 국지적 개체군의 형태로 나타나게 된다. 개체들의 생존과 번식의 성공 여부가 똑같지 않기 때문에 각 개체군 안에서는 기회와 자연선택에 따른 유전적 교체가 일어난다. 이웃한 개체군들의 서식지가 서로 연결되어 있을 경우 점차적인 확산과 교류가 일어날 것이다. 그러나 많은 경우에 살기 좋은 서식지는 대부분 서로 단절되어 있어서 개체군은 '조각' 상태로 분포되어 있다. 지리적 장벽(산, 물, 부적당한 식물 분포 등)이 특정 종의 분산을 막을 경우 개체군의 단절이 더 크게 일어날 수도 있다. 한 종이 분포하는 범위의 경계에서는 많은 경우에 개체군들이 서로 격리되어 있다.

개체군의 본질을 이해하는 것은 진화를 이해하기 위한 가장 중요한 요소 중 하나이다. 왜냐하면 모든 진화 현상, 특히 자연선택은 생물 개체군에서 일어나기 때문이다. 따라서 개체군의 모든 측면은 진화론자들에게 지대한 관심의 대상이 된다. 국지적 개체군을 경우에 따라 '최소 교배 단위(deme)'라고 부른다. 최소 교배 단위는 주어진 국지적 장소에서 서로 짝짓기를 할 수 있는 개체들의 모임이라고 정의할 수 있다.

　지금까지 살펴본 대로 자연선택 개념은 자연을 관찰한 결과에 기초하고 있다. 모든 종들은 각 세대마다 실제로 생존할 수 있는 것보다 훨씬 더 많은 수의 자손을 생산한다. 그리고 한 개체군 안의 모든 개체들은 유전적으로 서로 다르다. 이 개체들은 험난한 환경에 노출되고 이들 중 거의 대부분이 죽거나 번식에 실패한다. 적은 수의 개체, 한 쌍의 부모에게서 나온 자손들 중에서 평균적으로 두 개체만이 생존과 번식에 성공한다. 이 생존자들은 개체군에서 무작위로 뽑아낸 샘플이 아니다. 이들이 가지고 있는 생존에 유리한 특정 자질들이 실제로 그들의 생존에 커다란 도움을 주었기 때문에 그들이 생존할 수 있었던 것이다.

자연선택은 실제로는 제거 과정이다

이처럼 유리한 개체들이 생존하도록 선택된다는 사실은 새로운 질문을 유발한다. 그렇다면 누가 선택하는 것일까? 예를 들어 동식물 육종가들이 특별히 우수한 특성을 가진 동식물을 가려 내 종축으로 삼는 것과 같은 인공적인 선택의 상황도 있다. 그러나 엄밀히 말해서 자연선택에서는 그러한 선택을 행하는 행위자(agent)는 존재하지 않는다. 다윈이 자연선택이라고 부른 것은 실제로는 제거 과정이다. 새로운 세대의 창시자는 그 부모가 낳은 여러 개체 가운데 운이 좋아서, 또는 당시의 환경 조건에 잘 적응할 만한 형질(특성)을 갖춘 덕분에 살아남은 개체들이다. 그들이 살아남은 반면에 그들의 형제자매는 자연선택이라는 과정을 통해 제거되었던 것이다.

자연선택이란 다름 아닌 '적자생존(the survival of the fittest)'이라고 말했던 허버트 스펜서(Herbert Spenser)가 옳았다. 자연선택은 사실상 제거 과정이며 다윈은 자신의 후기 저작에서 스펜서의 비유를 채택했다. 그러나 다윈의 반대자들은 적자생존이라는 말이 순환적인 동어 반복(tautology)이라고 공격한다. '적자(the fittest)'의 의미가 바로 '생존할 자'가 아니냐는 것이다. 그러나 이는 사실을 오도하는 주장이다. 사실 '생존'은 어떤 생물이 가지고 있는 특성이 아니라, 그 생물이 생존에 유리한 특정 속성을 가지고 있음을 알려 주는 표시일 뿐이다. 즉 적자인 것(To be fit)은 생존 확률을 증가시켜 주는 특정 성질들을 가지고 있다는 것이다. 이러한 해석은 '비임의적 생존'이라는 자연선택의 정의에도 적용할 수 있다. 모든 개체들이 동일한 생존 확률을 가지고 있지는 않다. 왜냐하면 생존 가능성을 높여 주는 성질을 가진 개체들은 개체군 안의 비임의적 요소로 제한되어 있기 때문이다.

선택과 제거는 진화론적으로 서로 다른 결과를 가져올까? 이 질문은 진화를 다루는 문헌에서 한번도 다루어진 적이 없는 듯하다. 선택이라는 과정은 '최고의' 또는 '가장 적합한' 표현형이 어느 것인지를 결정하는 구체적인 목적(objective)을 가질 것이다. 특정 세대에서 상대적으로 그 기준을 충족한 적은 수의 개체들만이 선택 과정에서 살아남을 수 있을 것이다. 이 작은 규모의 샘플은 부모의 개체군 전체의 변이 가운데에서 아주 적은 부분만을 대표할 수 있다. 따라서 이와 같은 생존의 선택은 매우 제한될 수밖에 없다.

　　반면 단순히 덜 적합한 개체를 제거하는 과정에서는 상대적으로 더 많은 수의 개체들이 생존할 수 있다. 왜냐하면 대부분의 개체들이 적합성 측면의 분명한 결격 사유를 가지고 있는 것은 아니기 때문이다. 그 결과 좀 더 큰 규모의 샘플이 남게 되고, 이러한 샘플은 성적 선택에서 우세한 위치를 차지할 수 있는 자료를 제공한다. 이는 또한 왜 생존 확률이 시기에 따라 일정하지 않은지를 설명해 준다. 적합하지 못한 개체가 개체군에서 차지하는 비율은 해마다 달라지는 환경 조건에 의존하기 때문이다.

　　비임의적으로 부적합자를 제거하는 작용을 성공적으로 통과하는 개체군의 규모가 커지면 커질수록, 생존에 성공하느냐의 여부는 우연적 요인과 번식에 성공하느냐에 더 많이 의존하게 될 것이다.

　　진화론자들은 종종 선택의 엄격함을 표현하기 위해 '선택압'이라는 비유를 사용한다. 설사 비유적 표현으로 사용한다고 하더라도 물리 과학에서 빌려 온 이 용어는 오해를 불러올 여지가 있다. 왜냐하면 물리학과 달리 자연선택에는 어떤 힘이나 압력도 존재하지 않기 때문이다.

선택은 두 단계의 과정이다

자연선택 이론의 반대자들은 대부분 자연선택이 두 단계로 이루어진 과정이라는 사실을 깨닫지 못하고 있다. 이 사실을 깨닫지 못한 일부 반대자들은 선택이 우연과 기회가 작용하는 과정이라고 말한다. 한편 다른 반대자들은 선택이 결정론적 과정이라고 말한다. 그런데 진실은 두 가지 측면을 모두 아우른다. 선택 과정의 두 단계를 따로 구분해서 생각하면 그 점이 분명하게 느껴질 것이다.

새로운 접합체의 생산에 이르는 모든 작용들(감수 분열, 배우자 형성, 수정 등)로 이루어진 첫 번째 단계에서 새로운 변이가 만들어진다. 이 첫 단계는 주어진 유전자의 위치에서 일어날 수 있는 변화의 본질이 지극히 제한적이라는 사실을 제외하고는 우연이 지배하는 단계이다 박스 6.2 참조.

두 번째 단계인 선택(제거) 과정에서는 새로운 개체의 '적합 여부(goodness)'가 끊임없이 시험된다. 유충(혹은 배아) 단계에서 성체 단계, 그리고 번식 기간에 이르기까지 그 시험은 계속된다. 환경의 도전과 개체군 안의 다른 구성원이나 다른 종의 개체들과의 경쟁에 가장 효율적으로 대처한 개체들이 마지막까지 살아남아 성공적으로 번식할 확률이 높아진다. 수많은 실험과 관찰 결과에 따르면 특정 속성을 지닌 특정 개체들이 이 제거 과정에서 다른 개체들에 비해 우월한 것으로 나타났다. 이들이 바로 '생존에 가장 적합한 개체(fittest to survival)'이다. 평균적으로 볼 때 한 부모에게서 태어난 수많은 자식 가운데 오직 두 개체만이 다음 세대의 창시자가 된다. 이 두 번째 단계는 우연과 필연이 혼합되어 있는 단계이다. 현재 주어진 상황에 가장 잘 적응할 수 있는 특성을 지닌 개체들이 가장 큰 생존 확률을 갖는다. 그러나 한편으로 우연적 제거 요인들도 많이 있으며 따라서 이 단계도 순수하게 결정적이라고 볼 수 없다. 모든 것은 어느 정도 확률적이다. 홍수나 태풍, 화산 폭발, 번개, 눈보라와 같은 자연 재해들이 생존에 대한 높은 적합성을 지녔던 개체들을 말살시킬 수도 있다. 뿐만 아니라 규모가 작은 개체군에서는 단순한 표본 오류에 의해 우수한 유전자가 소실될 수도 있다.

　　자연선택의 첫 번째 단계와 두 번째 단계의 근본적 차이는 이제 분명해졌다. 유전적 변이가 생성되는 첫 번째 단계에서는 모든 것이 우연의 문제이다. 그러나 생존과 번식이 차별적으로 이루어

박스 6.2 **자연선택의 두 단계**

1단계: 변이의 생성
배우자의 생성(수정)에서 죽음에 이르기까지 일어나는 돌연변이, 감수 분열 시 교차(crossing-over)에 의해 일어나는 재조합, 그리고 뒤를 이어 일어나는 상동 염색체의 임의적 이동, 배우자 선택 및 수정에 뒤따르는 모든 임의적 측면들.

2단계: 생존과 번식의 비임의적 측면
특정 표현형이 일생 주기 동안 뛰어난 성공을 거두는 현상(생존 선택). 비임의적 배우자 선택, 그밖에 특정 표현형의 번식 성공을 강화하는 모든 다른 요소들(성 선택). 이 두 번째 단계에서 상당한 정도의 임의적 제거가 동시에 일어난다.

지는 두 번째 단계에서는 우연은 훨씬 적은 역할만 수행한다. '적자생존'은 대체로 유전에 기초한 형질에 의해 결정된다. 자연선택이 전적으로 우연에 의존한 과정이라는 주장은 완전한 몰이해를 드러내는 것이다.

선택은 우연의 문제일까?

자연선택은 뜻밖에 오래된 철학 문제에 해결의 실마리를 제공해 주었다. 우리가 사는 세상에서 일어나는 사건들이 우연에 의한 것인가, 필연에 의한 것인가라는 문제는 그리스 철학자들의 시대부터 제기되어 왔다. 이 문제는 진화에서도 제시될 수 있다. 진화에 관해서는 다윈이 이 논쟁에 매듭을 지었다. 간단히 말해서 두 단계로 이루어진 자연선택의 속성 덕분에 진화는 우연의 산물이기도 하고 필연의 산물이기도 하다. 과연 진화에는 엄청난 정도의 임의성(우연)이 존재한다. 특히 유전적 변이가 생산되는 단계에서 그러하다. 그러나 자연선택의 두 번째 단계는 그것을 선택으로 보든 제거로 보든 우연의 작용은 아니다. 예를 들어 눈은 다윈의 반대론자들이 자주 주장하는 것처럼 우연의 산물이 아니다. 눈을 가진 개체들이 생존에 유리했기 때문에 여러 세대를 거치면서 가장 효율적인 시각 구조를 갖춘 생물들이 걸러져 왔던 것이다(더 심층적인 분석은 10장 참조.).

자연선택에 대해 널리 퍼져 있는 잘못된 견해 중 반박해야 할 것이 또 있다. 선택은 목적론적(teleological)이지 않다. 생각해 보라.

어떻게 제거 과정이 목적론적일 수 있겠는가? 선택은 장기적 목표를 가지고 있지 않다. 그저 각 세대마다 새롭게 반복되는 과정일 뿐이다. 진화의 역사에서 생물 계통들이 종종 절멸하거나 진행 방향을 바꾸어 왔다는 사실은 선택이 목적론적 과정이라는 그릇된 주장과 일치하지 않는다. 또한 어떤 목적을 향해 나아가는 진화 과정을 만들어 낼 만한 유전 기작도 알려져 있지 않다. '정향 진화'를 비롯해서 지금까지 제기되었던 모든 목적론적 과정들은 완전히 반박되었다 4장 참조.

다시 말해서 진화는 미리 결정되어 있는 과정이 아니다. 진화의 과정은 엄청난 수의 상호 작용으로 이루어져 있다. 한 개체군 안에 있는 각기 다른 유전자형들은 같은 환경 변화에 제각기 다르게 반응할 것이다. 따라서 이러한 변화들은 예측할 수 없다. 특히 어떤 지역에 새로운 포식자나 경쟁자가 나타났을 때 생길 결과는 더더욱 예측할 수 없다. 대절멸 와중에 어떤 개체가 살아남느냐 하는 문제는 우연에 크게 의존하게 된다.

자연선택을 입증할 수 있을까?

우리가 자연선택이 개체군적 과정이라는 사실을 완전히 이해한 다음에는 모든 것이 너무나 분명해 보이기 때문에 당연히 자연선택의 정당성을 확신하게 된다. 다윈 역시 그랬다. 그러나 1859년 그가 『종의 기원』을 출간했을 때 그는 자연선택을 입증할 만한 단 하나의 명확한 증거도 가지고 있지 못했다. 그 후 상황은 크게 변했다. 1859년으로부터 거의 한 세기 반이 지난 지금 자연선택을 뒷받침하는 어마어마한 양의 구체적 증거들이 수집되었다(Endler, 1986).

유전자형이 선택압에 대해 보이는 반응은 의태(mimicry)처럼 예외적으로 아주 정확한 경우도 있지만 다른 대부분의 상황에서는 그렇지 않다. 케인과 셰퍼드가 지적한 대로 달팽이의 줄무늬는 특정 서식지에서 줄무늬가 없는 껍데기에 비해 유리한 특성이 될 수 있다. 그러나 왜 하필 다섯 줄이 세 줄보다 선택에서 우월한지는 입증하기 어렵다.

자연선택을 처음으로 입증한 것은 의태의 발견을 통해서였다. 열대 지방 탐험가였던 헨리 월터 베이츠(Henry Walter Bates, 1862)는 아마존 지역에서 맛있는 나비 중 일부가 같은 지역에 사는 독이 있거나 맛 없는 나비와 같은 무늬와 색을 띠고 있음을 발견했다. 그리고 유해한 종의 형태가 지역에 따라 달라질 경우 맛있는 종의 의태 역시 동일한 지역 변이를 따른다는 사실을 관찰했다그림 6.1. 이 발견은 훗날 '베이츠 의태(Batesian mimicry)'로 알려지게 되었다. 몇 년 후 프리츠 밀러(Fritz Müller)는 독이 있는 종들이 서로를 모방해 서 곤충을 잡아먹는 새들이 오직 한 종류의 형태만을 피하도록 만 드는 현상을 발견했다. 그렇게 함으로써 서너 종, 심지어 여남은 종의 독 있는 곤충들이 보호받을 수 있게 된다. 왜냐하면 독이 있 는 곤충들이 서로를 모방하여 비슷한 패턴을 띠면 어린 새들은 독 이 있는 패턴으로 단 한가지 패턴만을 배우고 인식하게 된다. 그 결과 독이 있는 곤충은 포식에 의한 손실을 크게 줄일 수 있다(밀러 의태).

약에 대한 병균의 저항성이나 살충제에 대한 해충의 저항성은 결국 모든 사람들에게 자연선택의 중요성을 일깨워 주었다. 최근 의학과 공중 보건 분야의 전문가들이 엄청난 양의 자연선택 사례들 을 발견하였다. 아프리카에서 발견된 겸상 적혈구 유전자와 말라 리아에 대한 저항성의 관계는 좋은 예가 될 수 있다그림 6.2와 박스 6.3 나방이나 다른 생물들이 오염된 서식지에 적응하여 자신의 몸 색깔

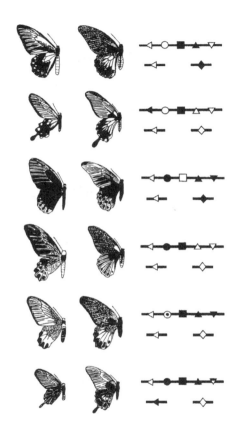

그림 6.1

베이츠 의태를 나타내는 제비나비류(왼쪽)의 지역별 종류는 모델이 되는 종류(오른쪽)와 대응하여 나타난다. 출처: Reprinted from the *Biology of Butterfliies*, R. I. Vane and E. B. Ford, 266쪽, copyright ⓒ 1984, by permission of Academic Press, London.

겸상 적혈구 유전자와 인간의 적혈구

인간의 겸상 적혈구 유전자는 단 하나의 아미노산만 변화시키는 단순한 하나의 돌연변이가 얼마나 극적인 결과를 가져올 수 있는지를 보여 주는 산 증거라고 할 수 있다. 겸상 적혈구 유전자는 말라리아가 창궐하는 지역, 특히 아프리카에서는 흔하게 존재한다. 왜냐하면 이 유전자의 이형 접합 보인자가 말라리아에 저항성을 보이기 때문이다. 겸상 적혈구 돌연변이는 (베타) 글로빈 사슬의 글루타민산 (glutamic acid)이 발린(valin)으로 대치된 것이다. 이 돌연변이 유전자의 동형 접합 보인자는 조만간 치명적인 혈액 질병을 앓게 된다. 이형 접합 보인자의 경우 말라리아 감염으로부터 보호받게 된다. 그런데 겸상 적혈구 유전자를 가진 사람이 말라리아가 없는 지역, 이를테면 미국과 같은 곳으로 이주할 경우 이 돌연변이 유전자의 이점이 사라지게 된다. 그 결과 미국에 사는 아프리카 노예들의 후손들에게서는 겸상 적혈구 유전자의 빈도가 점차적으로 감소하고 있다. 돌연변이 유전자를 이형 접합 형태로 가지고 있는 사람이 아무런 이익을 얻지 못하는 반면 동형 접합 형태로 갖고 있는 사람이 일찌감치 목숨을 잃기 때문이다.

을 변화시키는 공업 암화(工業暗化, industrial melanism) 현상은 자연선택이 특별히 실험적으로 잘 증명된 사례라고 할 수 있다.

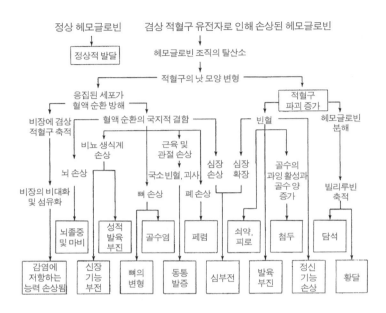

그림 6.2

검상 적혈구 돌연변이의 다면 발현 효과. 출처: Strickberger, Monroe M. (1985). *Genetics* 3rd ed. Prentice-Hall: Upper Saddle River, N. J.

생존을 위한 투쟁

다윈은 "생존을 위한 투쟁(struggle for existence)"이라는 비유를 자신의 저서 『종의 기원』의 세 번째 장의 제목으로 삼았다. 동물이

든 식물이든 또는 다른 계의 생물이든 모든 개체들은 삶의 매 순간
자신의 생존을 위해 '투쟁'해야 한다는 것이다. 어떤 개체가 다른 생
물의 잠재적 먹잇감이라면 포식자에 대항해서 싸워야 할 것이다. 또
포식자라면 먹잇감을 놓고 다른 포식자와 싸워야 할 것이다. 살아남
기 위해서 개체는 모든 삶의 조건을 성공적으로 충족시켜야 한다.
다윈은 이렇게 말했다. "우리는 사막의 언저리에 있는 식물이 살기
위해 가뭄과 투쟁을 벌인다고 말한다. 그러나 사실은 이 식물이 수
분에 의존하고 있다고 말하는 편이 더 적당할 것이다."(1859:62) 가
뭄에 대한 저항성이 같은 개체군 안에 있는 다른 개체들보다 우수한
식물은 다른 개체들보다 살아남을 확률이 높을 것이다. 대부분의 경
우 같은 개체군의 구성원 사이에 경쟁이 가장 치열하다. 구성원 사
이의 경쟁은 먹이뿐만 아니라 은신처와 성공적 번식을 위한 요구 조
건들, 이를테면 영토나 배우자를 놓고도 벌어진다. 그리고 다윈이
말했듯 "생존할 수 있는 수보다 더 많은 수의 개체들이 생산되는 경
우에는 항상 생존 경쟁이 일어나게 된다."(1859:63)

그러나 이러한 생존 경쟁은 같은 종의 구성원들 사이에서뿐만
아니라 다른 종의 개체 사이에서도 일어난다. 예를 들어 씨앗을 먹
는 미국 서부의 개미들은 씨앗을 놓고 설치류와 경쟁한다. 붉은다

람쥐는 잣을 놓고 잣새(crossbill)와 경쟁한다. 나는 또 초원과 염습지에서 철새인 찌르레기(starling)가 텃새인 들종다리(meadowlark)와 경쟁하는 것을 보았다. 조간대(潮間帶, tidal zone, 해안의 만조선과 간조선 사이의 지대.—옮긴이)에서는 따개비, 홍합, 갈조류 같은 해양 생물들이 한정된 공간을 놓고 치열한 경쟁을 벌이는 것을 볼 수 있다. 많은 경우에 우리는 환경에 비슷한 요구 조건을 가진 두 종의 생물이 그럭저럭 공존하는 것을 볼 수 있다. 그러나 두 종 가운데 어느 한 종을 실험적으로 제거하면 다른 종의 개체수가 엄청나게 늘어난다. 한편 쌍을 이루는 두 종 가운데 많은 경우는 두 종의 요구 조건이 너무 비슷한데 어느 한 종이 다른 종보다 약간 우월하기 때문에 공존할 수 없다. 이러한 경우를 '경쟁 배타 원리(competitive exclusion principle)'라고 한다. 그러나 한편 실제로는 겉보기에 매우 비슷한 종들이 어떻게 성공적으로 공존하는지 의아한 경우도 많다. 갈라파고스 제도에는 다윈이 예전에 관찰했던 여러 종의 핀치가 공존하고 있다. 각 종의 부리의 평균 크기와 편차는 서로 다르다. 그런데 만일 섬에 이들 중 오직 한 종만 산다면 다른 종과의 경쟁이 없기 때문에 부리의 크기는 훨씬 큰 편차를 보였을 것이다. 그 편차에는 다른 지역에서 그 종의 경쟁 상대가 될 수 있는 종의 편차 범위까지도 포함될 것이다.

경쟁의 중요성은 외래종의 성공적인 이주로 토착종이 멸종하는 사례에서 가장 생생하게 드러난다. 다윈은 유럽에서 뉴질랜드로 이주한 동식물 종들이 성공적으로 새로운 서식지에 정착하자 그곳에 살고 있던 수많은 뉴질랜드의 토착종들이 절멸해 버린 사실에 주의를 기울였다.

경쟁이나 그밖에 생존을 위한 투쟁의 다른 측면들은 어마어마한 선택압을 나타낸다. 종 사이의 상호 작용에 대한 이해가 농업에 기여한 사례는 무수히 많다. 무당벌레를 비롯한 포식자 곤충으로 감귤류 과수원의 다양한 해충들(진딧물류와 깍지벌레류)을 성공적으로 통제할 수 있다. 또한 오스트레일리아 퀸스랜드의 소와 양 목축지에 부채선인장(Opuntia)이 들어와 들불처럼 번졌을 때, 아르헨티나산 나방(Argentine moth, Cactoblastis)을 투입하자 거의 즉각적으로 선인장이 제거되고 목축지의 생산성이 회복되었다. 이러한 사례들이나 생태학 문헌에 나오는 수많은 사례들이 입증하는 것은 일반적으로 공존하고 있는 종들은 안정된 상태에서 서로 조화를 이루고 있으며 이러한 상태는 끊임없이 자연선택을 통해 조정을 받는다는 것이다.

선택의 대상

그렇다면 무엇이, 또는 누가 선택되는 것일까? 이상하게도 단순하기 그지없는 이 질문이 오랫동안 논쟁의 원천이 되어 왔다. 다윈과 그 이후의 거의 모든 자연학자들이 보기에 생존하고 번식하는 것은 바로 하나하나의 생물 개체였다. 그러나 전체 개체의 유전적 특성은 수학적으로 다룰 수 없기 때문에 대부분의 수학적 개체군 유전학자들은 유전자를 '선택의 단위'로 삼는다. 또는 개체들의 집단이나 전체 종과 같이 억지스러운 선택의 단위를 내세우는 저자들도 있다.

일부 동물 행동학자나 생태학자들은 선택이 종을 '개선'하기 위해 작용한다고 생각했다. 1970년대까지도 일부 유전학자들은 유전자뿐만 아니라 개체군이 선택의 단위라고 생각했다. 결국 1980년대에 이르러서야 각 개체가 주요 선택의 대상이라는 합리적인 합의에 도달하게 되었다.

"선택의 대상, 즉 무엇을 선택하느냐(selection of)"와 "선택의 목적, 즉 무엇을 위해 선택하느냐(selection for)"라는 질문의 각 측면을 따로 떼어서 생각해 보면 이 문제에 대한 혼란을 피할 수 있다.

겸상 적혈구 유전자를 가지고 이 문제를 생각해 보자. "무엇을 선택하느냐(selection of)"라는 질문에 대해서는 겸상 적혈구 유전자를 갖고 있거나 갖고 있지 않은 각 개인이 답이 될 것이다. 말라리아가 창궐하는 지역에서 "무엇을 위해 선택하느냐(selection for)"라는 질문에 대한 답은 겸상 적혈구 유전자가 답이 될 것이다. 이 유전자의 이형 접합 보인자가 말라리아에 저항성을 갖기 때문이다. 이 두 질문을 구분해 보면 그와 같은 유전자 자체는 선택의 대상이 될 수 없음을 분명하게 알 수 있다. 유전자는 단순히 유전자형의 일부일 뿐이다. 실제로 선택의 대상이 되는 것은 (유전자형에 기반을 둔) 개체 전체의 표현형이다(Mayr, 1997). 그렇다고 유전자가 진화에서 차지하는 역할이 축소되는 것은 아니다. 왜냐하면 주어진 표현형의 적합성 여부는 어느 특정 유전자에 기인하는 것일 수 있기 때문이다.

유전자가 선택의 대상이라는 환원주의자들의 주장은 또 다른 이유에서 말이 안 된다. 그러한 주장은 표현형의 특성을 나타내는 데 있어서 각 유전자들이 다른 모든 유전자들과 독립적으로 행동한다는 가정에 기초하고 있다. 만일 그것이 사실이라면 표현형을 만들어 낼 때의 유전자들의 전체적인 기여는 모든 개별 유전자들의 활동을 산술적으로 더한 총합이 될 것이다. 이러한 가정을 '상가 유전자 작용(相加遺傳子作用, additive gene action)'이라고 부른다. 실제로 일부 유전자들, 심지어 많은 유전자들이 이처럼 직접적이고 독립적인 방식으로 작용하는 것으로 보인다. 만일 여러분이 남자이고 혈우병 유전자를 가지고 있다면 여러분은 혈우병에 걸릴 수밖에 없다. 그러나 다른 많은 유전자들은 상호 작용을 한다. B유전자가 A유전자의 효과를 강화시킬 수도 약화시킬 수도 있다. 또는 B유전자가 없으면 A유전자의 효과가 나타나지 않을 수도 있다. 이와 같이 유전자들 사이에서 일어나는 상호 작용을 '상위성 상호 작용(epistatic interaction)'이라고 한다.

분명 상위성 상호 작용은 상가 유전자 작용처럼 쉽게 예측할 수 없으며 따라서 유전학자들은 상위성 상호 작용에 대한 연구를 회피해 왔다. 이러한 상호 작용 가운데 하나가 '불완전 침투(incomplete penetrance)'이다. 이 경우 일부 개체는 특정 유전자를 가지고 있지만 그 유전자의 효과가 나타나지 않는다. 반면 같은 개체군에 속한, 다른 유전형을 가진 다른 개체에서는 이 유전자의 효과가 나타난다. 예를 들어 널리 채택되고 있는 정신 분열증의 유전성 모델에서 발병의 원인이 되는 가장 주된 유전자의 침투도는 단지 25퍼센트에 지나지 않는다. 다시 말해 그 유전자를 지닌 사람 가운데 25퍼센트 정도에서만 정신 분열증이 실제로 발병한다는 이야기이다. 상호 작용하는 유전자들의 조합에서 일부가 너무 미세하게 조절되어 그 적절한 균형에서 조금이라도 벗어나는 경우에는 역선택당하는 것으로 보인다. 다면 발현이나 다인자 발현은 이러한 유전자 상호 작용의 잘 알려진 예이다 5장 참조.

유전자들 사이의 이러한 상호 작용의 중요성은 혹스나 팍스와 같은 조절 유전자가 발견되기 전까지는 제대로 인식되지 못했다. 이 유전자들의 발견을 통해서 우리는 유전자들의 극적인 상호 작용을 관찰하게 되었다. 그러나 유전자들 사이의 약한 상호 작용은 아주 흔하게 찾아볼 수 있다. 이 모든 상호 작용의 총합이 무엇이냐 하는 문제는 논쟁거리가 될 수 있다. 그러나 유전자형의 '내부적 균형'이나 '유전자형의 응집력'이 존재한다는 간접적인 증거는 풍부하게 존재한다. 그리고 이러한 힘은 진화의 보존 요인으로서 수많은 진화의 계통들이 오랫동안 안정된 상태를 보이는 원인으로 추측되어 왔다. 또한 창시자 개체군이 어째서 그토록 많은 경우에, 그토록 급격한 변화를 보이는가 하는 의문에 대한 답을 제공하기도 한다. 창시자 개체군은 변이가 매우 축소된 상태로 불균형한 유전자 세트를 가지고 있을 수 있다. 이러한 유전자 풀은 새로운 선택압에 원래의 종과 크게 다른 방식으로 반응할 수 있으며 그 결과 원래의 종에서 크게 일탈하는 표현형을 만들어 낼 수 있다.

어떤 유전자가 개체의 적합성에 기여할 수 있는 폭이 얼마나 되느냐를 명확하게 이해하는 것은 다양한 진화 관련 논쟁을 분명히 정립하는 데 매우 중요하다. 많은 유전자들이 표준적인 선택 가치를 지니고 있지 않다. 어떤 유전자는 특정 유전자형에 포함되었을 때에는 개체에게 이롭지만, 다른 유전자로 구성된 유전자형에 포함되어 있을 때에는 오히려 해로울 수도 있다. 따라서 유전자들 사이의 상호 작용은 개체의 선택 가치(적합성)에서 매우 중요한 요소이다. '중립 진화'_{아래 참조}라는 개념은 그와 같은 유전자가 선택의 목표물이 아니라는 점을 고려해 볼 때 의미 없는 개념이다.

그리고 유전자는 하나만(이형 접합 상태로) 존재하느냐 이중으로(동형 접합 상태로) 존재하느냐에 따라 개체의 적합성에 매우 다른 영향을 미친다. 겸상 적혈구 유전자가 하나만 존재하는 경우 말라리아가 창궐하는 지역에 거주하는 이형 접합 보인자의 적합성에 큰 기여를 하지만, 이중으로 존재하는 경우(동형 접합) 조만간 치명적 결과에 이르게 된다. 이러한 사실은 유전자가 반드시 고정된 선택 가치를 지니지 않으며, 유전자의 가치는 유전자형 안에서 관련을 맺고 있는 다른 유전자들에 의존한다는 것을 보여 준다.

표현형

선택의 대상이 각 개체라는 말은 정확히 무슨 의미일까? 자연선택이라는 작용을 직접 마주하고, 각 개체를 자연선택이 선호하거나 선호하지 않도록 만드는 실체는 무엇일까? 그것은 개체의 유전자나 유전자형이 아니다. 왜냐하면 유전자나 유전자형은 선택의 눈앞에 드러나지 않는다. 답은 바로 표현형이다. 표현형이라는 말은 어떤 개체를 다른 개체와 구분하는 형태학적, 생리학적, 생화학적, 행동학적 형질 전체를 말한다. 표현형은 수정란에서 성체에 이르기까지 접합체의 발달 기간 동안 유전자형과 환경의 상호 작용을 통해 만들어진다. 같은 유전자형이 각기 다른 환경에서 극명하게 다른 표현형을 생성할 수 있다. 예를 들어 반수생(半水生) 식물 중 어떤 종류는 육지와 물에서 전혀 다른 모습의 잎을 만들어 낸다 그림 6.3.

표현형은 생물의 구조와 생리적 특성뿐만 아니라 행동 관련 유전자들의 산물까지도 모두 아우른다. 새가 만드는 새 둥지, 거

미의 거미줄 망, 철새의 이동 경로까지도 표현형에 포함된다. 도
킨스(1982)는 생물 형질의 이러한 특성들을 "확장된 표현형"이라
고 불렀다. 이러한 특징들은 생물의 구조적 형질만큼이나(아니 그
이상으로) 선택의 대상이 된다.

특정 유전자형이 가질 수 있는 표현형의 변이 범위를 '반응
양태'라고 한다. 이처럼 표현형은 유전자형과 환경의 상호 작용의
결과물이다. 어떤 종은 반응 양태의 범위가 무척 넓다. 그들은 자
신의 표현형을 광범위한 환경 변이에 맞추어 조정할 수 있으며 표
현형의 가소성(plasticity)이 매우 높다. 유전자형이 아니라 표현형
이 선택의 목표물이라는 사실은 유전자 풀에 상당한 정도의 유전
적 변이가 존재하도록 만들어 준다. 이러한 다양한 변이들은 그 산
물인 표현형이 받아들여질 만한 선택 가치를 지니고 있는 한, 자연
선택으로부터 살아남아 보존될 수 있다.

표현형은 유전자형의 산물이기 때문에 진화적 안정성과 진화
가능성을 동시에 가지고 있다. 신호 전달 경로나 유전적 조절 회로
와 같은 세포 수준의 주요 작용들은 후생동물 전체에 걸쳐 보존되
고 있고, 또 다른 작용(예를 들어 세포 골격(cytoskeleton))들은 진핵생물
전체에 걸쳐 보존되고 있으며, 대사나 복제와 같은 작용들은 생물

그림 6.3
반수생 식물인 라눙클루스 아쿠아틸리스(*Ranunculus aquatilis*)의 잎 모양의 표현형 변이. 물에 잠긴 가지에 난 가는 실과 같은 잎의 모양(a)과 물 위로 나온 가지에 난 보통의 잎 모양(B)을 비교해 보자. 출처: Herbert Mason, *Flora of the Marshes of California*. Copyright ⓒ 1957 Regents of the University of California, copyright renewed 1985 Herbert Mason.

전체에 걸쳐서 보존되어 있다. 염기 서열 역시 매우 강하게 보존되는 것으로, 효모의 암호 서열의 절반 이상이 생쥐나 인간에서도 동일하게 나타난다. 예를 들어 효모와 인간의 액틴(actin)은 91퍼센트 동일하다.

그렇다고 해서 이 중심적인 작용들이 더 이상의 진화를 막을 정도로 강력하게 구조화되어 있는 것은 아니다. 실제로 지금도 표현형의 진화 가능성에 대한 선택이 이루어지고 있다. 이러한 유연성이, 생물이 새로운 적응 지역에 자리 잡거나 새로운 환경적 도전에 성공적으로 대응하도록 해 준다. 보존적 경향의 구속에 대응하면서 적절한 진화 가능성(evolvability)을 유지하도록 하는 유전자형의 특성에 대한 연구는 현재 진화 생물학이 개척해야 할 미개척 분야 중 하나이다.

다른 잠재적 선택의 대상들

진화론자들은 개체 외에도 다양한 것들을 자연선택의 대상으로 제안해 왔다. 이미 우리는 유전자가 선택의 대상이라는 주장에 대한 반박을 보았다. 그렇다면 이제 배우자, 집단, 종, 상위 분류군, 계통 분기군 등이 선택의 대상이라는 주장에 대해 논의해 보도록 하자.

배우자 선택

모든 배우자들은 감수 분열 주기의 완료 시점에서부터 수정하거나 소멸하기까지 선택에 노출된다. 이때 극히 적은 비율의 배우자만이 생존하는 매우 가혹한 제거 과정을 거치게 된다. 불행히도 우리는 제거에 영향을 미치는 요인에 대해 거의 아는 것이 없다. 실험에 따르면 특정 해양 무척추동물의 알 껍질의 단백질이 어떤 정자는 받아들이고 어떤 정자는 들어오지 못하도록 막는 것으로 나타났다. 어떤 기준에 따라 이런 선택이 일어나는지는 아직 알지 못한다. 배우자 선택에 영향을 주는 성질은 '배우자 불화합성(gametic imcompatibility)'이라는 중요한 격리 메커니즘이다.

배우자의 상호 작용은 주로 식물을 대상으로 연구되었는데 특히 화분관과 암술머리 또는 암술대 사이의 화합성(compatibility) 반응에 초점이 맞추어졌다. 많은 분류군의 경우 자가 수분을 막는 특별한 메커니즘을 가지고 있다. 타가 수정(outcrossing)에서 종 사이의 불화합성과 이것이 어떻게 조절되는지에 대해서는 덜 알려져 있다. 이미 1760년대에 식물학자인 J. G. 쾰로이터(J. G. Kölreuter)가 동종의 화분과 이종의 화분을 동시에 암술머리 위에 놓았을 때 씨앗을 수정시키는 것은 언제나 동종의 화분이라는 사실을 보여 주었다. 그런데 이종의 화분만 암술머리에 놓았을 때 일부 종에서는 수정이 성공적으로 이루어졌다.

집단 선택

개체들의 집단이 선택의 대상이 될 수 있는지의 여부에 대해서는 많은 논쟁이 있었다. 그런데 우리가 '연성 집단 선택'과 '경성 집단 선택'을 구분하면 이 문제가 명료해진다(Mayr, 1986). 연성 집단 선택은 편의적 집단의 선택을 가리키고 경성 집단 선택은 응집력 있는 사회적 집단의 선택을 가리킨다. 연성 집단 선택의 경우 집단의 적합성은 구성원들의 적합성 값의 산술적 총합에 해당된다. 이 평균적 값은 집단을 구성하는 개체들의 적합성에 어떤 영향도 주지 않는다. 이러한 집단의 진화적 성공이나 실패 여부('집단 선택')는 단순히 구성원 개체의 적합성의 자동 결과이다. 이러한 연성 집단 선택은 진화에 독립적으로 기여하는 바가 전혀 없다. 이것이 우리가 편의적 집단에서 볼 수 있는 '집단 선택'이다. 연성 집단 선택은 사실 집단 선택이라고 불러서는 안 된다. 왜냐하면 그와 같은 집단은 선택되지 않기 때문이다. 개체군 전체가 그와 같은 연성 '집단 선택'의 대상이 된다.

그러나 특정 종의 경우 사회적 집단이라는 특별한 종류의 집단이 생겨날 수 있고 이것은 실제로 선택의 대상이 될 수 있다. 이와 같은 집단은 구성원들의 사회적 협동으로 인해, 단순한 구성원

각자의 적합성의 산술적 총합보다 더 큰 적합성 값을 갖는다. 이를 경성 집단 선택이라고 부른다. 이러한 집단의 구성원들은 적이 나타났을 때 다른 구성원들에게 경고를 해 주거나 새로 발견한 먹이에 대한 정보를 나누고, 적에 대해 공동 방어 전선을 구축하기도 한다. 이러한 협동 행동은 집단의 생존 경향을 강화시켜 준다. 인간 종은 적어도 수렵-채집 단계에서 이러한 사회적 협동으로부터 많은 이익을 얻었고 그 결과 특정 집단이 더 많이 생존할 수 있었다. 그리하여 협동적 행동에 기여하는 유전적 요소는 자연선택에 의해 선호되었다. 이러한 사회적 협동은 인간의 윤리 발달에 중요한 역할을 했던 것으로 생각된다 11장 참조. 경성 집단 선택은 개체의 자연선택을 대신하는 개념이 아니라 개체의 자연선택과 겹쳐지는 개념이다.

친족 선택

많은 진화론자들이 친족 선택이라는 선택의 형태에 대해 지적해 왔다. 특히 이타주의의 진화와 관련지어서 이 개념이 중요하게 대두되었다. 친족 선택이란 특정 개체의 형질 가운데에서 자신과 같은 유전자형의 일부를 공유하는 가까운 친족의 생존에 유리한 형질(포괄적 적합성(inclusive fitness). 이타주의라고 함.)이 선택되는 경향을 말한다. 그런데 부모가 자식을 돌보는 것이나 일부 사회적 곤충의 경우를 제외하고는, 친족 선택은 사람들이 생각하는 것만큼 진화에서 중요한 개념은 아니다. 특히 이웃한 집단들 사이에 개체의 교환이 상당한 정도로 이루어지는 경우에는 친족 선택이 별 의미가 없게 된다. 사회적 집단의 구성원들이 집단에 속한 다른 구성원들에게 보이는 이타주의는 부모(특히 어미)가 자기 새끼들에게 보이는 이타주의와는 비교할 수 없을 정도로 미미하다. 따라서 이 두 종류의 관계를 친족 선택이라는 같은 용어 안에 묶는 것은 오해를 불러일으킬 소지가 있다. 그러나 사회적 집단의 구성원들은 많은 경우에 서로 밀접한 친족 관계를 이루고 있으며 경성 집단 선택 중 상당수는 동시에 친족 선택이기도 하다(11장 참조).

종 선택

진화의 역사는 여러 종들의 지속적인 멸종과 새로운 종들의 지속적인 출현으로 요약할 수 있다. 이러한 종의 교체가 일어나는 까닭은 많은 경우에 새로운 종이 기존의 종보다 우수하기 때문이다. 또한 서로 다른 생물상에 속하던 종들이 서로 경쟁해야 하는 상황에 처하게 될 때, 예를 들어 북아메리카와 남아메리카가 플라이오세 이후 파나마 지협으로 연결된 후 생물의 절멸이 많이 일어났다. 부분적 원인은 새로 침입한 종과 기존 종 사이의 경쟁에 의한 것이었다. 이러한 현상을 종 선택이라고 한다. 앞에서 언급한 대로 다윈은 뉴질랜드 토착종의 식물과 동물이 유럽에서 이주한 종에 밀려 절멸해 버린 현상에 주의를 촉구했다. 그런데 일부 저자들은 이러한 현상을 개체 선택과 완전히 별개로 보는 우를 범해 왔다. 그러나 이른바 종 선택이라고 하는 것은 개체 선택과 겹치는 개념이다. 서로 다른 종의 개체들이 동일한 생태적 지위에 들어오면 일단 공존하게 된다. 그 다음 침입한 종의 개체들이 평균적으로 토착종의 개체들보다 우수할 경우 멸종이 시작된다. 분명 이는 개체에 대한 선택이다. 이 과정을 '종 선택'이라는 용어 대신 '종 교체'라는 용어로 지칭하면 오해를 피할 수 있을 것이다 10장 참조. 종이라는 단위 자체는 결코 선택의 대상이 아니다. 선택의 대상은 언제나 개체일 뿐이다.

한편 종 이상의 상위 분류군 수준에서도 선택 개념이 적용되기도 한다. 계통수에서 한 가지를 형성하는 분류군의 전계통 (holophyletic) 집단인 계통 분기군에 대한 계통 분기군 선택이 있다.

백악기 말의 앨버레즈 절멸이 일어나자 공룡이라는 계통 분기군 전체가 사라졌다. 그러나 조류나 포유류의 계통 분기군은 생존했다. 대절멸이 일어날 때마다 다른 상위 분류군보다 더 잘 견뎌 내는 상위 분류군이 있게 마련이다. 다시 강조하건대 이 경우에도 선택의 실질적 대상은 개체이다. 그러나 절멸을 가져오는 사건이 일어나는 동안 어떤 계통 분기군에 속하는 개체들은 살아남는 데 유리한 특성을 공유하고 있는 반면, 다른 계통 분기군의 개체들은 그렇지 못하기 때문에 절멸하게 된다. 대절멸에서 특히 놀라운 점은 거의 즉각적으로, 아니면 비교적 짧은 시간 안에 상위 분류군 전체가 제거된다는 점이다. 어떤 경우에는 명확히 대절멸의 결과로 볼 수 없는 계통 분기군의 절멸도 발생한다. 삼엽충이 사라져 버린 것이 그 예이다.

상위 분류군의 경쟁

대량 절멸은 상위 분류군 사이에서도 경쟁이 벌어질 수 있다는 가능성에 주의를 환기시켰다. 백악기 말의 대절멸이 일어나기 수억 년 전부터 포유류는 지상에 존재해 왔다. 그러나 한동안 포유류는 작고 보잘것없으며 아마도 주로 밤에만 활동하는 동물이었던 것으로 보인다. 그런데 이어지는 제3기 초기에 포유류의 종 분화가 폭발적으로 일어난 것은 무슨 까닭일까? 이 질문의 대답으로 가장 널리 받아들여지는 것은 이전에 우위를 차지하고 있던 공룡이 사라져 텅 비어 버린 모든 생태적 지위에 포유류가 들어가 살 수 있게 되었기 때문이라는 것이다. 모든 증거로 미루어 이 두 종류의 동물은 그 이전에도 서로 경쟁하며 살았을 것으로 보인다. 그러나 백악기 말 이전에는 공룡이 경쟁에서 우위를 점했던 것이다. 포유류가 파충류의 절멸을 일으킨 주범이 아닌 것은 분명해 보인다. 그러나 일단 공룡이 비생물학적 이유로 절멸하고 나자 포유류가 재빨리 그 자리를 대신하게 되었다.

이와 같은 포유류의 번성 사례는 새롭게 텅 비어 버린 생태적 지위에서 폭발적 종 분화가 일어나는 현상의 좋은 사례이기도 하다. 이와 유사한 다른 사례를 찾아보자면 고대의 호수에서 어류, 연체동물, 갑각류의 종들이 급격하게 늘어난 점, 대양의 제도에서 외래 동물들이 유입되어 급격하게 종 분화가 일어난 일 등을 들 수 있다. 하와이 제도에는 700종 이상의 초파리와 200종 이상의 귀뚜라미가 존재한다. 하와이 섬의 꿀풍금조(honeycreeper, Drepanididae)도 그와 같은 방사의 또 다른 사례이다.

이 모든 사례에서 방사가 가능했던 이유는 경쟁이 없거나 사라졌기 때문이다. 또 어떤 사람들은 경쟁 배타 원리에 의해 더 우수한 새로운 경쟁자의 도입으로 기존의 분류군이 제거되어 일어난 결과로 보기도 한다. 순서에서 어느 쪽이 먼저인지 하는 인과적 관계를 실제로 증명하기는 매우 어렵다. 예를 들어 멀티튜버큐레이트(multituberculate)는 백악기 말기와 팔레오세에 북아메리카에서 번성했던 무태반(nonplacental) 포유류였다. 그런데 에오세에 최초의 설치류가 (아마도 아시아에서) 출현한 이래로 엄청나게 성공적으로 퍼져 나가자 멀티튜버큐레이트는 점점 수가 줄어들다가 결국 절멸해 버렸다. 쌍각류가 번성하게 된 후 삼엽충이 절멸해 버린 것 역시 또 하나의 사례로 볼 수 있다. 그러나 삼엽충의 절멸에는 환경의 대이변이 원인으로 제기되기도 한다. 고생물학의 역사에서 기존에 번성하던 분류군이 그와 생태학적 요구 조건이 비슷한 새로운 분류군이 나타난 후 급작스럽게 줄어들다가 급기야 절멸해 버린 사례는 무수히 많이 찾아볼 수 있다. 그런데 이 사례들 중 어느 것도 새로운 경쟁자의 출현이 기존 분류군의 절멸을 초래한 것이라고 확실하게 이야기하기 어렵다. 그러나 많은 경우에 그와 같은 시나리오가 다른 어떤 설명보다 주어진 사실에 잘 들어맞는 것은 사실이다.

진화는 왜 그토록 느리게 일어나는 것일까?

19세기 초 이집트에서 파라오의 무덤이 발굴되었을 때, 인간의 미라뿐만 아니라 고양이나 백색따오기(ibis, 고대 이집트의 영조)와 같은 성스럽게 여겨지던 동물들의 미라도 발견되었다. 동물학자들이 약 4,000년 전에 살았을 것으로 추정되는 이 동물 미라의 해부학적 구조를 현존하는 같은 종의 동물과 주의 깊게 비교해 보았지만 눈에 띄는 차이를 찾아보기 힘들었다. 이러한 발견 결과는 육종가들이 훨씬 짧은 시간 동안 가축이나 애완동물에 일으킨 변화와 엄청난 대조를 이룬다. 결과적으로 동물의 미라가 현존하는 동물과 별 차이가 없다는 사실은 라마르크의 진화 이론에 대한 반증으로 여겨졌다. 이제 우리는 몇몇 특별한 경우를 제외하고 진화하는 종에서 눈에 띄는 변화가 생기는 데에 수백만 년, 아니면 적어도 수천 년이 걸린다는 사실을 알게 되었다. 따라서 고대 이집트의 동물 미라가 오늘날의 동물들과 흡사하다는 사실을 진화에 대한 반증으로 생각하지 않는다.

모든 세대마다 철저하고 가차없이 자연선택이 일어남에도 불구하고 진화는 왜 일반적으로 그토록 느리게 진행되는 것일까? 가장 큰 이유는 이미 수백, 수천 세대에 걸쳐서 선택이 이루어져 자연적인 개체군이 최적의 유전자형에 근접한 상태에 이르렀기 때문이라고 생각할 수 있다. 그러한 개체군에 이르도록 작용한 선택을 '정상화 선택(normalizing selection)' 또는 '안정화 선택(stabilizing selection)'이라고 한다. 이러한 선택은 어떤 개체군에서 최적의 표현형에서 벗어나 있는 개체를 제거해 버린다. 그와 같은 도태에 의해 모든 세대마다 변이가 극적으로 감소하게 된다. 그리고 커다란 환경 변화가 생기지 않는 한 바로 앞 세대의 표현형이 바로 최적의 표현형일 가능성이 높다. 주어진 유전자형에서 생겨날 수 있는, 그리고 이 표준적 표현형을 한층 더 개선시킬 수 있는 돌연변이는 이미 이전 세대에서 통합되었어야 마땅할 것이다. 다른 돌연변이들은 주로 해로운 변화로 이어지고 이들은 정상화 선택을 통해 제거되어 버릴 것이다. 뿐만 아니라 지속적인 상태를 유지하는 데 도움을 주는 '유전적 항상성(homeostasis, 이종 접합의 우수성 포함.)'과 같은 특별한 유전적 메커니즘이 존재한다.

창시자 개체군

유전자형은 유전자형을 이루는 유전자들 사이의 상위성 상호작용에 의해 주의 깊게 균형을 이루고 있는 시스템이다. 이런 상태에서 특정 유전자를 다른 유전자로 대치하는 선택이 일어날 경우, 다른 유전자좌에도 역시 수정이 일어나게 된다. 이때 개체군의 크기가 클수록 새로운 유전자가 편입되고 퍼져 나가는 속도가 느릴 것이다. 반면 한 마리의 임신한 암컷, 또는 적은 수의 개체들의 자손으로 이루어진 소규모의 창시자 개체군의 경우 새로운 적응적 표현형에 좀 더 신속하게 반응할 수 있다. 거대한 유전자 풀의 응집력에 구속을 받지 않기 때문이다.

완결된 종 분화 수준에서 일어나는 진화적 변화의 속도가 넓은 지역에 분포하는 대규모의 종보다는 주변적 개체군에서 더 빠르게 일어난다는 사실을 입증하는 관찰 결과가 많이 제시되었다 (Mayr and Diamond, 2001). 이 사실을 어떻게 설명하느냐를 놓고서는 아직도 논쟁이 벌어지고 있다. 오래전 도브잔스키와 파블로프스키(1957)그림 6.4가 처음에는 동일했던 개체군들이 서로 분기해 나갈 때 집단의 규모가 작은 경우가 큰 경우에 비해 그 속도가 훨씬 빠르

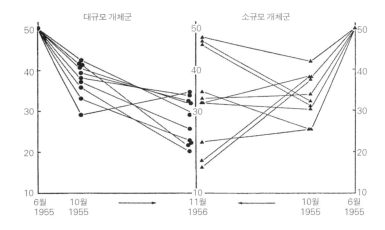

그림 6.4

변이, 상위성 효과, 개체군의 규모, 서로 다른 지리적 기원(텍사스와 캘리포니아)의 개체를 혼합한 20개의 반복된 실험 개체군에서 나타나는 PP염색체의 빈도. 체수가 줄어들었다가 늘어난 개체군의 경우 계속 큰 규모의 개체수를 유지했던 개체군에 비해 훨씬 큰 변이를 보인다. 출처: Mayr, E. *Animal Species and Evolution*. Belknap(HU Press), 1966.

다는 사실을 보여 주었다. 창시자 개체군에 대한 또 다른 실험실 연구에서는 그와 같은 개체군에서 급진적인 변화를 발견하지 못했다. 대부분의 연구가 초파리를 대상으로 이루어졌는데, 초파리는 다양한 자매종(sibling species)에서 볼 수 있듯 표현형이 특별히 안정적인 종이다. 이처럼 잘 변하지 않는 초파리의 특성은 각기 다른 창시자 개체군이 격리에 대해 각기 다른 방식으로 반응하리라는 가능성을 야기한다. 전통적으로 대규모 개체군의 진화적 관성(inertia)이 더 큰 것은 다면 발현이나 다인자 발현의 양이 더 많기 때문인 것으로 설명되어 왔다. 그러나 또 다른 요인으로서 조절 유전자의 차이를 생각해 볼 수 있다. 보존적 역할을 하는 유전자 확산이 격리되어 있는 개체군에는 도달하지 못하기 때문에 격리된 개체군이 분기되는 것을 막지 못한다. 발달 유전학에서 새로운 발견이 이루어지면 일반적인 진화상의 변화의 속도, 그리고 특히 종 분화의 속도가 다른 이유가 설명될 것이라고 믿는다.

진화에서 행동의 역할은 무엇일까?

라마르크의 견해에서 볼 때 행동은 진화적 변화의 중요한 요인이다. 그는 모든 종류의 활동으로 어떤 생물에 일어난 변화는 그 이후 세대에 유전될 것이라고 생각했다. 예를 들어 기린이 더 높은 곳에 있는 잎을 따 먹기 위해 목을 길게 잡아 빼면 그 결과 길어진 목이 다음 세대에 유전된다는 것이다. 그의 이러한 유전 이론은 오늘날 부정되고 있지만 진화론자들은 여전히, 그러나 매우 다른 이

유에서 행동이 진화에서 중요한 역할을 한다고 믿는다. 예를 들어 새로운 먹이를 먹기 시작하거나 더 많이 분산되는 것과 같은 행동의 변화는 곧 새로운 선택압을 조성한다. 그리고 이는 진화적 변화로 이어질 수 있다(Mayr, 1974). 대부분의 진화적 혁신에 행동의 변화가 관여한다고 생각할 만한 풍부한 근거가 있다. 따라서 내가 했던 말처럼 "행동은 진화의 심장 박동기(pacemaker)"라고 할 수 있다. 진화론적으로 중요한 모든 행동은 그와 같은 행동을 낳도록 하는 유전적 경향의 선택을 강화시킨다(볼드윈 효과(Baldwin effect)로 알려져 있다.).

번식의 성공을 위한 선택(성 선택)

자연선택에 대해 이야기할 때 우리는 무의식적으로 생존 경쟁을 떠올리게 된다. 우리는 대개 생존에 유리한 요인들, 즉 혹독한 날씨에 견딜 수 있는 능력, 적을 피해 달아나는 능력, 기생충이나 병원균에 잘 대처하는 능력, 먹이나 서식지를 놓고 벌이는 경쟁에서 성공을 거두는 능력, 그밖에 생존 기회를 증가시켜 주는 모든 경향들에 대해 생각하게 된다. 이러한 '생존 선택'이 대부분의 사람들이 자연선택을 이야기할 때 염두에 두는 개념이다.

그러나 다윈은 자손을 남기는 확률에는 생존 경쟁 외에도 두 번째 종류의 요인들이 작용한다는 사실을 분명하게 깨달았다. 번식의 성공 가능성을 증가시켜 주는 모든 요인들이 그것이다. 그는 이러한 요인들을 '성 선택(sexual selection)'이라고 불렀다. 다윈은 수사슴의 뿔, 공작새 수컷의 거대한 꼬리, 극락조 수컷의 휘황찬란한 깃털과 같이 두드러지게 나타나는 모든 종류의 '성적 이형성(sexual dimorphism)'을 이 범주에 포함시켰다. 대부분 암컷이 짝을 고르는 선택권을 쥐고 있기 때문에 암컷의 마음을 성공적으로 끌어당길 수 있는 특성을 지닌 수컷들이 성 선택에서 우위를 점하게 된다. 그리고 물개, 사슴, 양, 그리고 많은 포유류의 경우 경쟁자와의 싸움에서 승리를 거두어 대규모의 하렘을 거느릴 수 있게 해 주는 수컷의 형질도 성 선택에서 유리하다. 이러한 측면에서 유리한 형질을 가진 수컷들은 번식에서 성공할 확률이 증가하게 된다. 그 밖에 번식의 성공을 강화시키는 다른 수단들도 있다. 더 나은 영토를 확보하는 능력, 형제간 경쟁(sibling rivalry), 부모의 양육 투자 측면, 그밖에 가정이나 개체군 안에서의 개체 사이의 상호 작용 측면들이 그러한 예이다. 다윈은 성 선택을 "특정 개체들이 같은 종의 같은 성(性)의 다른 개체들에 대해서 가지고 있는, 오직 번식 측면에서의 우위"라고 정의했다. 사실 '성 선택'이라는 용어보다는 '번식의 성공에 대한 선택'이 다윈의 이 광범위한 정의에 더욱 잘 들어맞는다.

　물개의 수컷이나 수사슴의 예에서 볼 수 있듯 동성의 개체 사이의 경쟁이나 투쟁을 통해 번식 성공에 이르는 것을 '동성 간 선택(intrasexual selection)'이라고 한다. 반면 암컷이 수컷을 선택하는 것처럼 이성 사이에 선택이 이루어지는 경우를 '이성 간 선택(intersexual selection)'이라고 부른다. 최근 암컷이 수컷을 선택하는 기준에 대해 많은 논의가 이루어졌다. 자하비(Zahavi, 1997)는 암컷이 특별히 눈에 잘 띄는 수컷을 선택하는 이유에 대해서 (포식자의) 눈에 잘 띈다는 핸디캡을 가졌음에도 살아남았다는 것은 그 수컷이 그만큼 여러 면에서 우수한 자질을 가지고 있음을 입증해 주기 때문이라고 주장했다(이른바 핸디캡 원리(handicap principle)이다.).

동시에 일어나는 생태적 지위 선택과 배우자 선택

　(한 종의 생물들이) 잡종 형성으로 적합성을 잃어버리는 것을 막기 위해서, 종의 격리 메커니즘 가운데 행동 요소를 일정하게 이루

어지도록 하는 특히 강력한 정상화 선택이 존재할 것이라고 예상할 수 있다. 실제로 대부분의 경우 이 예상은 사실로 드러났다. 그런데 일부 사례에서는 배우자 선택이 생태적 지위(니치) 선택과 상관 관계를 가지며 이용 가능한 생태적 지위의 이질성(heterogeneity)이 성 선택의 다양화를 가져오는 것을 볼 수 있다. 어느 개체군 안의 각기 다른 종류의 수컷들은 각기 다른 하위 니치 또는 서식지에 따라 번식 성공 여부가 각각 다르게 나타날 수 있다. 민물에 사는 물고기 시클리드의 예를 보면 수컷 가운데 일부는 물 밑바닥에서 먹이를 찾는 저생성이고 일부는 주로 물 위쪽에서 먹이를 잡아먹는다. 이러한 종에서는 저생성 수컷을 더 선호하거나 반대로 부유성(pelagic) 수컷을 더 선호하는 암컷이 각각 나타날 수 있다. 결국 이와 같은 현상은 동소성 종 분화를 일으켜 각기 다른 종으로 진화할 수 있다. 이 경우 성 선택이 종 분화의 원인이라고 볼 수 있다.

가이 부시(Guy Bush)가 수년 동안 주장해 온 사례에서는 초식성 곤충 가운데 배우자 선택과 숙주(host) 선택이 동시에 이루어져서 결과적으로 동소성 종 분화로 이어지는 예를 볼 수 있다. 식물 A에 대해 숙주 특이성을 보이던 어떤 곤충이 우연히 식물 B에 정착하는 데 성공한다. 그리고 식물 B에 정착한 곤충들이 짝짓기를 할 때 역시 B라는 종에 적응한 개체를 우선적으로 선호하게 된다. 그러면 식물 B에 대해 숙주 특이성을 가진 새로운 종이 이 식물 B에서 새롭게 진화할 것이다. 그리고 B에서 A로, 역으로 정착이 이루어지는 경우는 매우 드물 것이다.

성적 이형성

대부분의 동물에서 수컷과 암컷은 겉모습이 각기 다르다. 그런데 이러한 성적 이형성의 정도에는 엄청난 편차가 존재한다. 특정 심해어 중에는 매우 작은 수컷이 암컷에 매달려 다니는 종도 있다. 광대하고 생명이 희박한 심해에서는 이 방법이 아니고는 수컷이 암컷을 발견하기조차 힘들기 때문이다. 반면 바다코끼리 (elephant seal)와 같은 종은 수컷이 암컷보다 몸집이 몇 배나 더 크다. 이는 영토 싸움에서 경쟁자를 물리치고 대규모의 하렘을 거느리기에 유리하도록 진화했기 때문이다. 극락조나 벌새, 그밖에 일부다처의 짝짓기 방식을 따르는 조류들의 화려한 깃털에 대해서는 성 선택 부분에서 이미 논의했다. 이러한 사례들은 모두 별 어려움 없이 자연선택 이론으로 설명할 수 있다. 왜냐하면 이 모든 특별한 수컷의 형질들은 번식의 성공을 강화시켜 주는 선택상의 이점을 가지고 있기 때문이다. 하지만 예외 없이 수컷의 형질이 지나치게 발달하는 이탈(runaway) 진화의 경우 역선택이 일어나게 된다. 지나치게 발달한 형질이 생존 확률을 감소시킬 경우 선택에서 도태당하는 것이다.

왜 많은 경우에 자연선택이 적응성을 성취하거나 유지하는 데 실패하는 것일까?

일부 열성적인 자연선택 지지자들은 자연선택으로 못할 일이 없다고 주장해 왔다. 그러나 그 주장은 사실이 아니다. 비록 다윈이 말했듯(1859:84) "자연선택이 매일, 매 시간 전 세계를 샅샅이 조사하고 시험하여 아주 사소한 변이마저도 빼놓지 않고 걸러 내고 있지만" 선택의 효율성에는 분명히 명확한 한계가 있어 보인다. 진화적 계통 가운데 99.99퍼센트, 또는 그 이상이 소멸해 버렸다는 사실이 무엇보다 이를 가장 잘 입증해 준다. 따라서 우리는 왜 그토록 많은 경우에 자연선택이 완벽하지 못했는지 생각해 볼 필요가 있다. 최근 연구들이 자연선택의 한계에 대해 여러 원인들을 밝혀냈다. 이러한 한계에 대한 논의는 진화를 이해하는 데 상당히 도움이 될 것이다. 그 한계들을 다음 여덟 가지 범주로 정리해 보았다.

1. 유전자형의 잠재력 한계 기존의 동식물의 유전적 구조가 추가적인 진화에 한계선을 그어 놓는다. 바이즈만의 표현대로 새는 죽었다 깨어나도 포유류로 진화할 수 없으며 딱정벌레가 나비가 될 수도 없다. 또한 양서류는 결코 소금물에서 성공적으로 생존할 수 있는 계통으로 발달해 나갈 수 없다. 우리는 포유류가 날 수 있거나(박쥐) 수중에서 살도록(고래와 물개류) 적응한 것에 경탄한다. 그러나 포유류가 점유하지 못한 생태적 지위도 많이 있다. 뿐만 아니라 몸 크기에도 상당한 정도의 제한이 있다. 아무리 많은 선택도 포유류를 왜소땃쥐(pygmy shrew)나 벌박쥐(bumblebee bat)보다 작게 만들지 못했으며 하늘을 나는 새가 어느 한계 이상 몸이 커질 수도 없었다.

2. 적절한 유전적 변이의 부재 주어진 종의 개체군이 수용할 수 있는 변이의 양에는 한계가 있다. 기후 변화든 새로운 포식자나 경쟁자의 출현이든 급격한 환경 변화가 일어날 경우 이 새로운 선택압에 신속하고 적절하게 대응하는 데 필요한 유전자가 개체군의 유전자 풀에 존재하지 않을 수도 있다. 생물의 절멸이 높은 빈도로 일어났다는 사실이 이 요인의 중요성을 뒷받침해 준다.

3. 확률 과정(Stochastic processor) 개체군 안에서 생존과 번식의 차이 가운데 상당수는 선택이 아니라 우연에 의한 결과이다. 우연은 감수 분열 시 부모 염색체의 교차부터 새로 만들어진 접합체의 생존에 이르기까지 번식 과정의 모든 단계에서 작용한다. 뿐만 아니라 특정 유전자형이 자연선택되기도 전에 홍수, 지진, 화산 폭발과 같은 무작위적 환경의 힘에 의해 잠재적으로 유리한 유전자의 조합이 소멸될 수도 있다.

4. 계통 발생학적 역사에 의한 제한 환경의 도전에 대하여 몇 가지 가능한 대응이 있을 수 있다. 이런 상황에서 생물이 어떤 반응을 보이는지는 대개 기존의 구조에 따라 결정된다. 골격을 발달시키는 것이 유리한 상황이 되자 절지동물의 조상은 외골격을, 척추동물의 조상은 내골격을 발달시키는 쪽으로 방향을 잡았다. 그후 이 두 거대 생물 집단의 진화는 먼 조상의 선택에 계속 영향을 받게 되었다. 일례로 척추동물은 공룡, 코끼리, 고래처럼 거대한 생물들을 탄생시킬 수 있었지만 절지동물은 큰 게 정도가 가장 커질 수 있는 한계였다. 정기적으로 외골격을 탈피해야 하는 제한점이 절지동물에게 크기 증가를 억제하는 강력한 선택압으로 작용한 것이다.

생물이 일단 특정 신체 구조를 얻게 되면 이를 번복하는 게 불가능할 수도 있다. 예를 들어 구강에서부터 기관(氣管, trachea)에 이르는 육상 척추동물의 호흡관은 역시 구강에서 식도로 연결되는 소화관과 교차하도록 되어 있다. 이러한 배치는 우리의 먼 조상인 수중 생물, 초기 어류인 선설아목 시대에 채택된 것이다. 이러한 구조는 음식이 기관으로 들어갈 수 있는 위험을 가지고 있다. 그러나 수억 년 동안 이 불합리한 경로에 대한 구조 재편이 일어나지 않았다.

물의 위쪽에서 살아가는 부유성 어류는 고착성이거나 저생성이거나 능동적으로 헤엄치는 특성을 가졌던 조상들로부터 진화했다. 이들 조상들은 각기 다른 수많은 동물 문에 속했으며 기름방울을 몸 안에 지니거나 표면적을 늘리거나 다양한 다른 메커니즘을 통해서 제각기 다른 방식으로 부유성 생활 양식에 적응해 왔다. 이 각각의 해결 방법은 새로운 적응 지역에서의 제한점과 기회 사이에서 제각기 다른 방식으로 이루어진 타협의 결과물이다. 새로운 환경적 기회에 대하여 특정 반응을 채택하는 것은 향후 미래의 진화 가능성에 커다란 제한을 가하게 된다.

5. 비유전적 수정 능력 표현형이 유연하면 유연할수록, 다시

말해서 (발달의 적응성 덕분에) 반응 양태가 크면 클수록 표현형은 불리한 선택압의 영향력을 더욱 더 감소시킬 수 있다. 식물, 그리고 특히 미생물은 고등 동물에 비해서 표현형을 수정하는 능력이 훨씬 더 뛰어나다. 그러나 비유전적 수정 능력은 인간에게서도 찾아볼 수 있다. 사람이 저지대에서 고도가 높은 곳으로 올라갈 경우 일어나는 생리 변화가 그러한 예이다. 수일에서 수주일이 지나면 사람들은 낮은 기압과 그에 따른 산소 부족에 비교적 잘 적응할 수 있게 된다. 물론 이 과정에도 자연선택이 관여하고 있다. 왜냐하면 비유전적 수정은 엄밀한 유전적 통제 아래에 놓여 있기 때문이다. 그리고 어떤 개체군이 새롭게 특화된 환경으로 이동할 경우 다음 세대에 걸쳐서 비유전적 적응 능력을 강화시키는 쪽으로 유전자들이 선택되어 궁극적으로 개체군은 그와 같은 유전자들로 대치될 것이다(볼드윈 효과).

　6. 번식 후기의 무반응 자연선택은 노년기에 질병에 걸리는 유전적 경향을 제거하지 못한다. 인간의 경우 파킨슨병이나 알츠하이머병이나 그밖에 일생 주기 가운데 번식 후에 발현되는 질병을 일으키는 유전자형은 대부분 선택에 의해 제거되거나 숨어지지 않았다. 그래서 그런 질병은 흔히 존재하는 것이다. 어떤 범위

에서 전립선암이나 유방암처럼 중년기에 걸리는 질병 역시 같은 상황이라고 볼 수 있다. 왜냐하면 이러한 질병은 대개 번식기의 끝 무렵에 발병하기 때문이다.

7. 발달상의 상호 작용 과거로 거슬러 올라가 에티엔 조프루아 생틸레르(Etienne Geoffroy St. Hilaire)와 같은 형태학 연구가들이 개체의 기관과 구조 사이에 경쟁이 존재한다는 사실을 이미 발견했다. 생틸레르는 그의 저서 『균형의 법칙(*La Loi de Balancement*)』(1822)에서 이러한 주장을 펼쳤다. 형태형(morphotype)의 요소들은 제각기 독립적이지 않으며 이들 중 어떤 요소도 선택에 대해서 다른 요소들과의 상호 작용 없이 독자적으로 반응할 수 없다는 것이다. 따라서 발달 기구 전체가 하나의 상호 작용을 하는 시스템으로 볼 수 있다. 생물의 구조와 기능은 경쟁적인 요구들이 서로 타협함으로써 이루어진 결과물이다. 특정 구조나 기관이 선택의 힘에 어떻게 반응하느냐 하는 문제는 어느 정도까지는 유전자형의 다른 구조나 다른 요소들의 저항에 의존한다. 100년도 더 전에 빌헬름 루(Wilhelm Roux)는 이러한 경쟁적인 발달의 상호 작용을 생물의 "각 부분의 투쟁"이라고 불렀다.

모든 기관의 형태는 그것이 어느 정도는 타협의 결과임을 드러내 준다. 생물이 새로운 적응 구역(adaptive zone)으로 이동할 때마다 더 이상 필요하지 않고 오히려 걸림돌이 될 수 있는 형태학적 특징을 남기게 된다. 멀리서 찾을 것 없이 인간에게서 네발로 기어다니고 초식을 주로 하던 때의 흔적을 찾아보자. 얼굴의 공동(空洞, facial sinus), 척추(vertebral column)의 하부, 맹장 등이 그 예이다. 이와 같은 과거의 적응 흔적을 우리는 '흔적 형질(vestigial character)'이라고 한다.

8. 유전자형의 구조 유전자형에 대한 고전적 이미지는 유전자들이 마치 줄에 꿰인 구슬들처럼 주렁주렁 이어져 있는 것이었다. 이러한 관점에 따르면 각각의 유전자는 대체로 다른 유전자들로부터 독립적이며 모든 유전자들은 본질적으로 어느 정도 서로 비슷하다고 할 수 있다. 50년 전까지만 해도 일반적으로 받아들여졌던 유전자형에 대한 이러한 관점은 지금은 거의 찾아보기 어렵다. 사실 모든 유전자들은 DNA로 이루어져 있으며 유전자에 담겨 있는 정보는 염기쌍의 직선상의 순서에 암호화되어 있다. 그런데 현대의 분자 유전학 연구 결과 유전자에는 각기 다른 기능적 범주가 존재한다는 것이 밝혀졌다. 어떤 유전자들은 물질을 생산하는 일을 담당하고 다른 유전자들은 그 생산 과정을 조절하는 것

이다. 그리고 겉보기에 아무 기능이 없는 것처럼 보이는 유전자들도 있다 5장 참조.

　뿐만 아니라 유전자의 집단이 기능적 팀을 이루도록 조직되어 있고 많은 면에서 그 팀은 전체가 함께 행동할지도 모른다는(모듈적 변이(modular variation)라 함.) 간접적인 증거들이 풍부하게 제시되고 있다. 그러나 이는 분자 생물학에서 논쟁이 되고 있는 분야이다. 지금으로서는 예전의 '줄에 꿰인 구슬'이라는 유전자형의 이미지가 더 이상 유효하지 않으며, 유전자형의 활동에는 아직도 불확실한 점이 많다는 것을 인정하는 것이 우리가 할 수 있는 최선이다. 전이인자(transposon), 인트론, 중반복 DNA, 고반복 DNA, 그밖에 많은 종류의 비부호화 DNA가 존재한다는 사실은 뭔가 다른 기능이 있을 것이라는 암시를 준다. 그러나 이러한 인자들의 정체가 무엇인지, 그리고 이들이 어떻게 함께 기능하는지 하는 문제는 앞으로 연구해야 할 과제이다. 유전자형의 구조와 기능에 대한 이해는 다른 무엇보다 진화라는 과정을 이해하는 데 도움을 줄 것이다.

진화에서 발달의 역할

수정란 또는 접합체는 무형의 덩어리이다. 이것은 배아기나 유충기를 거쳐서 성체기의 표현형으로 전환된다. 이러한 발달 과정에서 일어나는 변화들은 각기 다른 진화 계통으로 나아가는 분기의 원인이 될 수 있다. 따라서 발달에 대한 연구, 접합체의 개체 발생은 모든 진화학자들의 중요한 관심 대상이다. 그러나 고전적인 발생학, 특히 실험 발생학은 발생학과 유전학의 적절한 통합을 이루어 내기가 힘들었다. 이 통합은 결국 분자 생물학을 통해 이루어졌다. 통합을 위해 필요했던 것은 유전자의 활동에 대한 연구, 다시 말해서 배아의 발달에 각 유전자가 어떻게 기여하는지를 확인하는 일이었다. 이는 결국 연구자들이 유전자의 엄청난 다양성, 특히 조절 유전자의 존재를 발견하도록 이끌었다 5장 참조.

발달은 앞으로 똑바로 나아가는 과정이 아니다. 동물 중 상당수가 확연하게 구분되는 몇몇 유생기를 거쳐서 성체기에 이르고 각기 다른 이 단계는 매우 특이적인 적응을 요구한다. 애벌레가 나비가 되고, 플랑크톤과 같은 따개비의 유생이 연체동물과 비슷한 성체로 자라는 예를 생각해 보자. 이러한 사례에서는 개체 발생의 각 단계마다 새로운 적응이 이루어진다. 한편 기생충처럼 성체기의 표현형이 적응성을 잃어버리는 수도 있다. 몇몇 게의 몸에 기생하는 주머니벌레(Sacculina) 기생충이 그 예이다.

발달

다윈 이래로 진화론자들은 유형이 진화의 단위가 될 수 없으며 그 안의 각 부분들이 똑같은 속도로 진화하지 않는다는 사실을 깨닫게 되었다. 표현형의 구성 요소 중 일부는 더 빠르게 진화하고 일부는 더 느리게 진화한다. 어떤 진화적 계통이 한 적응 구역에서 다른 적응 구역으로 이동할 때 이러한 사실을 관찰할 수 있다. 예를 들어 가장 오래된 화석새인 시조새는 이미 깃털, 날개, 비행 능력, 커다란 눈, 조류 특유의 뇌와 같은 다양한 조류의 특성을 갖추고 있었다. 하지만 시조새의 구조 중 다른 부분(이빨, 꼬리뼈)은 여전히 파충류의 단계에 머무르고 있었다. 이처럼 신체 각 부분의 진화 속도가 같지 않은 현상을 모자이크 진화라고 앞에서 설명했다. 이러한 사례를 보면 마치 표현형이 독립적인 유전자들의 세트로 이루어진 것 같은 인상을 받는다. 그 결과 유전자형이 유전자 모듈의 조합으로 이루어져 있으며 각 모듈이 표현형이라는 모자이크의 한 조각을 조절하는 것이 아닌가 하는 추측을 낳게 되었다. 이러한 생각은 환원주의적인 경향이 강한 유전학자들의 마음에 들지 않을 것이다. 그러나 만일 그와 같은 추측이 사실이라면 하나의 조절 유전자가 그와 같은 유전자 모듈을 조절할 것이라고 생각할 수 있다. 다시 말해 조절 유전자에 일어난 돌연변이는 비교적 대폭적인 표현형의 변화(불연속)를 낳을 수 있을 것이다. 아니면 그와 같은 모듈은 특정 적응 상태에서 선택에 의해 일시적으로 한데 모인 유전자들의 세트로 이루어진 것일 수도 있다. 이 경우 선택의 조건이 변화하게 되면 유전자들은 다시 흩어지게 될 것이다. 아무튼 분명한 것은 유전자형의 구조 중 상당 부분은 순수한 환원주의적 접근 방법으로는 발견할 수도 없고 설명할 수도 없다는 사실이다.

선택압의 균형

일찍이 다윈이 강조한 대로 어떤 개체도 완벽한 적응에 도달하지 못했다. 가장 큰 이유는 아마도 모든 유전자형이 유전적 변이성과 안정성 간의 타협의 산물이기 때문일 것이다. 대부분 환경은 끊임없이 변화하고 있다. 이를테면 건기가 끝날 무렵에 개체군은 다가올 우기보다는 건조한 조건에 더 잘 적응한 상태일 것이다. 궁극적으로 유전자형은 상충하는 요구들 사이에서 균형을 잡게 된다. 그리고 포식자나 경쟁자에 대한 개체의 행동 역시 마찬가지이다. 수학적 성향이 강한 진화학자들은 그와 같은 행동을 게임 이론이나 우월한 전략(superior strategy) 등과 같은 용어로 표현한다. 물론 동물들이 실제로 다양한 전략들을 마음속에서 시험해 보는 것은 아니다. 사실은 유전자형이, 개체군 안의 다양한 개체들 중 어떤 개체는 좀 더 겁 많고 소심한 쪽으로, 어떤 개체는 좀 더 대담한 쪽으로 기울어지도록 만드는 것이다. 주어진 상황에서 이 두 경향 사이에서 가장 성공적으로 균형을 이루는 개체가 생존할 확률이 가장 클 것이다. 유리한 유형에 대한 선택은 존재하지 않는다. 단지 개체의 평균적인 값이 다양하고 때로는 상충하는 유전적 경향 사이의 균형을 반영한다.

환경의 변화에 대한 반응은 종종 예측할 수 없다. 플라이오세에 북아메리카의 기후가 더 건조해지자 식생이 이에 반응하여 실제로 더 거칠고 맛이 없는 풀들로 뒤덮이게 되었다. 그러자 풀을 뜯어 먹던 말의 종들이 멸종해 버리고 긴 치아를 가진 종으로 대체되었다 10장 참조. 나중에 중습성(mesic) 시기가 돌아오자 몇몇 종의 말은 다시 풀을 뜯어 먹는 쪽으로 변모되었지만 긴 치아는 그대로 간직했다. 그밖에도 예전의 환경 조건이 돌아오자 선택의 역전이 일어나는 사례들이 존재한다. 공업화에 의한 오염이 감소하자 가지나방(peppered moth, *Biston betularia*)의 검정색 표현형 역시 매연과 이산화황의 감소와 함께 크게 줄어들었다.

7
적응과 자연선택: 향상 진화

생물이 자신을 둘러싼 환경에 그토록 잘 적응하게 된 사실을 어떻게 설명할 수 있을까? 다른 생각들에 몰두한 나머지 이 놀라운 적응성을 그저 당연한 것으로 여기고 별로 주의를 기울이지 않았다. 새가 날개를 가지고 있는 것은 당연히 날기 위해서이다. 그밖에 나는 데 필요한 특징들 역시 마찬가지이다. 물고기가 유선형의 몸과 지느러미를 가지고 있는 것은 당연히 헤엄치기 위해서이다. 또한 아가미를 가지고 있는 것은 당연히 꼭 필요한 산소를 섭취하기 위해서이다. 환경에 적응한 생물들의 모든 특성에 대해서 이렇게 말할 수 있을 것이다. 그러나 좀 더 깊이 생각해 보면 여러분은 이 경탄할 만한 생명의 세계가 어떻게 이토록 놀라울 정도로 완벽한 상태에

도달했는지 새삼 의아한 마음이 들 것이다. 여기서 내가 말하는 완벽함이란 모든 생물들이 자신을 둘러싼 생물 환경과 무생물 환경에 대해 신체 구조적으로나 활동과 행동 측면에서 완벽하게 적응하고 있는 것처럼 보이는 상태를 일컫는다. 이렇게 완벽해 보이는 적응에는 척추동물이나 곤충의 눈과 같은 구조, 겨울에 열대 지방으로 이동했다가 봄이 되면 정확히 가을에 출발했던 곳으로 되돌아오는 철새의 행동, 개미나 벌과 같은 사회적 곤충의 군락에서 구성원들이 보이는 감탄스러운 협동 등이 포함된다.

인간의 역사가 기록되기 시작한 이래로 일부 사상가나 종교 창시자들은 이러한 생물의 적응성이 왜, 그리고 어떻게 이루어졌는지 의문을 던져 왔다. 과학이 자리를 잡기 전에는 오직 계시에 기반을 둔 종교만이 그 답을 줄 수 있었다. 실제로 17세기와 18세기에 신앙심을 가진 사람들은 생물의 놀라운 적응성은, 창조물들이 자연에서 각각 자신이 속한 자리에 필요한 적절한 구조와 행동을 갖추도록 설계한 현명한 조물주가 존재함을 뒷받침하는 증거라고 여겼다(예. 윌리엄 팰리(William Paley)). 창조주의 업적을 연구하는 분야인 자연 신학은 신학의 한 갈래로 간주되었다. 생명의 세계가 창조주의 설계에 의한 것이라는 해석은 과학의 시대라고 불리는 오늘날까지도 창조론자들에 의해 옹호되고 있다.

그러나 자연 신학의 주장들은 상당한 어려움에 봉착했다. 늑
대는 양을 잡아먹는다. 이 사실에 대해 자연 신학자들은 늑대가 굶
어 죽지 않도록 신이 특별히 양을 창조했다고 해석했다. 그러나 살
아 있는 자연을 더 자세히 들여다보면 볼수록 놀랄 정도의 잔인함
과 불필요한 낭비를 찾을 수 있다. 과학자들이 자연에 대해 점점
더 많이 이해하게 될수록 자비로운 창조주에 의한 완벽한 설계라
는 개념의 신뢰성은 점점 더 떨어졌다. 신이 창조라는 업무를 어떻
게 수행했을까라는 문제는 또 다른 심각한 어려움을 제기했다. 수
백만 종의 생물들의 신체 구조, 활동, 행동, 일생 주기의 복잡 다단
한 적응 상태는 일반 법칙으로 설명하기에는 제각기 너무나 특수
하다. 한편 신이 모든 개체들, 가장 하등한 생물 개체들의 특징과
일생 주기의 세부에까지 일일이 관여했다고 믿는 것은 신의 격을
너무 떨어뜨리는 일이다. 또한 생명 세계의 잔인한 측면들, 예를
들어 기생 현상과 같은 것은 더욱더 신의 설계에 대한 믿음을 약화
시켰다. 19세기에 이르러 자연 신학의 초자연적 설명을 자연주의
적 설명으로 대치할 수 있게 되자 자연학자들은 상당한 안도감을
느꼈다. 그러나 이치에 맞는 자연주의적 설명을 찾아내는 일은 매

우 어려운 작업인 것으로 드러났다.

적응 과정은 자연 신학 및 아리스토텔레스의 '궁극 원인'이라는 개념과 매우 잘 맞아떨어진다. 비(非)다윈적 정향 진화 이론에서 적응은 내재되어 있는 궁극 원인에 의한 것으로 간주된다. 심지어 1859년 이후에도 선택에 반대하는 진화론자들은 여전히 적응을 궁극 원인론적 과정으로 보았다. 즉 내부에 궁극 원인이 있어서, 그 원인에 따라 자연에 적응해 나간다는 것이다. 그러나 적응 과정에 대한 다윈주의의 설명에는 궁극 원인론적 요소가 전혀 들어 있지 않다.

다윈은 개체군적 사고에 기초해서 적응을 설명했고 이 설명은 그 후 제기된 모든 반론들에 맞설 수 있었다. 그것은 자연선택 이론을 적응이라는 과정에 적용한 것으로 적응은 생물의 특정 형질이 변이성을 가진 조상의 개체군에서 제거되지 않고 선호되는 것을 말한다 6장 참조. 그다지 잘 적응하지 못한 생물을 제거하는 과정은 더욱 잘 적응한 개체만 생존하도록 하는 결과를 낳는다. 이는 모든 부모에게서 태어난 모든 자손들에게 똑같이 적용되기 때문에 개체군 전체가 잘 적응했다거나 또는 적응성이 증가되었다고 말할 수 있다.

적응의 정의

문헌들을 찾아보면 적응에 대한 정의는 글자 그대로 수백 가지에 이른다. 결국 대부분의 사람들은 어떤 특질이 생물의 적합성(그 정의가 무엇이든 간에)을 강화시켜 주는 경우, 다시 말해서 그 특질이 어떤 개체 또는 사회적 집단의 생존이나 번식의 성공에 기여하는 경우 그 특질이 적응성이 있다는 데 합의하고 있다. 또는 이렇게 말할 수도 있을 것이다. 신체 구조든, 생리적 특징이든, 행동이든, 기타 속성이든 그것을 가진 개체를 생존 경쟁에서 유리하게 만들어 주는 생물의 성질이 바로 적응이다. 우리는 그러한 특징의 대부분이 자연선택을 통해 획득된다고 믿는다. 또는 우연히 생겨난 것이라고 하더라도 자연선택에 의해 유지되는 것이라고 믿는다.

어떤 특질이 적응된 것인지의 여부를 결정할 때 중요한 것은 바로 지금, 이곳이다. 어떤 특질을 적응된 것으로 분류하는 데 있어서 그 특질이 처음부터 적응성이 있었는지(예를 들어 절지동물의 외골격), 또는 기능의 변화로 적응성을 획득하게 되었는지는 별로 중요하지 않다(돌고래나 물벼룩(Daphnia)이 헤엄치는 데 사용하는 신체 부위). 적응은 목적론적 과정이 아니라 제거(또는 성 선택)를 통해 사후적으로

(a posteriori) 나타난 결과라는 사실을 항상 기억해야 할 것이다. 사후적 과정인 만큼 특정 표현형의 과거사는 적응 가치(adaptive value)에 거의 영향을 주지 않는다. 어떤 형질의 적응 여부는 그 형질이 비슷한 환경에서 살고 있는 다른(친족 관계가 먼 경우 더욱 좋다.) 생물에게서도 적응된 것으로 발견되거나, 특정 형질의 적응적 특성이 적절한 실험으로 수정되는 경우에 더욱 확실하게 드러난다. 적응 여부를 판단하는 한 가지 방법은 다양한 자연의 개체군에서 적응 형질의 변이를 연구하는 것이다. 적응을 어떻게 규정하는가 하는 문제에 대한 자세한 분석은 웨스트-에버하르트(West-Eberhard, 1992)와 브랜든(Brandon, 1998)의 저서를 참고하라.

적응이라는 용어의 의미는 무엇일까?

불행히도 진화에 관련된 문헌에서 적응이라는 단어는 두 가지 전혀 다른 주제에서 사용되고 있다. 그중 하나는 적절하지만 다른 하나는 그렇지 못하다. 이런 상황은 상당한 혼란을 야기하고 있다.

먼저 적응이라는 용어가 적절히 사용되는 사례는 신체 구조, 생리적 특성, 행동, 그밖에 생물이 가진 어떤 특성이 다른 특성보

다 더 많이 선택될 때 그것을 적응이라고 부르는 것이다. 한편 잘
못된 쓰임은 그러한 선호되는 특성을 능동적으로 획득하는 과정
에 적응이라는 용어를 쓰는 것이다. 이러한 관점은 생물이 향상되
기 위한 타고난 능력, '더욱 완벽한 상태'를 향해 나아가는 타고난
경향을 가지고 있다는 오래된 믿음으로 거슬러 올라갈 수 있다. 뿐
만 아니라 만일 획득 형질의 유전을 받아들인다면 기린이 목을 길
게 늘이는 것과 같은 행동은 보다 개선된 신체 구조를 위한 '적응'
으로 볼 수 있다. 이러한 관점에서는 적응이 목적을 가진 능동적인
과정이다. 최근까지도 일부 학자들은 적응을 그와 같은 과정으로
간주하고 그 결과 적응이라는 개념 자체를 거부한다. 그러나 그것
은 옳지 않은 생각이다.

　다윈주의자들의 관점에서 볼 때 적응은 완전히 사후적 현상
이다. 다시 말해서 적응은 사실에 대한 귀납적 평가에 기초해서 내
려지는 결론이다. 모든 세대마다 제거라는 과정에서 살아남은 모
든 개체들은 사실상 '적응된' 것이며 그들을 생존하도록 만들어
준 특성들 역시 적응되었다고 볼 수 있다. 제거는 적응하려는 '목
적'이나 '목적론적 목표(teleological goal)'를 갖고 있지 않으며, 오히
려 제거라는 과정의 부산물이라고 볼 수 있다.

적응이라는 단어가 주는 애매모호함을 피하기 위해 적응된 상태를 일컬을 때 '적응성(adaptiveness)'이라는 단어를 사용하기도 한다. 그러나 자연선택을 통해 획득하거나 유지된 특성을 표현할 때 적응(adaptation)이라는 단어를 사용하지 않을 이유는 없다. 왜냐하면 그와 같은 특성은 다른 개체들과의 경쟁에서 더 높은 생존 기회를 제공하기 때문이다. 적응 가운데 상당수는 기능의 변화를 통해 새로운 역할을 부여받는 방식으로 이루어진다. 물고기에서 허파가 부레로 변했다든가 파충류의 턱 관절(jaw articulation) 뼈가 포유류의 중이에 있는 뼈로 변모된 것이 그 예이다. 적응이라는 과정은 철저히 수동적인 과정이다. 다른 개체들만큼 잘 적응하지 못한 개체는 제거되지만 목적론적 진화 이론에서 이야기하듯 생존자가 어떤 특정 활동을 통해서 적응에 기여하는 것은 아니다. 과거에 일정 역할을 했던 것이 현재 다른 기능을 갖는 식으로 적응한 것이나, 역할 변화 없이 적응한 것을 군이 구분하는 것은 특별히 도움이 되지 않을 것이다. 생물은 개별적인 특정 적응을 가지고 있을 뿐만 아니라 그 자체가 환경에 적응한 것으로 볼 수 있다.

몇몇 종이 최적의 번식을 위해 이룬 적응은 가히 놀라울 정도이다. 남극해의 물가에 사는 거대한 신천옹(albatross)은 새끼를 2년에 한 번씩, 한 번에 단 한 마리만 낳는다. 그리고 태어난 새끼는 7~9년이 되어야 비로소 번식기에 접어든다. 어떻게 자연선택이 이러한 번식력의 감소를 가져왔을까? 거친 폭풍이 끊임없이 몰아닥치는 남극해에서는 가장 능력 있고 경험이 풍부한 새만이 새끼를 키우기에 충분한 먹이를 구할 수 있는 것으로 나타났다. 대신 이들은 별다른 경쟁자도 없고 포식자도 없는 섬에서 자유롭게 군락을 형성하는 이점을 누리고 있다. 따라서 번식할 수 있는 나이가 늦추어진 것이나 낳는 새끼의 수가 줄어든 것이 오히려 선택상의 이점으로 작용하게 된다. 황제펭귄의 번식 주기 역시 놀라운 적응의 또 다른 예다. 황제펭귄은 눈보라가 휘몰아치는 남극의 겨울이 한창일 무렵의 가장 가혹한 기후 조건에서 구애를 하고 단 하나의 알을 낳는다. 그런데 그 덕분에 남극에서 봄이 시작될 무렵 알이 부화하고 생존과 성장에 가장 적합한 기후를 보이는 남극의 여름 동안 부화한 새끼들이 자랄 수 있다. 신천옹이나 펭귄의 급격한 번식력 저하는 성체의 수명 연장과 섬이나 남극의 얼음 위에 자리 잡은 그들의 군락에 포식자가 존재하지 않는다는 점으로 상쇄된다. 기생충 같은 특수한 적응 사례는 더욱 더 놀라운 사례이다.

박스 7.1 **거대한 신천옹의 낮은 번식력**

특성	신천옹	대부분의 조류
알의 수	1	2~10 또는 2 이상
최초 번식 연령	7~9세	1세 또는 2세 미만
성 주기	2년 이상	1년 이하
기대 수명	약 60년 이상으로 추정	대개 2년 이하

생물은 무엇에 대해 적응하는 것일까? 생태적 지위란 무엇인가?

우리는 보통 어떤 종이 그 종의 환경에 적응해 간다고 이야기 한다. 그러나 이는 완전히 맞는 답이라고 볼 수 없다. 한 종은 수백 가지 다른 종들과 환경을 공유하고 있다. 열대 우림의 우거진 나뭇 가지 속에 둥지를 짓고 살아가는 벌새에게는 숲의 아래쪽 땅이 바 위로 뒤덮여 있든 그렇지 않든 전혀 상관이 없다. 모든 종은 환경 의 여러 특징 가운데 비교적 제한된 일부 특징에만 적응하고 있다. 이러한 특징들은 일반적인 조건(대부분 기후)의 일부일 수도 있고 특 정 자원(먹이, 은신처 등)일 수도 있다. 이와 같은 환경의 특정 부분의 집합은 각 종에게 생태적 지위 또는 니치라는 삶의 조건을 제공한다. 생태적 지위를 정의하는 데에는 두 가지 방법이 있다. 고전적인 방법은 자연이 다양한 종류의 종들이 적응해 온 수천, 수백만 가지 잠재적 생태적 지위로 이루어져 있다고 보는 것이다. 이 해석에서 생태적 지위는 환경의 특성이다. 그런데 일부 생태학자들은 생태적 지위를 그것을 점유하고 있는 종의 특성으로 본다. 그들이 보기에 생태적 지위는 한 종의 요구를 외부로 투사한 것이다.

생태적 지위에 대한 이 두 가지 개념 가운데에 어느 것이 더 타당한지 판단할 방법이 있을까? 다음 예는 우리가 판단을 내리는 데 도움을 줄 것이다. 월리스선 서쪽의 대순다 제도인 보르네오와 수마트라에는 각각 약 28종의 딱따구리가 살고 있다. 월리스선의 동쪽에 있는 뉴기니의 열대 우림은 순다 제도와 기가 막힐 정도로 비슷한 환경이고 우세한 수목도 같은 속에 속하는 것이다. 그런데도 불구하고 월리스선 동쪽에는 딱따구리가 단 한 마리도 살지 않는다. 그렇다면 뉴기니에는 딱따구리의 생태적 지위가 존재하지 않는다는 의미일까? 물론 그럴 리 없다. 말레이산 딱따구리의 생태적 지위를 상세하게 분석해 보면 아마도 뉴기니의 환경 요인들과 상당 부분에서 맞아떨어질 것이다. 따라서 뉴기니에 딱따구리

의 생태적 지위가 존재하지 않는다고 말하는 것은 오류를 범할 소
지가 크다. 실제로 뉴기니에는 활짝 열려 있는 생태적 지위들이 딱
따구리들을 부르고 있다. 그러나 딱따구리는 물의 장벽을 잘 넘어
가지 못하는 것으로 유명하며 따라서 술라웨시와 뉴기니 사이의
여러 큰 바다를 건너는 데 성공하지 못한 것일 뿐이다. 그리고 뉴
기니에 원래부터 살던 토착 조류들 중 어떤 것도 '딱따구리'로 분
기하지 않았을 뿐이다. 그밖에 많은 다른 증거들이 생태적 지위는
환경의 특성이라는 고전적 정의가 생태적 지위가 생물의 특성이
라는 정의보다 더 적절하다는 것을 입증해 준다. 이주해 온 모든
종들은 새롭게 점유한 지역에서 새로운 생태적 지위에 적응해야
함을 생물 지리학자들은 잘 알고 있다. 환경이라는 말 자체가 많은
경우에 두 가지 매우 다른 의미로 사용된다. 어느 종이나 생물상을
둘러싸고 있는 모든 것들을 가리키기도 하고 생태적 지위에 특이
적인 요소들만을 가리키기도 한다.

적응의 수준

각기 다른 적응의 수준, 즉 광범위한 적응 구역에 대한 적응과

종에 특이적인 생태적 지위에 대한 적응을 구분해 보는 것도 유용하다. 적응이라는 개념은 제각기 다른 수준들이 계층적으로 조직되어 있다. 이는 매우 특이한 생태적 지위에 대한 종 분화를 가능하게 한다. 새에는 딱따구리, 나무발발이, 맹금류(낮에 활동하는 종류와 밤에 활동하는 종류), 물 위에 떠다니는 새들(다양한 크기에 걸쳐 분포), 헤엄치는 새들, 다이빙하는 새들, 지상에서 걸어다니는 새들(타조), 물고기를 잡아먹는 새들, 썩은 고기를 먹는 새들, 씨앗을 먹는 새들, 꽃의 꿀을 먹는 새들이 있다. 이들은 모두 부리, 혀, 다리, 발톱, 감각 기관, 소화 기관 등의 여러 신체 구조와 행동에서 특별한 적응을 이루어 냈다. 그리고 그 적응은 대부분 먹이를 먹는 방식이나 운동 방식과 관련되어 있다. 그리고 이 모든 것은 이 다양한 종류의 새들이 점유하고 있는 특별한 생태적 지위에 대한 적응이며 또한 새들이 점유하고 있는 하늘이라는 특별한 적응 구역의 요구와 맞아떨어진다. 이들은 비행에 알맞게 적응한 수많은 특징들을 가지고 있다는 점에서 조상인 파충류와 다르다. 이들은 깃털과 날개를 가지고 있고 이빨이나 꼬리뼈를 없애서 체중을 줄였다. 그리고 속이 빈 얇은 벽으로 이루어진 뼈를 갖게 되었다. 또한 이들은 온혈 동물이며 비행에 적합한 수많은 생리적 적응을 이루었다.

일반 적응과 특별 적응

특정 생물 집단의 생활 양식을 연구해 보면 그와 같은 생활 양식을 가능하게 만들어 준 매우 특이한 적응에 깊은 인상을 받게 된다. 동물에 관한 모든 책들이 그와 같은 적응에 대해 묘사하고 있다. 새를 예로 들면 그들은 날개와 깃털을 가지고 있고 무거운 이빨은 사라져 버렸으며, 속이 빈 뼈를 가지고 있고 꼬리뼈도 없어졌다. 또한 온혈 동물이며 비행에 적합하도록 생리 적응이 이루어졌다. 그러나 한편으로 다윈이 이미 강조한 바와 같이 새들은 또 다른 종류의 특징들도 가지고 있다. 즉 다른 모든 척추동물과 일부 특징을 공유하고 있으며 조류 이전의 조상으로부터 물려받은 특징들을 가지고 있다. 이 특징들은 비행을 위한 특별 적응이 아니라 척추동물의 신체 계획의 측면들이다. 조류의 표현형 가운데에서 이러한 부분에 대한 유전자들은 조류들이 그들의 조상으로부터 물려받은 발달 기구의 구성 요소들이다. 이들은 전체적으로 보아서 적응성을 갖지만 각각의 형질로 환원되지는 않는다.

배 발달 과정에서 생태적 지위에 대한 특별 적응이 나타나기 전에 신체 계획의 기본 특질이 먼저 바탕을 형성한다. 이러한 현상은 이른바 발생 반복, 즉 고래의 배아에서 이빨의 발달이 일어난다든지 지상의 척추동물에게서 아가미틈이 나타나는 것과 같은 현상을 설명해 준다("개체 발생은 계통 발생을 되풀이한다."라는 오래된 주문을 상기해 보라.). 생물은 전체적으로 잘 적응해야 하지만 그와 함께 모든 순간 조상들의 유전체에 대응해야(cope with) 한다. 따라서 생물의 모든 부분이 현재의 생활 양식에 대한 임시 적응의 결과물은 아니다. 이러한 임시 적응이 기본적인 신체 계획 위에 겹쳐져 있는 것이다. 바다에서 많게는 15개에서 20개 문의 동물들이 동일한 영역에서 행복하게 공존하고 있다는 사실이 위의 설명을 명확하게 입증해 준다. 이들의 신체 계획의 어마어마한 차이는 이들이 동일한 환경에 완벽하게 적응하는 것에 지장을 주지 않았던 것이다.

적응 만능론: 적응성을 입증할 수 있을까?

특정 개체, 또는 그 개체의 신체 구조나 행동이 정말로 잘 적응한 것임을 어떻게 입증할 수 있을까? 이는 매우 중요한 가치를 지닌 질문이다. 생물의 적응적 속성이라고 생각되는 것들을 반복적으로 엄격한 시험을 거치게 함으로써 이 질문에 답할 수 있다. 이것이 뒤에 개략적으로 설명할 이른바 적응 만능론(adaptationist program)이다

(Gould and Lewontin, 1979). 굴드(Gould)와 르원틴(Lewontin)의 적응 만능론에 대한 비판에 대한 반박은 마이어(Mayr, 1983), 브랜든(Brandon, 1995), 웨스트-에버하르트(West-Eberhard, 1992)를 참조하자.

적응주의적 분석에서는 표현형의 요소가 최적의 적응성에 도달하는 것을 방해하는 수많은 제한점을 고려하는 것이 특히 중요하다(Mayr, 1983). 개체 전체가 선택의 목표물이며 개체 표현형의 각기 다른 측면에 대한 선택압들 사이에 상호 작용이 존재한다는 점을 언제나 기억해야 한다. 이는 시조새의 사례에서 잘 드러난다. 시조새는 처음에 가장 시급하게 필요한 비행에 대한 적응(깃털, 날개, 개선된 눈, 더 커진 뇌)을 이루었다. 그러나 일부 덜 중요한 파충류적 형질(이빨, 꼬리)을 가지고 있다는 점에서 완전히 비행에 적응한 것은 아니다.

어떤 특징의 적응성을 입증하는 데에는 이론적으로 두 가지 방법이 가능하다. 첫째, 특정 특징이 생성되는 것을 우연으로는 설명할 수 없음을 입증하고자 노력할 수 있다. 그러나 이러한 노력은 성공하기가 매우 어렵다. 둘째, 어떤 특징의 다양한 잠재적 적응상의 이점을 시험해 볼 수 있다. 여기서 적응상의 이점을 반증하고자 하는 모든 시도가 실패로 돌아간다면 적응성이 확인될 것이다. 이때 시험할 대상은 적응성 여부를 알고자 하는 표현형의 어떤 특징이다.

생물의 거의 모든 특징은 선택에서 의미 있는 것으로 입증될 수 있고 입증되어 왔다. 실험적으로 시험을 거친 사례에는 산업화에 의한 흑색화, 달팽이의 줄무늬 패턴, 의태, 성적 이형성, 그밖에 여러 문헌에 보고된 수많은 특징 등이 있다. 반면 생물의 어떤 특징이 선택에서 전혀 의미가 없다고 입증하는 것은 사실상 불가능하다. 따라서 우리는 두 번째 방법을 사용할 수밖에 없으며 어떤 특징의 선택 가치를 입증하려는 모든 노력이 실패로 돌아갔을 때 비로소 우연이라는 설명을 채택해야 할 것이다.

적응성은 점진적으로 획득된다

새로운 적응은 일반적으로 매우 점진적으로 획득된다. 1억 4500만 년 전의 화석 조류인 시조새는 파충류에서 조류로 변화하는 중간 단계를 거의 완벽하게 입증해 냈다. 시조새는 여전히 이빨이 있고 꼬리가 길며 갈비뼈의 형태가 단순하고, 장골(ilium)과 좌골(ischium)(둘 다 골반뼈의 일부. ─ 옮긴이)이 분리되어 있는 등 파충류의 특징을 나타냈으나 한편으로 깃털, 날개, 눈, 뇌에서는 조류의 특징을 보였다. 고래 조상의 화석 역시 완전히 다른 두 종류의 환경에 대한 점차적인 적응의 중간 단계들을 보여 준다. 다윈은 눈처럼 놀라운 신체 구조가 자연선택을 통해 진화했다는 사실에 놀라워했다. 그러나 비교 해부학자들은 눈이 동물 계통에서 40번 이상 제각기 독립적으로 진화했을 뿐만 아니라 오늘날에도 표피 위에 존재하는 감광성(感光性, photosensitive) 점에서부터 모든 부속 기관을 갖춘 완벽한 눈에 이르기까지 다양한 단계의 감광성 기관이 존재한다는 사실을 보여 주었다. 이 모든 형태의 눈에서 동일한 조절 유전자(팍스6)가 나타나지만 이 유전자는 또한 눈이 없는 분류군에서도 널리 존재하고 있다. 아마도 이것은 매우 오래된 조절 유전자로 자연선택으로 눈이 진화했을 때 시각에 관여하는 임무를 떠맡게 된 것으로 보인다.

수렴

전혀 관계 없는 여러 생물들이 어떤 개방된 생태적 지위 또는 구역에 반복적으로 정착하고 일단 그 생태적 지위에 적응하게 되면 수렴(convergence)이라는 현상에 의해 점점 서로 극도로 비슷해지는 경우가 많다. 이를 입증하는 가장 좋은 사례는 오스트레일리아의 유대류 포유류의 동물상이다. 태반을 가진 포유류가 없는 상태에서 이곳에 사는 무태반 포유류들은 북반구의 태반이 있는 포유류, 즉 날다람쥐, 두더쥐, 생쥐, 늑대, 오소리, 개미핥기 등과 매우 유사하게 적응해 왔다. 또한 꽃의 꿀을 빨아 먹는 새들이 오스트레일리아(꿀빨이새(honeyeater)), 아프리카, 인도(태양조(sunbird)), 하와이(꿀풍금조(honeycreeper)) 등에서 따로 진화되었는데 이들은 서로 매우 비슷하지만 전혀 친족 관계가 아니다 그림 10.4. 매우 초보적인 날개를 가지고 있으며 날지 못하는 새인 주금류(ratite, 흉골에 용골돌기가 없는 조류. ─옮긴이)도 남아메리카, 아프리카, 마다가스카르, 오스트레일리아, 뉴질랜드 등에서 따로 진화했다. 나무발발이는 오스트레일리아, 필리핀, 아프리카, 전북구(全北區, holarctic region. 동물 지리구의 하나로 아시아 열대 지역을 제외한 유라시아 전역과 사하라 사막 이북의 아프리카, 북아메리카를 포함하는 지역. ─옮긴이), 남아메리카 등에 분포한다. 한편 서로 친족 관계가 없는 북아메리카산 호저(American porcupine)와 아프리카산 호저(African porcupine)는 서로 너무나 비슷해서 최근까지만 해도 가까운 관계에 있을 것으로 생각되었다. 이와 비슷한 수렴 사례는 거의 모든 동물 집단에서 발견되며 심지어 아메리카산 선인장과 아프리카산 대극과식물(euphorb)

과 같은 식물 그림 10.5, 상어(어류), 어룡(魚龍, ichthyosaurs, 파충류), 쇠돌고래(porpoise, 포유류)처럼 서로 친족 관계상 멀리 떨어져 있는 동물들이 겉보기에는 서로 매우 비슷하게 진화한 경우도 있다.

모든 곳에서 적응성이 공통적으로 나타난다는 사실은 식물, 균류, 원생동물, 세균 등에서 입증되고 있다. 생명의 형태는 변이를 일으키고, 자연선택에 반응하며, 생태적 기회로부터 이득을 얻는 데 엄청난 능력을 가지고 있다.

결론

유성 생식을 하는 생물의 진화는 가장 작은 국지적 최소 교배 단위에서부터 어느 생물학적 종의 상호 번식하는 개체군들의 모임에 이르기까지 어떤 개체군에서 세대가 바뀌면서 일어나는 유전적 변화들로 이루어져 있다. 다양한 작용, 특히 돌연변이가 선택에 필요한 표현형의 변이를 제공하는 유전적 변화에 기여한다. 무엇보다 중요한 요인은 유전자 재조합이다. 유전자 재조합은 각 세대마다 새로운 유전형을 거의 무한히 제공해 주는 요인이라고 할 수 있다. 그 다음 자연선택이 두 부모에게서 태어난 자손 가운데 평균적으로 두 개체만 남겨 두고 모두 제거해 버리는 역할을 수행한다. 주위의 생물적, 무생물적 환경에 가장 잘 적응한 개체들이 가장 높은 생존 확률을 갖게 된다. 이러한 작용은 새로운 적응을 발달시키고 '진화적 신형질(evolutionary novelty)'을 획득하도록 한다. 따라서 진화 생물학적 언어로 표현하자면 '진화적 진보(evolutionary advance)'가 이루어지게 된다. 궁극적으로 개체군의 교체라고 할 수 있는 진화는 특정 염색체 수준의 작용으로 단 한 번에 새로운 종이나 개체가 만들어질 수도 있지만 보통은 점진적인 과정이다.

유전 물질(핵산)은 일정하게 유지되며 외부 환경으로부터의 어떤 영향도 스며들 여지가 없다. 어떤 유전 정보도 단백질에서 핵산으로 전달될 수 없으며 따라서 획득 형질의 유전은 불가능하다. 이는 모든 라마르크주의적 진화 이론에 대한 절대적 반박이라고 할 수 있다. 임의적 변이와 자연선택에 기초한 진화에 대한 다윈의 이론은 종 수준의 모든 진화적 변화 현상들, 그리고 특히 모든 적응을 만족스럽게 설명해 준다.

DIVERSITY

3부 다양성의 기원과 진화

8
다양한 단위: 종

예전의 유럽 자연학자들은 어마어마하게 풍요로운 생물 세계의 다양성에 미처 눈뜨지 못했다. 그들이 알고 있는 생물의 세계는 주변에 있는 눈에 잘 띄는 동식물에 한정되어 있었다. 그러나 이러한 상황은 중세 이후로 급변하였다. 16세기에서 19세기에 걸쳐서 이루어진 탐험 항해 덕분에 사람들은 각 대륙이 독자적인 토착 생물상을 가지고 있으며 적도 지방, 온대 지방, 극지방 등 위도에 따라 생물의 삶이 커다란 차이를 보인다는 사실을 발견하게 되었다. 한편 바다에 대한 연구로 바다 표면에서부터 심해에 이르는 풍요로운 해양 생물의 삶이 드러나게 되었다. 또한 현미경은 플랑크톤이나 토양의 진핵생물, 작은 절지동물, 조류, 균류, 세균의 어머어마한 세계를 우리 눈앞에 보여 주었다. 발견은 여기에서 끝나지 않았다. 고생물학자들이 생물의 세계에 완전히 새로운 차원을 더해 주었다. 오래전 과거의 지질학 시대에 살았던 생물의 세계가 바로 그것이다.

지금 이 책에서 거의 400만 종에 이르는 생물을 분류하고 기술해 온(여기에 더해 아직까지 기술되지 않은 500만~2000만 종이 있다.) 분류학의 엄청난 성과를 검토할 생각은 없다. 대신 나는 이 어마어마한 다양성의 진화론적 측면을 설명하는 데 초점을 맞출 것이다.

현존하는 생물 종은 몇 가지나 될까?

비전문가 중에서 이 질문이 얼마나 답하기 어려운 질문인지 아는 사람은 별로 없을 것이다. 무엇보다도 무성 생식을 하는 생물, 특히 진핵생물의 무배종(無配種, agamospecies, 무배우자 생식에 의하여 생긴 개체의 집단으로 이들은 공통적인 기원을 가지며 형질이 순수하게 유지된다.—옮긴이)은 유성 생식을 하는 분류군의 생물학적 종과 완전히 다르다. 더 중요한 점은 대부분의 분류군에 대해 우리가 아직 잘 알지 못한다는 점이다. 열대 지방의 곤충류와 거미류의 속을 재검

토해 본 결과 현재 알려진 종 가운데 80퍼센트는 과학계에 잘 알려지지 않은 종으로 나타났다. 선충류, 진드기류, 그밖에 무수히 많은 모호한 집단의 생물들 역시 마찬가지였다. 1758년 린네가 알던 동식물 종은 9,000여 가지였다. 그런데 현재는 동물만 약 180만 종 정도가 기술되었다(무배종 제외). 그리고 전체 종의 총합은 약 500만에서 1000만에 이르는 것으로 추정된다. 이들 대부분은 우거진 열대 우림 속에 살고 있다. 그런데 해마다 이 숲의 1~2퍼센트가 파괴되고 있으며 그 결과 생물 종의 수도 곧 줄어들게 될 것으로 생각된다.

표 8.1에서 로버트 메이(Robert May)가 제시한 숫자들은 매우 보수적으로 잡은 것이다. 이들은 생물학적 종 개념에 기초하여 추산된 수치이다. 유형론적(typological, 계통 발생학적 포함) 종 개념을 적용하면(아래에 설명) 그보다 약 두 배에 이르는 숫자를 얻게 된다. 메이의 숫자들이 적은 또 다른 이유는 자매종이라는 개념을 허용하지 않았기 때문이다. 확실히 현존하는 동물 종의 수를 557만으로 잡은 것은 너무 적게 잡은 것으로 보인다. 그러나 그 범위를 약 3000만 종으로 잡은 다른 추정치는 너무 큰 것이 틀림없다. 이 숫자들은 비교의 목적으로 쓸 때 가장 큰 가치를 발휘한다. 예를 들

표 8.1 **지금까지 기술된 현존하는 종의 수** (단위: 1000)

계		선택된 문 또는 강	
원생동물	100	척추동물	50
조류(藻類, algae)	300	선충류	500
식물	320	연체동물	120
균류	500	절지동물	4,650
동물	5,570	(갑각류	150)
	6,790	(거미류	500)
		(곤충류	4,000)

출처: May, 1990.

어 지상의 온혈 포유류 종의 수(4,800)는 공중의 온혈 조류의 수 (9,800)의 절반도 안 된다표 8.2.

포유류와 조류는 가장 잘 알려진 분류군이다. 이렇게 잘 알려진 조류의 경우에도 해마다 약 세 종류의 새로운 종이 발견되고 있으며 포유류의 경우 박쥐류와 설치류 이외에도 몸집이 큰 새로운 포유류들이 최근 베트남에서 발견되었다. 9,800종이라는 조류의 수는 지역 주변에 고립된 개체군들을 대부분 아종(亞種, subspecies)

표 8.2 **척추동물 주요 강에 속한 종의 수**

경골어류	27,000
양서류	4,000
파충류	7,150
조류	9,800
포유류	4,800

으로 분류한_{그림 8.1의 참조} 다형적(polytypic) 종을 후하게 해석한 결과에 기초하고 있다. 만일 이들 중 상당수를 이소종으로 간주하면 조류 종은 1만 2000종까지 늘어날 수 있다. 한편 동물 가운데에서 가장 커다란 집단을 이루고 있는 것은 딱정벌레이다. 수많은 동물의 과나 일부 목이나 강의 경우에 현재 그것을 연구하는 사람이 전 세계에 단 한 명도 없는 경우도 있다. 따라서 미래에는 알려지지 않은 생물 종에 대한 설명이 과거에 비해 더 느리게 이루어지지 않을까 하는 두려움이 있다. 이 문제에 대한 연구는 메이의 연구(1990)를 참조하기 바란다.

자연학자들은 오랫동안 당혹스러운 모순에 직면해 왔다. 한

편에서 볼 때, 어느 한 종의 개체군들은 시간적으로나 공간적으로 점진적인 변화를 겪고 있음을 보여 주는 풍부한 연속성을 발견할 수 있다. 그런데 다른 편에서 볼 때, 모든 종이나 상위 분류군 사이에는 간극이 존재한다. 고생물학자들에게 무엇보다 가장 큰 인상을 준 것은 바로 화석 기록의 불연속적 본질이었다. 많은 고생물학자들이 도약 진화 이론의 열성적인 지지자인 것도 바로 그 때문이다. 그러나 이제 우리는 도약 진화는 실제로 일어나지 않는다는 사실을 알고 있다. 그렇기 때문에 우리는 "종 사이의 간극은 어디에서 유래하는가?"라는 질문에 대한 답을 찾아야 할 것이다.

개념으로서의 종과 분류군으로서의 종

종이 무엇인지 제대로 이해하지 못한 채로 종들 사이의 간극이 어디에서 유래하는지를 연구하는 것은 불가능하다. 그러나 바로 이 "종이란 무엇인가?"라는 문제에서 합의에 도달하기까지 자연학자들은 고통스러운 시간을 가졌다. 그들은 이것을 '종 문제(species problem)'라고 기록하고 있다. 심지어 현재까지도 종의 개념에 대해 만장일치의 합의가 이루어진 것은 아니다. 이러한 불일치가 나타나는 이유는 여러 가지이다. 그러나 가장 중요한 이유는 다음 두 가지이다. 먼저 종이라는 용어는 두 가지 매우 다른 것들을 지칭한다. 바로 개념으로서의 종과 분류군으로서의 종이다. 개념으로서의 종은 자연에서의 종의 의미, 그리고 자연을 이루어 나가는 데 있어서 종의 역할을 지칭한다. 한편 분류군으로서의 종은 동물학적 대상(object)으로 종 개념의 정의를 만족시키는 개체군들의 집합을 말한다. 호모 사피엔스라는 분류군은 특정 종 개념 아래 참조을 충족하면서 지리적으로 분산되어 있는 개체군들의 집합이다. 그다음 '종 문제'를 일으키는 두 번째 원인은 지난 100년 동안 대부분의 자연학자들이 유형론적 종 개념을 고수하다가 생물학적 종 개념을 수용하는 쪽으로 변모했기 때문이다.

어떤 종이 분포하는 모든 지역에 걸쳐서 개체군들 사이의 차이가 분류학적으로 두드러지지 않을 정도로 작을 경우 그 종을 '단형종(monotype)'이라고 부른다. 그러나 많은 경우에 특정 지역에 분포하는 어떤 종에 속하는 품종(race)들 사이에는 상당한 정도의 차이가 있어서 그들을 아종으로 분류하는 경우가 많다. 이처럼 여러 개의 아종으로 이루어진 분류군으로서의 종은 '다형종(poly-typic species)'이라고 한다 그림 8.1.

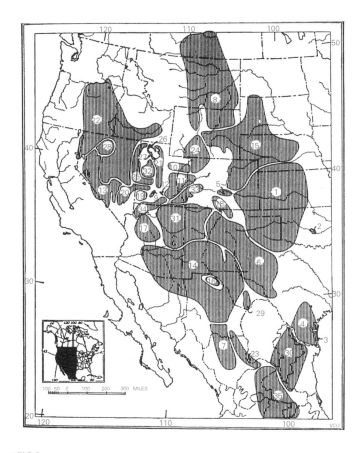

그림 8.1

다형종 캥거루쥐 디포도미스 오디 우드하우스(*Dipodomys ordii woodhous*)의 35개 아종의
분포도. 숫자는 다양한 아종의 분포 구역을 나타낸다. 출처: Mayr, 1967

종 개념

전통적으로 자연의 어떤 것들, 그것이 생명이 있는 것이든 없는 것이든, 그것의 범주가 다른 유사한 범주의 것들과 충분히 다른 것으로 간주되면 그 범주를 종이라고 불렀다. 그러한 종은 그 종에 고유한 것이어서 다른 종과 구분되는 수많은 형질들을 가지고 있다. 철학자들은 그와 같은 종을 '자연종(natural kinds)'이라고 불렀다. 잘 구분된 경계로 둘러싸인 어떤 범주를 가리키는 이러한 종의 개념을 '유형론적 종 개념'이라고 한다. 이 개념에 따르면 종은 다른 종으로부터 완전히 단절된 항구적인 유형이다. 유성 생식을 하는 종에서 특정 시점에 특정 장소에서 발견된 어떤 생물을 여러 종으로 분류하는 것은 그다지 어려운 일이 아니다. 그와 같은 상태를 우리는 '무차원적 상황(nondimensional situation)'이라고 부른다. 그와 같은 종들은 같은 시기에 같은 장소에서 공존하지만 명확하게 규정된 불연속성으로 서로 분리되어 있다.

19세기 말과 20세기 초에 점점 더 많은 자연학자들이 생물의 종은 유형이나 부류가 아니라 개체 또는 개체들의 집단이라는 사실을 깨닫게 되었다5장 참조. 그리고 "종의 상태(status)는 표현형의 차이 정도에 따라 결정된다."라는 유형론적 종 개념의 기본적인 작용 원리는 어려움에 봉착하게 되었다. 예를 들어 분류학적으로 명확한 차이를 보이지 않아도 상호 교배가 되지 않는 동소성 자연 개체군이 점점 더 많이 발견되었다. 이러한 사실은 유형론적 종의 정의에 전혀 들어맞지 않는다. 이러한 종들은 오늘날 '은폐종(隱蔽種, cryptic species)' 또는 '자매종'이라고 부른다. 이러한 종들은 표현형에서 차이가 나는 종과 마찬가지로 전통적인 종과 동일한 유전적, 행동적, 생태적 차이를 보이지만 전통적인 분류학적 차이는 보이지 않는다. 자매종은 식물(Grant, 1981)과 원생동물에서도 나타난다.

자매종

분류학적 형질에서 두드러지는 차이가 없는 서로 다른 종들이 공존하는 경우는 매우 흔하다. 예전에 유럽에서 말라리아는 매우 당혹스러운 분포 패턴을 보인다고 생각되었다. 그러다가 결국 말라리아를 일으키는 모기인 아노펠레스 마쿨리페니스(*Anopheles maculipennis*)가 사실은 여섯 개의 서로 다른 자매종들의 집합체이며 그중 일부는 말라리아 기생충의 매개체 역할을 하지 않는다는 사실이 발견된 후에야 그 혼란스러운 패턴의 수수께끼가 풀렸다.

유명한 원생 동물학자인 소너본(Sonneborn)은 40년 넘게 섬모충, 짚신벌레(*Paramecium aurelia*)와 그 변종들을 연구한 끝에 결국 이것이 14개의 자매종으로 이루어져 있다는 사실을 깨닫게 되었다. 북아메리카 지역에 사는 귀뚜라미 종 가운데 50퍼센트는 단지 소리의 차이만으로 구분되며 다른 면에서는 서로 유사하다. 지금까지 동물의 대부분의 문과 강에서 자매종이 나타나는 빈도는 거의 알려진 바가 없다 박스 8.1.

그 반대의 상황이라고 할 만한 현상이 발견된 것 역시 유형론적 분류학자들에게는 매우 혼란스러운 사건이었다. 개체 사이에 놀라울 정도로 큰 차이가 발견되는 종끼리도 서로 성공적으로 교배할 수 있는 사례가 발견된 것이다. 청회색기러기(Blue Goose)와 흰기러기(Snow Goose)의 경우가 한 예이며 그밖에도 엄청나게 많

박스 8.1 **자매종**

자매종은 같은 장소에 공존하지만 상호 교배 없이 서로 생식적으로 격리되어 있는 자연적 개체군이다. 그런데 이들은 전통적인 분류학적 형질에서는 전적으로, 또는 사실상 서로 구분할 수 없을 정도로 비슷하다. 상위 분류군에서 매우 흔히 나타나는 현상이다.

은 사례들이 제시되어 있다(Mayr, (1963:150-158)). 이 두 가지 상황 모두 유형론적 종 개념에 전혀 맞지 않는다.

분류학자들은 마침내 차이의 정도가 아니라 다른 기준에 기초한 새로운 종 개념을 개발해야 한다는 결론에 이르게 되었다. 그들의 새로운 개념은 두 가지 관찰 사실에 기초하고 있다. (1) 종은 개체군으로 이루어져 있다. (2) 두 개체군이 성공적으로 상호 교배할 수 있으면 그들은 같은 종이다. 이 추론의 결과로 소위 '생물학적 종 개념(biological species concept, BSC)'이라고 불리는 다음과 같은 명제가 탄생했다. "종은 상호 교배가 가능한 자연적 개체군들의 집단으로 다른 집단과는 생식적으로 격리되어 있다." 다시 말해서 종은 번식(생식) 공동체라는 것이다. 번식적 격리가 이루어지는 것은 이른바 '격리 기작(isolating mechanism)'에 의해서인데 격리기작이란 다른 종의 개체와의 상호 교배를 막는(또는 성공하지 못하게 하는) 개체의 특성이다.

그밖에 다른 종 개념과 종에 대한 정의는?

지난 50년 동안 이른바 종 개념은 앞에서 언급한 것 외에도 예닐곱 개 이상 더 제시되었다(Wheeler and Meier, 2000). 그렇다면 이 새로운 종 개념들은 적절한 것일까? 나의 생각을 말하자면 그렇지 않다. 이 새로운 개념들의 주창자들 가운데 누구도 개념으로서의 종과 분류군으로서의 종 사이의 차이를 이해하지 못하는 것으로 보인다. 대신 이 새로운 종 개념들을 통해 그들은 분류군으로서의 종의 한계를 정하는 실행 기준(operational criteria)을 제안했던 것이다 박스8.2.

    종 개념은 종이 생물 세계에서 차지하는 역할을 묘사한다. 지금까지 어느 정도 인정받아 온 개념은 오직 두 가지이다. 하나는 종은 종류 내지는 서로 차이를 보이는 집단으로 종의 정의는 종의 범위를 한정하는 기준을 명시한다는 생각(유형론적 개념)이다. 두 번째는 종은 번식 공동체라는 생각(생물학적 개념)이다. 주어진 종 개념에서 종의 범위를 한정하는 기준을 선택하는 데에는 어느 정도 재량이 허락된다. 윌리 헤니그(Willi Hennig)의 종 개념은 적절한 계통 분기군의 범위를 정하는 분지화(cladification)의 요구에 따라 생물학적 종 개념을 수정한 것이다. 휴 패터슨(Hugh Paterson)의 인지(recognition) 개념은 생물학적 종 개념의 표현만 바꾼 것과 다름없다. G. G. 심슨(G.G. Simpson)의 이른바 진화론적 종 개념은 명확히

박스 8.2 **종의 세 가지 의미**

'종'이라는 단어는 안타깝게도 사람들마다 제각기 다른 의미로 해석하는 단어이다. 그 결과 각 의미의 차이를 명확하게 인식하지 않을 경우 커다란 혼란을 야기하게 된다. 가장 중요한 사실로서 우리는 종이라는 단어의 세 가지 다른 쓰임을 구분해야 한다(Bock, 1995).

종 개념 나는 앞에서 모든 고전적 분류학자들 사이에서 우세한 개념이었던 유형론적 종 개념이 19세기 말과 20세기 초 생물학적 종 개념(BSC)으로 어떻게 보충되었는지(그리고 사실상 대치되었는지)에 대해 설명했다. 철학자들은 유형론적 종을 자연종(natural kind)이라고 불렀다. 이러한 유형론적 개념은 종의 개체군적 본질 및 종의 진화적 잠재성과 갈등을 빚었다. 어떤 특정 개체군을 종으로 인식하느냐의 여부에 대해 의심이 들 때 생물학적 종 개념인 생식 가능 여부를 판단의 척도로 삼을 수 있다. 동소적(sympatric) 개체군을 다룰 때에는 그 판단 여부는 명확하게 나타날 수 있다. 그런데 이소적(allopatric) 개체군을 다룰 때에는 그들이 동소적 종에서 발견될 만한 불합치성(incompatibility)의 정도를 가지고 있는지의 여부를 추론해야만 한다. 그리고 이러한 추론 과정에는 어느 정도 자의적인 면이 개입하게 마련이다. 지금까지 오직 두 가지 종 개념,

유형론적 종 개념과 생물학적 종 개념만이 일반적으로 사용되어
왔다.

　　종 분류군(species taxon) 지리적 공간에서 종을 연구할 때
대부분의 종이 수많은 지역적 개체군으로 이루어져 있으며 그 개
체군들은 약간, 혹은 상당한 정도로 서로 다르다는 사실을 발견하
게 된다. 이처럼 지리적 공간에 분포되어 있는, 생물학적 종 개념
정의에 부합하는 개체군들의 집합이 바로 분류군으로서의 종
(species taxon)이다. 종 개념은 무차원적 상황에 기초하고 있지만
분류군으로서의 종은 언제나 다차원적이다. 구분이 잘 된 하위 집
단(아종)을 가진 분류군으로서의 종은 다형종(polytypic species)이
라고 한다.

　　종 범주(species category) 이는 린네의 계층에서 종으로 간
주되는 분류군의 순위를 가리킨다. 무성 생식을 하는 생물의 연구
가들이 말하는 무배종은 비록 생물학적 종에서 의미하는 개체군을
형성하지는 않지만 린네의 계층에서 종과 같은 순위에 포함된다.

정의할 수 없는 기준을 포함하고 있어서 실제로 응용하는 데에는
전혀 쓸모가 없다. 그리고 다양한 이른바 계통 발생학적 종 개념들
역시 단순히 종이라는 분류군의 범위를 어떻게 정하느냐에 대한

유형론적 처방에 지나지 않는다. 이러한 새로운 종 개념 가운데에서 실제로 새로운 것은 없다. 이들은 기존의 두 가지 개념에서 말만 바꾼 것이거나 종이라는 분류군의 범위를 정하는 방법을 제시한 것에 지나지 않는다.

생물학적 종 개념은 오직 유성 생식을 하는 생물에만 적용할 수 있다. 무성 생식을 하는 생물들은 무배종(아래 참조)에 해당된다. 최근 몇 년 동안 다른 종 개념이 많이 제안되었다. 그러나 그중 어떤 것도 생물학적 종 개념의 자리를 위협하지는 못했다.

고생물학자인 G. G. 심슨은 고생물학에서는 별개의 종 개념이 필요하다고 주장하며 진화론적 종 개념을 제안했다. 그러나 그의 개념은 명확하게 정의할 수 없는 몇몇 기준들을 포함하고 있다. 뿐만 아니라 종에 대한 그의 정의는 계통 발생학적 종의 범위를 한정하는 데 도움이 되지 않는다. 계통 발생학적 종 개념은 사실상 종 개념이 아니라 계통수에서 종이라는 분류군을 어떻게 한정해야 할지에 대한 유형론적 지침이라고 할 수 있다. 마찬가지로 인지 종 개념(recognition species concept)은 단순히 생물학적 종 개념의 다른 형식이라고 할 수 있다.

종의 의미

다윈주의자는 언제나 살아 있는 생물의 각 성질들이 어떻게 진화되어 왔는지 알고 싶어 한다. 따라서 그는 이런 질문을 던질 것이다. "왜 종이라는 것이 존재하는 걸까? 왜 유성 생식을 하는 생물의 살아 있는 개체들은 종이라는 단위로 묶이는 것일까? 왜 생명의 세계가 단순히 독립적인 개체들로 이루어져서 각 개체들이 자신과 어느 정도 비슷한 다른 개체들을 만나 생식을 하도록 되어 있지 않은 것일까?" 그 이유는 당연하다. 그리고 서로 다른 종 사이에서 태어난 잡종(hybrid)에 대한 연구가 이러한 질문에 답을 줄 것이다. 잡종(특히 유전적 역교배(backcross, 두 품종 또는 두 계통 간의 1대 잡종에 양친 중 어느 한쪽의 품종이나 계통을 교배시키는 것. ― 옮긴이))은 거의 예외 없이 열등한, 많은 경우에 제대로 살지 못하거나 생식력이 없는 자손을 생산한다. 동물 잡종의 경우에 특히 그러한 경향이 강하다. 이는 성공적인 상호 교배를 위해서는 매우 정교하게 균형 잡히고 조화를 이룬 시스템인 유전자형이 서로 비슷해야 한다는 사실을 입증한다. 이종 교배에서처럼 그러한 조건을 충족시키지 못할 경우에 잡종의 접합체는 균형이 맞지 않고 조화를 이루지 못하는 부모 유전자의 조합을 갖게 되고 그 결과 생존이나 생식이 불가능한 개체가 태어나게 된다.

이제 종의 의미는 상당히 분명해진다. 종의 격리 기작은 균형 잡힌 조화로운 유전자형을 그 상태 그대로 보전하기 위한 장치라고 할 수 있다. 개체와 개체군을 종이라는 단위로 조직화하는 것은 균형 잡힌 성공적인 유전자형이 합치되지 않는 외부의 유전자형과의 교배를 통해 훼손되는 것을 막아 준다. 그렇게 함으로써 격리 기작은 열등하거나 생식력 없는 잡종이 생겨나는 것을 막는다. 따라서 종의 보전을 자연선택이 유지시킨다고 볼 수 있다.

격리 기작

그렇다면 격리 기작이란 대체 무엇일까? 격리 기작이란 각 생물들이 같은 장소에 있는 다른 종의 개체와 상호 교배하는 것을 막는 생물학적 특성을 말한다.

이 정의는 지리적 장벽이나 완전히 외부적 요인에 의한 격리는, 격리 기작에 포함되지 않음을 분명히 하고 있다. 예를 들어 같은 장소에 있다면 상호 교배가 가능했을 두 개체군이 중간에 가로놓인 산맥에 의해 서로 격리되어 있다면 이것은 격리 기작이 아니다. 또한 식물의 경우 격리 기작이 '구멍이 난(leaky)' 상태이다. 다시 말해서 잡종을 만들어 내는 '실수'가 이따금씩 일어나는 것을 격리 기작이 완전히 막지 못한다는 것이다. 그러나 이따금씩 일어나는 그러한 잡종화는 일반적인 상호 교배나 두 종의 개체군 사이의 경계가 허물어지는 결과로 이어질 만큼 절대적이지는 않다.

　지금까지 격리 기작을 분류하기 위한 다양한 방법들이 제시되어 왔다. 그중에서 내가 채택한 것은 (서로 다른 종의) 잠재적 짝들이 (잡종을 만들어 내기 위해) 넘어서야 할 장벽을 순차적으로 나타낸 것이다 표 8.3.

　서로 다른 생물 집단은 각기 다른 격리 기작을 가지고 있을 수 있다. 예를 들어 포유류와 조류의 경우 서로 다른 종은 일반적으로 행동적 불합치성(incompatibility)으로 인해 서로 분리된다. 오리의 많은 종에서 잠재적으로는 완전히 수정이 가능함에도 행동의 차이로 서로 짝짓기에 실패하는 경우를 볼 수 있다. 따라서 불임성(sterility)을 가장 중요한 격리 기작으로 보는 것은 옳지 않다. 수정 능력은 분명 동물보다는 식물에서 더 중요한 요소이다. 왜냐하면 식물의 수정은 '수동적'으로 이루어지기 때문이다. 다시 말해서 식물에서는 바람, 곤충, 새, 그밖에 다른 외부의 매개자가 있어야

표 8.3 **격리 기작의 분류**

1. 짝짓기 (접합체 형성) 이전의 기작: 이종 간 짝짓기를 막는 기작

    (a) (서로 다른 종의) 잠재적 배우자가 서로 만나는 것을 막는다. (계절적 격리, 서식지의 격리)

    (b) 행동적 불합치성이 짝짓기를 막는다. (동물 행동학(ethological) 적 격리)

    (c) 교미를 시도하지만 수컷의 정자가 암컷의 난자에 전달되지 못한다. (기계적 격리)

2. 짝짓기 (접합체 형성) 이후의 기작: 이종 교배의 완전한 성공을 막는 기작

    (a) 정자가 난자로 전달되지만 난자가 수정되지 않는다. (배우자 불합치성)

    (b) 난자가 수정되지만 접합체가 죽어 버린다.(접합체 사멸)

    (c) 접합체가 자손 제1대(F1)까지 발달하지만 잡종인 자손 제1대의 생존 가능성이 감소한다. (잡종 사멸)

    (d) 잡종인 F1이 완전히 생육 능력을 갖지만 부분적으로, 또는 완전히 생식력이 없거나 결함이 있는 자손 제2대(F2)를 생산한다. (잡종 불임성)

만 수정이 이루어진다. 그렇기 때문에 고등 동물보다 식물에서 잡종이 더 흔히 나타나게 된다. 이따금씩 생겨나는 잡종이 양쪽 부모의 종을 완전히 융합시키는 경우는 드물지만 식물의 경우 잡종화가 '이질 배수성'을 통해 새로운 종을 탄생시키기도 한다9장 참조. 다양한 격리 기작을 유전자 수준에서 다루는 연구는 아직 초보 단계에 있다. 생식적 격리를 일으키는 데 관여하는 유전자의 수는 하나(두 종의 나비에서 나타나는 페로몬의 비율 차이)에서 14개나 그 이상(초파리의 가까운 종들 사이에서 태어난 잡종 수컷의 불임성)까지 다양하다.

잡종화

　　전통적으로 잡종화는 확립된 종 사이에 일어나는 상호 교배로 정의되어 왔다. 잡종은 그와 같은 교배의 산물이다. 동일한 종의 서로 다른 개체군 사이의 유전자 교환(유전자 확산이라 함.)은 빈번하게 이루어지지만 이는 잡종화라고 부르지 않는다. 잡종화는 격리 기작이 효율적으로 작동하지 못할 때('구멍이 났을 때') 일어나게 된다. 성공적인 잡종화는 한 종의 유전자를 다른 종의 유전체로 운반할 수 있다(유전자 침투(introgression)). 어떤 개체군, 특히 근친 교배를 하는 개체군에서 잡종화는 적합성이 강화되는 결과를 낳기도 한다.

잡종화의 빈도는 분류군마다 큰 차이를 보인다. 대부분의 고등 동물에서는 잡종화는 매우 드물게 일어나지만 특정 속에서는 빈번하게 일어나기도 한다. 예를 들어서 갈라파고스 제도의 여섯 종의 땅핀치(ground finch) 사이에서는 잡종화가 상당한 빈도로 일어나며 그런데도 적합성이 상실되지 않는 것으로 드러났다. 그리고 일부 과의 식물에서도 잡종화가 빈번하게 일어난다. 그런 과에서는 유전자 침투가 빈번히 일어나지만 잡종화가 두 종의 융합으로 이어지는 경우는 드물고 잡종화의 결과로 새로운 종이 탄생하는 경우는 더욱 더 드물다. 식물의 경우 염색체 수가 두 배가 된 불임인 잡종이 거의 수정 가능한 '이질 사배성(allotetraploid) 종'을 생산하는 경우도 있다그림 5.2 . 척추동물의 특정 집단(파충류, 양서류, 어류)에서는 잡종화가 '단성 생식'으로 이어져 분리된 종으로 기능할 수도 있다. 또 일부 이종 교배에서는 잡종의 자손 제1대(F1)의 생육 능력이 증가될 수도 있다(잡종 강세(hybrid vigor, 잡종이 양친보다 뛰어난 성질을 나타내는 현상.—옮긴이)). 그러나 이러한 현상은 자손 제2대(F2)와 그 이후 세대의 역교배에서 다시 역전된다. 일반적으로 완전히 효율적인 격리 기작을 아직 갖추지 못한 두 개체군(종)이 이차적으로 접촉하게 될 때 잡종 구역이 생기게 된다.

종 특이성(Species Specificity)

한 개체군의 모든 개체들은 모두 독특한 존재로 서로 구분되며 모든 국지적 개체군들은 다른 국지적 개체군들과 어느 정도 차이를 보인다. 이처럼 종 안에 변이성이 존재한다고 해서 한 종의 구성원들이 '종 특이적(species-specific)' 형질을 공유하지 않는다는 의미는 아니다. 그러나 이러한 종 특이적 형질은 '본질'처럼 일정불변한 것은 아니다. 언제나 어느 정도의 변이 가능성을 가지고 있으며 무엇보다 미래 세대에서 진화할 수 있는 잠재력을 가지고 있다. 지금까지 가장 중요한 종 특이적 형질은 바로 격리 기작이다. 그밖에 생태적 지위 선호도와 같은 생태 특성들도 종 특이적 형질에 포함된다.

다양성을 강화하는 국지적 요인들이 많이 있지만, 모든 종이 계속해서 유지되도록 하는 통합 작용 역시 많이 존재한다. 그중 가장 중요한 것이 유전자 확산5장 참조이다. 그와 똑같이 중요한 요인은 기본적으로 보수적인 유전자형의 성질이다. 어떤 지역 개체군의 평균 유전자형은 수백 년, 수천 년 동안 여러 세대에 걸쳐 자연선택을 통해 이루어진 결과물이다. 이 최적의 상태에서 벗어나는 특성은 어느 것이든 정상화 선택(normalizing selection)에 따라 도태되는 경향이 있다.

그러나 주어진 종이 분포하는 모든 영역에서 동일한 선택 요인이 작용하는 것은 아니다. 예를 들어 위도에 따라 기온이 변화하고 많은 종의 지역적 개체군은 각 지역의 온도에 가장 잘 적응하도록 선택된다. 이것은 같은 종이라도 온도 차이에 따라 형질의 차이를 보이는 결과를 낳는다. 그와 같은 형질의 차이를 '구배' 또는 '연속 변이(cline)'라고 한다. 연속 변이는 언제나 특정 형질을 가리킨다. 어떤 종의 지리적 차이에 따른 변이는 지리적으로 변이를 보이는 형질만큼이나 다양할 수 있다.

무성 생식을 하는 생물의 종(무배종)

유성 생식을 하는 종의 생물학적 종에 해당되는 것이 무성 생식을 하는 생물에는 존재하지 않는다. 생물 개체군(biopopulation)과 같은 번식 공동체가 원핵생물에는 아예 존재하지 않는다. 따라서 세균에는 몇 가지 '종'이 있는지 명확하지 않은 상태이다. 뿐만 아니라 세균 중에서도 서로 너무 큰 차이를 보여서 아예 다른 계(kingdom)로 분류하는 진정세균과 고세균도 어떤 경우에는 수평 전달이라는 작용에 따라 상당히 빈번하게 유전자를 교환하는 것으로 알려졌다. 그와 같은 사례를 마주하게 되면 무성 생식을 하는 생물에서는 유형론적 종의 정의로 되돌아가서, 차이의 정도에 따라 이러한 무배종을 구분하는 수밖에 없다.

그러나 무성 생식은 진핵생물에서도 널리 발견된다. 무성 생식을 하는 생물의 각 개체들은 유전적으로 동일한 개체의 클론들이다. 새로운 돌연변이가 일어날 때마다 새로운 클론의 기원이 된다. 그런데 모든 클론들은 자연선택의 목표물이고 자연선택에 의해 수많은 클론들이 제거된다. 그 결과 성공적으로 살아남은 클론들의 집단 사이에는 간극이 생기게 된다. 그 간극이 충분히 크다면 그 집단들은 각각의 종으로 간주될 수 있을 것이다. 이와 같이 돌연변이와 중간 단계 클론의 제거로 이루어지는 원핵생물의 종 분화는 생물학적 종 개념의 종 분화와 완전히 다르다. 어쨌든 무배종 (무성 생식을 하는 계통) 사이의 차이는 생물학적 종 분류군의 차이만큼 큰 것으로 생각된다.

다음 장에서는 기존 종의 응집력을 보존하고자 하는 다양한 격리 기작에도 불구하고 어떻게 새로운 종이 생성되는지를 논의할 것이다.

9
종 분화

5장부터 7장에서는 주어진 개체군에서 일어나는 진화 작용에 대해 논의했다. 만일 지금까지 거론한 것이 진화 작용의 전부라면 종 자체는 진화한다고 하더라도 전 세계에 있는 종의 총수는 언제나 일정하게 유지되어야 할 것이다. 그리고 만일 멸종이 일어난다면 또 다른 문제가 제기될 것이다. 멸종된 종을 대신하여 들어선 새로운 종은 어디에서 생겨났다는 말인가? 라마르크는 이 문제의 중요성을 알아차리고 계속해서 새로운 종이 자발적으로 생겨날 것이라고 추측했다. 새로 생겨난 종은 아마 그가 아는 한 가장 단순한 생물일 것이며 그 생물이 점차 고등 식물과 고등 동물로 진화한다는 것이다. 이제 우리는 오늘날 지구의 대기 조성에서는 38억 년 전에 일어났던 것과 같은 자발적인 새 생명의 출현이 더 이상 일어날 수 없다는 사실을 알고 있다. 따라서 우리는 다른 대답을 찾아야 할 것이다.

종 분화

우리는 새로운 종이 계속 출현하고 있다는 사실을 알고 있다. 따라서 종의 증가를 낳는 기작이 무엇인지 알아내야만 한다. 우리는 현존하는 수백만에 이르는 종들이 어떻게 생겨났는지 알고 싶다. 종의 증가는 화석 계통에서 보이는 계통적 진화와 완전히 다른 것이다. 뿐만 아니라 세균, 균류, 거대한 세쿼이아(sequoias, 삼나무과의 거목. —옮긴이), 벌새, 고래, 유인원 등이 어떻게, 그리고 왜 그토록 서로 다른 모습으로 진화했는지도 무척이나 궁금하다. 실제로 우리는 지구의 어마어마한 생물학적 다양성의 진화에 대한 모든 것에 의문을 느낀다.

이러한 질문들에 대한 답은 매우 느리게 나타났다. 다윈 스스로도 종 분화에 대한 수수께끼를 풀지 못했다. 심지어 1900년 멘델의 업적이 재발견되자 처음에는 생물학적 연구에 후퇴가 일어났다. 왜냐하면 유전학은 유전자 수준에서 답을 찾고자 하기 때문이다. 그 결과 T. H. 모건, H. J. 멀러, R. A. 피셔(R. A. Fisher), J. B. S. 홀데인(J. B. S. Haldane), 시월 라이트(Sewall Wright) 같은 주도적인 유전학자들은 종 분화에 대한 우리의 이해에 별다른 기여를 하지 못했다. 하나의 유전자 풀 안에서 일어나는 작용에 초점을 맞춘 그들의 방법은 생물 다양성 문제를 다루는 데에는 적당하지 않았던 것이다.

종 분화 문제에서 진전을 이루기 위해서는 완전히 다른 방법을 채택할 필요가 있었다. 한 종의 서로 다른 개체군을 비교하는 것, 즉 지리적 변이에 대한 연구가 그 대안이었다. 그리고 실제로 진화론적 분류학자들, 특히 영국, 독일, 러시아의 학자들이 실제로 이러한 방법을 적용했다. 그리하여 1859년으로부터 60여 년이 지나서야 조류, 포유류, 나비, 그밖에 다른 동물 집단의 선도적인 전문가들 사이에서, 지리적 접근법이 종 분화 문제에 접근할 수 있는 열쇠라는 사실에 합의가 이루어졌다. 그들은 어떤 개체군이 모(母)개체군으로부터 격리된 상태에서 격리 기작을 획득하게 될 때 새로운 종이 등장할 수 있다는 '지리적(geographic) 종 분화 또는 이소성(異所性, allospecific) 종 분화' 이론을 채택했다. 그러나 안타깝

게도 이 선구자들의 연구는 수학적으로 접근하는 개체군 유전학
자들에게 거의 알려지지 못했다. 1940년대 이른바 진화의 종합이
이루어지는 과정에서 비로소 유전학자들과 자연학자-분류학자
들이 서로의 연구에 대해 알게 되었고 서로의 발견 내용을 종합하
게 되었다(Mayr and Province, 1980).

이러한 종합이 진행되자 연구자들은 곧 생물 다양성의 기원
을 이해하기 위해서는 어느 한 개체군을 각기 다른 시간에서 바라
본 '수직적' 방법만으로는 충분하지 않다는 사실을 깨닫게 되었
다. 대신 연구자들은 같은 시기에 존재하는 서로 다른 최소 교배
단위들을 서로 비교해야 한다는 것을 알았다. 최소 교배 단위는 주
어진 지역에서 잠재적으로 교배가 가능한 개체군들로 이루어진
집단을 말한다. 그 다음 한 종 안에서 서로 구별되는 지리적 품종
(race)을 살펴봐야 한다. 이들은 같은 종의 다른 지리적 품종과 점
진적 변이를 이루고 있을 수도 있지만, 지리적 장벽으로 분리되어
명확한 분류학적 형질 차이를 보일 수도 있다. 실제로 지리적으로
격리되어 있는 집단 가운데 일부는 너무나 다른 모습을 하고 있어
서 여전히 지리적 아종으로 남아 있다고 해야 할지 아니면 이미 새
로운 종으로 변모했다고 해야 할지 애매한 경우가 있다. 그리고 마

지막으로 각 종 사이의 차이를 연구해야 한다. 특히 가까운 관계를 이루고 있는 것으로 보이는 동소성 종 사이의 차이를 말이다. 이와 같이 서로 다른 종류의 개체군들을 적절한 순서로 늘어놓음으로써 종 분화 경로를 재구성할 수 있다.

조류와 포유류에서 유일한 종 분화 방식으로 보이는 지리적 종 분화는 가장 깊이 있게 연구된 종 분화 방식이다(Mayr, 1963/Mayr and Diamond, 2001). 그러나 종 분화를 좀 더 완전하게 이해하기 위해서는 먼저 이 문제를 역사적 관점에서 고찰해야 한다.

어떻게 한 종이 여러 종의 후손을 생성시킬 수 있는가 하는 문제를 이해하기 위해서는 먼저 종이 무엇인지부터 이해해야 한다. 8장에서 본 것처럼 분류군으로서의 종은 "다른 집단과 생식적으로 격리되어 있으며 서로 교배하는 개체군"이다. 이와 같은 번식 공동체로서의 개체군은 동시에 그 조상이나 후손들과도 구분된다. 그리고 이 점이 혼란을 불러일으킨다. 고생물학자들은 어느 한 계통의 서로 다른 시기의 개체군들을 비교할 때 많은 경우 이들을 각기 다른 종으로 구분한다. 왜냐하면 각 시기의 집단은 다른 시기의 집단과 다르기 때문이다. 그래서 고생물학자들은 이러한 변화를 종 분화라고 부르기도 한다. 그러나 시간의 흐름에 따른 그

러한 변화는 종의 수적 증가를 가져오지 않으며 따라서 종 분화라
기보다는 계통 진화(phyletic evolution)라고 부르는 것이 더욱 적절
하다그림 9.1. 현대의 진화론자들이 종 분화라는 표현을 사용할 때
그것은 종의 증가(multiplication)를 일컫는 것이다. 다시 말해서 하
나의 부모종으로부터 여러 개의 새로운 종이 생겨나는 현상을 지
칭하는 것이다. 이것은 바로 다윈이 비글호 항해에서 관찰한 사실
을 토대로 남아메리카의 흉내지빠귀 한 종이 갈라파고스 제도에
서 서로 다른 세 가지 흉내지빠귀 종을 생산해 냈다고 결론 내렸던
바로 그 현상이다. 이러한 현상을 우리는 지리적 종 분화 또는 이
소성 종 분화라고 부른다.

이소성 종 분화 과정

이소성(異所性) 종 분화(allospecific speciation)가 제기한 근본적
인 질문은 바로 생식적 격리가 어디에서 비롯되었느냐 하는 것이
다. 종을 하나의 개체군으로 바라보아서는 그 답을 얻을 수 없다.
종에 대한 우리의 관점을 다차원적인 분류군으로서의 종으로 확
장시켜야만 그 답에 접근할 수 있다.

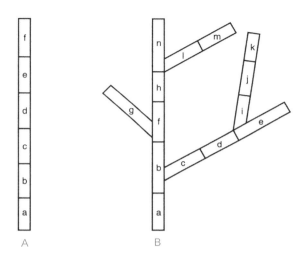

계통 진화 vs. 종 분화. A(계통 진화)의 경우 수천, 수백만 년의 시간이 흘러서 a라는 종이 f라는 종으로 변모했다. 그러나 이 경우에 여전히 종의 개수는 하나이다. 그런데 B(종 분화)의 경우 a라는 종이 증가해서 5개의 자손 종(g, m, n, k, e)을 만들어 냈다.

한 종의 모든 개체군이 서로 인접한 상태로 접촉하면서 적극적으로 유전자를 교환하지는 않는다. 일부 개체군들은 실제로 같은 종의 다른 개체군으로부터 바다, 산, 사막, 그밖에 해당 종이 서식하기에 불리한 지역으로 가로막혀 지리적으로 격리될 수 있다. 이러한 장벽은 유성 생식을 하는 종의 격리된 개체군에서 유전자 확산이 일어나는 것을 막거나 감소시켜서 원래 종의 다른 개체군에서 독립적으로 따로 진화하게 만든다. 이처럼 격리되어 진화하는 개체군을 '발단종(incipient species)'이라고 한다.

격리된 개체군에서는 무슨 일이 일어날까? 격리된 개체군에서는 '부모종(parental species)'에서 일어나는 작용과는 다른 수많은 유전적 작용들이 일어날 수 있다. 새로운 돌연변이가 생길 수도 있고 특정 유전자가 우연히 또는 표본 추출상의 한계, 재조합 등으로 인해 소실될 수도 있다. 그 결과 부모종과는 다른 새로운 표현형이 생길 수 있다. 그리고 이따금씩 다른 개체군으로부터 새로운 유전자가 전입될 수도 있다. 무엇보다 중요한 것은 격리된 개체군은 생물상에서나 물리적 환경에서 부모종과는 다른 조건에 놓이게 되고 그 결과 사뭇 다른 선택압에 노출된다는 사실이다. 정상화로의 선택이 끊임없이 작용하기는 하지만 격리된 개체군은 점차적으로 유전적으로 새로운 구조를 갖게 되고 부모종으로부터 점점 분기하게 된다. 이러한 작용이 충분히 오랜 시간 동안 계속되면 격리된 개체군은 결국 새로운 종으로 구분될 만큼의 유전적 차이를 나타내게 된다. 이 과정에서 격리된 개체군은 새로운 격리 기작을 획득할 수도 있으며 그렇게 되면 설사 자연의 변화로 지리적 장벽이 사라져 격리되어 있던 개체군이 부모 개체군으로 돌아가도 격리된 개체군의 개체와 부모 개체군의 상호 교배가 불가능해진다. 그렇게 되면 발단종은 신종(neospecies)으로 인정받게 된다. 여기에서 논의한 과정은 지리적, 또는 이소적 종 분화의 전형적인 과정이다. 그렇다면 계속해서 생겨나는 많은 수의 발단종들의 운명은 어떻게 될까? 이들 대부분은 종 수준에 도달하기 전에 부모종과 재결합하거나 절멸해 버린다. 격리된 발단종 가운데 아주 작은 수만 종 분화 과정을 완성해 나간다. 그런데 이소적 종 분화에는 사실상 두 가지 형태가 있다.

이소성 종 분화

예전에는 연속적으로 이어져 있던 한 종의 두 부분 사이에 지리적 장벽이 생김으로써 이소성(二所性) 종 분화(dichopatric speciation)가 발생하였다 그림 9.2. 예를 들어 플라이스토세 말기에 베링 해협에 물이 차오르자 시베리아와 알래스카 사이에 물의 장벽이 생기게 되었고 그 결과 예전에는 전 북구에 연속적으로 분포하던 동물 종이 이제 두 부분으로 나뉘게 되었다. 이와 같이 이차적 격리로 인해 생긴 이소성 종 분화는 대륙 지역에서 가장 흔히 볼 수 있다. 각 빙하기 초기에 빙하의 영역이 점점 커지자 빙하를 피해 이동하는 동물들이 수많은 격리된 빙하에 제각기 고립되었고 그 결과 어느 정도 서로 분기되어 진화하였다. 이와 비슷한 현상은 열대 지방에서도 찾아볼 수 있다. 플라이스토세의 건조한 시기에 열대 우림이 점점 줄어들어 수많은 열대 우림 레퓨지아(refugia, 생태학 용어로 빙하기와 같은 대륙 전체의 기후 변화기에 비교적 기후의 변화가 적어서 다른 곳에서는 절멸된 것이 살아 남은 지역을 말한다.—옮긴이)만을 남기게 되었다. 그리고 이 레퓨지아에 서식하던 수많은 개체군들이 새로운 종으로 진화해 나갔다.

주변 종 분화

기존의 종의 영역을 넘어서서 창시자 개체군이 확립될 경우 주변 종 분화(peripatric speciation)가 일어나게 된다 그림 9.2. 이 창시자 개체군은 불리한 지형 등의 장벽에 의해 종의 주류로부터 격리되어 있으며 따라서 기존의 종과 독립적으로 진화할 수 있다. 주변 종 분화가 중요한 이유는 단 하나의 임신한 암컷이나 매우 적은 수의 개체군으로 이루어진, 규모가 작고 유전적으로 빈약한 창시자 개체군이 유전자형의 구조 변화를 촉진할 수 있기 때문이다. 새로

A. 이소성(이차적) 종 분화

B. 주변(일차적) 종 분화

P = 부모종
◖ = 창시자 개체군의 절멸
◖ = 결국 하나의 종으로 진화
◖ = 결국 다시 부모종과 합쳐짐.

그림 9.2
이소성 종 분화의 두 가지 형태.

운 개체군의 유전자 풀은 모집단의 유전자 풀과 통계적으로 차이를 보이며 유전자형, 특히 유전자 사이의 새로운 상호 작용이나 상위성 등이 나타날 수 있다. 창시자 개체군은 또한 완전히 새로운 생물상과 무생물적 환경으로 증가한 선택압에 노출된다. 그 결과 창시자 개체군은 새로운 생태적 지위와 적응 구역을 향해 나아가는 진화적 변화의 출발점이 되기에 이상적인 상태가 된다(Mayr,

1954). 동시에 창시자 개체군은 절멸되기 쉬운 상태이며 유전자 확산의 보존적 효과에도 큰 영향을 받을 수 있다. 따라서 새로운 종이 발달하기 위해서는 창시자 개체군이 완벽한 격리 상태에 있어야 한다 10장 참조.

다른 종류의 종 분화

1850년대에 다윈은 생태적 분기에 기초한 종 분화 체계를 개발했다. 그는 만약 어느 한 개체군에 속한 서로 다른 개체들이 각기 다른 생태적 지위에 대한 선호 경향을 획득하면, 이들은 여러 세대가 지난 후 각기 다른 종으로 발달할 것이라고 추측했다. 이러한 종 분화는 지리적 격리 없이 일어난다. 이것이 바로 '동소성(同所性) 종 분화(sympatric speciation)'이다. 그 후 80여 년 동안 이 이론은 가장 널리 받아들여지는 종 분화 이론이었다(Mayr, 1992). 그러나 이 이론은 주의 깊게 연구된 포유류나 조류나 나비나 딱정벌레의 종 분화 사례에서는 전혀 확인되지 않았다. 1942년 출간된 『계통분류학과 종의 기원(Systematics and the Origin of Species)』에서 나는 이들 동물 집단은 모두 예외 없이 지리적 격리에 의해 종 분화를 일으켰으며 동소성 종 분화는 단 한 사례도 찾아볼 수 없다는 사실을 명시했다.

동소성 종 분화

그러나 포유류와 조류에서 전적으로 이소성 종 분화를 통해서만 새로운 종이 형성된다고 해서, 다른 생물 집단에서도 동소성 종 분화가 일어나지 않는다고 결론 내려서는 안 된다. 기생하는 식물에 특이성을 보이는 곤충들을 주로 연구하는 곤충학자들은 일관적으로 나타나는 증거를 토대로 다음과 같은 시나리오를 제시했다. A종 식물에서 살도록 특이화된 곤충 종의 개체가 우연히 B종 식물에 정착할 수 있다. 만일 새로 정착한 개체들이 배우자를 선택할 때 배타적으로 B에 정착한 개체들과만 짝짓기를 한다면 이들은 점차적으로 적절한 격리 기작을 획득하게 될 것이다. 대부분의 경우 A식물에 사는 개체들이 계속해서 B식물로 이주해 정착하고 또 B에 살던 개체가 다시 A로 역정착하는 현상이 일어나기 때문에, 이러한 종 분화는 이루어지지 않는다. 그러나 일부 사례에서 B에 정착한 곤충들이 배타적으로 B에 사는 개체들과만 짝짓기를 하려는 경향이 보고되었다. 이러한 배우자 선호 경향은 A에 사는 부모 개체군과 B에 정착한 개체군 사이의 장벽 역할을 한다. 그래서 어느 정도 시간이 흐르면 B에 정착한 개체군이 동소성 종 분화를 이루게 된다.

뿐만 아니라 어느 정도 격리된 민물의 한 구역에서 둘 이상의 매우 가까운 관계에 있는 서로 다른 종의 어류가 함께 살아가는 경우가 있다. 이러한 사례 역시 동소성 종 분화로 설명하는 것이 가장 적당하다. 예를 들어 카메룬의 운석구로 인해 생긴 작은 호수에는 서로 매우 비슷하지만 다른 시클리드 물고기들이 공존하고 있다. 이들은 호수에서 밖으로 흘러 나가는 강에 사는 조상뻘 되는 시클리드 종보다는 더 가까운 친족 관계를 보인다. 이 사례나 이와 유사한 다른 사례에서 동소성 종 분화가 일어나는 기작은, 암컷이 특정 서식지와 그 서식지를 좋아하는 수컷들의 형질을 동시에 선호하는 데에 기반을 두고 있다. 이와 같이 서식지와 배우자에 대한 선호가 맞물려서 일어나는 현상은 미국의 시클리드 종에서는 나타나지 않는다. 배우자 선호(성 선택)와 생태적 지위 선호가 동시에 획득됨으로써 일어나는 동소성 종 분화는 담수어의 여러 과에서 보고되고 있다. 두 발단종 사이의 잡종화는 부모종보다 적합성이 떨어질 것이다. 그와 같은 사례는 월리스-도브잔스키의 잡종화에 의한 종 분화 이론을 뒷받침한다. 이러한 증거는 '숙주 특이적 초식 곤충 종'의 경우에도, 생태적 지위와 배우자를 동시에 선호하는 것에 의한 동소성 종 분화가 일어날 것이라는 주장을 매우 그럴듯하게 만들어 준다. 그러나 이러한 사실은 창시자 개체군에 의한 이소성(異所性) 종 분화에 의해 새로운 숙주 특이적 종이 진화했을 것이라는 가능성을 배제하지 못한다.

즉각적 종 분화

　　다양한 염색체 수준의 작용을 통해서 즉각적으로 부모종과 생식적으로 격리된 개체가 생산될 수도 있다. 예를 들어 식물의 경우 번식 능력이 없는 잡종 AB(A라는 종으로부터 염색체 한 벌을 받고 B라는 종으로부터 다른 한 벌을 받은 경우)는 염색체의 배가를 겪은 후 감수 분열과 배우자 형성(AABB) 능력을 회복할 수도 있다. 이 새로운 배수체는 이제 번식 능력을 갖춘 종이 된다 그림 5.2 참조. 추가적인 잡종화와 염색체의 배가를 통해서 배수체의 완전한 연속체가 만들어질 수도 있다. 그런데 일부 동물의 경우 (포유류나 조류에서는 아직 보고되지 않았지만) 번식 능력이 없는 잡종이 단성 생식과 무성 생식으로 이동하는 경우도 있다. 어류, 양서류, 파충류에서 이러한 사례가 보고되었다. 다시 강조하건대 배수체의 사례와 마찬가지로 이와 같은 비지리적 종 분화는 매우 드물며 진화의 막다른 골목(dead-end)에 해당되는 것으로 보인다. 하등 동물 사이에 이러한 비지리적 종 분화가 얼마나 널리 퍼져 있는지를 판단하기에는 이러한 번식이나 종 분화 사례가 너무나 희박하게 존재한다.

근지역 종 분화

일부 진화론자들은 연속적으로 배열된 개체군들은 생태학적 급경사에 따라 두 종으로 나눌 수 있다고 주장한다. 대부분의 진화론자들이 거부하는 이 이론은 이른바 잡종대(hybrid belt)라는 관찰 사실에 기반을 두고 있다. 잡종대는 서로 어느 정도 구별되는 두 개체군(또는 종)이 만나서 잡종화를 이루는 지역을 말한다. 이러한 잡종대에 대하여 좀 더 널리 받아들여지고 있는 설명은, 예전에 서로 격리되어 있던 두 발단종이 다시 만나 격리되어 있는 동안 획득한 여러 가지 차이점에도 불구하고 아직 완전히 효율적인 격리 기작을 획득하지 못해 일어나는 현상으로 보는 것이다.

이러한 현상을 다윈 역시 간파하고 있었다. 다윈과 월리스는 자연선택이 잡종대를 두 개의 완전히 다른 종으로 전환시킬지의 여부를 놓고 논쟁을 벌였다. 월리스는 그렇다고 주장했고 다윈은 아니라고 주장했다. 답을 얻을 수 없는 논쟁이었다. 도브잔스키와 또 다른 현대의 진화론자들이 월리스를 지지하고 있고 뮬러와 나는 다윈의 편에 서 있다. 현재 월리스의 이론을 뒷받침하는 것처럼 보이는 몇 가지 사례들이 알려져 있다. 일반적으로 잡종대는 열등하고 부분적으로 번식 능력이 없는 잡종들이 꾸준히 제거되어 나가는 한편으로, 두 부모종에서 이주해 오는 개체에 의해 유지되는 일종의 개수대와 같은 것이다. 이처럼 끊임없이 계속되는 이주로 인해 두 종의 균형 잡힌 중간 단계나 향상된 격리 기작을 지닌 개체들이 선택되지 못한다.

잡종화에 의한 종 분화

매우 드물게 식물 두 종의 잡종이 비배수성(nonpolyploid)인 새로운 종을 탄생시키는 경우가 있다. 이 현상을 엄격하게 입증해 주는 사례가 지금까지 겨우 여덟 개만 발견되었다는 것은 이 현상이 얼마나 드물게 일어나는지를 말해 준다(Rieseberg, 1997). 이들은 대개 작은 주변부의 개체군에서 출발한다. 동물의 경우에 이에 해당되는 사례는 지금까지 보고되지 않았다. 그러나 특정 동물 집단,

예를 들어 어류나 양서류에서 동소종 사이에 유전자 교환(이입 교잡 (introgressive hybridization))이 일어나는 경우는 종종 보고된다. 특히 인간에 의해 서식지에 급격한 변화가 일어난 경우에 이런 현상이 보인다. 화석 식물의 사례는 두 종의 이입 교잡이 관련 종의 개별 성에 영향을 주지 않은 채 수백만 년에 걸쳐서 일어나기도 한다는 것을 보여 준다.

거리에 의한 종 분화(끝이 겹쳐진 고리)

개체군들이 사슬처럼 연결된 후 매우 길게 배열되어 둥글게 곡선을 그리고 있는 경우에 곡선의 양쪽 끝이 서로 겹치는 수가 있다. 이 경우 예측할 수 있듯이 사슬의 양쪽 끝에 있는 개체군들은 서로 너무나 달라서 접촉하더라도 상호 교배를 하지 않는다. 다시 말해서 마치 서로 다른 종처럼 행동하는 것이다. 이러한 상황은 다윈주의의 원칙에 어긋나지 않는다. 그러나 분류학에서는 분명 문제가 될 수 있다. 그렇다면 이러한 사슬의 양쪽 끝에 나타나는 동소성에도 불구하고 전체 사슬을 하나의 종으로 보아야 할까? 아니면 사슬을 둘이나 그 이상의 종으로 나누어야 할까? 새로 밝혀진 많은 사실들에 따르면 두 번째 선택이 옳은 것으로 보인다. 이 정보들은 개체군 사슬 전체를 미세한 수준에서 분석한 결과 도출된 것이다. 모든 사례에서 개체군 사슬은 겉보기에만 연속적인 것으로 보일 뿐 실제로는 여러 개의 불연속점, 또는 과거 격리의 잔재를 가지고 있었다. 이 불연속점을 종 사이의 경계로 본다면 전체 '고리'는 여러 개의 종으로 이루어져 있으며 같은 종 두 개체군의 동소성은 더 이상 존재하지 않는다. 자세히 분석된 두 가지 사례는 갈매기(*Larus argentatus*, Mayr, 1963)와 도롱뇽(Ensatina, Wake, 1997)을 대상으로 한 연구이다.

두 발단종은 어떻게 유전적 격리를 획득할까?

분명한 것은 두 발단종이 다시 만나서 서로 최소한의 상호 교배만을 하면서 공존하게 되기 전에 격리 기작이 매우 효율적으로 일어나야 한다는 것이다. 그러나 이 개체군들이 지리적으로 서로 격리되어 있는 동안에 어떻게 자연선택을 통해 그런 기작을 획득할 수 있을까? 여기에 대해서는 세 가지 가능한 경로가 언급되고 있으며 완전한 합의는 아직 이루어지지 않고 있다. 아마도 각기 다른 사례가 각기 다른 경로를 따를 수도 있다.

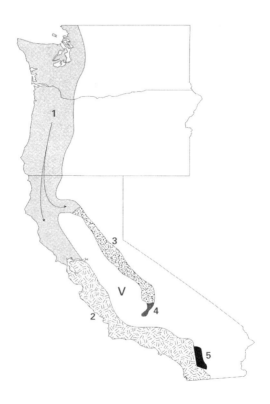

그림 9.3

엔사티나도롱뇽의 '고리 종(ring species)'(고리의 양쪽 끝이 겹쳐지는 양상). 이 종은 북쪽에서부터 뻗어 나와 (1) 중앙의 계곡(V)을 사이에 두고 남쪽으로 두 갈래로 뻗어 내려간다. 한 갈래(아종 3, 4, 5)는 시에라(Sierra)를 따라 내려가고 다른 갈래(아종 1, 2)는 해안의 언덕을 따라 내려간다. 이 두 갈래는 캘리포니아 남부 5 지역에서 만나 이곳에서 상호 교배 없이 공존한다.

1. 격리된 개체군에서 진화한 격리 기작은 다른 차이, 특히 생태학적 차이의 우연한 부산물이다.

2. 차이는 격리된 개체군에서 무작위적으로 비롯된다. 이는 격리된 개체군에서 나타나는 염색체상의 변화에서 분명하게 입증된 현상이다. 숙주 특이적 초식 곤충과 기생충의 경우 우연히 새로운 숙주를 획득한 후 이 숙주가 새로운 종에 격리 기작을 제공하는 수도 있다.

3. 성 선택으로 획득한 형질의 기능 변화로 격리 기작을 획득한다 10장 참조. 특정 어류 속에서 수컷이 성 선택과 연계하여 특정 몸 색깔에 대한 형질을 획득하게 되면 서로 다른 두 개체군이 이차적으로 접촉할 때 이것이 행동적 격리 기작으로 발달할 수 있다.

과거 특히 돌연변이에 의해 새로운 종이 비롯된다고 믿었던 시절에는 종 분화의 유전학적 측면에 대해 많은 논의가 벌어졌고 또한 종 분화를 일으키는 유전자를 찾기 위한 노력이 계속되었다. 그러나 지금은 그와 같은 시도가 종 분화를 바라보는 가장 적합한 관점이 아님이 분명해졌다. 생물학적 종 개념은 '종 분화'의 의미가 효율적인 격리 기작을 획득하는 것임을 분명히 말해 준다. 또한 종 분화의 유전학은 격리 기작의 유전학이며 이는 매우 다채롭다는 사실을 의미한다. 왜냐하면 다양한 격리 기작의 유전적 토대 역시 극도로 다채롭기 때문이다. 비록 특정 종 분화 사례에 관여한 유전자들에 대한 상세한 분석 내용은 알지 못하지만, 나는 시클리드의 특정 종에서 보았던 격리 행동은 단지 몇 개의 유전자에 의해 좌우되는 것임을 알고 있다. 반면 염색체 전체가 생식적 격리를 통제하는 경우 많은 수의 유전자가 관여할 수도 있다. 그리고 서로 다른 종류의 격리 기작이 너무나 많이 존재하기 때문에 서로 다른 종류의 수많은 유전자와 염색체들이 종 분화에 관여할 것이 분명하다. 한편 조절 유전자가 종 분화에 관여하는지, 관여한다면 어느 정도로 관여하는지는 알려져 있지 않다.

종 분화의 속도를 결정하는 것은 무엇일까?

우리는 오랫동안 종 분화 속도가 '돌연변이 압력'으로 조절된다고 믿어 왔다. 그러나 이러한 주장을 뒷받침하는 증거는 거의 존재하지 않는다. 오히려 종 분화 속도는 일차적으로 생태학적 요인에 따라 결정되는 것으로 보인다. 한 종의 분포 범위가 지리적, 생태적 장벽으로 나뉘어 있을 경우, 그리고 그 종 안에서 유전자 확산이 매우 제한되어 있을 경우 종 분화는 빠르고 빈번하게 일어난다. 섬 지역, 또는 대륙이라고 하더라도 마치 섬처럼 개체군들이 떨어져 있는 패턴을 보이는 곳에서는 종 분화가 매우 활발하게 일어난다. 반면 거대하고 균일한 대륙에서는 종 분화가 거의 일어나지 않는다. 이 문제는 추가적인 연구를 필요로 한다. 조류와 포유류의 특정 집단에 대해서는 지금까지 상당히 상세한 분석이 이루어졌다. 그러나 대부분의 많은 동물과 식물 집단이 다양한 종류의 환경에서 어떤 종 분화 속도를 보이는지에 대한 정보는 매우 부족한 실정이다. 우리가 가장 쉽게 일반화할 수 있는 사실은 다른 조건이 모두 같을 때 개체군 사이의 유전자 확산이 적을수록 종 분화가 빠르게 일어난다는 사실이다.

　그러나 환경은 단지 여러 요인 중 하나일 뿐이다. 종 분화를 매우 드물게 일으키거나 매우 천천히 겪는 생물 집단들이 있다. 이러한 경우를 생태학적으로 설명할 방법은 아직 없다. 소위 '살아 있는 화석(living fossil)'이 이러한 집단의 대표적인 예이다. 북아메리카 동부에 서식하는 많은 종류의 식물은(앉은부채(skunk cabbage) 포함) 동아시아의 특정 지역에서도 발견된다. 서로 다른 두 대륙의 멀리 떨어진 개체군들이 형태학적으로 서로 구분할 수 없을 정도로 비슷할 뿐만 아니라 완전한 상호 교배가 가능하다. 이들은 적어도 600~800만 년 이상 서로 격리되어 있었을 것이 분명한데 말이다. 미국의 식물학자였던 에이사 그레이(Asa Gray)는 이 사실에 대해 다윈의 주의를 촉구시켰다(Gray, 1963 (1876)). 그 반대 사례는 시클리드에서 찾아볼 수 있다. 예를 들어 동아프리카의 빅토리아 호에는 얼마 전까지만 하더라도 거의 400여 개의 고유종이 서식해 왔다. 호수가 바짝 말라 호수 밖을 흐르고 있는 강물과 교류가 거의 사라진 것은 불과 1만 2000년 전인데도 말이다. 이 호수에 사는 모든 종의 시클리드는 빅토리아 호 밖으로 흐르는 강물에 사는 시클리드와 비교해 서로 훨씬 더 가까운 친족 관계를 이루고 있다. 따라서 이들은 지금으로부터 약 1만 2000년 안에 진화되었다고 생각할 수 있다. 그런데 안타깝게도 이 특별한 시클리드의 동물상은 최근 대형 포식종의 유입으로 멸종되어 버렸다.

　화석 기록을 토대로 종 분화의 평균 속도를 계산하는 것은 한쪽으로 치우친 결론을 유도할 수 있다. 왜냐하면 널리 분포하고 개체수가 많은 종은 화석 기록에 의해 더 부풀려져서 나타나게 되는데, 이들 종은 대개 오랫동안 존재했을 것이고 종 분화 속도가 매우 느릴 것이다. 반면 빠른 종 분화를 일으켰던 국지적 종들은 화석 기록으로 남겨질 확률이 그보다 훨씬 적을 것이다. 종 분화 속도가 어마어마하게 넓은 범위를 가지고 있다는 점을 고려한다면 '평균' 종 분화 속도라는 것이 의미 있는 개념일지 의심을 갖게 된다.

10
대진화

진화적 현상들을 되짚어 볼 때 우리는 그 현상들을 두 가지 범주로 나눌 수 있음을 깨닫는다. 하나는 종이나 그 이하 수준에서 일어나는 현상들이다. 개체군의 변이성, 개체군 안에서의 적응적 변화, 지리적 변이, 종 분화 등이 그 예이다. 이 수준에서는 거의 배타적으로 개체군의 현상을 다룬다. 이러한 현상들이 속한 범주를 '소진화(microevolution)'라고 한다. 소진화에 대해서는 5장부터 9장에 걸쳐서 분석했다. 또 다른 범주는 종 수준 이상에서 일어나는 진화 현상, 특히 새로운 상위 분류군의 기원, 새로운 적응 구역으로의 침투, 새의 날개나 네발동물의 지상 생활 적응, 조류와 포유류의 온혈성과 같은 진화적 신형질(novelty) 등을 다룬다. 이 두 번째 범주의 진화적 현상들을 대진화(Macroevolution)라고 한다.

대진화는 진화 연구의 독립적인 분야이다. 처음에는 고생물학자나 분류학자들이 대진화에 대한 우리의 이해를 도왔다. 그러나 최근 대진화적 변화를 이해하는 데 가장 중요한 기여를 한 것은 분자 생물학이며 이 분야에서 계속적인 발전이 이루어지고 있다.

다윈의 시대에서 오늘에 이르기까지 대진화가 소진화의 연속선상에 있는 것인지 아니면 소진화로부터 단절된 것인지에 대해 가열찬 논쟁이 벌어졌다. 다윈과 다윈의 추종자들은 연속적이라고 믿었고 다윈의 반대자들은 그렇지 않으며 따라서 대진화는 소진화와는 다른 일련의 이론들을 가지고 설명해야 한다고 주장했다. 그들은 종과 상위 분류군 사이에는 명확한 단절이 존재한다고 보았다.

이 논쟁이 완전히 해결되지 못한 이유는 이론과 관찰 결과 사이에 크게 상충하는 면이 있기 때문이다. 다윈주의적 이론에 따르면 진화는 개체군적 현상이며 따라서 점진적이고 연속적이어야 한다. 이는 소진화뿐만 아니라 대진화, 그리고 소진화에서 대진화로 이어지는 지점에도 그대로 적용되어야 한다. 그러나 안타깝게도 관찰 결과는 그와 상충한다. 살아 있는 생물상을 살펴보면 상위 분류군 수준에서든 종 수준에서든 단절과 불연속이 너무 자주 발견된다. 현존하는 분류군 가운데 고래류와 지상의 포유류 사이에는 중간 단계가 존재하지 않는다. 파충류와 조류 또는 포유류 사이에도 역시 중간 단계가 존재하지 않는다. 동물의 30개 문은 모두 서로 깊은 간극으로 단절되어 있다. 종자식물(속씨식물)과 이 식물의 가장 가까운 친족 사이에도 커다란 간극이 존재하는 것으로 보인다. 이러한 불연속성은 화석 기록에서는 더욱 뚜렷하게 나타난다. 화석 기록에서는 새로운 종이 여러 단계를 거쳐 조상종과 연결되는 것이 아니라 급작스럽게 불쑥 나타나는 것처럼 보인다. 실제로 점진적으로 진화해 온 종의 사례는 매우 드물다.

이처럼 겉으로 드러나 보이는 모순을 어떻게 설명해야 할까? 언뜻 보기에는 대진화 현상을 소진화 이론으로 설명할 수는 없을 듯해 보인다. 그러나 그럼에도 불구하고 소진화 현상을 대진화로 확장하는 것이 가능해야만 옳은 것이 아닐까? 그리고 더 나아가서 대진화 이론과 법칙들이 소진화에서 발견된 현상들과 완전히 일맥상통하고 일치해야 하지 않을까?

진화의 종합 과정에서 많은 학자들이 그러한 설명의 가능성을 제시했다. 특히 렌시(Rensch)와 심슨(Simpson)이 적극적으로 주장했다. 그들은 상응하는 유전자 빈도에 대한 분석 없이도 성공적으로 대진화에 대한 다윈주의적 일반화를 이루어 냈다. 이러한 접근 방법은 진화란 환원주의자들이 주장하는 것처럼 유전자 빈도상의 변화가 아니라 적응성과 다양성의 변화라는 현대적인 진화의 정의와 일맥상통한다. 이 모든 것을 압축해서 간단하게 표현하자면 대진화와 소진화가 단절 없이 연속적으로 이어져 있음을 입증하기 위해서 다윈주의자들은 겉보기에 매우 다르게 보이는 '유형'들이 진화하는 개체군의 연속선의 한 말단임을 보여 주어야 한다.

진화의 점진성

"모든 대진화 작용은 개체군과 개체의 유전자형 안에서 일어나며 따라서 동시에 소진화적 작용이기도 하다."라는 점을 강조하는 것은 매우 중요하다. 현존하는 개체군을 대상으로 진화적 변화를 연구할 때마다 우리는 그와 같은 점진성을 관찰하게 된다. 항생제에 대한 세균의 저항성에 대해 생각해 보자. 1940년대에 페니실린이 처음 도입되었을 때 이 약은 수많은 종류의 세균에서 놀라운 효과를 발휘했다. 연쇄상구균(streptococci), 스피로헤타(spirochetes)를 포함하여 어떤 병균으로 인한 감염이든 즉각적으로 치료하였다. 그러나 세균은 유전적 변이성을 가지고 있으며 세균 중에서 페니실린에 가장 취약한 개체들은 가장 먼저 소멸했다. 한편 돌연변이 유전자를 통해서 더욱 큰 내성을 획득한 세균들은 더 오래 살아남을 수 있었고 그중 일부는 치료가 끝날 때까지 살아남을 수 있었다. 이 경우 인간 개체군 안에서 내성이 큰 변종 개체군의 빈도가 점차적으로 증가하게 된다. 동시에 그보다 더 큰 내성을 부여하는 새로운 돌연변이와 유전자 전달이 발생하게 된다. 따라서 페니실린을 점점 더 고용량으로 투여하고 치료 기간을 늘려도 내성이 커진 세균은 치료되지 않는다. 그러다가 결국에는 페니실린에 완전한 내성을 가진 변종이 등장한다. 이처럼 점진적 진화에 의해서 페니실린에 대해 거의 완전히 취약한 세균 종으로부터 완전한 내성을 가진 종으로의 진화가 이루어진다. 의학과 농학(살충제 내성) 분야에서 이러한 사례는 문자 그대로 수백여 건이 보고되었다.

우리는 이러한 점진적 진화를 모든 곳에서 찾아볼 수 있다. 가축이나 애완동물 같은 사람이 길들인 동물이나 사람이 재배하는 식물의 역사는 점진적 변화의 증거이다. 물론 진화는 인공 선택을 통해 이루어진 것이다. 한편 화석이 풍부하게 함유되어 있는 지질층이 최근 발견됨에 따라 시간에 따른 점진적 변화를 입증해 주는 일련의 연속적 화석 증거들을 얻게 되었다.

지리적 종 분화9장 참조에 대한 연구는 이러한 생각에 더욱 큰 확신을 불어넣어 주었다. 지리적 종 분화 과정을 따라가다 보면 서로 뚜렷이 구분되는 두 종이 사실은 개체군적 작용에 의해 점진적으로 분기된 것임을 알 수 있다. 심지어 속 수준에서도 점진적 진화 양상을 나타내는 많은 증거들이 제시되었다. 이 모든 사실들은 다윈의 이론과 완전히 일치한다. 그러나 이는 불가피하게 다음과 같은 질문을 불러일으킨다. 왜 화석 기록에는 이러한 점진성이 완전하게 나타나지 않는 것일까?

다윈은 이미 그에 대한 대답을 내놓았다. 그리고 그의 답이 옳은 것으로 드러났다. 다윈은 화석 기록에서 보이는 간극은 화석의 보존과 발굴의 우연적 속성 때문이라고 설명했다. 그는 우리가 입수한 화석 기록은 실제로 존재했던 과거의 생물상에 비해 엄청나게 불완전한 표본이고, 실제로는 연속적인 발달 과정임에도 불구하고 겉으로는 많은 간극이 존재하는 것처럼 보이는 이유도 그 때문이라고 설명했다. 최근 이루어진 모든 연구들이 다윈의 결론을 확인시켜 주었다. 게다가 은연중에 자리 잡았던 두 가지 가정이 문제 해결에 어려움을 더했다.

분할 vs. 출아

첫 번째 가정은 진화가 생물 계통의 분할(splitting)로 이루어져 있다는 것이다. 어느 한 계통이 둘로 갈라지고 이 두 갈래가 제각기 비슷한 속도로 서로 분기되어 나간다는 생각이다. 그러나 관찰 결과와 종 분화 이론들은 이러한 가정이 반드시 맞는 것이 아님을 보여 준다. 실제로 이소성(異所性) 종 분화에 의한 계통의 분할이 일어나는 것은 사실이다. 그러나 주변 종 분화에 의해 새로운 계통이 부모 계통으로부터 발아해 나와 새로운 적응 구역으로 들어가서 그곳에서 빠르게 진화해 나가는 한편, 부모 계통은 예전의 환경에 남아서 예전과 같이 그저 천천히 변화하는 경우가 훨씬 더 빈번하게 일어난다.

예를 들어 조류로 이어진 계통이 다양한 조룡류 파충류의 계통에서 출아한 것이라고 가정해 보자. 이 새로운 조류의 계통은 공중에서 사는 삶의 방식으로부터 강력한 선택압을 받을 것이며 그 결과 매우 급격한 변화를 겪게 될 것이다. 반면 부모 격인 조룡류 파충류의 계통은 사실상 거의 변화를 겪지 않을 것이다. 이것이 일반적인 진화의 패턴이라는 것이 거의 모든 주요 분류군의 화석 기록에서 확인되었다. 파생된 계통의 빠른 변화와 그에 비해 느리게 일어나는 부모 계통의 변화는, 예전의 조건을 떠나 새로운 적응 구역의 요구에 부응하여 빠르게 변화하는 시기를 대표하는 화석 기록의 간극에서도 잘 나타난다. 놀랍게도 대부분의 새로운 진화적 계통이 분할이 아니라 출아를 통해 발생한다는 사실에 주의를 기울인 고생물학자들은 거의 없었다. 그리고 출아는 주변 종 분화에 의해 매우 간단하게 일어난다. 마찬가지로 동소성 종 분화 역시 대개 출아 작용이다.

두 번째 잘못된 가정은 대진화를 연구하는 대부분의 학자들이 진화를 시간 차원에 놓인 선형 과정으로 본다는 것이다. 그래서 선형적 화석 순서에 간극이 존재하는 것을 발견하면 그들은 도약 진화가 일어났거나 아니면 짧은 기간 동안 믿을 수 없을 만큼 빠른 속도로 진화가 일어났을 것이라고 추측한다. 그러나 그러한 생각들은 모두 진화의 종합에 맞지 않으며 또한 믿을 만한 증거도 없다. 그렇다면 이 다양한 모순점들을 어떻게 설명해야 할까? 그와 같은 불연속성을 만들어 내는 것은 무엇일까?

불연속성

불연속성이라는 용어가 가진 두 가지 의미 사이의 혼란은 진화에 대한 명확한 이해를 오랫동안 막아 왔다. 불연속성을 이야기할 때 '표현학적(phenetic) 불연속성'과 '분류학적(taxic) 불연속성'을 구분해야 한다. 동일한 최소 교배 단위 안에 속한 구성원들의 개별적 차이는 표현학적 불연속성이다. 만일 어느 한 포유류 최소 교배 단위의 구성원들이 어금니가 두 개이거나 또는 세 개라면, 또는 어느 한 조류 최소 교배 단위의 구성원들이 꼬리의 깃털이 12개에서 14개라고 한다면 이것은 표현학적 불연속성이다. 그러나 만일 동일한 차이가 두 종을 서로 구분해 준다면 이것은 분류학적 불연속성이다. 분류군 수준에 관계없이 두 분류군 사이의 서로 구분되는 차이는 분류학적 불연속성이다.

안타깝게도 유형론적 사고에 젖어 있는 일부 진화론자들은 표현학적 불연속성이 단번에 분류학적 불연속성으로 이어질 것이라는 잘못된 결론에 도달한다. 그러나 실제로는 새로운 표현학적 불연속성은 단순히 최소 교배 단위의 변이를 풍부하게 해 주고 다형성을 낳을 뿐이다. 표현학적 불연속성이 서로 다른 두 분류군 사이의 차이로 이어지기 위해서는 길고 긴 선택 과정을 겪어야 한다.

그렇다면 언제, 어디에서 그와 같은 최소 교배 단위 또는 집단 개체 사이의 변이가 분류군적 차이로 전환되는 것일까?

종 분화적 진화

현존하는 생물의 종 분화를 연구하는 학자들이 이 문제를 풀었다. 그들이 밝힌 사실에 따르면 종이라는 분류군은 주어진 시간 척도에서 선형적인 시간 차원을 가질 뿐만 아니라 폭과 높이를 나타내는 지리적 차원을 갖는다. 따라서 이들은 시간이나 공간의 제약을 받는다. 모든 종들은 모든 차원에서 간극으로 둘러싸여 있다고 말할 수 있다. 그러나 한편 종들은 자신이 유래한 조상종으로부터, 그리고 자신이 낳을 딸종(daughter species)으로 완벽하게 연속적으로 연결되어 있다. 뿐만 아니라 대부분의 동물 종은 단지 하나의 널리 퍼진 연속적인 개체군으로 이루어지기보다는 대개 여러 개의 국지적 개체군으로 이루어진 다형종이다. 그리고 그 개체군들은 특히 종의 분포 범위의 주변부에서는 어느 정도 서로 격리된 채 존재한다. 이러한 상황은 '종 분화적 진화(speciational evolution)' (Mayr, 1954)라는 이론을 낳았다. 이것은 서로 인접한 한 종의 분포

범위 바깥에 격리되어 있는 창시자 개체군은 어느 정도 심원한 유전적 구조 변화를 겪는다는 이론이다. 새로운 개체군의 계속적인 근친 교배는 특이한 유전자형과 새로운 상위성 균형을 낳을 수 있다. 작고 유전적으로 빈약한 개체군에 비해서 대규모의 개체군은 다중으로 작용하는 상위성의 상호 작용 효과를 깨고 나가기 어렵다. 작은 개체군은 구속을 덜 받기 때문에 조상의 표준으로부터 더 크게 벗어날 수 있다. 이는 초파리의 크고 작은 개체군에서 실험적으로 입증되었다그림 6.4 참조. 그리고 동시에 창시자 개체군은 새로운 환경을 마주하게 되기 때문에 새롭고 더 커진 선택압에 노출되고 그 결과 급격하게 새로운 종으로 변모해 나갈 수 있다9장 참조. 몇몇 식물학자들이 독립적으로 이 이론에 도달했다(Grant, 1963). 이와 같은 국지적이고 격리된 개체군과 그와 같은 주변 종 분화에 의해 생성된 새로운 종이 화석 기록에서 발견될 가능성은 지극히 적다. 비록 이 종 분화적 진화 과정에서 개체군의 연속성이 완전하다고 해도 화석 기록으로는 매우 빈약하게 남게 되고 그 결과 마치 도약 진화가 일어난 것처럼 보이게 된다. 그러나 이는 분명히 잘못된 해석이다. 왜냐하면 종 분화적 진화는 모든 단계에서 점진적인 개체군적 과정이기 때문이다.

엘드리지와 굴드(1972)는 이 과정을 "단속 평형(punctuated equi-libria)에 의한 진화"라고 불렀다. 만일 그와 같은 새로운 종이 성공적으로 생존하고 새로운 생태적 지위 또는 적응 구역에 효과적으로 적응하면, 수십, 수백만 년 동안 변화하지 않고 유지된다는 것이다. 널리 퍼져 있고 개체수가 많은 종이 오랜 기간 정체를 보이는 예는 화석 기록에서 폭넓게 관찰된다.

종 분화적 진화의 중요성은?

종 분화적 진화 이론은 실질적 관찰에 기초해서 마련되었다. 어떤 조류 종의 주변부에 격리된 일련의 개체군을 면밀히 조사해 본 결과, 가장 주변부에 위치한, 즉 여러 차례의 이주에 의해 형성된 개체군이 가장 큰 차이를 보이는 것을 발견했다. 이러한 관찰 결과는 H. L. 카슨(H. L. Carson), K. V. 가네시로(K. V. Kaneshiro), A. R. 템플턴(A. R. Templeton) 등이 하와이의 초파리종을 대상으로 수행한 연구에서 분명히 확인되고 더욱 강화되었다. 초파리는 매우 안정적인 형태형(morphotype)을 가졌음에도 불구하고 각기 다른 섬, 또는 같은 섬의 각기 다른 산맥으로 이주한 초파리들은 형태학적으로 확연히 구분되는 새로운 종을 형성했다.

그러나 주변부에 고립된 개체군의 대부분은 부모 개체군과 거의 또는 전혀 차이를 보이지 않았다. 이들의 생존 기간은 제한되었고 얼마 가지 않아 멸종되거나 부모종에 다시 합쳐졌다. 그런데 우리가 어느 종에서 특별히 예외적인 개체군을 발견하는 경우는 거의 언제나 이들은 부모 개체군으로 멀리 떨어진 곳에 격리되어 있던 개체군이었다. 이러한 종 분화적 진화 양상을 '병목 진화(bottleneck evolution)'라고 한다. 한편 일시적으로 극도로 고립되어 있는 개체군이나 잔존(relict) 개체군에서도 그와 같은 현상이 일어날 수 있다.

새로운 종이 성공적으로 수립되기 위해서는 더욱 큰 규모와 다양성을 지닌 종과 경쟁을 벌여야만 한다. 생물 분포 연구 결과 말레이시아나 폴리네시아의 극도로 격리된 섬의 종들은 좀 더 널리 퍼져 있는 서쪽 종의 영역으로 침투해 들어가지 못하는 것으로 나타났다. 부모종 및 자매종과 경쟁에서 성공을 거두기 위해서는 창시자 개체군의 규모와 다양성이 점점 커져야 한다. 플라이스토세에 큰 환경 변화를 겪은 후 작은 피신처에서 출발해서 서식 영역을 확장시켜 나중에는 널리 퍼져 나간 생물상에서 그와 같은 사례를 찾아볼 수 있다.

진화적 변화의 속도

화학 반응이나 방사능 붕괴와 같은 물리 변화의 속도는 일정하다. 그러나 진화적 변화의 속도는 그와 같이 일정하지 못하다는 사실을 우리는 종종 마주하게 된다. 진화론자인 심슨과 렌시는 진화 속도의 커다란 변이에 주의를 기울였다.

9장에서 나는 종 분화 속도의 다양성에 대해 설명했다. 어떤 생물 계통에서 일어나는 단순한 진화적 변화 역시 변화무쌍하다. 한쪽 극단에는 소위 살아 있는 화석이라고 불리는 생물들이 있다. 특정 종의 동식물로 1억 년 이상 가시적인 변화를 겪지 않고 남아 있는 생물들이다. 동물로는 투구게(Limulus, 트라이아스기), 무갑류 새우(Triops)와 램프조개(Lingula, 실루리아기) 등이 있으며, 식물 중에서도 은행(쥐라기), 아라우카리아(Araucaria, 아마도 트라이아스기), 쇠뜨기(Equisetum, 페름기 중기), 소철(Primo-Cycas, 페름기 말기) 등이 있다.

수천만, 수억 년 동안 완전히 정지한 채 존재해 온 진화적 계통이 존재한다는 사실은 매우 당혹스러운 수수께끼이다. 이러한 현상을 어떻게 설명할 수 있을까? 이와 같은 살아 있는 화석과 1억 년에서 2억 년 전에 친족 관계였던 다른 모든 종들은 엄청난 변화를 겪었거나 절멸해 버렸다. 그렇다면 왜 한 종만이 표현형의 변화 없이 그토록 오랫동안 번성할 수 있었을까? 일부 유전학자들은 이것을 최적의 유전자형으로부터 벗어나는 모든 변화들을 다 솎아 내는 정상화 선택의 탓으로 돌린다. 그러나 정상화 선택은 빠르게 진화하는 계통에서도 똑같이 활발하게 작용할 것이다. 살아 있는 화석이나 천천히 진화해 온 계통의 근간이 되는 유전자형이 왜 그토록 성공적이었을까 하는 문제를 설명하기 위해서는 지금까지 알려져 온 것 이상의 이해가 필요하다.

　진화적 변화의 속도는 모든 종과 속에서 제각기 다를 뿐만 아니라 상위 분류군 전체에서도 차이가 난다. 고생물학자들은 포유류가 쌍각류 연체동물보다 전반적으로 훨씬 빠르게 변화한다는 사실을 보여 주었다. 이러한 진화 속도의 차이를 가져오는 한 가지 원인은 분류학적 방법 때문일 수도 있다. 쌍각류 조개는 포유류의 골격계보다 분류학적 형질의 수가 훨씬 적으며 이는 쌍각류 분류군을 더욱 자세히 분류하는 것을 어렵게 만든다. 그러나 가장 빠르게 진화하는 동물 계통의 경우에도 100만 년 단위로 진화적 변화가 일어나는 경우는 일반적으로 매우 적다.

　　우리는 물론 그 반대 경우, 즉 극도로 빠른 진화적 변화 사례
도 친숙하게 접해 왔다. 병원균이 항생제에 내성을 획득하는 것이
라든지 해충이 살충제에 대한 내성을 갖게 되는 것이 그 예이다.
열대열 원충(*Plasmodium falciparum*) 말라리아가 창궐하는 지역의
인간 개체군에서는 감염에 저항성을 나타내는 겸상 적혈구 유전
자나 기타 혈액 유전자가 축적되어 왔다. 이러한 유전자가 축적되
어 온 기간은 아마도 100세대 이내였을 것이다.

　　하나의 생물 계통도 변화가 천천히 진행되는 시기와 빠르게
진행되는 시기를 경험할 수 있다. 이러한 현상을 보이는 잘 알려진
예로 폐어가 있다(Westoll, 1949). 폐어는 해부학적으로 약 7500만
년에 걸쳐서 구조적 변화를 겪었다. 그런데 그 후 2억 5000만 년 동
안은 거의 추가적인 변화가 일어나지 않았다 그림 10.1. 상위 분류군
이 미성숙 단계와 성숙 단계에서 이와 같이 급격한 진화적 변화 속
도의 차이를 보이는 것은 거의 예외 없이 일어나는 법칙이다. 식충
목(insectivore)과 비슷한 조상에서 박쥐가 진화하는 데에는 불과 몇
백만 년밖에 걸리지 않았다. 그러나 그 후 4000만 년 동안 박쥐의
기본적인 신체 계획에는 아무런 변화가 일어나지 않았다. 고래의

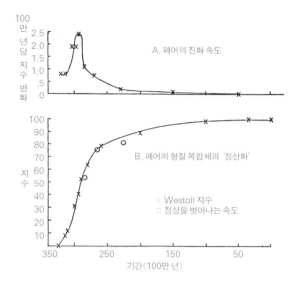

그림 10.1
폐어가 출현한 이래로 폐어의 형질을 획득해 온 속도. (A) 새로운 형질 획득 속도(100만 년 단위). (B) 궁극적 폐어의 신체 계획에 도달하는 속도(100만 년 단위). 새로운 분류군의 신체 구조의 재구성은 대개 그 분류군 수명의 초반 20퍼센트 안에서 이루어진다. 출처: Simpson, George G. (1953). *The Major Features of Evolution*, Columbia Biological Series No. 17, Columbia University Press: NY.

출현은 지질학적 시간 척도상으로 볼 때 매우 짧은 시간 동안에 이루어졌다. 그리고 그 후 무척 긴 시간 동안 새로운 구조는 그대로 유지되었다. 이 모든 사례에서 생물 계통은 새로운 적응 구역으로 옮겨 가고 한동안 매우 강한 선택압에 노출되어 새로운 환경에 최적의 상태로 적응해 나간다. 그러다가 일단 적절한 수준의 적응성을 획득하면 변화 속도는 크게 감소한다. 일부 전문가는 이와 같이 엄청나게 커다란 진화 속도의 편차를 무시하는 경향이 있으며 그 결과 잘못된 해석에 도달하고는 했다.

진화의 속도는 어떻게 측정할까?

지구상에 생명이 존재하게 된 지 얼마나 되었을까 하는 문제는 오랫동안 손댈 수 없는 수수께끼였다. 최초의 진핵생물, 척추동물, 또는 곤충이 나타난 것은 언제였을까 하는 문제도 마찬가지였다. 그러나 오늘날에는 이러한 수많은 질문들에 구체적인 답이 확립되어 있다. 가장 오래된 화석(세균의 화석)은 약 35억 년 전에 만들어진 것으로 추정되고, 캄브리아기는 약 5억 4400만 년 전에 시작되었으며, 가장 오래된 오스트랄로피테쿠스의 화석은 약 440만 년 되었다. 대체 이러한 숫자들은 어떻게 얻은 것일까?

기본적인 원천은 바로 지질학이다. 많은 지층, 특히 화산재나 용암류 층은 방사성 광물을 함유하고 있는데 이들 광물의 방사능 붕괴를 측정함으로써 해당 지층의 나이를 판별할 수 있다 박스 2.1.

현재 이 방사능 연대 측정법에는 몇 가지 방법이 있으며 이러한 현대적인 방법은 대부분 매우 높은 정확도를 보인다.

현존하는 두 종의 공통 조상이 살았던 시기를 알아내는 완전히 새로운 또 다른 방법이 있다. 이른바 분자적 합체법(coalescence method) 박스 10.1이라는 방법이다. 이 방법은 모든 유전자(분자)들이 시간이 흐름에 따라 비교적 균일한 속도로 변화하며, 또한 공통 조상에서 유래한 두 계통은 시간의 흐름에 따라 점차 서로 차이를 보인다는 관찰 결과에 기초하고 있다. 만일 공통의 조상 화석이 존재하고 지질학적 방법을 통해서 그 연대를 확인할 수 있다면 (분자 시계 방법을 통해서) 분자 변화의 평균 속도를 정확하게 측정할 수 있다. 이 방법의 신뢰도는 분자가 얼마나 일정하게 변화하느냐에 달려 있다. 그런데 안타깝게도 분자 시계의 속도에는 온갖 종류의 불규칙성이 존재하고 어느 정도 믿을 만한 결과를 얻기 위해서는 각기 다른 여러 물질을 시험해 보아야 한다. 그 물질로는 일반적으로 자연선택에 의해 변화하는 유전자보다는 비부호화 유전자가 선호된다. 이 방법을 적용할 때 겪게 되는 어려운 점은 포유류와 조류의 상위 분류군(과 또는 목)의 출현 연대를 추정할 때 명확하게 드러난다. 가장 오래된 화석은 일반적으로 5000~7000만 년 전의 것으

합체법

분자 시계 가설은 모든 진화적 계통은 시간이 흐름에 따라서 비교적 일정한 속도로 진화적 변화를 겪는다는 가정을 깔고 있다. 좀 더 정확하게 말하자면, 모든 분자와 모든 진화적 계통이 공통적이고 보편적인 변화 속도를 가지고 있는 것이 아니라 각각의 DNA 또는 단백질 분자들이 제각기 고유의 진화 속도를 갖는다는 것이다. 만일 대부분의 돌연변이가 선택 효과에서 거의 혹은 전적으로 중립적이라면, 그리고 만일 이러한 돌연변이 속도가 시간에 따라 변화하지 않는다면 특정 분자의 진화 속도는 시간에 따라 거의 일정해서 우리는 그로부터 진화적 계통의 연대를 추정할 수 있을 것이다. 그러나 일부 계통은 다른 계통보다 여러 가지 이유로 인하여 진화 속도가 더 빠른 것으로 나타났다(예. 설치류 vs. 영장류). 그러나 이와 같은 사소한 걸림돌을 잠시 옆으로 치워둔다면, 그리고 분자가 일정한 속도로 진화한다면, 그와 같은 분자들은 '계통에 특이적인' 분기 시점과 두 종의 가장 가까운 공통 조상의 존재 연대를 계산할 수 있는 '기준'이 될 수 있다.

그와 같은 방법으로 분자 시계를 이용하기 위해서는 시계가 돌아가는 속도를 보정할 필요가 있다. 이는 화석 기록(그런데 화석의 최초 존재 시점은 해당 계층의 최소한의 추정 연대임을 상기해야 한다.)이나 분단 분포(vicariance, 지각 변동에 의해 동일 종의 생물 분포가 분리되는 일─옮긴이)를 비롯하여 몇 가지 방법에 의해 일어날 수 있다. 이를테면 두 종 모두에 존재하는 상동 관계에 있는 A라는 유전자의 순서가 밝혀지고 이 유전자의 진화 속도가 이전의 보정에 의해 알려진 상태라면(예를 들어 100만 년에 2퍼센트씩 변화한다고 하자.) 두 종 사이의 DNA 순서의 차이(퍼센트)를 통해 두 종과 가장 가까운 공통 조상이 어느 시대에 살았는지를 추정할 수 있다. 여기에서 든 예에서 1번 종과 2번 종이 A 유전자의 DNA 순서에서 오직 10퍼센트만 차이를 보였다면 이 두 종의 공통 조상은 약 250만 년 전에 살았던 것으로 추정할 수 있다. 그 조상으로부터 갈라져 나온 두 계통이 100만 년에 2퍼센트라는 유전자 A의 변화 속도로 10퍼센트의 변화가 축적되는 데에는 그 정도의 시간이 걸리게 된다.

로 추정되며 그 이전 시기의 화석은 발견되지 않았다. 그런데 분자적 증거에 따르면 이 분류군들은 이미 백악기 초기, 즉 1억 년도 더 전에 출현한 것으로 나타난다. 이러한 불일치의 원인은 아직도 논쟁이 되고 있다. 분자 시계의 속도가 변화한 것일까?

중립 진화

분자 유전학이 밝힌 사실에 따르면 새로운 대립 유전자가 표현형의 적합성에 아무런 변화를 일으키지 않는 경우 돌연변이가 빈번하게 일어난다. 키무라(1983)는 이러한 돌연변이가 일어나는 현상을 '중립 진화'라고 불렀다. 한편 이 현상을 '비다윈주의적 진화(non-Darwinian evolution)'라고 부르는 학자도 있다. 그러나 이 두 용어 모두 본질을 오도할 수 있다. 진화는 유전자의 적합성이 아니라 개체나 개체군의 적합성과 관련된 것이다. 자연선택이 선호하는 어떤 유전자형이, 새로 발생한 그러나 완전히 중립적인 대립 유전자 몇 가지를 무임승차자(hitchhiker)처럼 달고 다닐 경우, 이 유전자는 진화에 아무런 영향을 주지 않는다. 이들은 진화적 '잡음'이라고 할 수 있겠지만 진화는 아니다. 그러나 유전자형의 분자적 변이의 상당 부분이 중립 진화에 의한 것이라는 키무라의 주장은 옳은 것이다. 이 유전자들은 표현형에 아무런 영향도 주지 않기 때문에 자연선택을 통해 걸러지지 않는다.

종의 교체와 절멸

고생물학자들이 관찰한 놀라운 사실에 따르면 지질 시대가 변함에 따라서 생물상에도 꾸준한 변화가 있었다. 생물상에는 새로운 종이 더해지고 오래된 종은 멸종되어 사라진다. 어느 주어진 기간 동안 비교적 적은 수의 종들이 멸종하지만 이러한 멸종이 언제나 같은 속도로 일어나는 것은 아니다. 이러한 배경 멸종(background extinction)은 생명의 역사가 시작된 이래로 계속되어 왔다(Nitecki, 1984). 왜냐하면 모든 유전자형들은 변화할 수 있는 능력에 한계가 있는 것으로 보이는데 이러한 한계는 특정 환경 변화, 특히 갑작스러운 변화 앞에서 치명적인 약점이 될 수 있기 때문이다. 예를 들어 갑작스러운 기후 변화가 발생하거나 갑자기 새로운 경쟁자나 포식자, 또는 병원균이 나타났을 때 이에 대응하는 데 필요한 적절한 돌연변이가 나타나지 않을 수 있다. 어떤 개체군이 자연적 원인에 의해 손실된 개체들을 벌충할 만큼 충분한 자손들을 생산하지 못할 경우 결국 그 개체군은 멸종의 길을 걷게 된다. 다윈이 언제나 강조한 것처럼 어떤 생물도 완벽하지 못하다. 단지 생물은 그때그때 마주하는 경쟁자와의 경쟁에서 성공을 거둘 수 있을 만큼의 자질을 갖추고 있으면 된다. 그런데 긴급 상황이 닥치면 적절한 유전자의 재구성을 완벽하게 이루기에 시간이 충분하지 못하고 그 결과 멸종이 일어나게 된다. 이처럼 각각의 종이 꾸준히 멸종하는 것은 거의 모든 사례에서 생물학적 원인 때문이다. 뿐만 아니라 일반적으로 어떤 종의 개체수가 적으면 적을수록 멸종에 이를 위험성은 더 커지게 된다. 그러나 이따금 개체수가 적은데도 멸종에 대한 저항성이 엄청나게 큰 경우도 있다.

실제로 멸종을 '위멸종(pseudoextinction)'과 혼동해서는 안 된다. 고생물학자들이 가끔 사용하는 위멸종이라는 용어는 어떤 종이 다른 종으로 진화하여 고생물학자들에게 새로운 이름을 부여받는 과정을 일컫는다. 이렇게 되면 조상종의 이름이 생물상의 목록에서 사라지게 된다. 그러나 이와 같은 이름 변화에 관여하는 생물학적 실체는 멸종된 것이 아니다. 겉보기에 사라진 것처럼 보이지만 실상은 이름이 바뀌었을 뿐이다.

한편 지구의 환경에 분명한 변화 없이 큰 생물 집단의 수가 점차 감소해서 멸종에 이르는 경우가 있다. 삼엽충의 멸종을 바로 이러한 사례로 볼 수 있을 것이다. 더 나은 대안이 없는 상황에서 고생물학자들은 삼엽충이 "생리학적으로 더 우수한" 새로 출현한 쌍각류와의 경쟁에 굴복해서 멸종했을 것이라고 설명한다. 이 설명은 그럴듯해 보이지만 설명을 뒷받침해 줄 증거는 부족한 형편이다. 실제로 일부 고생물학자들은 삼엽충의 멸종을 기후에 의한 것이라고 주장한다.

경쟁

어떤 종의 개체군이 필요로 하는 자원의 공급이 제한되어 있을 수 있다. 그러한 경우에는 개체군 안의 개체들이 서로 경쟁을 벌이게 된다(종 내부의 경쟁). 그런 경쟁은 생존을 위한 투쟁의 일부이다. 그 경쟁은 단순히 제한된 자원을 누가 먼저 써 버리는가 하는 형태로 일어날 수도 있고 아니면 경쟁자들 간의 직접적인 충돌을 포함할 수도 있다. 뿐만 아니라 생태학 문헌들은 서로 다른 종에 속한 개체 사이의 경쟁의 예를 무수히 전하고 있다. 비슷한 종들만 서로 경쟁하는 것이 아니라 완전히 다른 종들도 같은 자원을 놓고 경쟁한다. 미국 남서부 사막에서는 개미와 작은 설치류 동물들이 씨앗을 놓고 경쟁을 벌인다. 만일 두 종이 너무 심각하게 서로 경쟁하면 그중 한 종은 제거될 것이다. 이러한 사례는 '경쟁 배타 원리'의 한 예로 볼 수 있다. 경쟁 배타 원리란 둘 이상의 종이 완전히 동일한 자원을 이용할 경우 무한히 공존할 수 없다는 이론이다. 그러나 이 원리를 적용하는 것은 사실상 미묘한 문제인 듯하다. 왜냐하면 동일한 자원을 이용하는데도 서로 무난히 공존하는 종에 대한 사례도 있기 때문이다. 그러나 그러한 사례는 비교적 드물다. 일반적으로 경쟁은 어떤 개체군의 개체들이 노출된 선택압에서 가장 중요한 요소 중 하나이다. 그리고 두 종이 제한된 자원을 놓고 벌이는 경쟁은 많은 경우에 둘 중 한 종이 멸종하는 원인이 된다.

대절멸

각각의 종이 꾸준하게 멸종하는 것과 상당히 다르게 지질학적 시간 척도상 매우 짧은 시간에 걸쳐 생물상의 큰 부분이 소멸하는 이른바 '대절멸'이라는 현상이 있다(Nitecki, 1984). 대절멸은 물리적 원인 때문에 발생한다. 대절멸 가운데 가장 유명한 사례는 백악기 말기에 공룡과 더불어 수많은 해상, 지상 생물이 절멸한 사건이다. 오랫동안 이 대재난을 일으킨 원인이 무엇이었는지가 커다란 수수께끼였다. 현재는 월터 앨버레즈(Walter Alvarez)가 주장한 대로 6500만 년 전 지구에 충돌한 소행성 때문이라는 설명이 가장 그럴듯해 보인다. 충돌로 만들어진 크레이터가 중앙아메리카 유카탄 반도의 끝에서 발견되었다. 충돌 때 발생한 엄청난 양의 먼지가 지상의 온도가 급격히 떨어지는 것을 포함해서 생물이 살기에 불리한 환경을 조성했고 그 결과 기존 생물상의 상당 부분이 절멸하는 결과를 초래했다. 비록 파충류 가운데 공룡이 절멸해 버렸지만 거북, 악어, 도마뱀, 뱀과 같은 다른 파충류들은 살아남았다. 당시 보잘것없는 수준이었고 주로 밤에 활동했던 것으로 보이는 포유류 역시 살아남아서 이후 팔레오세와 에오세의 엄청난 방산을 통해 오늘날의 포유류의 온갖 목과 과를 형성했다. 백악기 조류에서 살아남은 소수가 제3기의 2000만 년 동안 포유류와 비슷한 폭발적인 방산을 겪은 것으로 보인다.

지구상에 생명이 나타난 이후로 여러 차례의 대절멸이 있었지만 그 증거가 잘 남아 있는 것은 대개 동물(후생동물)이 출현한 이후의 사례들이다표10.1. 그중에서 가장 큰 대절멸, 분명 앨버레즈 사건보다 더 큰 폭으로 일어났던 대절멸은 바로 페름기 말에 일어난 대절멸로 당시 존재하던 종의 95퍼센트가 몰살했다. 이는 운석의 충돌 때문에 일어난 것은 아니며 기후의 변화나 지상의 대기의 화학적 조성의 변화 때문인 것으로 보인다. 그밖에 세 가지 다른 주요 대절멸(트라이아스기, 데본기, 오르도비스기)이 있는데 그때마다 76~85퍼센트의 종이 절멸했다. 우리는 지금 또 다른 대절멸의 시기를 살고 있다. 다름 아닌 인간이 서식지 파괴와 환경오염을 통해

표 10.1 **대절멸**

절멸 사건	연대 (×10⁶)	과 (퍼센트)	속 (퍼센트)	종 (퍼센트)
에오세 후기	35.4	–	15	35 +/- 8
백악기 말	65.0	16	47	76 +/- 5
초기-후기 백악기 (Cenomanian)	90.4	–	26	53 +/- 7
쥐라기 말	145.6	–	21	45 +/- 7.5
쥐라기 초기 (Pliensbachian)	187.0	–	26	53 +/- 7
트라이아스기 말	208.0	22	53	80 +/- 4
페름기 말	245.0	51	82	95 +/- 2
데본기 후기	367.0	22	57	83 +/- 4
오르도비스기 말	439.0	26	60	85 +/- 3

자행하고 있는 대절멸이다.

그보다 작은 규모의 대절멸은 특정 생물 집단에서 특이적으로 나타나고는 했다. 약 600만 년 전 플라이오세의 건기에 부드러운 C3식물이 거친 C4식물에게 자리를 내 주었다. C4식물은 규토 함량이 C3식물의 세 배나 되었다. 그러자 풀을 뜯어 먹고 살던 말 중에서 가장 긴 이빨을 가진 종을 제외한 다른 모든 종이 절멸해 버렸다.

약 1만 년 전 플라이스토세에 거대 대륙(오스트레일리아 포함)의 포유류의 대동물상(megafauna) 중 상당 부분이 소멸했다. 이 시기는 기후가 불리해진 것과 더불어 인간 사냥꾼들이 처음으로 효율적으로 사냥할 수 있게 된 무렵과 일치한다. 아마 기후와 사냥이라는 두 가지 요인이 모두 절멸에 기여한 것으로 보인다. 하와이, 뉴질랜드, 마다가스카르 등 많은 지역에서 동물상의 절멸 원인이 인간임을 보여 주는 많은 증거가 존재한다.

자연선택은 물론 대절멸로부터 생물을 보호해 주지는 못한다. 실제로 대절멸을 일으키는 사건을 겪으면서 생존하는 데에는 우연이라는 요소가 작용할 가능성이 상당히 높다. 이를테면 백악기 초기에 당시 가장 성공적인 척추동물 집단이자 엄청나게 다양한 생태적 지위를 점유하고 있던 공룡이 6000만 년 후에 앨버레즈 대절멸을 겪으면서 완전히 몰살될 것이라고 누가 상상할 수 있었겠는가? 그밖에 이전에는 번성했으나 백악기 말기에 절멸한 동물에는 나우틸로이드(nautiloid, 오징어와 비슷하게 생긴 동물─옮긴이)와 암모나이트를 비롯한 수많은 해양 동물 분류군이 포함된다. 이 두 종류의 동물 역시 이전에는 매우 성공적인 생물이었다. 그러나 그토록 많은 자연선택도 그 생물들이 대격변을 헤치고 살아남을 수 있도록 해 주는 유전자형을 생산해 내지 못했던 것이다.

배경 멸종과 대절멸은 대부분의 측면에서 극히 다르다. 배경 멸종에서는 생물학적 원인과 자연선택이 중요한 역할을 하는 반면 대절멸에서는 물리적 요인과 우연이라는 요소가 주된 역할을 한다. 그리고 배경 멸종에는 주로 종이 관여하고 대절멸에는 상위 분류군이 관여한다. 그런데 특정 상위 분류군은 다른 분류군보다 대절멸에 더욱 취약하다. 어떤 종류의 통계 분석에서도 이 둘을 한 묶음으로 일괄 처리해서는 안 된다.

대전환

대진화는 비록 점진적으로 일어나기는 하지만 이를 통해 대규모의 창조적 변화들이 많이 일어났으며 전문가들은 이것을 생명 세계의 진보 방향을 결정하는 중요한 발걸음으로 여겨 왔다. 대전환(major transition)의 시작은 생명의 기원과 원핵생물의 발달로 이어지는 전환이다. 원핵생물에서 엄청나게 다채로운 온갖 동식물로 이어지는 생명의 진화 이야기는, 수많은 전환들로 이루어져 있다. 진핵생물의 등장(막으로 둘러싸인 세포핵, 염색체, 유사 분열과 감수 분열, 성 등)과 세포 소기관의 공생, 다세포성, 낭배 형성, 체절 형성, 특화된 기관의 발달, 감각 기관의 향상, 정교한 중추 신경계 발달, 부모의 양육, 문화 집단 등이 그 전환에 포함된다. 그리고 이 모든 단계들은 거의 대부분 해당 생물 계통의 적응성에 기여해 온 것으로 보인다(Maynard Smith & Szathmary, 1995).

진화적 신형질의 기원

다윈의 비판자 가운데 일부는 기존의 신체 구조는 사용 여부나 자연선택에 의해 향상될 수 있다는 사실은 쉽게 받아들이지만, 그러한 작용으로 완전히 새로운 신체 구조가 만들어지는 것에는 의문을 제기한다. 이를테면 그들은 이런 질문을 던진다. "새의 날개가 생겨난 것을 어떻게 자연선택으로 설명할 수 있는가?" 그들은 작은 날개를 갖고 있는 것은 나는 데 쓸모가 없으므로 자연선택 측면에서 아무런 이익이 되지 않는다고 주장한다. 따라서 이미 어떤 기능을 수행하는 신체 구조가 존재하지 않는 한 자연선택의 역할은 제대로 수행될 수 없다는 것이다. 그런데 이 주장은 절반만 옳다. 왜냐하면 이미 존재하고 있는 신체 구조는 행동의 변화로 추가적인 기능을 획득할 수 있고 이 새로운 기능이 궁극적으로 원래의 구조를 진화적 신형질로 변경시킬 수 있기 때문이다. 진화적 신형질을 획득하는 데에는 두 가지 서로 다른 경로가 존재한다. 기존 기능의 강화 또는 완전히 새로운 기능의 채택이 그것이다(Mayr, 1960).

기능의 강화 점진적으로 일어나는 일반적 진화에서 대부분의 경우 후손 분류군은 조상 분류군과 오직 정량적 측면에서만 차이를 보인다. 예를 들어 좀 더 크다거나, 더 빠르게 움직인다거나, 좀 더 몸을 숨기기 알맞은 색깔을 띠는 등의 양적 성질에서 차이를 보인다. 그러나 점진적인 진화적 변화는 막바지에 이르러 최초의 조상과 너무나 큰 차이를 보이기 때문에 마치 중대한 도약 진화가 일어난 것처럼 보인다. 예를 들어 포유류의 앞다리를 생각해 보자. 일반적으로 앞다리는 걷는 데 맞추어 적응해 왔다. 그러나 두더지나 그밖에 땅 속에 사는 동물들의 앞다리는 삽처럼 흙을 파도록 적응해 왔고, 원숭이나 유인원처럼 나무에 사는 포유류의 앞다리는 뭔가를 꽉 쥘 수 있도록 적응해 왔으며, 수중 포유류는 헤엄치는 물갈퀴로 적응해 왔다. 그리고 박쥐는 앞다리를 날개로 전환 시켰다. 박쥐를 제외한 위의 모든 사례에서는 기존에 잠재되어 있던 기능이 확대된 것이라고 말할 수 있다. 이러한 사례들이 바로 진화론자들이 '기능의 강화(intensification of function)'라고 부르는 것 이다.

기능의 강화 가운데 가장 놀라운 사례는 바로 눈일 것이다. 다윈 역시 눈처럼 완벽한 기관이 어떻게 점진적으로 진화되었는가 하는 문제에 당혹감을 느꼈다. 그런데 생물의 비교 형태학 연구에서 그 답이 밝혀졌다. 눈으로 이어지는 가장 단순하고 가장 원시적인 단계는 표피에 있는 빛을 감지하는 점들이었다. 그러한 점은 처음부터 자연선택상의 이점을 가지고 있었고 빛을 감지하는 기능을 강화하는 표현형상의 추가적인 변화는 모두 자연선택에서 선호되었을 것이다. 여기에는 감광성 점 주위에 색소가 침착되는 것에서부터 감광성 표피 부분이 두꺼워져서 결국 수정체가 형성되고 근육이 두꺼워져서 눈을 움직일 수 있게 된 점, 그리고 그밖에 다른 부속 구조들이 만들어진 점 등이 포함된다. 물론 무엇보다 가장 중요한 것은 망막과 비슷한 감광성 신경 조직의 발달이다.

빛을 감지하는 눈과 같은 기관들은 동물의 계통에서 최소한

40차례 독립적으로 발달했다. 그리고 빛을 감지하는 점에서 척추동물, 두족류, 곤충의 정교한 눈으로 이어지는 변화의 모든 단계는 오늘날 현존하는 다양한 분류군의 종에서도 여전히 찾아볼 수 있다그림 10.2. 여기에는 중간 단계도 포함되어 있어서 눈과 같이 복잡한 기관이 점진적 진화에 의해 진화하는 것은 상상할 수도 없는 일이라는 주장을 반박하는 증거가 된다(Salvini-Plawen and Mayr, 1977). 대부분의 무척추동물의 감광성 기관은 척추동물, 두족류, 곤충의 눈의 완벽함에 크게 못 미친다. 그러나 기관들의 출현과 진화는 자연선택의 도움으로 일어난 것이다. 어떤 변이체가 우수할 경우 자연선택에서 선호되고 여러 이점들이 서로를 강화시키면서 발달해 나간다.

모든 개체들은 그가 속한 개체군의 다른 구성원들과의 아주 작은 차이점을 많이 가지고 있다. 그 차이점들은 어쩌면 수백 가지에 이를 수도 있다. 어떤 관찰자들은 이러한 차이들은 자연선택이 선호하기에는 너무 작다고 주장한다. 그러나 그와 같은 관점은 수많은 작은 이점들이 서로 복합적으로 작용해서 하나의 커다란 이점과 같은 효과를 낼 수 있다는 사실을 간과한 것이다. 작은 이점들이 세대를 거치면서 축적되어 진화에서 점점 더 큰 역할을 수행

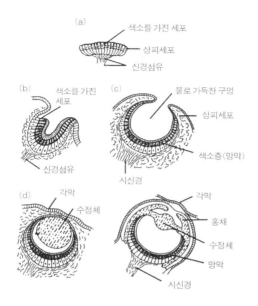

그림 10.2
연체동물에서 눈이 진화한 단계. (a) 색소 점, (b) 색소로 이루어진 단순히 움푹 팬 구멍, (c) 전복에서 관찰되는 단순한 광학적 구멍, (d) 바다달팽이와 문어의 수정체를 갖춘 정교한 눈. 출처: *Evolutionary Analysis* 2nd ed. by Freemar / Herron, copyright © 1997. Reprinted by permission of Pearsn Education, Inc. Upper Saddle River, NI.

하게 된다. 예를 들어 색소와 빛을 감지하는 점들이 약간 축적된 것은 자연선택의 목표물이 될 수 없을지 모른다. 그러나 작은 다른 이점들과 합쳐져서 생존에 유리하게 작용할 수 있다.

　　진화 나무의 40개 가지에서 나타난 눈의 출현은 언제나 독립적인 수렴 발달의 사례로 간주되어 왔다. 그런데 오늘날 분자 생물학은 그것이 완전히 옳은 견해는 아님을 보여 주고 있다. 최근 다른 유전자의 발현을 조절하는 팍스 6과 같은 조절 유전자가 대부분의 다양한 진화 나무의 가지에서 일어난 눈의 발달을 통제해 왔음이 밝혀졌다5장 참조.. 그러나 이 유전자는 눈이 없는 종들이 속한 분류군에서도 역시 발견된다. 팍스 6은 기본적인 조절 유전자로 신경계의 다른 기능에도 관여하는 것으로 보인다. 분자 생물학은 그밖에 다른 많은 기본적 조절 유전자를 발견했는데 그중 일부는 주요 동물 문이 갈라져 나오기 전까지 거슬러 올라간다. 새로운 구조나 그밖에 다른 속성을 획득하는 것이 생존에 유리한 상황에서, 자연선택은 이미 유전자형에 존재하고 있는 이용 가능한 모든 분자들을 활용한다.

　　눈과 같은 신체 구조가, 매우 다양한 종류의 생물들에서 여러 차례에 걸쳐 독립적으로 나타날 수 있다는 사실은 생명 세계에서 특별한 일은 아니다. 동물에서 광수용체가 진화한 후로 생물학적 발광 현상 역시 다양한 종류의 생물에서 최소한 30차례 독립적으로 나타났다. 거의 대부분의 사례에서 본질적으로 유사한 생화학 메커니즘이 이용되었다. 최근 이와 유사한 사례들이 수십 가지에 달한다. 그리고 이러한 사례에서 많은 생물들은 예전의 조상에게서 물려받은 유전자형에 감추어져 있는 잠재력을 이용했다.

기능의 변화 복잡한 새로운 기관을 획득하는 경로는 기능의 강화뿐일까? 그렇지 않다. 새로운 기관을 획득하는 데에는 두 번째 경로가 있다. 바로 다윈, 앤턴 도른(Anton Dohrn), A. N. 슈워조프 (A. N. Sewertzoff) 등이 특히 강조했던 작용으로 기존의 신체 구조의 기능이 변화함으로써 새로운 기관으로 발달하는 경로이다. 이러한 변화가 일어나기 위해서는 신체 구조가 예전의 기능과 새로운 기능을 동시에 수행할 수 있어야 한다. 예를 들어 원시 조류의 날개는 처음에는 활강하는 데 쓰이다가 결국에는 퍼덕거리며 나는 기능을 갖게 되었다. 이러한 방법으로 설명할 수 있는 진화적 신형질의 사례는 무수히 많다. 물벼룩이 헤엄치는 데 쓰는 물갈퀴(paddle)는 원래는 촉수(감각 기관)였으며 지금도 여전히 촉수의 기능을 수행한다. 그러나 이제 운동 기관으로서의 기능을 획득하게 되었다. 물고기의 폐는 부레로 전환되었고 절지동물의 말단은 완전히 다른 일련의 기능들을 획득하였다. 이 많은 사례에서 실제로는 (신체 구조

가) 새로운 기능을 획득했다기보다 새로운 생태적 역할을 획득했다고 보는 쪽이 더 적절하다. 새로운 기능을 획득할 수 있는 신체 구조를, 그와 같은 기능의 전이를 위해 전(前)적응(preadaptation)되어 있다고 말한다. 전적응이라는 표현은 순수하게 설명을 위한 용어이며 전혀 목적론적 힘을 함의하고 있지 않다.

생명의 역사에서 더욱 놀라운 새로운 신체 구조의 기원은 생태적 역할의 변화에 의한 것이다. 그와 같은 전이는 진화의 기회주의적 측면을 생생하게 보여 준다. 야코브(Jacob, 1977)의 '땜질 원리(principle of tinkering)'에 묘사된 바와 같이 기존의 어떤 신체 구조도 새로운 목적을 위해 사용될 수 있다.

기능의 변화는 어떤 경우에는 종 분화에서도 일정 역할을 수행할 수 있다. 특히 동소성 종 분화의 경우 성 선택에 선호되는 요인이 행동적 격리 기작이라는 새로운 역할을 획득함에 따라 그와 같은 현상이 일어날 가능성이 있다.

기능의 변화와 관련된 모든 사건은 겉보기에는 도약 진화와 같은 양상을 나타내지만 실제로는 점진적인 개체군적 변화이다. 이 변화는 처음에는 한 개체군 안의 오직 한 개체에만 영향을 주며 그와 같은 변화가 자연선택에 의해 선호되어 개체군의 다른 개체

들로, 그리고 해당 종의 다른 개체군으로 점차적으로 퍼져 나가게
될 때 비로소 진화적 중요성을 갖게 된다. 즉 기능의 변화에 의한
진화조차도 점진적 과정이다.

적응 방산

　어떤 종이 새로운 능력을 획득할 때마다 그 종은 이른바 새로
운 생태적 지위 또는 자연의 적응 구역을 획득하게 된다. 파충류의
한 갈래는 깃털을 발명하고 그 후 비행 능력을 갖게 되어 공중이라
는 엄청난 적응 구역을 정복하게 되었다. 그 결과 오늘날 조류는
포유류 4,800종, 파충류 7,150종보다 더 많은 9,800가지 종을 갖
게 되었다. 우리가 '곤충'이라고 부르는 구조 유형은 특히 (적응 방산
에) 성공적이어서 수백만 종을 낳았다. 그러나 조류가 물을 정복하
고자 하는 시도는 그 정도로 성공적이지 못했다. 오늘날 오리와 비
슷한 종류의 조류는 약 150종이 존재하고 그밖에 논병아리(grebe,
20종), 바다쇠오리(auk, 21종), 아비(阿比, loon, 4종) 등이 있을 뿐이다.
한편 수중 생활에 가장 잘 적응한 조류인 펭귄은 15종에 지나지 않
는다. 따라서 모든 조류 종 가운데 2퍼센트만이 수중 생활을 한다.

포유류 종 가운데 상당수가 잎을 먹는 쪽으로 적응해 왔다. 그러나 조류 가운데에서는 오직 소수의 종만이 그와 같은 생태적 지위를 정복하는 데 성공했다. 가장 성공적인 종은 호아친(hoatzin, 올리브색 깃털과 노란 도가머리가 있고 새끼는 날개에 발톱이 있어 나무를 기어오르는 남아메리카산 새.—옮긴이)이다. 한편 양서류 가운데에서는 단 한 종도 소금물에 적응하는 데 성공하지 못했다.

생명의 역사: 적응 방산의 이야기

생물 계통이 서로 다른 수많은 생태적 지위와 적응 구역에 자리 잡는 과정을 적응 방산(adaptive radiation)이라고 한다. 이 현상은 대부분의 상위 분류군에서 두드러지게 나타난다. 파충류는 자신의 기본적 신체 구조를 포기하지 않으면서 악어, 거북, 도마뱀, 뱀, 어룡, 익룡으로 진화해 나갔고, 포유류는 쥐, 원숭이, 박쥐, 고래와 같은 다양한 동물들을 탄생시켰으며, 조류는 매, 황새, 명금, 타조, 벌새, 펭귄의 생태적 지위로 진화해 나갔다. 이 집단들은 조상의 구조 유형에 커다란 변화를 일으키지 않은 채 제각기 자연에서 자신에게 알맞은 생태적 지위를 개척해 나갔다.

실제로 생명의 역사 전체가 시간이라는 척도 위에 놓인 적응 방산이라고 볼 수 있다. 분자의 복제가 시작되던 시점부터 막에 둘러싸인 세포의 형성, 염색체의 형성, 핵을 가진 진핵생물의 기원, 다세포 생물의 형성, 내부열(endothermy)의 생성, 크고 매우 복잡한 중추 신경계의 진화에 이르기까지, 이 모든 단계들은 새로운 종류가 환경적 자원을 이용하는 것을 가능하게 해 주었고 그 결과 새로운 적응 구역을 점유할 수 있게 되었다.

다기성

생명 세계의 다양성은 많은 형태를 띠고 있다. 그 다양성은 개미나 흰개미의 커다란 군집 또는 딱정벌레(beetle) 중 바구미(weevil, 그리고 딱정벌레목 전체)처럼 어느 한 과에 속하는 종의 수, 그리고 물론 원핵생물의 엄청난 생물량(biomass)과 같이 전적으로 정량적인 형태로 표현되기도 한다. 그러나 다양성은 또한 차이의 정도, 놀라울 정도로 다양한 생물의 유형과 같은 형태로 나타나기도 한다. 그리고 진화가 진정 놀라움을 불러일으키는 부분이 바로 이 부분이다. 후생동물의 생성에서 우리는 화석 기록이 나타난 직후 동물이 서로 비교적 유사한 일련의 목으로 구성되어 있다가, 이 목들이 이후 시간이 흐름에 따라서 서로 점점 달라졌을 것이라고 예상할 수 있다. 그러나 사실은 이러한 가정과 크게 다르다. 후생동물이 약 5억 5000만 년 전 화석 기록에서 처음 나타났을 때(그런데 아마도 후생동물은 이미 그 전에도 2억 년 정도 존재했을 것으로 생각된다.), 그 화석 기록은 그 후 곧 절멸해 버린 네 가지에서 일곱 가지에 이르는 특이한 신체 계획을 포함하고 있었다. 다른 모든 캄브리아기의 문들은 지금까지 생존하고 있다. 그리고 상당히 놀랍게도 그 오랜 기간 동안 각 문의 기본적 신체 계획에는 큰 변화가 없었다. 각각의 문을 살펴보면 동일한 상황을 마주하게 된다. 현존하는 절지동물의 강은 이미 캄브리아기에도 동일한 신체 계획을 가진 채 존재하고 있었다. 그런데 캄브리아기의 절지동물 가운데 적은 수의 특이한 유형은 오늘날 존재하지 않는다. 나는 이러한 증거를 통해서 캄브리아기에는 지금보다 더욱 다양한 신체 계획들이 실현되었을 것이라는 결론에 동의한다. 뿐만 아니라 캄브리아기 이후 5억 년 동안 근본적으로 새로운 신체 계획은 나타나지 않았다.

이 당혹스러운 문제를 해결하는 방법은 발달 생물학에서 내놓아야 할 것으로 보인다. 가까운 과거 이래로 문의 발달은 혹스 유전자와 수많은 다른 조절 유전자에 의해 엄격하게 통제되고 있다. 그런데 이러한 조절 시스템은 캄브리아기 이후에 상당한 정도로 강화되었다는 증거들이 존재한다. 따라서 후생동물이 나타났을 무렵에는 조절 유전자의 억제력이 아직 미숙하고 초보적인 상태였을 것이다. 따라서 비교적 작은 돌연변이도 완전히 새로운 신체 구조를 생산했을 것이다. 그런데 조절 기구가 점점 완성됨에 따라 이와 같은 '건축상의 자유'는 사라지게 되었고 수억 년이 지난 오늘날, 시클리드의 경우를 예로 들자면, 새로운 먹이 섭취 유형이 생겨날 수는 있지만 이 새로운 유형의 물고기는 여전히 시클리드이다. 현존하는 동물상의 신체 계획이 캄브리아기와 동일한 다기성(disparity)을 보인다는 주장은 사실이 아니다. 그리고 캄브리아기 동물상의 놀라운 혁신성과 현존하는 동물상의 보수성은 더 이상 풀리지 않는 수수께끼가 아니다. 오늘날 발달 분자 생물학 분야에서 밝혀진 사실들을 적절하게 대입하면 수수께끼를 풀 열쇠를 발견할 수 있다.

공진화

두 종류의 생물, 이를테면 포식자와 먹이감, 숙주와 기생 생물, 종자식물과 꽃가루 매개자(pollinator)가 상호 작용할 때마다 각각의 생물들은 상대편의 생물에게 선택압을 부과하게 된다. 그 결과 두 생물은 함께 진화하는 공진화(coevolution)를 겪게 된다. 예를 들어 먹잇감이 되는 생물이 포식자를 피하는 더 훌륭한 메커니즘을 개발할 수 있고, 이것은 또 포식자의 공격 메커니즘을 더욱 향상시켜 준다. 진화 작용의 상당 부분은 이러한 공진화를 통해 일어난다.

꽃가루 매개자 동물은 나비든, 다른 곤충이든, 새든, 박쥐든 간에 숙주 식물의 꽃에 적응해서 진화하게 되고 한편 이 꽃들 역시 수분이 더욱 성공적으로 일어날 수 있도록 진화한다. 다윈은 난초가 수분에 적합하도록 적응해 온 과정에 대해 무척 흥미로운 연구를 수행했다. 자연에서 찾아볼 수 있는 모든 종류의 공생과 상호주의는 모두 자연선택에 의해 공진화를 겪게 된다.

식물 종들은 초식동물로부터 자신을 방어하기 위해 알칼로이드와 같은 온갖 종류의 독성 화학 물질을 생산해 낸다. 그러면 초식동물은 그런 물질을 해독하는 효소를 만들어 냄으로써 이 문제를 극복한다. 그에 대한 반작용으로 식물은 또 다른 화학 물질을 만들어 내고 그러면 초식동물이 다시 이 새로운 독소와 싸울 수 있는 새로운 해독 효소를 개발해 낸다. 이처럼 주거니 받거니 하는 일련의 상호 작용을 '진화적 군비 경쟁(evolutionary arms race)'이라고 부른다. 그리고 생물 사이에는 이러한 군비 경쟁의 예가 셀 수 없이 많이 존재한다. 예를 들어 바다달팽이는 자신을 잡아먹는 게의 공격에 맞서 점점 더 단단하고 어려운 정교한 구조를 가진 껍데기를 만드는 쪽으로 진화했다. 그러자 그에 대응하여 게는 더욱 더 힘 센 집게발을 발달시키도록 진화하였다. 그러면 또 달팽이의 껍데기는 더 단단해지고 게의 집게발은 더 강해지는 변화가 계속해서 이어져 온 것이다.

병원균 입장에서는 숙주를 깡그리 몰살시켜 버리는 것은 최상의 진화적 전략이 아님이 분명하다. 실제로 유독성이 덜한 변종은 진화에서 이익을 본다. 그와 같은 진화가 일어나는 것을 우리는 때때로 관찰할 수 있다. 예를 들면 호주에서 어마어마하게 증가하는 토끼의 개체수를 조절하기 위해 점액종증(myxomatosis) 바이러스를 도입한 일이 있다. 그런데 이 바이러스 중에서 가장 독성이 강한 변종은 숙주인 토끼를 너무나 빨리 죽여 버려서 미처 다른 토끼로 옮아갈 시간조차 없었다. 그 결과 유독성이 매우 높은 변종들은 절멸해 버렸다. 반면 유독성이 덜한 바이러스의 공격을 받은 토끼는 좀 더 오래 살아남아서 다른 토끼를 전염시켰다. 결국 독성이 훨씬 덜한 변종은 토끼의 개체수의 특정 비율만 죽이고 나머지 대부분의 토끼는 살려 두도록 진화하였다. 동시에 가장 바이러스에 취약한 토끼는 죽어 버리고 토끼의 개체군은 전반적으로 점액종증에 덜 취약한 상태로 진화하게 되었다.

오늘날 대부분의 유럽의 감염성 질병은 서로 엇비슷하게 정체된 상태로 존재하고 있다. 수천 년 동안 유럽의 인구는 이러한 인체 감염 질병에 대해 어느 정도 저항성을 갖게 되었고 그 결과 사망률은 비교적 낮아졌다. 그런데 1492년 이후 유럽 인과 처음 접촉한 다른 대륙의 사람들의 경우 사정이 달랐다. 전 세계에 걸쳐서, 특히 아메리카 대륙에서는 유럽의 감염성 질병에 의한 전염병, 특히 천연두로 엄청난 수의 토착민들이 몰살당했다. 콜럼버스가 바하마 제도에 처음 발을 들여놓았을 때 미국 대륙의 토착민 수는 약 6000만 명이었을 것으로 추정된다. 그런데 그 후 20년 동안 토착민의 수는 500만 명으로 줄었다. 유럽 인이 옮긴 질병이 너무나 치명적이어서 아메리카의 토착민들은 병원균과 공진화하지 못했다. 병원균이 그들 사이로 퍼져 나가는 동안 무방비 상태로 남아 있었던 것이다.

인간의 체내에 기생하는 촌충, 흡충, 선충 등의 기생충은 새로운 숙주로 이주한 다음에는 점차적으로 숙주에 특이적으로 변하는 경향이 있다. 그와 같은 관점에서 보면 기생충은 숙주와 같이 진화한다고 볼 수 있다. 숙주가 두 종으로 갈라질 때마다 기생충 역시 어느 정도 시간이 흐른 뒤 두 종으로 갈라졌다. 그 결과 경우에 따라 기생충의 계통수가 숙주의 계통수와 유사한 형태로 구성되기도 한다. 그러나 예외도 존재한다. 왜냐하면 이따금씩 기생충은 전혀 다른 새로운 계통의 숙주로 옮겨 갈 수도 있기 때문이다. 체내에 기생하는 기생충의 사례는 이, 털이(feather lice, Mallophage), 벼룩 등 인간의 체외에 기생하는 생물에도 똑같이 적용된다.

공생

진화에서 차지하는 엄청나게 중요한 역할에 비해서 공생은 그에 알맞은 충분한 관심을 받지 못하고 있다. 공생은 서로 다른 두 종류의 생물이 협동해서 서로 도움을 주고받는 시스템을 생산하는 것이다. 흔히 제시되는 공생의 예로 균류와 조류로 이루어진 지의류(地衣類, lichen)가 있다. 세균 사이에서는 공생이 널리 퍼져 있는 것을 볼 수 있으며 그 결과 완전한 세균 공동체가 진화되기도 했다. 예를 들어 토양 세균의 공동체에서는 제각기 다른 세균들이 서로에게 유용한 대사 산물을 생산해 낸다.

식물이나 식물의 액을 먹고 사는 모든 곤충들은 세포에 식물의 물질을 소화시키는 데 필요한 공생자(symbiont)를 가지고 있다. 많은 경우에 흡혈 곤충 역시 피의 소화를 촉진하는 세포 내 공생자를 지니고 있다.

지구 생명의 역사에서 가장 중요한 사건인 최초의 진핵생물의 출현은 진정세균과 고세균의 공생에서 비롯되었다. 이 두 세균의 공생은 결국 키메라를 형성했고, 그 후 공생하는 홍색세균을 통합해서 미토콘드리아를 형성하고, 식물의 경우 남세균을 편입해 엽록체를 생성하는 등의 추가적 사건이 일어났던 것이다. 그밖에 다른 세포 소기관 역시 공생자에서 비롯되었다.

진화적 진보

진화는 방향성을 가진 변화를 의미한다. 지구에서 생명이 시작되고 약 35억 년 전 최초의 원핵생물(세균)이 나타난 이후로 생물은 훨씬 다양하고 복잡해졌다. 고래, 침팬지, 세쿼이아 등은 분명 세균과는 크게 다르다. 이러한 변화를 어떻게 규정지을 수 있을까?

가장 빈번하게 나오는 답은 오늘날 생명의 세계가 예전에 비해 더욱 복잡해졌다는 것이다. 대체적으로 이것은 맞는 말이다. 그러나 이는 보편적으로 적용되는 답은 아니다. 생물의 계통 중 상당수가 진화 과정에서 더욱 단순해지는 경향을 보였다. 동굴에 사는 동물이나 기생충처럼 특수한 생물의 경우에 특히 그러하다. 그러나 분명 진화는 진보하는 모습을 보인다고 말할 수 있다. 척추동물이나 속씨식물이 '하등' 동식물과 세균보다 더 진화하고, 더 진보적이라고 말할 수 없는 것일까? 우리는 이미 이 주장을 분석해보았으며 '고등'이나 '하등'과 같은 수식어를 적용하는 것이 얼마나 어려운 문제인지 깨달았다. 실제로 원핵생물 전체를 놓고 볼 때 이들은 진핵생물 못지않게 성공적으로 보인다. 그러나 진화의 모든 단계, 각각의 세대 교체가 결국 소위 자연선택의 통제 아래 설치류, 고래, 풀, 세쿼이아의 탄생으로 이어졌다. 그렇다면 이러한 변화는 세대를 거듭하여 나타난 각 생물 계통의 꾸준한 향상에 대한 필요성 때문에 일어난 것이 아닐까? 대답은 "아니다."이다. 왜냐하면 모든 진화적 변화는 일시적으로 당면한 물리 환경이나 주변 생물상의 변화에 대응하려는 필요에 의해 유도되기 때문이다. 또한 엄청나게 빈번하게 일어난 절멸 사례와 퇴행적 진화 (regressive evolution) 사례를 고려해 볼 때 우리는 진화에 보편적인 진보 경향이 존재한다는 개념을 거부할 수밖에 없다. 그러나 진화 역사의 특정 시점에서 어느 한 생물 계통을 살펴보면 또 다른 대답이 나올 수도 있다. 생물 계통 가운데 그 생물의 전성기 동안 우리가 진보라고 부를 만한 특색을 보이는 계통이 많이 있다.

자연선택은 생물을 진보, 그리고 궁극적으로 완벽한 상태로 이끄는가?

18세기에는 이 세계가 신이 완벽하게 설계한 것이라는 믿음이 널리 퍼져 있었다. 설혹 그와 같은 완벽한 상태에 아직 도달하지 못했다고 하더라도 궁극적으로 그와 같은 상태에 도달하도록 신이 모든 규칙을 정립해 놓았다고 믿었다. 이러한 믿음은 자연 신학의 사고방식을 반영할 뿐만 아니라 당시 팽배해 있던 계몽 시대 특유의 낙관주의와 목적론적 사고를 담은 것이기도 하다. 라마르크의 진화론은 생명의 세계가 완벽을 향해 꾸준히 상승해 나아간다고 가정한다. 현대의 진화론자들은 진화가 궁극적으로 완벽을 낳을 수 있다는 생각을 거부하고 있으나, 대부분의 진화론자들은 생명이 시작된 이후로 어떤 종류의 진화적 진보가 일어난 것은 사실이라고 믿는다. 세균에서 단세포 진핵생물로, 그리고 마침내 종자식물과 고등 동물로의 점차적인 변화는 종종 진보적 진화로 간주되었다. 그와 같은 용어는 파충류에서 원시 포유류, 태반을 가진 포유류에서 원숭이와 유인원, 그리고 호미니드로 이어지는 일련의 과정의 맨 끝에 있는 인간을 염두에 두고 종종 사용되어 왔다. 인간이 창조의 정점이며 모든 생물은 인간의 완벽한 상태를 향해 나아가는 진보의 과정에 있는 것이라는 믿음이 보편적으로 자리 잡고 있던 시절도 있었다.

세균에서 인간으로 이어지는 사슬이 실제로 진보를 증명하는 것이 아니면 무엇이란 말인가? 그렇다면 그와 같이 눈에 보이는 진보적 변화를 어떻게 설명할 수 있을까? 최근 몇 년 동안 진화적 진보의 존재 또는 유효성 여부를 다룬 저서들이 많이 출간되었다. 이 문제에 대해서는 상당한 의견 차이가 있어 왔다. 왜냐하면 '진보(progress)'라는 단어는 아주 많은 의미를 지니고 있기 때문이다. 예를 들어 목적론적 사고를 지향하는 사람들은 진보가 원래부터 내재되어 있던 경향 또는 완벽을 향한 노력에 의한 것이라고 생각한다. 다윈은 그와 같은 인과 관계를 부정했으며 현대의 다윈주의자들도 같은 생각이다. 그리고 실제로 지금까지 그와 같은 경향을 조절하는 어떤 유전 기작도 발견되지 않았다. 그러나 우리는 한편 진보라는 말을 순수하게 경험적인 의미로 규정할 수도 있다. 이전보다 더 낫고, 더 효율적이며, 더욱 성공적인 무언가를 성취하는 것을 진보로 보는 것이다. '고등(higher)'과 '하등(lower)'이라는 용어 역시 비판의 대상이 되어 왔다. 현대의 다윈주의자들에게 이 용어들은 가치 중립적이며 단지 '고등'하다는 것은 지질 시대 구분에서 더 최근에 속한다거나 아니면 계통수에서 더 높은 가지에 해당함을 의미한다. 그러나 어떤 생물이 계통수에서 더 위에 자리 잡고 있다고 해서 더 '나은(better)' 것이라고 말할 수 있을까? 일반적으로 생물이 신체 기관들 간의 분화가 더 많이 이루어졌으며 환경 자원을 더 잘 이용하고 다양한 상황에 더 잘 적응할 수 있는 상태를 더 진보된 상태라고 한다. 이는 어느 범위까지는 사실이다. 그러나 포유류나 조류의 두개골은 오래된 어류 조상의 두개골에 비해 복잡성이 훨씬 덜하다.

진보라는 개념에 비판적인 사람들은 세균은 적어도 척추동물이나 곤충 못지않게 성공적인데 왜 척추동물을 원핵생물보다 더 진보된 형태로 보아야 하는지 묻는다. 어느 쪽이 옳은가 하는 판단 은 진보라는 개념을 무엇이라고 보느냐에 따라 달라진다.

　진화의 연속적인 사슬을 살펴보면 더 나중에 진화한 분류군 들이 생존에 특히 성공적인 적응성을 갖추고 있음을 부정하기 어 렵다. 예를 들어 온혈 동물은 냉혈 동물에 비해 기후나 날씨 변화 에 더욱 성공적으로 대처할 수 있다. 커다란 뇌와 부모의 양육은 문화의 발달과 문화를 후세에 전하는 것을 가능하게 했다_{아래 참조}. 이러한 모든 발달 양상은 자연선택의 결과물이었다. 생존자는 도 태된 자에 비해 뭔가 더 유리한 점을 가지고 있었던 것이다. 이러 한 기술적 의미에서 볼 때 진화는 특정 생물 계통에서는 확실히 진 보적이다. 마치 오늘날의 자동차들이 포드사의 모델 T보다 진보 했다고 말할 수 있는 것처럼. 해마다 자동차 제조회사들은 새로운 혁신을 채택하고 이 혁신은 시장의 선택압에 노출된다. 혁신을 반 영하는 모델 중 일부는 제거될 것이다. 그리고 성공적인 모델이 그 다음 수준의 혁신을 위한 발판을 형성하게 된다. 그 결과 자동차는 해가 갈수록 향상된다. 점점 더 안전해지고, 더 빨라지고, 내구성 이 더 좋아지며 더 경제적인 자동차가 나타나는 것이다. 자동차가 진보해 온 것은 분명하다. 만일 오늘날의 자동차가 포드의 모델 T

보다 더 진보했다고 생각한다면, 우리는 인간이라는 종이 하등 진핵생물과 원핵생물보다 더 진보했다고 말할 수 있을 것이다. 이 모든 것은 우리가 '진보'라는 말을 어떻게 해석하느냐에 달려 있다. 그러나 다원주의적 진보는 결코 목적론적 개념이 아니다.

진화적 진보에 대해서는 수많은 정의가 제시되었다. 나는 특히 적응적 특성을 강조한 정의를 좋아한다. 진보는 "생물 계통이 적응적 복합체로 묶을 수 있는 수많은 특성들을 증가시킴으로써 그가 처한 특정 생활 방식에 대한 적응적 적합성을 점점 누적하여 향상시키는 것이다."(Richard Dawkins, Evolution 51(1997): 1016)라는 정의가 그 예이다. 진보에 대한 또 다른 정의와 설명에 대해서는 니텍키(Nitecki)를 참조하라(1988).

공생하는 원핵생물의 통합은 최초의 원생생물에게 분명 커다란 진보의 발걸음이었다. 그 결과 엄청나게 성공적인 진핵생물의 대제국이 생겨나게 되었다. 또 다른 진보의 발걸음으로 다세포성, 고도로 특이화된 신체 구조와 기관의 발달, 내부열 출현, 부모 양육의 발달, 크고 효율적인 중추 신경계의 획득과 같은 사건을 꼽는다. 이와 같은 새로운 진보적 특성의 '발명자'는 경쟁에서 성공을 거둘 수 있을 것이며, 따라서 그와 같은 특성은 그들의 생태적 지배에 기여하게 될 것이다. 실제로 모든 선택 사건의 핵심은 현재 당면한 문제를 해결하는 데 필요한 진보적 해답을 발견한 개체가 선호된다는 것이다. 이 모든 발걸음들의 총합이 바로 진화적 진보이다.

조금 전에 들었던 비유를 다시 끄집어내 보자. 우리가 자동차를 발명했다고 해서 다른 모든 교통 수단이 자동차로 대체되지는 않았다. 보행, 말타기, 자전거, 철도 등의 수단은 여전히 특정 상황에서 자동차와 공존하고 있다. 마찬가지로 비행기가 발명되었다고 해서 자동차나 기차가 쓸모없는 폐물이 되지는 않았다. 생물의 진화에서도 이와 마찬가지의 원리가 적용된다. 상대적으로 원시적인 원핵생물은 지구에 처음 나타난 지 30억 년이 된 오늘날에도 여전히 생존하고 있다. 바다는 여전히 어류가 지배하고 있으며 지상에서는 인간을 제외하고는 설치류가 여전히 대부분의 환경에서 영장류보다 우세하다. 또한 동굴에 사는 생물이나 기생충의 예에서 보듯 진화는 많은 경우에 퇴행하기도 한다. 그러나 원핵생물에서 진핵생물, 척추동물, 포유류, 영장류, 인간으로 이어지는 경로를 진보적이라고 보는 것은 상당히 적절하다. 이러한 진보의 각 단계는 성공적인 자연선택의 결과였다. 이러한 선택 작용에서 살아남은 개체들은 제거된 개체들보다 우수한 것으로 입증되었다. 이

모든 성공적인 군비 경쟁의 최종 결과물은 진보의 사례로 간주할
수 있다.

생물권과 진화적 진보

지구에서의 생명의 역사를 다룬 대부분의 이야기들은 환경이
언제나 일정했던 것처럼 표현하고 있다. 그러나 사실상 그렇지 않
다. 특히 대기의 조성에는 엄청난 변화가 있었다. 생명이 처음 출
현할 무렵(약 38억 년 전) 대기는 메탄(CH_4), 암모니아(NH_3), 수소 분
자(H_2), 수증기(H_2O)의 혼합물로 이루어진 환원력이 강한 대기였
다. 당시에는 자유 산소가 거의 존재하지 않았다. 남세균이 산소
를 생산하기는 했지만 산소는 다양한 경로로 재빨리 흡수되어 사
라졌다. 철을 산화철로 산화시키는 데 소모된 것이 가장 두드러진
예이다. 그 결과 이른바 호상 철광 층(banded iron formation)이 축적
되었다. 전 세계의 대양에서 산화시킬 수 있는 철은 약 20억 년 전
에 모두 소모된 것으로 보인다. 그 후 남세균이 생산해 내는 자유
산소는 무산소 상태의 대기를 재빨리 산소가 풍부한 대기로 전환
시켰으며 이는 다세포 동물의 풍요로운 동물상이 진화하는 데 기

여한 것으로 보인다. 캄브리아기에 새로운 동물 유형이 '폭발'적으로 증가한 사건은 그 무렵 대기에 산소가 풍부해진 상황 때문에 촉발되었을 것으로 믿어진다.

지난 5억 5000만 년 동안 일어난 생물상의 진화적 변화는 대기 조성에 커다란 영향을 미쳤다. 가장 중요한 예는 식물이 육지를 정복한 일(약 4억 5000만 년 전에 시작됨.), 이산화탄소를 소비하는 능력을 가진 속씨식물의 숲이 조성된 일, 그리고 유기 퇴적물을 소비하는 세균의 진화이다.

버나드스키(Vernadsky, 1926)는 점진적이기는 하지만 대파국을 불러일으킬 수 있는 환경 변화에 대한 생물상의 반응 변화(대절멸 포함)와 함께, 산소를 생산하는 생물과 산소를 소비하는 생물들의 공진화가 지금도 진행되고 있음을 처음으로 지적했다. 생물은 자연선택에 대처할 수 있는 적절한 변종을 재빨리 생산할 수 있을 때에만 환경 변화에 성공적으로 대응할 수 있다. 그렇지 못할 경우 생물 집단은 소멸해 버린다. 생물과 활발하게 영향을 주고받는 요소는 산소만이 아니다. 칼슘(백악, 석회암, 산호, 조개껍데기), 탄소(석탄, 석유) 등도 그와 같은 요소에 포함된다. 세계의 기후 변화 역시 진화에 큰 영향을 미쳤다. 특히 빙하 작용과 그와 관련되어 일어나는

해류의 흐름, 특히 남극 주변의 해류가 진화에 영향을 미친 중요한
요소였다.

진화의 경향을 어떻게 설명할 수 있을까?

고생물학자들이 연속해 있는 지층에 존재하는 서로 친족 관
계에 있는 생물들을 비교할 때, 그들은 많은 경우에 어떤 '경향'을
발견하게 된다. 시기적으로 나중에 형성된 지층에서 나타나는 후
손일수록 몸의 크기가 조상보다 커진다든가 하는 것이 그 예이다.
이와 같이 몸 크기가 커지는 방향으로 진화하는 경향은 동물 계통
에서 매우 널리 퍼져 있으며 '코프의 법칙(Cope's Law)'으로 알려져
있다. 경향은 한 생물 계통, 또는 서로 관련이 있는 계통들의 집단
이 가진 특성에서 나타나는, 방향성을 가진 변화라고 정의할 수 있
다. 예를 들어 제3기의 말의 진화에 대한 연구에서 발가락의 수가
감소하는 경향이 발견되었다. 정말로 말의 발가락 수는 처음에는
다섯 개였는데 현대의 말의 발가락 수는 단 한 개다. 이와 동시에
말의 특정 계통에서는 어금니가 점점 길어졌으며 또한 말의 일생
동안 계속해서 자라나는 장관치(長冠齒, hypsodont)를 형성하는 경

향이 나타났다. 이와 같은 경향은 암모나이트, 삼엽충, 그리고 거의 모든 유형의 무척추동물에서 나타난다. 한편 영장류뿐만 아니라 대부분의 제3기 동물에서 뇌의 크기 증가라는 경향이 나타났다. 특별히 선호된 한 가지 형질(예. 말의 장관치)에서 나타난 경향은 그와 연관된 다양한 형질에도 특정 경향을 일으킬 수 있다. 다시 말해 어느 특정 경향은 다른 형질, 이를테면 신체 크기의 경향의 부산물에 지나지 않을 수도 있다는 것이다.

일부 고생물학자들은 이러한 경향의 선형성(linearity)에 당혹감을 느낀다. 우연이 많이 관여하는 선택이라는 작용이 그와 같은 선형성을 설명하기에는 역부족이라는 것이다. 그러나 그들은 생물 계통에 일어나는 진화적 변화가 심한 제한을 받고 있다는 사실을 간과하고 있다. 이를테면 말의 이빨 크기 증가는 말의 신체 크기에 의해 제한받고 있다. 예를 들어 하늘을 나는 생물들은 신체 크기에 엄청난 제한을 받을 것이다. 그렇기 때문에 척추동물 가운데 하늘을 나는 분류군(박쥐. 조류. 익룡)은 육상의 친족들에 비해 몸 크기가 작은 것이다. 뿐만 아니라 거의 대부분의 경향들이 일관적으로 선형적이지는 않다. 그 방향은 때로는 반복적으로 변화하며 어떤 경우에는 완전히 정반대의 방향으로 치닫기도 한다.

목적론적 사고가 팽배하던 시절에는 이러한 현상들은 진화에 어떠한 경향이 내재한다는 증거로 여겨졌다. 정향 진화4장 참조를 지지하던 당시의 주류 진화론자에게 이러한 사실들은 정향 진화를 뒷받침하는 중요한 증거로 여겨졌다. 이 분파는 일부 진화의 경향에서 법칙과도 같이 나타나는 진보의 사례가 다윈의 자연선택과 합치될 수 없다고 보았다. 그러나 그 후에 이루어진 연구에 따르면 진화의 경향이라는 현상과 다윈의 자연선택은 상충하는 것이 아니라는 결론이 나왔다. 오히려 내재된 진화 경향이 존재한다는 증거는 찾아볼 수 없었으며, 제한이라는 개념을 고려해서 다윈의 이론으로 확신을 가지고 진화의 경향을 설명할 수 있었다. 이제 우리가 관찰할 수 있는 모든 진화적 경향들은 자연선택의 결과로 완전하게 설명할 수 있다.

상관 관계 진화(Correlated Evolution)

하나의 생물은 조심스럽게 균형과 조화를 이루고 있는 시스템으로, 그중 어느 한 부분이 변화를 일으키면 그것이 필연적으로 다른 부분에도 영향을 주게 된다. 말의 이빨 크기 증가를 생각해보자. 이빨이 길어지면 더 큰 턱이 필요하고 턱이 커지려면 두개골이 더 커져야 한다. 그런데 더 커진 두개골을 지탱하기 위해서는 목 전체의 구조가 변해야 한다. 예전보다 커진 새로운 두개골은 신체의 다른 모든 부분, 특히 운동성에 영향을 주게 된다. 이와 같이 말의 이빨이 더 커지기 위해서는 말 전체의 신체 구조가 어느 정도 변경되어야만 한다. 이는 장관치를 갖는 말의 해부학적 구조에 대한 주의 깊은 연구를 통해 확인되었다. 또한 말의 신체 전부가 재구성되어야 하는 만큼 이러한 변화는 점진적으로, 그리고 수천 세대에 걸쳐서 매우 천천히 일어나야만 한다. 어금니의 길이가 짧은 많은 수의 말의 계통이 장관치 형성에 필요한 유전적 변이를 획득하는 데 실패해서 절멸해 버렸다.

도마뱀과 비슷하게 네 발로 이동하던 파충류에서 이족 보행과 비행을 하는 조류로의 이동은 신체 계획에서 상당한 구조 변경을 촉발했다. 무게 중심을 좀 더 잘 잡을 수 있도록 신체 전체가 작아지고, 네 개의 방을 가진 더욱 효율적인 심장이 발달하였으며, 호흡관의 구조가 변경되었고(폐와 기낭(air sac, 공기 주머니)), 내부열을 갖게 되고 시각이 더 발달했으며, 더욱 큰 중추 신경계를 갖게 되었다. 이 모든 적응은 필요에 의해 이루어진 것이다. 그러나 세부적인 사항들은 많은 경우에 유전적 변이의 제한과 이용 가능성에 따라 결정되었다.

가끔씩 표현형에서 일어나는 새로운 측면의 발달이 신체의 다른 부분에 예기치 못한 결과를 가져 오기도 한다. 파충류들의 진화에서 이러한 사례를 흔히 찾아볼 수 있다. 파충류의 두 가지 주요 하위 집단인 단궁형 파충류와 이궁형 파충류는 측두골에 각각 한 개와 두 개의 구멍이 나 있다. 한편 측두골에 구멍이 없는 거북은 측두골에 구멍이 나타나기 전에 출현한 오래된 집단으로 여겨져 왔다. 분자 분석 결과 거북은 이궁형으로 현존하는 파충류 중에서 악어와 친족 관계에 있는 것으로 나타났다. 두개골의 구멍이 사라진 것은 등딱지를 획득하는 동안 몸 바깥쪽으로 난 구멍들이 전반적으로 줄어드는 변화의 일환인 것으로 보인다. 이 사례는 분류학적 형질의 가치가 진화 과정에서 얼마나 큰 폭으로 변화할 수 있는지를 뚜렷하게 보여 준다.

복잡성

초기의 진화론자 가운데 상당수는 진화가 점점 더 복잡한 상태로 나아가는 변화라고 생각했다. 실제로 10억 년 이상이나 지구의 생명을 대표해 왔던 원핵생물은 그 후에 진화한 진핵생물에 비해 훨씬 덜 복잡하다. 그러나 원핵생물에서는 그들이 존재한 그 오랜 기간 동안 점점 더 복잡해졌다는 증거를 찾아볼 수 없다. 진핵생물 사이에서도 그러한 경향에 대한 증거는 찾아볼 수 없다. 물론 다세포 생물은 전반적으로 원생생물보다 더 복잡하다. 그러나 동시에 식물과 동물의 많은 계통이 복잡한 상태에서 단순한 상태로 진화되어 온 것을 볼 수 있다. 예를 들어 포유류의 두개골은 판피어류 조상에 비해 훨씬 덜 복잡하다. 점점 더 복잡해지는 경향과 더불어 점점 더 단순해지는 경향 역시 어디에서든 찾아볼 수 있는 것이다. 기생충은 신체 구조적으로든 생리적으로든 단순화에서 가장 유명한 예이다. 모든 생명이 점점 더 복잡해지려는 내재된 경향을 가졌다고 가정하는 모든 이론들이 완전히 반박되었다. 더 복잡한 것이 진화적으로 진보한 것임을 나타내는 근거는 어디에서도 찾아볼 수 없다.

모자이크 진화

생물들은 유형으로서 진화하는 것이 아니다. 생물의 특성 가운데 일부에는 언제나 다른 특성에 비해 더 큰 선택압이 가해지고,

이러한 특성들은 다른 특성보다 더 빨리 진화한다. 예를 들어 인간의 진화 과정에서 어떤 효소나 단백질은 600만 년, 또는 그 이상의 시간 동안 거의 변화하지 않았으며 따라서 침팬지나 더 오래된 영장류 조상들의 해당 효소 및 단백질과 동일하다. 그러나 호미니드의 다른 영장류적 특성은 크게 변화했다. 무엇보다도 중추 신경계의 변화가 가장 두드러진다. 오스트레일리아의 오리너구리는 새끼에게 젖을 먹이는 행동과 함께 원시 포유류의 몇 가지 형질을 가지고 있다. 그러나 오리너구리는 파충류처럼 알을 낳는 특성과 더불어 오리와 같은 부리 등 진화적으로 '막다른' 곳에 있는 분화된 특성을 가지고 있다. 이처럼 어느 한 생물의 서로 다른 특성들이 제각기 다른 진화의 속도를 보이는 현상을 '모자이크 진화'라고 한다. 이러한 모자이크 진화의 존재는 생물을 분류하는 데 어려움을 안겨 준다. 계통수의 새로운 가지에 놓인 첫 번째 종은 한 가지 핵심적인 새로운 형질을 획득했을지 모르지만 다른 모든 면에서는 자매종과 동일할 것이다. 다윈주의적 분류학자들은 대개 그와 같은 종을 대부분의 형질에서 동일한 자매종과 같이 분류한다. 그러나 헤니지언 분기주의자들은 이를 새로운 계통 분기군으로 분류한다.

―――

어느 한 생물의 표현형의 각기 다른 구성 요소들이 어느 정도 서로 독립적으로 진화한다는 사실은 진화하는 생물에 커다란 유연성을 제공한다. 새로운 적응 구역에 성공적으로 진입하기 위해 생물은 표현형 가운데 몇몇 제한된 요소들만 변화시키면 된다. 이는 시조새에서 잘 나타난다. 시조새는 새의 깃털, 날개, 눈, 뇌를 가지고 있지만 많은 면에서(이빨, 꼬리 등) 여전히 파충류이다. 모자이크 진화는 각기 다른 단백질이나 기타 분자의 각기 다른 진화 속도에서 더욱 뚜렷하게 나타난다.

모자이크 진화를 어떻게 설명해야 할지 알 수 없는 상황에서 유전학자들은 오랫동안 이 현상을 무시해 왔다. 그런데 이제 특정 유전자 집단(모듈)이 하나로 뭉쳐서 움직인다는 '유전자 모듈' 이론이 제안되었다. 어쩌면 그와 같은 모듈은 다른 모듈과 어느 정도 독립적으로 진화하는지도 모른다.

다원론적 해법

진화는 기회주의적인 과정이다. 경쟁자를 이기거나 새로운 생태적 지위에 진입할 수 있는 기회가 존재할 때마다 자연선택은 그와 같은 목표를 이루기 위해 표현형의 모든 특성을 활용한다. 환경의 도전에 대응하는 데에는 대개 이용 가능한 몇 가지 해법이 존재한다.

척추동물은 각기 다른 세 시점에 비행을 발명했다. 그런데 하늘을 나는 동물 분류군(조류, 익룡, 박쥐)의 날개는 제각기 다르다. 한편 잠자리, 나비, 딱정벌레와 같이 서로 다른 곤충의 날개 차이는 그보다 더 크다. 이들은 모두 하늘을 나는 단 하나의 유형에서 갈라져 나온 것으로 보이는데도 말이다.

다원주의(pluralism)는 진화 과정의 모든 측면에서 나타나는 특성이다. 대부분의 진핵생물의 경우 유성 생식(재조합)에 의해, 그리고 원핵생물의 경우 일방향성 유전자 전달에 의해 유전적 변이가 일어난다. 대부분의 고등 동물은 수정 전 격리 기작(예를 들어 행동)을 통해 생식적 격리를 얻는다. 그리고 다른 동물들의 경우 염색체의 불합치성, 불임, 또는 그밖에 다른 수정 후 요인에 의해 생식적 격리가 이루어진다. 종 분화는 육상 척추동물의 경우 대개 지리적 이유 때문에 일어난다. 그러나 어류의 특정 집단과 식물인 숙주에 특이성을 가진 곤충 집단의 경우 동소성 종 분화를 일으키기도 한다. 어떤 종에서는 유전자 확산이 매우 제한되어 있다. 그러나 또 다른 종의 유전자가 매우 쉽게 분산되어 전체 종이 실질적으로 임의 교배 집단인 경우도 있다. 뿐만 아니라 일부 과는 활발하게 종분화를 일으키는 속들을 가지고 있고 또 다른 과는 얼마 되지 않는 오래된 단형속들로 이루어져 있다.

이처럼 다원주의가 만연한 것을 고려해서, 소분화와 대분화 수준에서 어느 한 생물 집단에서 발견한 사실을 아무 비판 없이 다른 집단에 적용하는 것을 매우 주의해야 한다. 어느 한 생물 집단에서 얻어진 발견이 언제나 다른 집단에서 얻어진 발견을 반박할 근거가 되는 것은 아니다.

수렴 진화

수렴 진화는 자연선택의 강력한 힘을 확실하게 보여 주는 현상 중 하나이다. 각기 다른 대륙에 있는 동일한 생태적 지위 또는 적응 구역은 많은 경우에 놀라울 만큼 비슷한, 그러나 전혀 친족 관계에 있지 않은 생물들로 채워진다. 동일한 적응 구역이 제공한 기회가 비슷하게 적응한 표현형의 진화를 가져온 것이다. 이와 같은 작용을 수렴(convergence)이라고 한다. 가장 유명한 사례는 오스트레일

리아의 유대류(有袋類, marsupial)에서 찾아볼 수 있다. 이 창조적인 포
유류는 유태반(有胎盤, placental) 포유류가 없는 상황에서 북반구 대륙
의 유태반 포유류와 비슷한 동물들을 생산했다. 북반구의 늑대에 대
응하는 태즈매이니아산 주머니늑대가 있고, 유태반 두더쥐에 대응
하는 유대류 두더쥐, 날다람쥐와 비슷한 유대류인 팔란저(phalanger)
속의 동물이 있다. 한편 그보다 유사점이 조금 덜한 예로 생쥐, 오소
리(웜바트(wombat)), 개미핥기 등이 있다그림 10.3. 지하 생활에 적응한
(그리고 서로 비슷하게 수렴한) 종들은 네 가지 서로 다른 포유류목과 여
덟 가지 서로 다른 과에 속하는 설치류에서 독립적으로 진화한 것이
다(Nevo, 1999). 이와 같은 수렴 진화 사례는 특별한 것이 아니다. 실
제로는 매우 널리 퍼져 있다. 몇 가지 다른 예를 살펴보면 아메리카
와 아프리카의 호저(porcupine), 신세계독수리(황새와 가까운 관계의 콘도
르과(Cathartidae))와 구세계독수리(매와 가까운 수리과(Accipitridae)), 그리
고 꽃의 꿀을 먹는 아메리카의 벌새(Trochilidae)와 아프리카와 남아
시아의 태양조(Nectariniidae)), 호주의 꿀빨이새(Meliphagidae), 하와이
의 꿀풍금조(Drepanididae) 등이 있다그림 10.4. 지식이 풍부한 동물학
자라면 누구나 이와 같은 수렴 진화의 예를 몇 쪽이라도 열거할 수
있을 것이다.

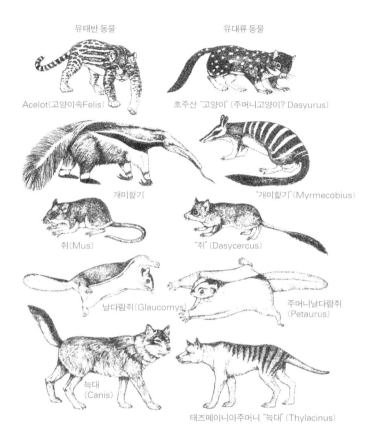

유태반 동물

유대류 동물

Acelot(고양이속Felis)

호주산 "고양이" (주머니고양이? Dasyurus)

개미핥기

"개미핥기"(Myrmecobius)

쥐(Mus)

"쥐" (Dasycercus)

날다람쥐(Glaucomys)

주머니날다람쥐 (Petaurus)

늑대 (Canis)

태즈메이니아주머니 "늑대" (Thylacinus)

그림 10.3

호주의 유대류(오른쪽)와 다른 대륙의 유태반 포유류(왼쪽)의 수렴 진화. 각 쌍은 형태나 생활 양식이 서로 비슷하다. 출처: *A View of Life* by Salvador E. Luria et al. Copyright ⓒ 1981 Benjamin Cummings. Reprinted by permission of Pearson Education, Inc.

바다에서 척추동물의 수렴 진화는 상어, 참돌고래(porpoise, 포유류), 그리고 멸종된 어룡(파충류)을 낳았다. 수렴적 발달은 수많은 동물 분류군에서 나타났으며 식물에서도 나타났다. 아메리카의 다양한 종류의 선인장은 아프리카의 대극과(Euphorbiaceae) 중에서 유사한 대응물을 찾아볼 수 있다그림 10.5. 수렴은 자연선택이 어떻게, 생물이 가진 내재된 변이성을 이용해서 생물이 거의 모든 환경의 생태적 지위에 적응하도록 하는지를 보여 주는 완벽한 예이다.

생물의 다계통성과 측계통성

다윈 이전의 생물 분류학에서는 종종 수렴된 집단들을 그 유사성 때문에 하나의 분류군으로 묶는 일이 벌어지고는 했다. 그와 같은 분류학적 배치를 '다계통성'이라고 한다. 그런데 그와 같은 다계통적 분류군을 인정하는 것은, 모든 분류군은 '단일 계통(monophyletic)'에 기초해야 한다는, 즉 가장 가까운 공통 조상에서 유래한 후손들로 이루어져야 한다는 다윈의 요구와 상충한다. 다윈주의적 분류학자들은 그와 같은 다계통적 분류군을 해체해서 각각의 집단의 가장 가까운 친족 관계에 있는 집단에 배치했다. 고

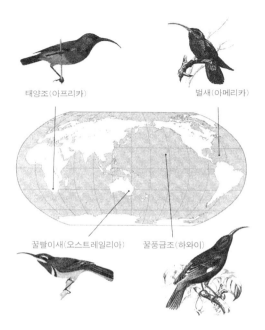

그림 10.4

네 가지 명금과 동물이 각각 독립적으로 진화하여 꿀을 먹도록 적응한 사례. 태양조, 벌새, 꿀빨이새, 꿀풍금조. 출처: Honeycreeper (Hawaii), Wilson, S. B. and Evans, A. H. (1890~1899). *Aves Hawaiienses: The Birds of the Sandwich Islands*; Honeyeater (Australia), Serventy, D.L. and Whittell, H. M. (1962). *Birds of Western Australia* (3rd ed.) Paterson Brokensha: Perth; Sunbird (Africa), Newman, K.(1996) *Newman's Birds of Southern Africa: The Green Edition*. University Press of Florida: Gainesville, FL. Reprinted by permission of Struik Publishers of Cape Town, South Africa and Kenneth Newman; Hummingbird (Americas), James Bond (1974) *Field Guide to the Birds of the West Indies*. HarperCollins Publishers.

그림 10.5
서로 유사한 건조 지역에서
의 적응에 의한 평행 진화.
(a) 아메리카의 선인장.
(b) 아프리카의 대극과식물
(starr et al. 1992.).
출처: Photographs
copyright ⓒ 1992,
Edward S. Ross.
Reprinted by permission

래류와 어류를 통합한 집단은 너무나 다계통적인 분류군이어서
나중에 부정되었다.

수렴 현상과 측계통성은 주의 깊게 구분해야 한다. 측계통성
은 가장 가까운 공통의 조상에서 유래한 서로 가까운 두 계통에서

제각기 독립적으로 동일한 형질이 나타나는 현상이다_{그림 10.6}. 예를 들어 아칼립테란파리의 다양한 계통에서 불규칙하게 제각기 독립적으로 자루눈(stalked eye. 새우, 게, 가재, 달팽이의 눈처럼 긴 눈자루 끝에 달린 눈.—옮긴이)이 나타났다. 그 이유는 아칼립테란파리 계통의 공통 조상이 그러한 눈을 형성할 수 있는 잠재력을 가진 유전형을 보유했기 때문이다. 그러나 이러한 경향은 오직 일부 계통에서만 실현되었다. 상동 형성(homoplasy)의 거의 대부분은 그와 같은 측계통성에 의해 유발된다. 생물 계통을 재구성할 때에는 표현형뿐만 아니라 조상의 유전자형과 그 유전자형이 가져올 수 있는 잠재된 표현형도 고려해야 한다.

사례 분석: 조류의 탄생

오늘날 계통 발생학에서 벌어지고 있는 가장 뜨거운 논쟁 역시 측계통성으로 해결할 수 있을 것이다. 바로 조류의 기원에 대한 논쟁이다. 조류가 이궁형 파충류 조룡류 계통에서 파생했다는 것에는 이론이 없다. 그러나 과연 언제 파생되었느냐 하는 문제에 대해서는 뜨거운 논쟁이 벌어지고 있다. 이르게는 1860년대부터 헉슬리가 조류의 골격이 특정 파충류와 놀라울 정도로 유사하다

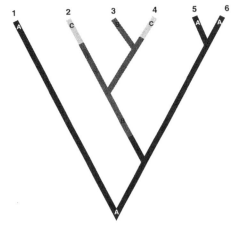

그림 10.6
측계통성. 공통 조상의 유전자형(3)의 동일한 경향을 물려받아서 일어난 유사한 표현형(2, 4)의
독립적 진화.

는 사실을 부각시켰고 그로부터 조류가 공룡의 후손이라는 결론
을 이끌어 냈다. 그런데 나중에 다른 과학자들은 조류의 기원이
그보다 훨씬 앞선다는 추론을 내놓았다. 그러다가 최근 분기주의
자들이 매우 열성적으로 조류의 기원이 공룡이라고 주장하면서
현재는 이러한 주장이 조류의 기원으로 가장 널리 받아들여지고
있는 것으로 보인다. 실제로 조류와 특정 이족 보행 공룡의 골반

과 다리 모양은 놀라울 정도로 유사하다_{그림 3.6}.

그러나 그에 대한 반론 역시 매우 설득력을 지니고 있다. 일단 화석의 연대가 공룡 기원설과 잘 맞아떨어지지 않는다. 조류에 가장 가까운 특정 이족 보행 공룡들은 백악기 말기, 즉 지금으로부터 약 7000만 년 전에서 1억 년 전에 존재했다. 그런데 가장 오래된 화석 조류로 알려진 시조새는 약 1억 4500만 년 전에 살았다. 시조새가 여러 가지 면에서 발달된 조류의 특성을 보이고 있다는 점을 고려하면 조류의 시초는 아마도 쥐라기 말기, 어쩌면 트라이아스기보다도 더 전으로 보아야 할 것이다. 그러나 그 시기 이후에 조류와 비슷한 공룡이 존재했다는 증거는 나타나지 않았다. 뿐만 아니라 공룡의 발가락 수는 2, 3, 4개인데 조류의 발가락 수는 1, 2, 3개이다. 뿐만 아니라 조류와 비슷한 공룡의 앞다리는 매우 작아진 상태여서 날개로 발달하도록 적응되었다고 보기 어렵다. 공룡의 짧은 앞다리가 비행이 가능하도록 변화했다는 사실은 거의 믿기 어렵다. 이상이 조류가 백악기에 공룡으로부터 유래했다는 주장과 충돌하는 몇 가지 사실들이다. 아마도 더 많은 트라이아스기 화석이 발견되기 전까지는 이 논쟁은 완전히 매듭짓기 어려울 것으로 보인다.

진화에 법칙이 있을까?

이것은 물리학자들이나 철학자들이 즐겨 던지는 질문이다. 이 질문에 답하기 위해 우리는 먼저 '법칙'이라는 단어의 의미를 정확히 규정해야 한다. 수학 용어로 기술될 수 있고 예외를 허락하지 않는 물리학 특유의 법칙과 같은 의미의 법칙을 우리는 '기능적 생물학(functional biology)'에서 마주할 수 있다. 그리고 많은 경우의 수학적 일반화가 생물학 현상에도 적용될 수 있다. 개체군 안에서 대립 유전자의 분포를 기술하는 하디-바인베르크 평형이 그 예이다. 반면 이른바 진화의 법칙이라는 대부분의 법칙들은 조건적 일반화이며, 따라서 물리학의 법칙과는 다르다. 진화의 비가역성에 대한 돌로의 법칙이나 신체 크기가 커지도록 진화하는 코프의 법칙은 경험적 일반화로 예외가 많이 있으며, 물리학의 보편 법칙과는 근본적으로 다르다. 경험적 일반화는 관찰 결과를 정리하고 그로부터 인과적 요소를 찾아내는 데 유용하다. 렌시(Rensch, 1947)는 이 주제에 특히 도움이 되는 의견을 내놓았다. 진화의 '법칙'은 시간과 장소의 제한을 크게 받기 때문에 과학적 법칙의 전통적 정의에 부합하지 못한다는 것이다.

우연이냐? 필연이냐?

수년 동안 우연과 필연(적응) 가운데 어느 쪽이 진화에서 더 우세하게 작용하는가에 대해 상당히 뜨거운 논쟁이 벌어졌다. 열성적인 다윈주의자들은 현존하는 생물의 모든 측면을 적응의 결과로 돌리는 경향이 있다. 그들은 각 세대마다 엄격하고 철저한 선택 과정을 통해 개체군이 솎아진다는 점을 강조한다. 한 쌍의 부모가 낳은 수백, 수천, 심지어 수백만 자손 개체 가운데 평균적으로 오직 두 개체만이 살아남는다는 것이다. 오직 가장 완벽하게 적응한 개체만이 냉혹한 제거 과정을 통과할 수 있다. 적응을 진화 과정에서 더 우세한 힘으로 보는 사람들은 그러한 주장을 매우 강력하게 내세우고 있다.

그러나 안타깝게도 철저한 적응주의자들 중 일부는 자연선택이 두 단계의 과정이라는 점을 간과하는 듯하다. 확실히 적응성의 선택은 진화의 두 번째 단계에서 가장 중요한 요소이다. 그러나 이 단계 전에 첫 번째 단계가 있다. 바로 선택의 재료가 되는 변이를 생산하는 단계이다. 그리고 이 단계에서는 확률론적 작용(우연)이 우세하다. 그리고 생명 세계의 어마어마한, 때로는 기괴하게 느껴질 정도의 엄청난 다양성을 만들어 낸 것은 바로 이 변이의 무작위성이다. 맨 앞의 단계는 단세포 진핵생물(원생생물)의 엄청난 다양성이다. 마굴리스와 슈바르츠(1998)는 이 계에 36개 이상의 문이 존재하는 것을 확인했다. 이들 중 상당수는 기생충이다. 이들 중 좀 유명한 종류를 열거하자면 아메바, 방사충류(radioraria), 유공충류(foraminifera), 포자충류, 말라리아충류(Plasmodium), 편모조류(zooflagellate), 섬모충류, 녹조류(green algae), 갈조류, 와편모조류(dinoflagellate), 규조류, 유글레나(Euglena), 점균류, 병꼴균류(chytridiomycota) 등이 단세포 진핵생물에 속한다. 또 다른 전문가는 이 계에 약 80개의 문이 존재한다고 본다. 이들 중 상당수는 서로 엄청나게 다르고 또 그중 일부는 균류나 식물이나 동물로 분류해야 하는지의 여부를 놓고 아직도 논쟁이 벌어지고 있다. 단세포 진핵생물이 환경에 잘 적응하기 위해서 정말로 그토록 많은 수의 서로 다른 신체 계획이 필요한 것일까?

다세포 생물들 사이의 다양성은 그보다 더 놀랍다. 갈조류와 같은 다세포 '원생생물'이 존재할 뿐만 아니라 균류, 식물, 동물을 아우르는 풍부한 다세포 생물계 사이의 차이, 그리고 그 계에 속하는 생물 사이의 차이는 더 엄청나다. 이 모든 차이들이 단순히 잘 적응하기 위해 필요했던 것일까? 버지스 혈암 동물군(Burgess shale fauna, 미국의 과학자 찰스 월컷이 1909년 캐나다의 브리티시컬럼비아 주 남부에 있는 지층의 혈암에서 발견한 화석 동물군. 해면류, 삼엽충, 촉수동물, 다모류, 반색동물, 원색동물, 강장동물, 연체동물 등이 포함되어 있는데 그 가운데 19속은 현재의 동물과 전혀 관련 없는 종류이다.— 옮긴이)의 특이한 생물 유형들을 살펴보자. 그러면 우리는 그들 중 상당수는 우연한 돌연변이에 의해 탄생한 뒤 자연선택으로 제거되지 않은 채 남은 것이라는 생각을 떨칠 수 없을 것이다. 실제로 나는 제거 과정이 이따금씩 보통 때보다 좀 더 관대하게 작용하는 것이 아닐까 하는 의문을 가끔 품어 본다. 뿐만 아니라 우리는 우연이 진화의 두 번째 단계, 즉 개체의 생존과 번식에서도 상당한 역할을 수행한다는 점을 기억해야 한다. 그리고 적응성의 모든 측면이 모든 세대마다 시험되는 것은 아니다.

　　또는 약 35가지에 이르는 동물의 문을 살펴보자. 이들은 캄브리아기 초기에 존재했던 60개 남짓 되는 신체 계획 가운데 살아남은 것들이다. 이 문들의 차이를 연구해 보면 그 차이가 필수 불가결한 것이라는 인상은 들지 않는다. 각 문의 독특한 형질들의 대부분 또는 전부는 자연선택이 너그럽게 통과시킨 발달상의 우연한 사건에 기인한 것으로 보인다. 반면 절멸해 버린 생물들의 실패는

어쩌면 (앨버레즈 소행성 충돌과 같은) 우연의 결과일지도 모른다. 굴드
는 자신의 저서 『생명, 그 경이로움에 대하여(*Wonderful Life*)』(1989)
에서 그와 같은 우연을 주된 주제로 삼고 있다. 그리고 나는 그의
견해가 대부분 맞다는 결론에 도달했다.

이러한 관찰 결과로부터 진화가 단순히 우발적인 사건들의
연속체도 아니고 더욱 완벽한 적응 상태를 향한 결정론적 움직임
도 아니라는 결론을 얻을 수 있다. 확실히 진화는 어떤 부분에서는
적응적 과정이다. 왜냐하면 자연선택이 매 세대마다 작용하기 때
문이다. 적응주의 원리는 매우 생산적인 방법론이기 때문에 다윈
주의자들은 이 원리를 널리 채택하고 있다. 생물의 모든 속성에 대
해서 그에 대한 적응적 특질이 무엇인지 탐구하다 보면 거의 언제
나 한층 더 깊은 이해에 도달하게 된다. 그러나 모든 속성은 궁극
적으로는 변이의 산물이다. 그리고 이 변이는 대체로 우연의 산물
이라고 할 수 있다. 저자들 가운데 상당수가 겉으로는 정반대로 보
이는 우연과 필연이라는 두 가지 원인이 거의 동시에 작용한다는
점을 이해하지 못하는 듯하다. 그러나 이것이야말로 바로 다윈주
의적 과정의 힘이다.

그렇다면 이러한 결론을 인간에게도 적용할 수 있을까? 우연

의 원리를 가장 열성적으로 지지하는 사람 중 일부는 "인간은 우연의 산물"일 뿐이라고 주장한다. 이 결론은 물론 대부분의 종교에서 가르치는 내용, 즉 인간은 창조의 정점이라거나 또는 완벽을 향한 길고 긴 여정의 종착점이라는 주장과 완전히 상충한다. 지난 500년간 이루어진 개체군의 성장과 확장 범위의 측면에서 볼 수 있는 인류의 성공은 인간이 얼마나 잘 적응했는지를 입증해 주는 듯하다. 그러나 만일 인간을 만들어 온 과정이 결정론적 과정이었다면 왜 38억 년이나 걸려야 했을까? 호모 사피엔스라는 종의 역사는 고작 25만 년에 지나지 않는다. 그리고 그 전에는 인간 조상들은 동물계에서 전혀 특출하거나 뛰어난 존재가 아니었다. 제 몸을 방어할 수단도 없고 움직임도 느린, 두 발로 걷는 동물이 창조의 정점이 될 것이라고는 아무도 예측하지 못했을 것이다. 그런데 오스트랄로피테쿠스 개체군 가운데 하나가 어떤 이유에서인지 뇌의 힘을 갖추게 되었고 그것이 생존의 수단이 되었다. 이러한 상황은 어느 정도 우연적인 것이었음을 부인하기 어렵다. 그러나 전 과정이 순수하게 우연에 의한 것은 아니다. 왜냐하면 오스트랄로피테쿠스에서 호모 사피엔스로 변화하는 모든 단계가 자연선택으로 더욱 촉진되었기 때문이다.

HUMAN

4부 인간 진화

11

인류는
어떻게 진화했을까?

인간은 항상 다른 창조물들과 완전히 다른 존재로 여겨졌다. 이는 성경에도 명시되어 있었고 플라톤에서 데카르트, 그리고 칸트에 이르는 철학자들이 모두 이 결론에 동의했다. 분명 18세기의 철학자 가운데 일부는 인간을 자연의 계단 위에 놓기도 했지만 그것은 보통 사람들의 관점에 어떤 영향도 미치지 못했다. 대부분의 사람들에게 인간은 창조의 정점에 있고 다른 모든 동물들과 여러 가지 면에서 다르며 특히 합리적인 영혼을 가졌다는 점에서 차이를 갖는다. 따라서 다윈이 그의 공통 유래 이론을 내놓은 다음 인간 종을 영장류 조상의 후손으로 동물계에 포함시킨 것은 빅토리아 시대 사람들에게 끔찍한 충격으로 다가왔다. 다윈 자신은 처음에는 자신의 생각을 표현하는 데 특별히 조심했지만 그의 추종자 가운데 일부, 예를 들어 헉슬리(1863)나 헤켈(1866) 등은 상당히 단호하게 인간의 조상이 유인원이라고 주장했다. 다윈 자신도 결국 인간의 진화에 대한 자신의 관점을 솔직하게 담은 『인간의 유래(*Descent of Man*)』 (1871)를 펴냈다.

물론 그 이전의 자연학자들 역시 인간과 유인원의 유사점을 전혀 알아채지 못했던 것은 아니다. 실제로 린네는 침팬지를 사람 속(Homo)에 포함시켰다. 그러나 신학자나 철학자뿐만 아니라 사실상 모든 사람들이 눈에 뻔히 보이는 유사점에 눈을 감아 버렸다. 그러나 살아 있는 모든 생물들이 공통의 조상으로부터 파생되어 나왔다는 다윈의 공통 유래 이론은 인간의 기원이 영장류였다는 사실을 상기시킬 수밖에 없었다.

영장류란 무엇일까?

영장류는 원원류(原猿類, prosimians, 여우원숭이(lemur)와 로리스 (lorise)), 안경원숭이(tarsiers), 신세계원숭이(New World monkey)와 구세계원숭이(Old World monkey), 유인원(ape) 등으로 이루어진 포유류

의 목이다_{표 11.1}. 이들은 다른 포유류 목과 별로 가까운 친족 관계를 보이지 않는다. 이들과 가장 가까운 친족은 가죽날개원숭이(flying lemur, Galeopithecus)나 나무두더지(tree shrew, Scandentia)이다. 가장 오래된 영장류의 화석은 백악기 말기로 거슬러 올라간다.

표 11.1 **영장류의 분류**

영장목 (Order Primates)
    원원아목 (原猿亞目, Suborder Prosimii)
        여우원숭이하목 (Infraorder Lemuriformes, 여우원숭이)
        로리스하목 (Infraorder Lorisiformes, 갈라고, 로리스)
    안경원숭이아목 (Suborder Tarsiiformes)
    유인원아목 (Suborder Anthropoidea)
        광비원숭이하목 (Infraorder Platyrrhini, 신세계원숭이)
        협비원숭이하목 (Infraorder Catarrhini, 구세계원숭이)
            사람상과 (Superfamily Hominoidea, 유인원)
                긴팔원숭이과 (Family Hylobatidae, 긴팔원숭이)
                사람과 (Family Hominidae)
                    성성이아과 (Subfamily Ponginae, 성성이)
                사람과 (인간)

이 영장류 집단은 원래 형태학적 특성을 바탕으로 해서 분류되었다. 이 집단 개념의 유효성과 다른 집단과의 관계는 최근 분자적 형질에 의해 확인되었다.

구세계원숭이들로부터 영장류가 갈라져 나온 것은 약 3300~2400만 년 전의 일이다. 화석 원숭이인 이집토피테쿠스 (Aegyptopithecus, 올리고세 말)는 이미 인류와 비슷한(유인원 같은) 특성을 보였다. 동아프리카의 프로컨술(Proconsul, 2300~1500만 년 전)은 분명한 유인원으로 아프리카유인원과 인간의 조상이다. 그러나 안타깝게도 지금으로부터 600만 년 전과 1350만 년 전 사이의 아프리카의 유인원 화석은 발견되지 않고 있다그림 11.1.

현존하는 유인원은 아프리카유인원(고릴라, 침팬지, 인간)과 아시아유인원(긴팔원숭이와 오랑우탄)의 두 집단으로 나뉜다. 이 두 집단 사이에는 명확한 경계가 존재하며 1200~1500만 년 전에 서로 갈라진 것으로 보인다.

인간의 기원이 영장류임을 뒷받침하는 증거는?

제대로 교육받은 사람들 중에서 인간이 영장류, 특히 유인원의 후손이라는 사실에 이의를 제기하는 사람은 이제 별로 없다. 너무나 압도적인 증거들이 이러한 결론을 뒷받침하고 있기 때문이다. 그 증거는 일차적으로 다음 세 가지 사실로 이루어져 있다.

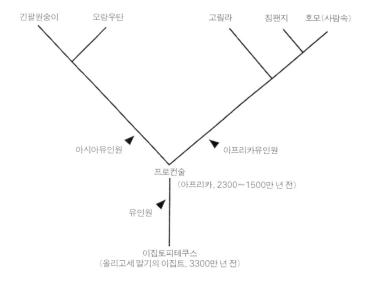

그림 11.1
유인원의 계통수

해부학적 증거 아주 사소한 세부 사항에 이르기까지 인간의 해부학적 구조는 아프리카유인원, 특히 침팬지와 일치한다. 오언은 한때 뇌 구조에서 인간과 침팬지 사이에 실질적 차이를 발견했다고 주장했다. 그러나 헉슬리가 그 차이는 단지 정량적인 것이지 정성적인 것이 아니라는 점을 들어 그의 주장을 반박했다. 훗날 이루어진 그와 비슷한 연구에서 헉슬리의 주장이 옳은 것으로 드러 났다. 침팬지와 구분되는 인간만의 고유한 특성은 사실 얼마 되지 않는다. 팔과 다리의 비율, 엄지손가락의 운동성, 체모, 피부 색소화, 중추 신경계, 특히 전뇌의 크기 등이 여기에 포함된다.

화석 증거 1859년 다윈이 그의 대담한 발견을 발표했을 때에는 침팬지와 비슷한 조상으로부터 현대의 인간으로 점차적으로 변이해 나온 과정을 보여 줄 만한 화석 증거가 존재하지 않았다. 오늘날에도 분기가 일어났을 것으로 추정되는 800만 년 전과 500만 년 전 사이의 화석은 아직 발견되지 않았다. 그러나 500만 년 전에서 현재에 이르는 기간의 수많은 화석들이 침팬지와 인간의 중간 단계의 특성 아래 참조을 보여 주고 있다.

분자적 증거 분자 생물학의 가장 큰 업적 가운데 하나는 거대 분자들의 진화 과정이 우리가 눈으로 볼 수 있는 신체 구조적 형질의 진화와 정확하게 일치한다는 사실을 밝혀준 것이었다. 따라서 우리는 인간의 거대 분자와 유인원의 거대 분자를 비교하는 연구가 인간 진화에 대한 단서를 제공할 수 있을 것이라고 생각할 수 있다. 그리고 실제로 그랬다. 실제로 인간의 거대 분자는 다른 어떤 생물보다 침팬지의 거대 분자와 비슷한 것으로 드러났다. 그뿐만 아니라 아프리카유인원들이 다른 어떤 종류의 영장류보다 인간과 비슷한 것으로 나타났다. 이러한 유사성은 너무 커서 인간과 침팬지의 특정 효소나 단백질이 동일한 경우도 있다. 헤모글로빈이 그 예이다. 다른 단백질들은 약간 다르지만 그 차이는 침팬지와 다른 원숭이들의 차이보다 작다.

이처럼 풍부한 해부학적 증거, 화석 증거, 분자적 증거를 요약하면 인간과 침팬지 및 다른 유인원 사이에 매우 가까운 친족 관계가 성립된다는 사실이 이제 확실하게 입증되었음을 알 수 있다. 이 압도적인 증거에 의문을 던지는 것은 상당히 비합리적인 태도가 아닐 수 없다.

호미니드가 침팬지로 이어지는 계통에서 분기한 것은 언제일까?

다시 말해서 호미니드(hominid, 사람과) 계통은 얼마나 오래되었을까? 사람이 다른 동물들과는 완전히 다른 존재라고 일반적으로 생각되던 시절에는 분기가 일어난 시점을 매우 오래전 옛날, 그러니까 제3기가 시작될 무렵인 약 5000만 년 전으로 추측했다. 그런데 점점 더 많은 화석들이 발견되고 인간과 아프리카유인원의 유사성이 더 많이 밝혀짐에 따라 추측상의 분기 지점은 점점 나중으로 내려오게 되었다. 한동안 약 1600만 년 전이라는 설이 널리 받아들여졌다. 그런데 단백질과 DNA의 차이에 대한 연구로 마침내 분자 시계 방법이 확립되었고, 분자 시계 방법을 적용한 결과 분기 지점은 그보다 더욱 가까운 500~800만 년 전일 수도 있다는 주장이 제기되었다. 그 후 다양한 방법을 통해 밝혀진 증거 역시 이 주장을 뒷받침해 주었다. 이러한 방법을 통해 확인한 사실에 따르면 인간과 침팬지의 분기 지점은 침팬지와 고릴라의 분기 지점보다 더 나중인 것으로 드러났다. 다시 말해 지금까지 밝혀진 증거들은 침팬지가 인간의 가장 가까운 친족이며 침팬지 입장에서도 고릴라보다는 인간이 더 가까운 친족이라는 말이다.

화석 기록이 의미하는 것은 무엇일까?

1924년 이전에는 매우 적은 수의 호미니드 화석만이 발견되었고 발견된 화석들은 사람속의 발생에서 가장 나중 단계들을 보여 주는 것들이었다. 이러한 발견은 유럽, 자바, 중국에서 이루어졌다. 그와 같은 사실은 인간이 아시아 어딘가에서 비롯되었을 것이라는 가정을 낳게 되었다. 그래서 인류 초기 화석을 찾기 위한 대규모 탐사대가 중앙아시아 지역을 탐사했다. 그러나 안타깝게도 그들의 노력은 수포로 돌아갔다. 통찰력 있는 일부 저자들이 지적했듯 인간이 침팬지나 고릴라와 맺고 있는 관계를 고려해 볼 때 인류의 기원은 아프리카 쪽이 더욱 타당해 보인다. 최초의 원인 화석이 아프리카에서 처음 발견된 것은 1924년이었다(오스트랄로피테쿠스 아프리카누스).

　그 후 수많은 추가 증거들이 아프리카에서 발견되었다. 특히 200만 년 이상 된 호미니드 화석은 모두 아프리카에서 발견되었다. 아프리카가 인류의 요람이라는 사실은 더 이상 의심의 여지가 없다.

화석 인간의 등장

　인류학 문헌에서는 화석 인간에 대한 이야기를 화석의 발견 연대에 따라 기술하는 것이 관행이다. 대개 네안데르탈인(1849년, 1856년)에서 시작해서 호모 에렉투스(1894년(자바), 1927년(중국)), 그 다음 아프리카에서 발견된 원인들(1924년 이후) 순서로 소개하는 것이 보통이다. 그러나 진화론자의 입장에서는 가장 오래된 화석에서 시작해서 점차 지질학적으로 현재에 더 가까운 시대로 내려오는 것이 더 이치에 맞을 것이다. 나는 그와 같은 접근 방법을 취하고자 한다.

침팬지의 계보는 호미니드 계통과 분리되고 나서 한참 후에 두 개의 동소종으로 갈라진다. 그중 하나는 아프리카 동쪽에서 서쪽 전역에 퍼져 있는 침팬지(*Pan troglodytes*)이고 또 하나는 중앙아프리카 콩고 강 서쪽 기슭의 숲에만 분포하는 보노보(*Pan paniscus*)이다. 콩고 강이 두 종을 갈라놓고 있다. 일부 행동 측면에서 보면 보노보가 침팬지보다 인간에 더 가까운 것처럼 보인다. 그러나 그렇다고 해서 보노보가 우리의 조상이라는 말은 아니다. 침팬지와 보노보가 갈라진 시점은 고작 수백만 년 전으로, 호미니드와 침팬지가 갈라지고 나서 한참 후의 일이다.

유인원에서 인간에 이르는 경로를 어떻게 재구성할까?

고인류학(paleoanthropology)의 임무 중 하나는 유인원에서 인간에 이르는 경로를 재구성하는 것이다. 그와 같은 재구성을 시도

하던 초기의 화석 인류 연구자들은 대개 해부학의 훈련을 받은 사람들로 신체 구조적 변화를 기술하기에 충분한 자격을 지니고 있었다. 그러나 그들은 개념적으로는 그 임무에 적절하게 준비되어 있지 못했다. 그들은 '유인원'에서 '인간'으로의 변화에 초점을 맞춘 유형론자이다. 그들은 유인원 유형에서 인간 유형으로 점진적으로 변화하는 단계들을 찾아내고 싶어했다. 그들은 또한 '더욱 완벽한 상태'를 향한 선형적 경향, 즉 호모 사피언스에서 정점에 이르는 진보에 대해 거의 목적론적 믿음을 가지고 있었다.

그러나 안타깝게도 인간화의 단계들을 재구성하는 일은 매우 어려운 것으로 드러났다. 무엇보다도 가장 먼저 발견된 화석들이 대부분 가장 나중에 존재했던 것들이라는 어려움에 부딪쳤다. 따라서 유인원에서 인간으로의 경로가 아니라, 인간에서 유인원으로 거슬러 올라가는 식으로 경로를 재구성해야 한다. 더욱 난감한 것은 매끈하게 연속적으로 이루어진 경로를 구성하는 것이 거의 불가능하다는 사실이다. 이는 물론 대부분 화석 기록의 불완전성 때문이다. 앞으로 살펴보겠지만 일부 화석 유형들은 비교적 흔하게 널리 퍼져 있다. 오스트랄로피테쿠스 아프리카누스, 오스트랄로피테쿠스 아파렌시스, 호모 에렉투스 등이 그와 같은 화석이다. 그런데 이들은 그들의 가장 가까운 조상이나 후손과 불연속적으로 뚝 떨어져 있는 것으로 보인다. 이는 특히 오스트랄로피테쿠스속과 사람속의 단절에서 두드러지게 나타난다.

실질적 화석 증거는 무엇일까?

안타깝게도 600만 년 전에서 1300만 년 전 사이에 존재했던 호미니드 화석은 지금까지 전혀 발견되지 않았다. 또한 침팬지 화석도 그 기간에 해당하는 것은 전혀 발견되지 않았다. 즉 호미니드와 침팬지의 계통이 분기한 사건을 입증해 주는 화석 기록은 존재하지 않는 것이다. 뿐만 아니라 대부분의 호미니드 화석은 극도로 불완전하다. 이들은 아래턱의 일부, 얼굴 부분은 없는 두개골의 윗부분, 치아나 사지의 끝부분 등 불완전한 조각으로 이루어져 있다. 손실된 부분을 재구성하는 과정에는 주관성이 개입하지 않을 수 없다. 인류 고생물학의 초기에서부터 모든 화석들을 호모 사피엔스와 비교하려는 경향이 존재해 왔다. 어떤 화석(특히 화석의 일부분)은 호모 사피엔스와 비교해서 "진보했다."거나 "원시적이라고 (유인원 같다고(ape-like))" 묘사되었다. 이와 같은 비교는 호미니드의 진화가 많은 면에서 모자이크 진화의 경향을 띠고 있다는 사실을 보여 주었다. 예를 들어 치아는 사람속과 흡사한데 손발의 모습은 유인원과 비슷한 식의 조합이 나타나는 것이다.

진화의 일반 주제를 다루는 이 책에서 논란에 둘러싸인 호미니드 화석(사실상 거의 모든 호미니드 화석이 논란의 대상이 되고 있다고 할 수 있다.)에 관한, 존재하는 모든 해석의 장점과 단점을 열거할 수는 없다. 그러한 시도는 비전문가인 독자들에게 혼란을 가중시키는 결과를 가져올 뿐이다. 따라서 비판의 여지가 있기는 하지만 나는 수많은 해석들 가운데 내가 보기에 가장 옳다고 여겨지는 해석들을 선택해서 소개하기로 한다. 독자들은 내가 각 화석들을 분류하고 지정한 방식이 잠정적인 것임을 숙지하기 바란다. 어떤 새로운 발견이 이루어질 경우 상황은 크게 바뀔 수 있다. 예를 들어 호모 하빌리스를 오스트랄로피테쿠스와 같은 시대에 배치한 것이나 사람속이 아프리카의 다른 지역에서 아프리카 동부로 이주했다고 보는 것은 특히 취약한 증거에 근거한 주장이다. 이처럼 혼란스러운 상황에서는 어떤 사실이든 당연한 것으로 받아들이지 않는 것이 중요하다. 태터솔(Tattersall)과 슈바르츠(Schwartz)(2000)는 호미니드 화석의 변이에 대해 가장 유용한 설명을 제공했다. 해부학적 배경을 가지고 호미니드 분류에 뛰어든 인류학자들이 사용하는 아파렌시스, 에렉투스, 하빌리스와 같은 분류학적 종의 명칭이 유형을 가리키는 것이 아니라 가변적인 개체군 및 개체군들의 집단을 가리킨다는 점에 유의해야 한다.

화석 호미니드에 대한 우리의 지식이 불충분하다는 것을 1994년 이후 6개나 되는 호미니드 화석이 새로 발견되었다는 사실이 두드러지게 보여 준다. 지금까지 아무도 이 호미니드들을 새로운 인류 계통수에 적절하게 배치할 엄두를 못 내고 있다. 다양한 화석들이 어떤 부분에서 차이를 보이는가 하는 문제는 지역적 변이 때문에 불충분한 화석 부스러기들만으로는 판가름할 수 없다.

인간화의 단계

그러나 인간 진화의 일반적 경향을 살펴보는 데에는 화석 기록이 상당한 도움을 준다. 수많은 저자들의 해석들을 고려해서, 특히 스탠리(Stanley, 1996)와 랭햄(Wrangham, 2001)의 해석에 의존해서 나는 유인원에서 인간으로 변화해 온 역사의 다양한 단계들을 재구성해 하나의 맥락을 갖춘 이야기로 엮어 보았다. 이 이야기는 전적으로 추론에 기초한 것으로 그중 어느 부분이든 언제든 반박될 수 있다. 그러나 별개의 사실들을 단순히 한데 묶어 놓는 것보다 그것을 연결하여 하나의 일관성 있는 이야기를 만들어 내는 것이 이해에 도움이 될 것이다. 최근 연구에서 도출된 가장 확실하고 중요한 사실은 호모 사피엔스가, 우리의 호미니드 조상이 두 번에 걸친 중요한 생태학적 변화(선호하는 서식지의 변화)의 산물이라는 것이다. 우리는 인간화 과정을 다음 세 단계로 나누어 생각할 수 있다.

열대 우림 단계	침팬지
교목 사바나 단계	오스트랄로피테쿠스
관목 사바나 단계	호모

침팬지 단계 열대 우림 지역의 유인원은 주로 팔로 매달려서 이 가지에서 저 가지로 옮겨 다녔다. 이들은 주로 부드러운 과일이나 식물의 연조직(잎, 가지 등)을 먹고 살았다. 작은 뇌와 현격한 성적 이형성은 유인원의 특징을 뚜렷이 보여 준다. 이들은 대부분의 시간을 나무 위에서 보내며 이족 보행에 대한 선택압은 존재하지 않는다.

오스트랄로피테쿠스 단계　약 500~800만 년 전, 침팬지와 비슷한 유인원 중 일부 종들이 열대 우림 지역을 띠처럼 둘러싸고 있는 교목 사바나 지역에 창시자 개체군을 수립하는 데 성공했다. 당시 아프리카의 광대한 부분이 교목 사바나 지역이었음이 분명하다. 이 지역으로 이주한 개체군은 오스트랄로피테쿠스로 진화했다. 이들은 생존과 번식에서 엄청난 성공을 거두었던 것으로 보인다. 이들 화석은 현재 주로 에티오피아에서 탄자니아에 이르는 아프리카 동부와 남아프리카에서만 발견되고 있지만(중앙아프리카인 채드(Chad)에서는 단 하나의 화석이 발견되었다.) 아프리카의 교목 사바나 지역이라면 어디든 퍼져 나갔던 것으로 보인다.

이 유인원들이 새로운 서식지에 적응하기 위해 겪은 변화는 놀라울 만큼 적었다. 이제 나무들은 어느 정도 서로 떨어져 있었고 유인원들은 이족 보행 방식에 적응해야만 했다. 그러나 이들은 여전히 근본적으로는 나무에서 생활하는 상태였으며 다른 유인원과 같이 대개 나무 위의 둥지에서 잠을 잤다. 영장류 동물이 이족 보행으로 옮겨 가는 것은 어쩌면 사람들이 생각하는 것만큼 어렵지 않을 수도 있다. 나는 애리조나 주 피닉스의 동물원에서 남아메리카산 거미원숭이가 상당한 거리를 두 발로 걸어서 이동하는 것을 목격하였다. 유인원이 거쳐야 했던 또 다른 적응은 이가 좀 더 길고 단단해지는 변화였다. 왜냐하면 좀 더 건조한 서식지에서는 부드러운 열대 과일이 부족했을 것이고 그 결과 좀 더 단단한 식물성 먹이가 식사에 포함되었을 것이기 때문이다. 일부 인류학자들은 이 무렵 유인원들이 좀 더 건조한 지역에서 자라는 구근(球根, tuber, 알뿌리), 근경(根莖, rhizome, 옆으로 두텁고 길쭉한 줄기), 구경(球莖, corm, 알줄기)과 같이 땅속에 묻혀 있는 식물의 저장 기관을 먹을 수 있음을 발견했을 것이라고 추측한다. 교목 사바나 지역에는 사자, 치타, 들개, 그밖에 날쌘 포식 동물들이 존재하지 않았으며 또한 포식자로부터 몸을 숨길 나무가 언제든지 근처에 존재했다. 그 결과 오스트랄로피테쿠스는 작은 체구, 두드러진 성적 이형성(수컷은 암컷보다 50퍼센트 정도 더 컸다.), 작은 뇌, 긴 팔, 작은 다리 등 침팬지와 비슷한 조상의 형질 대부분을 별 변화 없이 그대로 간직하고 있었다.

약한 오스트랄로피테쿠스 두 종이 존재했다는 사실을 뒷받침하는 많은 증거가 존재한다. 에티오피아에서 탄자니아에 이르는 아프리카 동부에서 발견되는 오스트랄로피테쿠스 아파렌시스(390~300만 년 전)와 남부 아프리카에서 발견되는 오스트랄로피테쿠스 아프리카누스(300~240만 년 전)가 그 둘이다 그림 11.2. 이 두 종은

430~485cc 정도 되는 작은 뇌를 가지고 있다. 비록 이들은 동소종이지만 오스트랄로피테쿠스 아프리카누스가 더 나중에 살았고 또한 사지의 비율을 제외하고는 사람속과 더 닮았다. 침팬지가 이미 도구 사용에 상당히 익숙하다는 점을 고려한다면 오스트랄로피테쿠스 역시 도구를 사용했으리라 추측할 수 있다. 그러나 지금까지 오스트랄로피테쿠스의 유물로 얇게 쪼갠 돌로 된 도구는 발견되지 않았다. 그들이 나무나 식물의 섬유질, 또는 동물의 가죽으로 도구를 만들었다면 그 흔적은 보존되지 않았을 것이다. 한편 오스트랄로피테쿠스가 아프리카 전역의 교목 사바나 지역에 널리 퍼져서 살았으리라고 추측할 수 있다.

오스트랄로피테쿠스는 대체로 초식성이었다. 이들은 앞니도 어금니도 모두 인간보다 더 컸다. 침팬지의 경우 어금니가 인간에 비해 훨씬 작다.

오스트랄로피테쿠스는 이족 보행을 하긴 했지만 여전히 대부분의 시간을 나무 위에서 보냈고 이들의 신체 구조 중 상당 부분, 이를테면 팔 길이 등은 현대 인류와 큰 차이를 보였다. 스탠리(1996)는 그렇기 때문에 암컷이 새끼를 팔로 안을 수 없었을 것이고(암컷의 팔은 나무를 오르는 데 써야 했다.), 따라서 유인원의 새끼처

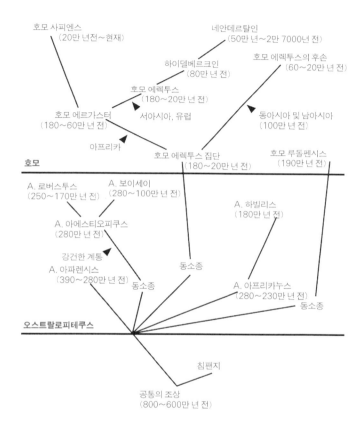

호모 사피엔스
(20만 년전~현재)

네안데르탈인
(50만 년~2만 7000년 전)

하이델베르크인
(80만 년 전)

호모 에렉투스의 후손
(60~20만 년 전)

호모 에렉투스
(180~20만 년 전)
서아시아, 유럽

동아시아 및 남아시아
(100만 년 전)

호모 에르가스터
(180~60만 년 전)
아프리카

호모 에렉투스 집단
(180~20만 년 전)

호모 루돌펜시스
(190만 년 전)

호모

A. 로버스투스
(250~170만 년 전)

A. 보이세이
(280~100만 년 전)

A. 하빌리스
(180만 년 전)

A. 아에스티오피쿠스
(280만 년 전)

강건한 계통
A. 아파렌시스
(390~280만 년 전)

동소종

동소종

A. 아프리카누스
(280~230만 년 전)

동소종

오스트랄로피테쿠스

침팬지

공통의 조상
(800~600만 년 전)

그림 11.2

매우 잠정적인 상태의 호미니드의 계통수. 특히 각 호미니드의 출현 연대는 새로운 정보에 따라 수정될 여지가 크다. 1990년 이후에 조사된 호미니드는 포함되지 않았다.

럼 오스트랄로피테쿠스의 어린 새끼 역시 어미에게 매달려 다녔을 것으로 본다. 따라서 오스트랄로피테쿠스의 새끼는 침팬지의 새끼와 마찬가지로 발달이 상당히 진행된 상태에서 태어났을 것이다.

구세계에서든 신세계에서든 서로 다른 두 종이 같은 지역에서 공존하는 영장류의 속(예를 들어 긴꼬리원숭이속(Cercopithecus))은 별로 없다. 그러나 오스트랄로피테쿠스의 경우 두 종이 같은 지역에 공존했다. 남아프리카의 동일한 지역에 연약한 종인 A. 아프리카누스와 강건한 계통인 A. 로버스투스가 함께 살았다. 그리고 동부 아프리카에서는 350만 년에서 300만 년 전 사이에 강건한 오스트랄로피테쿠스 종인 A. 보이세이가 연약한 종인 A. 아파렌시스와 함께, 그리고 240만 년 전에서 190만 년 전 사이에는 사람속과 함께 살았던 것으로 보인다. 심지어 더 오래된 강건한 종인 A. 에티오피쿠스가 380만 년 전에 존재했던 것으로 보이지만 이들은 A. 보이세이와 같은 종일지도 모른다. 강건한 오스트랄로피테쿠스는 매우 힘이 센 것처럼 보이지만 모든 증거로 미루어 볼 때 이들은 평화적인 초식 동물이었던 것으로 보인다. 기본적으로 이들은 연약한 오스트랄로피테쿠스와 동일한 신체 구조를 가지고 있다. 그

러나 일부 저자들은 강건한 오스트랄로피테쿠스를 파란트로푸스
(paranthropus)속에 포함시킨다.

연약한 오스트랄로피테쿠스 개체군은 380만 년 전에서 240만
년 전 사이에 살았다. 신체 크기나 뇌의 용량이 작은 것으로 미루어
이들은 유인원이었다고 볼 수 있다. 그러나 무엇보다 주목할 만한
점은 이들이 약 150만 년 동안 거의 변화하지 않았다는 사실이다.
이 기간은 균형 잡힌 정체 상태였다고 볼 수 있다. 각기 약간 다른
시대에 살았던 아프리카 남부의 A. 아프리카누스와 아프리카 동부
의 A. 아파렌시스 사이에는 확실히 차이가 있었다. 그러나 그 차이
는 기후나 다른 환경 조건으로 인해 야기된 지리적 변이로 돌릴 수
있다. 이 길고 긴 기간 동안 사람속의 형질로 근접해 가는 양상은
전혀 나타나지 않았다.

오스트랄로피테쿠스는 유인원일까, 인간일까?

1924년 A. 아프리카누스가 발견되었을 때 이 질문은 뜨거운
논란거리가 되었다. 그 답은 물론 오스트랄로피테쿠스가 팬(Pan)
속 및 사람속과 어떤 형질 차이를 보이는가 하는 평가에 달려 있

다. 사람속 역시 유인원의 일종이라는 사실을 인지한 이래로 직립 자세와 그에 따른 이족 보행은 인간 특유의 특징으로 여겨져 왔다. 그리고 오스트랄로피테쿠스가 이러한 특징을 사람속과 공유하고 있기 때문에 오스트랄로피테쿠스 역시 인간으로 여겨졌다. 19세기 일부와 20세기의 거의 대부분의 기간에 이족 보행은 매우 중요한 특성으로 여겨졌다. 직립 자세가 손과 팔을 자유롭게 만들어 다른 역할, 특히 도구를 만들고 사용하는 데 활용할 수 있게 해주었다는 것이다. 그리고 또 손의 새로운 역할이 뇌의 활동을 필요로 하여 인간의 뇌 크기의 증대를 가져왔다는 것이다. 따라서 이족 보행은 인간화 과정에서 가장 중요한 디딤돌로 생각되었다.

그러나 꼬리를 물고 이어지는 이와 같은 추론의 고리는 더 이상 확실한 것으로 받아들여지지 않고 있다. 오스트랄로피테쿠스는 200만 년 이상 이족 보행을 했으나 뇌 크기에 별다른 의미 있는 변화가 일어나지 않았다. 한편 침팬지가 상당한 정도로 도구를 사용하고 다른 일부 동물들 역시 초보적인 수준이나마 도구를 사용한다는 사실이 발견됨에 따라 도구 사용의 중요성 역시 줄어들게 되었다. 뿐만 아니라 이족 보행과 치아의 일부 특성을 제외하고는 오스트랄로피테쿠스는 거의 모든 형질을 침팬지와 공유하고 있다. 그리고 더욱 중요한 것은 이들이 가장 전형적인 사람속의 형질을 거의 갖추고 있지 않다는 것이다. 오스트랄로피테쿠스는 뇌가 큰 것도 아니었고 박편 석기를 만들지도 않았으며 유인원 특유의 두드러진 성적 이형성을 보였고 긴 팔과 짧은 다리, 그리고 작은 체구를 가지고 있었다. 우리는 또한 나무에 살던 오스트랄로피테쿠스의 이족 보행과 전적으로 지상에 사는 인간의 이족 보행을 따로 구분할 필요가 있다. 아마도 전반적인 특성을 묶어서 생각할 때 오스트랄로피테쿠스는 사람속보다는 침팬지에 더 가까웠으리라고 보는 것이 타당할 것이다. 실제로 오스트랄로피테쿠스가 유인원과 비슷한 단계에서 사람속의 단계로 변화한 것은 인간화 과정의 가장 중요한 사건이라고 할 수 있다.

관목 사바나의 정복

인간의 역사는 언제나 환경으로부터 많은 영향을 받은 것으로 보인다. 약 250만 년 전부터 아프리카 열대 지역의 기후가 나빠지기 시작했다. 북반구에서 빙하 시대가 시작되던 것과 발맞추어 일어난 변화였다. 기후가 점점 더 건조해짐에 따라 교목 사바나 지역의 나무들이 잘 살 수 없게 되어 점차 죽어 버리고 환경은 차츰 관목 사바나로 변하게 되었다. 나무가 없는 사바나 지역에는 안전하게 숨을 곳이 없어졌고 오스트랄로피테쿠스는 완전히 무방비상태가 될 수밖에 없었다. 이들은 사자, 표범, 하이에나, 들개의 위협에 시달렸다. 이 포식 동물들은 모두 오스트랄로피테쿠스보다 빨리 달릴 수 있었다. 오스트랄로피테쿠스는 뿔이나 강력한 송곳니 같은 무기도 없었고 적이 되는 동물과 몸싸움을 벌여 이겨 낼 만한 힘도 없었다. 그 결과 초목의 변화가 이루어진 수십만 년에 걸쳐 대부분의 오스트랄로피테쿠스는 소멸해 버릴 수밖에 없었다. 그런데 두 가지 예외가 있었다. 환경이 특별히 유리한 일부 지역에서 교목 사바나가 보존될 수 있었고 이곳에서 오스트랄로피테쿠스도 한동안 생존했다. 오스트랄로피테쿠스 하빌리스와 두 강건한 종(파란트로푸스)이 바로 그 생존자들이다.

인간의 역사에서 더욱 중요한 점은 일부 오스트랄로피테쿠스 개체군들이 스스로 지혜를 발휘해서 성공적인 방어 메커니즘을 개발함으로써 살아남을 수 있었다는 사실이다. 그 메커니즘이 무엇이었느냐 하는 문제는 추측에 의존할 수밖에 없다. 어쩌면 적에게 돌을 던졌을 수도 있고 아니면 나무나 다른 식물성 재료를 이용한 원시적인 무기를 이용했을 수도 있다. 또 어쩌면 서부 아프리카의 침팬지들처럼 긴 막대기를 사용했을 수도 있고 가시가 잔뜩 달린 나뭇가지를 휘둘렀을 수도 있으며 북처럼 큰 소리를 내는 도구를 만들어 사용했을 수도 있다. 그러나 확실히 가장 훌륭한 방어 수단은 불이었을 것이다. 나무의 둥지에서 잘 수 없게 되자 아마도 그들을 보호해 줄 모닥불 주변에서 잠을 잤을 것으로 생각된다. 그들은 또한 박편 석기를 만든 최초의 인간이었을 것이다. 그리고 좀 더 날카로운 박편 석기를 이용해서 창도 만들었을 것이다. 아무튼 중요한 것은 사람속으로 진화한 이 오스트랄로피테쿠스의 후손들이 살아남아서 결국에는 번성하게 되었다는 사실이다. 나무에 살면서 보조적으로 이루어지던 오스트랄로피테쿠스의 이족 보행은 이제 완전한 지상의 이족 보행으로 진화하게 되었다.

이것은 호미니드의 역사에서 가장 근본적인 변화이다. 이는 열대 우림에서 교목 사바나로의 서식지 변화보다 훨씬 더 큰 변화이며 새로운 사람속의 중요한 특징을 만들어 내는 변화를 가져왔다. 뇌의 크기가 급격하게 증가해 호모 에렉투스의 경우 두 배 이상 커졌다. 성적 이형성은 감소해서 수컷과 암컷의 몸무게 차이가 50퍼센트에서 15퍼센트로 줄어들었다. 치아, 특히 어금니는 훨씬 작아졌다. 팔은 짧아지고 다리는 길어졌다. 초기의 사람속은 불을 자신을 보호하는 데 뿐만 아니라 요리를 하는 데에도 사용했던 것으로 보인다. 사람속에 이르러 치아 크기가 작아진 이유를 전문가들은 전통적으로 육식에 대한 의존성이 증가했기 때문으로 돌렸다. 그러나 랭햄 등(Wrangham, 2001)은 단단한 식물성 재료를 불에 익혀서 부드럽게 만들어 먹게 된 것이 더 중요한 이유라고 주장했다. 이와 같은 시나리오의 거의 모든 측면이 논란거리가 되고 있다. 인류가 언제 불을 길들이게 되었는지가 특히 불확실하다. 그리고 초기의 증거들은 해석에 오류가 있었던 것으로 드러났다. 또 오늘날 생각되는 것처럼 불이 사람속의 진화에 중요한 요소였다면 아마도 사람속의 출현 초기부터 불에 의존했어야 할 것이다. 그러나 현재는 이에 대한 증거도 부족한 형편이다.

사람속의 기원

사람속의 진화는 화석 기록으로 입증되고 있다. 그러나 그 증거는 빈약한 편이다. 약 200만 년 전 매우 다른 종류의 호미니드가 갑자기 아프리카 동부에 출현했다. 이 호미니드는 처음에는 호모 하빌리스로 생각되었다. 그러나 호모 하빌리스로 명명된 표본들이 너무나 다양해서 하나의 종으로 규정하기 어렵다는 사실이 드러났고 그중 뇌가 더 큰 표본들을 따로 분리해 호모 루돌펜시스라고 부르게 되었다. 점점 더 많은 표본들이 발견됨에 따라 해석 역시 급격하게 변화하였다. 하빌리스라는 이름은 좀 더 작은 표본에 제한되었다. '호모' 하빌리스 표본의 뇌는 고작 450, 500, 600cc로 많은 부분에서 오스트랄로피테쿠스의 뇌 용량과 겹친다. 그러나 호모 루돌펜시스의 뇌의 부피는 약 700~900cc로 훨씬 더 크다 표 11.2. 호모 루돌펜시스는 다른 형질에서도 오스트랄로피테쿠스와 차이를 보인다. 이들은 팔이 더 짧고 다리는 더 길며 어금니가 더 작고 앞니는 더 크다. 처음에 하빌리스의 것으로 간주되었던 석기는 이제는 호모 루돌펜시스가 만들어 낸 것으로 여겨지고 '호모' 하빌리스는 이제 오스트랄로피테쿠스의 후기 종의 하나로 간주되는 것이 보통이다. 전체적인 상황이 이토록 혼란스러운 이유는 호모 루돌펜시스가 동부와 남부 아프리카의 오스트랄로피테쿠스의 어떤 종에서 유래한 것처럼 보이지 않기 때문이다. 호모 루돌펜시스는 아프리카의 다른 지역에서 아프리카 동부로 침입해 들어온 것으로 보인다. 지금까지 어떤 화석 기록도 발견되지 않았지

표 11.2 **호미니드 계통의 뇌 크기 증가**

종	몸무게(킬로그램)	뇌 무게(그램)
긴꼬리원숭이	4.24	66
고릴라	126.5	506
침팬지	36.4	410
오스트랄로피테쿠스 아파렌시스	50.6	415
호모 루돌펜시스	–	700~900
호모 에렉투스	58.6	826
호모 사피엔스	44.0	1250

만 아프리카의 서부나 북부의 교목 사바나 지역에는 분명히 오스트랄로피테쿠스의 아종이나 동소종이 존재했을 것이다. 그러나 사람속은 이러한 주변 개체군에서 진화한 것이 틀림없다. 이는 사람속이라는 훨씬 발달한 호미니드가 동부 아프리카에 왜 그토록 갑작스럽게 나타났는지를 설명해 준다그림 11.3. 초기의 호미니드 이동에 대한 다른 해석은 스트레이트와 우드의 문헌(Strait and Wood, 1999)을 참조하라. 이러한 해석들은 호미니드가 오직 화석이 발견된 아프리카 지역에만 존재했을 것이라는 가정에 기초한 것이다.

호모 에렉투스에 대해서도 그와 비슷한 역사를 추론할 수 있다. 호모 에렉투스는 호모 루돌펜시스와 거의 같은 시기에 아프리카에 출현했으나, 처음에는 자바와 중국에서 유래한 것으로 생각되었다. 왜냐하면 초기에는 아프리카에서 화석이 발견되지 않았기 때문이다. 아프리카에서 발견된 가장 오래된 에렉투스 계통의 화석 표본은 호모 에르가스터(170만 년 전)이다. 아마도 이 아프리카의 개체군이 190~170만 년 전에 아프리카에서 아시아로 퍼져 나간 것으로 보인다.

호모 에렉투스는 (진화적 맥락에서) 엄청난 성공을 거두었다. 호모 에렉투스는 처음으로 아프리카 밖으로 뻗어 나간 호미니드이다. 호모 에렉투스로 분류되는 화석들은 동아시아(북경)와 자바에서 조지아(카프카스 산맥의 지역)까지, 동부 및 남부 아프리카에서 발견되었다. 이 종은 널리 퍼져 나갔을 뿐만 아니라 거의 100만 년 동안 큰 변화 없이 유지되었다. 아프리카에서 발견된 가장 나중의 것으로 보이는 호모 에렉투스의 화석(약 100만 년 전)은 호모 사피엔스로의 변화 경향을 보여 준다. 이는 호모 사피엔스가 아프리카에서 유래했다는 증거들과 일맥상통한다. 호모 에렉투스는 일련의 간단한 석기를 사용했다는 특징을 가지고 있다. 한편 이들은 확실히

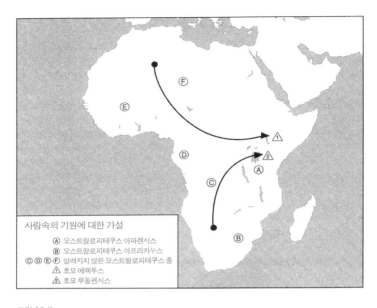

그림 11.3

오스트랄로피테쿠스의 동소종으로부터 사람속이 유래되었을 것이라는 가설.

불을 길들였던 것으로 보인다. 불을 사용할 수 있게 된 것은 인간화 과정에서 결정적인 단계였을 것이다.

교목 사바나에서 관목 사바나로 서식지가 바뀌면서 전례 없이 빠른 뇌의 크기 증가가 일어났다. 오스트랄로피테쿠스들은 더 이상 육식 동물을 피해 나무에 올라갈 수 없게 되었고 그 결과 다른 재능을 개발해야 했다. 따라서 뇌의 크기 증가에 대한 강한 선택압이 형성되었다. 이는 최초의 사람속 화석의 뇌 크기에서 입증된다. 호모 루돌펜시스(190만 년 전)의 뇌 크기는 700~900cc로 오스트랄로피테쿠스 뇌 크기(평균 450cc)의 거의 두 배이다. 호모 에렉투스의 계통에서도 이와 비슷한 뇌 크기의 증가가 일어나서 결국 1,000cc를 넘어서게 되었다.

뇌 크기의 증가는 유전적 기초를 가지고 있으며 따라서 태어나는 아기와 산모의 신체 구조에 다양한 종류의 영향을 미치게 된다. 전적으로 지상에 내려와 살게 된 것이 이러한 변화를 도왔을 것이다. 반드시 나뭇가지에 매달려서 살아야 했던 오스트랄로피테쿠스와 달리 사람속의 어머니들은 팔을 자유롭게 쓸 수 있게 된 것이다. 오스트랄로피테쿠스의 경우 침팬지의 새끼 정도로 성숙한 상태의 새끼, 즉 갓 태어나자마자 어미에게 매달릴 수 있는 새끼를 낳아야 했다. 그러나 골반에 둘러싸인 산도의 크기에 제한이 있어 태어나는 새끼의 머리 크기에도 제한이 있었다. 이것은 갓 태어난 새끼의 생존과 오스트랄로피테쿠스의 제한된 요구에 부응하는 데 필요한 범위에서 최소한의 크기였을 것이다.

인류 조상의 전체 역사에서 뇌의 크기가 가장 빠르게 증가한 기간은 사람속이 처음 출현할 무렵이었다. 호모 루돌펜시스와 호모 에렉투스는 무방비 상태로 환경에 대처해야 하는 상황이었고 그들의 생존은 오직 그들의 지혜에 달려 있었다. 따라서 당시 뇌 크기의 증가에 대한 어마어마한 선택압이 존재했을 것이다. 그러나 뇌 크기의 증가는 새로운 문제들을 야기했다. 뇌의 크기가 커짐에 따라 태아의 머리도 커졌을 것이다. 그러나 고생물학적 기록에서 나타나듯 산도의 크기 증가는 직립 자세 및 이족 보행과 양립할 수 없었다. 따라서 뇌의 크기는 상당 부분 출생 후에 증가했다. 다시 말해서 신생아가 미성숙한 상태로 태어나야만 했던 것이다. 다행히 팔을 나무를 기어오르는 데 쓸 필요가 없어져 이제 어머니가 아이를 안고 돌보는 데 쓸 수 있게 되었다. 이제 미성숙한 상태로 태어나는 것이 오히려 득이 되는 상황이 되었다. 완전한 지상 생활로의 변이는 인류의 역사에서 매우 힘든 기간이었음이 틀림없다. 변이가 일어나는 동안 엄마와 아기에게 모두 변화가 일어나야만 했다. 왜냐하면 엄마와 아기 모두 새로운 상황, 그리고 새로운 선택압에 적응해야 했기 때문이다. 아기의 머리(뇌)가 너무 크면 출산의 어려움 때문에 죽어 버릴 수 있다. 아기가 살아남기 위해서는 어느 정도 미숙한 상태로 태어나고 출산 이후에 뇌의 빠른 성장이 이루어져야 한다. 출생 시 인간의 신생아는 17개월 정도 미숙한 상태이다. 그 결과 엄마 역시 다양한 방식으로 영향을 받았다. 일단 아이가 더 무거워지고 임신 기간이 더 길어짐에 따라 여성의 체구가 더 커져야 했다. 그 결과 체중에서의 성적 이형성이 크게 감소했다.

인간의 아이가 17개월 정도 미숙한 상태로 태어난다는 것은 다시 말해서 아이가 태어난 지 17개월 정도 되어야 갓 태어난 침팬지 정도의 운동 능력과 독립성을 획득하게 된다는 것이다. 그런데 이렇게 미성숙하게 태어나는 인간의 아기가 생존에 적합한 것일까? 예를 들어 미숙한 인간의 아기에게 무엇보다 절실한 요구는 바로 온기이다. 초기의 사람속의 아기에게도 이는 마찬가지였을 것이다. 이와 같은 선택압에 대한 대응으로 추위에 대한 매우 효과적인 방어책인 피하 지방층을 획득하게 되었다. 이처럼 출생 시기가 이동하는 데에는 엄청난 변화가 수반되었음이 틀림없다. 특히 엄마와 아이의 성장 속도에 큰 영향을 미쳤을 것이다. 그 결과 수백만 년 동안 산도 크기의 증가 없이 뇌의 크기가 커질 수 있었다. 이처럼 뇌의 성장이 출산 뒤로 미루어진 결과, 인간 아기의 뇌는 첫돌이 될 때까지 태어났을 때의 두 배로 커진다.

호모 에렉투스의 후손들

종 분화적 진화에서 흔히 나타나듯 짧은 기간 동안 엄청난 속도의 변화가 일어난 후에 호모 에렉투스는 한동안의 정체기를 가졌다. 호모 에렉투스에서 호모 사피엔스로의 진화에는 뇌의 크기 증가 이외에 그다지 큰 변화가 없다. 호모 에렉투스는 최초로 높은 이동성을 보인 호미니드로 중국 북부에서 동남아시아, 유럽, 아프리카에 이르기까지 광대한 범위에 걸쳐 제각기 다른 지리적 인종으로 진화해 나갔다. 호모 에렉투스에서 호모 하이델베르겐시스를 거쳐 네안데르탈인에 이르는 점진적 변화를 보여 주는 풍부한 화석 증거가 존재한다. 이 변이 단계의 호미니드들은 영국(스완스콤), 독일(슈타인하임), 그리스(페트랄로나), 자바(응앙동) 등에서 발견되었다.

이 화석들은 '오래된(archaic) 네안데르탈인'으로 보는 것이 가장 타당하다. 이들은 에렉투스와 비슷한 상태에서 전통적인 네안데르탈인과 비슷한 상태로 꾸준히 변화하는 양상을 보인다. 유럽과 근동 지역에서는 호모 에렉투스가 궁극적으로 네안데르탈인을 탄생시킨 것이 확실해 보인다. 그러나 동아시아 및 남아시아, 그리고 아프리카에서는 호모 에렉투스가 어떻게 되었는지 확실하지 않다.

네안데르탈인은 2만 5000년 전에서 3만 년 전 사이에 번성했다. 10만 년 전에 네안데르탈인의 분포 구역은 밀려드는 호모 사피엔스의 수에 압도당했다. 호모 사피엔스는 약 20만 년 전에서 15만 년 전 사이에 사하라 남쪽의 아프리카에서 유래한 것으로 믿어진다. 호모 사피엔스는 아프리카에 살던 호모 에렉투스에서 갈라져 나온 것이 분명해 보인다. 이 계통은 아시아의 호모 에렉투스와는 적어도 50만 년 이상 격리되었던 것이 분명한데, 이 기간 동안 호모 사피엔스 특유의 형질들을 획득한 것으로 보인다. 호모 사피엔스의 물결은 결국 아프리카를 벗어나 전 세계로 빠르게 퍼져 나가게 되었다. 이들은 5만 년 전에서 6만 년 전 사이에 오스트레일리아에 도달했고, 약 3만 년 전에 동아시아에 발을 디뎠다. 그리고 약 1만 2000년 전에 아메리카 대륙에 진출한 것으로 보고되고 있다. 하지만 그보다 더 이른 시기에, 어쩌면 약 5만 년 전쯤에 아메리카 대륙에 이주했다는 일부 증거도 존재한다.

유럽의 호미니드 역사는 복잡하다. 네안데르탈인의 화석이 투르키스탄, 북부 이란, 팔레스타인에서 지중해의 북안 전체와 중부 유럽, 그리고 서유럽에서 스페인과 포르투갈 일대에서 발견되었다. 치아와 문화 유물로 미루어 볼 때 네안데르탈인은 대체로 육식을 했던 것으로 보인다. 이들이 거대 동물상(매머드, 검치(sabertooth), 호랑이 등 몸집이 매우 큰 동물군.—옮긴이)을 심각한 지경으로 파괴하고 그 결과 스스로의 생존을 위협하게 되었다는 주장이 제기되었으나 확실한 증거는 없다. 약 3만 5000년 전 현대적인 호모 사피엔스의 이주 물결이 서유럽에 도달했고 수천년 동안 호모 사피엔스와 네안데르탈인이 공존한 후에 네안데르탈인이 사라졌다. 그들이 사라진 정확한 이유(기후적 요인, 문화적 열등성, 호모 사피엔스에 의한 대량 살상)는 아직도 논란 중이다. 네안데르탈인과 호모 사피엔스 계통은 기원전 46만 5000년 무렵에 갈라졌다.

서유럽에 침범해 온 호모 사피엔스를 크로마뇽인이라고 하는데 이들은 매우 성공적이었으나 그들이 번성하던 약 10만 년 동안 해부학적으로는, 특히 뇌의 크기(1350cc)에 별다른 변화가 없었다. 이들은 매우 발달한 문화를 지녔고 라스코(Lascaux)와 쇼베(Chauvet) 동굴에 유명한 벽화를 남겼다.

우리는 인간 체격의 급격한 구조적 변화를 강조함으로써 호미니드 진화의 역사를 요약할 수 있다. 무엇보다 두드러진 것은 나무와 지상에 한 다리씩 걸치고 있던 오스트랄로피테쿠스속에서 완전한 지상 생활을 하는 사람속으로의 변화였다. 뇌의 크기는 400만 년 동안 세 배 이상 증가했고, 이는 놀라운 문화적 변혁을 가져왔다. 변화의 속도는 고르지 않았지만 사람속으로 변화하는 과정에서 크게 증가했다. 오스트랄로피테쿠스의 시기에는 200만 년 동안 두드러진 변화가 일어나지 않았다. 그러나 사람속의 시기에는 호모 하빌리스, 호모 루돌펜시스, 호모 에렉투스의 관계에 여전히 불확실한 점이 많지만 뭔가 새로운 변화가 일어났다. 사람속은 전적으로 지상 생활을 했으며 분명히 유인원에 비해 큰 뇌를 가지고 있었다.

유인원에서 인간으로의 변화 과정에서 인간 표현형의 다양한 요소들은 제각기 다른 변화 양상을 보였다(모자이크 진화의 예이다.). 기본적인 효소들과 헤모글로빈을 비롯한 다른 거대 분자들은 거의 변화하지 않았다. 또한 인간의 기본적인 해부학적 구조 역시 침팬지의 기본 구조와 놀랄 만큼 비슷하다. 그렇기 때문에 린네는 주저하지 않고 침팬지를 사람속에 포함시켰던 것이다. 그러나 변화의 속도에서 다른 모든 기관들을 앞질러 내달린 기관이 있었으니 바로 뇌이다. 뇌의 변화는 약 240만 년 전에 시작되었으나 지난 50만 년 동안 특히 가속화되었다. 인간 뇌의 특별한 점은 무엇일까?

뇌

인간의 뇌는 상상할 수 없을 만큼 복잡한 기관이다. 성인의 뇌에는 뉴런이라는 약 300조 개의 신경 세포가 들어 있다. 인간에게서 고도로 발달한 대뇌 피질은 약 100조 개의 뉴런과 1000조 개의 시냅스, 즉 뉴런들 간의 연결부를 가지고 있다. 각각의 뉴런은 줄기에 해당되는 축삭(axon)이라는 부분과 수많은 가지에 해당되는 수상 돌기(dendrite)를 가지고 있다. 이 수상 돌기는 시냅스에서 다른 뉴런과 접촉하는 부위이다. 뉴런의 전기 생리학적 특성에 대해서는 많은 지식이 축적되었다. 그러나 이러한 뉴런의 내적인 기능에 대해서는 거의 알려진 것이 없다. 예를 들어 시냅스는 기억을 유지하는 데 중요한 역할을 하는 것이 분명하다. 그러나 실제로 어떻게 그와 같은 기능을 수행하는지에 대해서는 거의 알지 못한다.

우리는 인간을 인간답게 만들어 주는 것이 다름 아닌 우리의 뇌라는 사실을 오랫동안 인식해 왔다. 우리의 해부학적 구조 가운데 어느 부분이든 다른 동물에게서 그에 필적하거나 혹은 그보다 더 뛰어난 부분을 찾을 수 있다. 그런데 사실 인간 뇌 역시 그보다 훨씬 작고 단순한 다른 포유류의 뇌와 본질적으로는 비슷하다. 인간 뇌의 독특한 특성은 많은(아마도 많게는 40가지의) 수의 제각기 다른 종류의 뉴런 덕분인 것으로 보인다. 일부 뉴런은 인간에게만 고유하게 존재하는 것이다.

가장 놀라운 점은 인간의 뇌가 15만 년 전 호모 사피엔스가 처음 출현한 이래로 조금도 변화하지 않았다는 사실이다. 원시적인 수렵-채집 사회에서 농업 사회로의 진보, 이어서 일어난 도시화와 같은 인류의 문화 진보는 그에 상응하는 뇌 크기의 증가 없이 일어났다. 더욱 규모가 커지고 복잡해진 사회에서는 큰 뇌가 더 이상 번식에서 이점으로 작용하지 않았던 것으로 보인다. 호미니드 계통에서 뇌의 크기가 꾸준히 증가하는 방향으로의 목적론적 경향은 존재하지 않는 것이 분명하다.

우리는 한때 이족 보행과 도구의 사용이 가장 중요한 인간화 단계라고 생각했다. 그러나 이족 보행을 했던 오스트랄로피테쿠스가 유인원에 가깝다는 사실, 그리고 침팬지(그리고 다른 동물)가 도구를 이용한다는 사실의 발견은 이러한 믿음을 부숴 버렸다. 대신 뇌의 급격한 크기 증가는 인간 진화의 두 가지 진전과 발맞추어 일어났다. 그것은 바로 호미니드가 나무에서의 안전한 삶에서 이탈하게 된 사건과 인간의 의사소통 수단인 음성 언어의 발달이다. 이러한 일들은 어떻게 일어나게 되었을까?

인간의 독특성

유인원이 인간의 조상이라는 사실을 깨닫게 된 이후로 어떤 사람들은 "인간은 단지 동물에 지나지 않는다."라고 결론 내린다. 그러나 그와 같은 견해는 옳지 않다. 인간은 실제로 매우 독특한 존재이며 신학자들이나 철학자들이 전통적으로 주장해 온 바와 같이 어떤 동물들과도 다르다. 이는 인간에게 긍지이기도 하고 부담이기도 하다.

나는 인류가 원숭이 조상과 점점 달라지게 된 단계들을 묘사해 왔다. 그리고 이제 인간만의 독특한 특성에 대해 논의해 보고자 한다. 인간의 고유성은 대부분 뇌의 엄청난 발달, 그리고 부모의 양육 확대와 관련이 있다. 대부분의 무척추동물(특히 곤충)의 경우 부모는 새끼가 알에서 부화되기 전에 죽는다. 갓 태어난 새끼가 이용할 수 있는 행동 정보는 오직 DNA에 담겨 있는 정보뿐이다. 비교적 짧은 일생 동안 이들이 학습할 수 있는 것은 매우 제한되어 있고 학습한 정보는 자손에게 전달되지 않는다. 오직 일부 조류나 포유류처럼 부모의 양육이 매우 발달한 종에서만 어린 개체가 자신의 유전적 정보에 부모나 형제자매, 또는 개체군의 다른 구성원으로부터 학습한 정보를 추가할 수 있는 기회를 갖는다. 그와 같은 정보는 유전 프로그램에 저장되지 않은 채 한 세대에서 다음 세대로 이어질 수 있다. 그러나 대부분의 동물 종에서 이와 같은 비유전적 정보 전달 시스템으로 전달할 수 있는 정보의 양은 상당히 제한되어 있다. 반면 인간의 경우 그와 같은 문화적 정보 전달이 삶의 중요한 측면이 되었다. 이 능력은 언어의 발달을 선호하게 되었다. 어쩌면 그와 같은 요구가 언어의 출현을 불러왔는지도 모른다.

우리는 보통 '벌의 언어'와 같은 동물의 정보 전달 시스템을 '언어'라고 부른다. 그러나 그와 같은 종의 동물은 단순히 신호를 주고받는 능력을 가지고 있을 뿐이다. 언어를 구성하기 위해서는 의사소통 수단이 구문(syntax)과 문법을 갖추고 있어야 한다. 심리학자들이 반세기에 걸쳐서 침팬지에게 언어를 가르치려고 시도해 왔으나 그러한 노력은 모두 수포로 돌아갔다. 침팬지는 구문을 받아들일 수 있는 신경 장치를 가지고 있지 않은 것으로 보인다. 그래서 그들은 미래나 과거에 대해 이야기할 수 없다. 인간 조상들은 언어를 발명함으로써 문자나 인쇄술이 발명되기 전에도 풍부한 구전 전통을 발달시킬 수 있었다. 그러자 이번에는 언어의 발달이 뇌의 크기 증대에 엄청난 선택압으로 작용하게 되었다. 특히 정보 저장(기억)에 관련된 부분의 발달을 촉진하게 되었다. 이처럼 증가된 뇌는 예술, 문학, 수학, 과학의 발달을 가능하게 했다.

사고와 지적 능력은 온혈 척추동물(조류, 포유류) 사이에 널리 퍼져 있다. 그러나 인간의 지적 능력은 다른 동물과 비교할 수 없을 정도로 앞서 있다. 화석 기록이 우리에게 말해 주는 뇌의 진화에 대한 이야기는 놀라운 면이 있다. 예전에는 직립 보행이 뇌 크기 증가의 주요 원인이었을 것이라고 믿었다. 그러나 이족 보행을 하는 오스트랄로피테쿠스는 침팬지보다 별로 크다고 할 수 없는 작은 뇌(대개 500cc 이하)를 가졌다. 그렇다면 사람속에서 두드러지게 뇌의 크기가 증가한 원인은 무엇일까? 논란이 되는 다른 많은 문제와 마찬가지로 여기에는 다수의 요인들이 관련되어 있으며, 인류 역사의 각 단계마다 영향을 주는 요인이 달라졌을 가능성이 높다.

인간화의 각 단계들이 연속적으로 매끄럽게 연결되어 있을 것이라는 믿음은 유형론적 사고에 기초한 것이다. 다윈 이전에도 자연학자들은 고등 생물들이 유형이 아니라 변이 가능한 개체군으로 존재한다는 사실을 보여 주었다. 생물은 지리적으로 변이 가능한 종으로 존재하며 많은 경우에 주변부의 격리되어 있는 발단종과 동소종으로 둘러싸여 있다. 광범위하게 퍼져 있는 종은 상대적으로 진화적 변화를 거의 겪지 않으며, 주변의 발단종에서 진화적 신형질이 많이 생겨난다는 풍부한 증거가 있다 9장 참조. 호미니드의 진화와 종 분화는 대부분의 지상 척추동물과 동일한 패턴을 따른다는 믿을 만한 많은 증거가 있다.

주변부에 격리되어 있던 개체군은 너무나 성공적으로 진화해 부모종의 영역을 침입하고 심지어 부모종을 몰살시켜 버리는 경우도 있다. 그럴 경우 화석 기록상으로는 완전히 불연속적인 것으로 나타나며 부모종과 딸종 사이에 '도약'이 일어난 것처럼 보이게 된다. 실제로 이는 단지 지리적 이동일 뿐인데도 말이다. 예를 들어 아프리카의 서쪽이나 북쪽에 살던 오스트랄로피테쿠스 아프리카누스의 동소종 가운데 하나가 점차 사람속의 특성을 갖도록 진화하였는데 이들이 갑자기 동부 아프리카로 퍼져 나가 호모 루돌펜시스가 되었다고 가정해 볼 수 있다. 이 시나리오는 다윈의 설명과 조금도 충돌을 일으키지 않는다. 왜냐하면 이와 같은 호모 루돌펜시스의 지리적 종 분화의 전 과정은 개체군 수준에서 완벽한 연속성을 보이기 때문이다. 이러한 시나리오로부터 우리가 배워야 할 점은 호미니드의 진화는 어느 한 지역에 국한되어 있는, 시간 척도상에서 선형적인 유형론적 과정이 아니라 다차원적 순서에 따라 일어난 일련의 지리적 종 분화로 보아야 한다는 것이다. 이러한 개념은 인간화 과정의 수수께끼와 같은 신비를 벗겨 버릴 수 있다.

엄청난 선택압이 가해짐에 따라 오스트랄로피테쿠스의 뇌는 500cc가 채 못 되는 크기에서 700cc 이상으로 늘어났다. 그 결과 이들은 사람속이 되었다. 호미니드 역사의 이 단계에서 지적 능력은 다른 어떤 특성보다 생존에 큰 기여를 했다. 인간화의 이 새로운 수준에서 최초로 기록된 종은 호모 루돌펜시스와 호모 에렉투스이다. 특이하게도 호모 루돌펜시스에서 가속화되었던 뇌 크기의 증가는 호모 에렉투스에 이르러 그 속도가 둔해졌다. 100만 년 동안 800~1000cc까지 늘어났고 마침내 호모 사피엔스에 이르러 1350cc가 되었다. 키와 체구가 컸던 네안데르탈인의 뇌 크기는 약

1600cc에 이르렀다. 그러나 몸 크기를 고려한 상대적 뇌 크기는
호모 사피엔스보다 약간 작았다.

도구 문화

사람속의 각기 다른 종들을 구분하는 데에는 부분적으로 그
들이 만들었던 도구들이 고려되었다. 올도완(Oldowan) 문화라고
부르는 가장 오래된 석기는 아프리카에서 발견되었으며 처음에는
호모 하빌리스가 만든 것이라고 생각되었다. 그러나 호모 루돌펜
시스가 호모 하빌리스에서 분리된 이래로 이 석기들은 호모 루돌
펜시스의 것으로 생각되고 있다. 호모 에렉투스는 더욱 정교한 도
구를 만들었으며 이들의 문화를 아슐리안(Acheulian) 문화라고 한
다. 아슐리안 문화는 호모 에렉투스가 존재하던 150만 년 동안 놀
라울 정도로 거의 변화하지 않았으며 약간의 지리적 변이만 존재
할 뿐이다. 네안데르탈인들은 무스테리안(Mousterian) 문화라는 더
욱 정교한 도구들을 만들어 냈고, 호모 사피엔스(크로마뇽인)가 도
착했을 때 그들이 사용하던 오리냐크(Aurignac) 도구는 그보다 훨
씬 더 우수했다. 일부 동굴에서 오리냐크 도구가 네안데르탈인의
화석과 함께 발견되기도 하는데 그 이유는 아직 설명할 수 없다.

네안데르탈인들이 이웃 크로마뇽인과의 거래를 통해 그 도구들을
입수했던 것일까?

사람속이란 무엇일까?

사람속 가운데 초기에 나타났던 종인 호모 루돌펜시스와 호
모 에렉투스는 네안데르탈인(1,600cc)이나 호모 사피엔스(1,350cc)
의 뇌 용량에 도달하지 못했다. 그러나 오스트랄로피테쿠스
(450cc)에서 호모 루돌펜시스(700~900cc)로의 변화에서 뇌 크기는
거의 두 배가 되었으며 이는 900cc에서 1350cc으로의 증가보다
더욱 큰 것이었다. 이 정도의 증가는 속 수준의 변화로 간주하기
어렵다. 속은 대개 생태적 단위를 가리킨다. 즉 환경을 이용하는
방식에 두드러진 차이가 있을 때 각기 다른 속으로 분류된다. 따라
서 사람속이라는 명칭이 붙는 것은 그만큼 커다란 의미를 갖는 것
이다. 이는 우리의 조상이 나무에 대한 의존에서 벗어났음을 의미
한다. 일단 그와 같은 독립을 성취하게 되자 지능의 발달이라는 커
다란 보상이 주어졌다. 아마도 진화의 단위가 충분히 작아서 자연
선택에 반응할 수 있었던 것으로 보인다. 뇌 크기의 증가라는 진화

는 더 이상의 증가가 번식에서 이득이 되지 않는 지점에 이르자 중
단되었다.

20세기 중반에 이르러 온혈 척추동물의 정신 능력 및 정서에
대한 이해가 점차 깊어짐에 따라 이러한 동물들이 인간과 놀라울
정도로 유사한 측면을 가지고 있다는 사실이 속속 드러났다. 그러
나 예전에는 대부분의 사람들이 '인간'은 유일무이한 독특한 존재
라고 믿었으며 동물과 사람의 유사성에 주의를 기울이는 모든 시
도에는 '의인주의(anthropomorphism)'라는 딱지가 붙었다. 인간의
조상이 누구인지 알게 된 오늘날 그와 같은 유사성은 우리에게 더
이상 놀라움의 대상이 되지 않는다.

척추동물 중 온혈 동물 계통과 인간의 유사성은 대부분의 비
육체적 특징에도 적용된다. 많은 종류의 포유류와 조류(예를 들어 까
마귀나 앵무새)가 특히 고도로 발달된 지능을 지녔다는 사실에 많은
심리학자들은 더 이상 의문을 보이지 않는다. 한편으로 많은 동물
들이 공포, 행복, 조심성, 우울함, 그리고 그밖에 인간이 가진 대부
분의 정서를 지니고 있다는 사실이 밝혀지고 있다. 그와 같은 사실
들을 주장하는 각종 문헌에 보고된 수많은 일화적 사실들이 모두
신뢰할 만한 것은 아니겠지만, 그중 상당수는 주의 깊은 관찰과 시

험을 거친 것이다(Griffin 1981, 1984, 1992; Kaufmann 1981; Masson and McCarthy 1995). 분명 이러한 인간의 특성은 호모 사피엔스가 탄생할 때 엄청난 도약으로 한꺼번에 갑자기 출현한 것은 아닐 터이다. 그러므로 많은 종의 동물에게서 그와 같은 특징의 선례를 찾아볼 수 있는 것은 당연한 일일 것이다.

윤리의 진화

인간 윤리의 기원에 대한 설명은 진화에 관한 측면 가운데 가장 많은 논란을 불러일으키는 주제이다. 1859년부터 이타적 행동이 자연선택 원리와 양립할 수 없다는 반론이 제기되어 왔다. 사람들은 종종 자연선택으로 보상받을 수 있는 유일한 행동은 이기적 행동이 아니냐고 묻는다. 그렇다면 이타주의의 정확한 정의가 무엇인가? 이타주의는 유전적 경향에 의해 나타나는 것일까? 아니면 전적으로 교육과 학습에 의해 형성되는 것일까?

사실상 다양한 종의 동물들이 보이는 이타적 행동에 가까운 행동들을 연구하기 전까지는 이 질문에 대한 답을 얻는 데 별다른 진전이 없었음을 인정해야 할 것이다. 동물 연구 결과 각기 다른 종류의 이타주의를 서로 구분하고 이타적 행동의 수혜자의 범주를 확립해야 한다는 사실이 드러났다.

이타적 행동의 전통적 정의는 다른 사람을 이롭게 하지만 행동의 주체에게 비용을 치르도록 하는 행동이다. 이러한 정의는 별다른 비용 없이 주어지는 모든 친절이나 도움 등을 제외한다. 사회 집단에서 이루어지는 많은 행동들은 별다른 비용 없이 수행되는 친절과 배려로 이루어져 있다. 그리고 이러한 종류의 행동들은 사회 집단을 뭉치게 하는 데 매우 중요할 뿐만 아니라, 엄격한 의미에서의 이타적 행동으로 건너가는 다리 역할을 하는 것이다.

세 가지 종류의 이타적 행동

서로 다른 종류의 이타적 행동들을 비교해 보면, 이타성의 정도와 진화적 중요성 측면에서 이타적 행동을 세 가지 범주로 나눌 수 있다.

자손에 대한 이타적 행동 자손에 대한 이타적 행동이 자연 선택되었으리라는 사실은 의심의 여지가 없다. 자식의 행복과 생존을 위해 행하는 부모의 모든 행동은 부모 자신의 유전자형에게 이로운 행동임이 틀림없다.

가까운 친족에 대한 이로운 행동(친족 선택) 사회 집단의 구성원 대부분은 확장된 의미의 가족 내지는 친족을 이루고 있으며, 부분적으로 동일한 유전자형을 공유하고 있다. 친족들 간의 이타적 행동은 어떤 것이든 자연선택이 선호할 것이다. 이러한 종류의 이타주의는 한 부모에게서 태어나 함께 자란 형제자매들 사이에서 특히 잘 나타난다. 홀데인이 처음 지적한 대로 어떤 사람이 가까운 친족에게 지원과 지지를 제공하는 것은 그 자신의 적합성을 강화시키는 데 기여한다. 왜냐하면 가까운 친족들은 그 사람의 유전자형의 일부를 공유하고 있기 때문이다. 해밀턴(Hamilon, 1964)은 홀데인의 원리를 군집 생활을 하는 하이페놉테라(hypenoptera)에서 계급(caste)이 존재한다는 사실에 적용함으로써 그 결론의 정당성을 입증했다. 좀 더 거리가 먼 친족들에 대한 이타적 행동 역시 선호되는지의 여부는 논란이 되고 있다.

같은 사회 집단의 구성원들 간의 이타주의 사회 집단은 대개 확장된 친족뿐만 아니라 다른 사회 집단에서 이동해 온 '이주자'들로 구성되어 있다. 사회 집단의 구성원들은 추가적으로 노동력을 제공하거나 잠재적으로 새로운 유전자를 제공해 줄 수 있는 이러한 이주자들이, 경우에 따라서 집단을 더욱 강화시켜 줄 수 있음을 알기 때문에, 대개의 경우 이러한 이주자들에게 관용을 보이는 듯하다. 실제로 동일한 사회 집단의 모든 구성원들 사이에서 우호적이고 협동적인 느낌이 형성되는 것은 자연선택에 의해 선호된다. 어느 사회 집단 안에서 친족 관계에 있는 개체들 간의 이타적 행동(친족 선택)이 그렇지 않은 구성원들 사이의 이타적 행동보다 얼마나 더 큰지는 확실하지 않다.

호혜적 이타주의 사회 집단의 응집력은 호혜적 도움을 통해 강화된다. 사회적 동물들 사이에서는 각 개체들이 상대방이 나중에 언젠가 자신이 제공한 도움을 되갚을 것이라는 기대를 가지고 다른 동물들을 돕는 것을 종종 관찰할 수 있다. 이러한 행동을 우리는 종종 호혜적 이타주의라고 부른다. 그러나 나중에 되돌려 받을 것을 예상한다는 점에서 그러한 도움의 동기는 명백히 이기적이다. 호혜적 이타주의는 같은 사회 집단의 구성원들 사이에서뿐만 아니라 각기 다른 집단의 구성원들 사이에서, 심지어 경우에 따라서는 서로 다른 종의 구성원들 사이에서도 찾아볼 수 있다.

외부인에 대한 행동 같은 사회 집단의 다른 구성원들에게로 확장되는 것과 같은 종류의 이타적 행동이 외부인에게까지 주어지는 경우는 드물다. 서로 다른 사회 집단은 많은 경우에 서로 경쟁 관계에 있으며 종종 서로 싸움을 벌이고는 한다. 호미니드의 역사가 대량 학살의 역사였다는 것은 거의 의심할 여지가 없는 사실이다. 침팬지의 삶 역시 이와 비슷하다. 그렇다면 사회 집단의 구성원의 이타적 행동 경향이 사회 집단 바깥의 이방인에게까지 확대되는 현상을 어떻게 설명해야 할까? 외부인에 대한 그러한 이타주의가 어떻게 생겨났을까? 사회 집단의 '이기적' 이타주의에 그와 같은 보편적 이타주의가 더해짐에 따라 진정한 윤리가 형성되는 것이 분명하다.

이와 같은 이방인에 대한 이타주의가 어떻게 인간 종에서 자리를 잡게 되었을까? 자연선택이 유도한 결과일까? 이방인에 대한 이타적 행동을 자연선택 원리로 설명하려는 시도가 계속되었지만 별로 성공적이지 못했다. 경쟁자나 적을 이롭게 하는 행동이 자연선택으로 보상을 받는 시나리오를 만들어 내는 것은 쉬운 일이 아니다. 이 시점에서 구약 성서에서 같은 집단 안의 구성원과 집단 밖의 이방인에 대한 행동이 얼마나 일관되게 다르게 묘사되었는지를 확인하는 것은 매우 흥미롭다. 이는 신약 성서에서 강조되었던 윤리 덕목과는 완전히 반대되는 것이다. 착한 사마리아 인의 이타적 행동에 대한 예수의 우화는 당시의 관습과는 결별한 것이었다. 이방인에 대한 이타적 행동은 자연선택이 지지하는 행동이 아니다.

　　사회 집단의 다른 내부자에 대한 이타적 행동의 경향은 진정한 윤리가 진화하는 데에 매우 중요한 요소이다. 그러나 이것이 실제로 발현되기 위해서는 문화적 요인, 종교 지도자나 철학자의 설교와 가르침이 필요하다. 진화에 의해 자동적으로 생성되지는 않는 것이다. 진정한 윤리는 문화적 지도자들의 사고의 산물이다. 우리는 이방인에 대한 이타적 느낌을 지니고 태어나지 않는다. 그러나 문화적 학습을 통해서 이를 습득한다. 이는 우리의 타고난 이타적 경향을 새로운 대상, 즉 외부인에게 돌림으로써 가능하다.

　　각기 다른 개인들은 이타적 경향에서 커다란 편차를 보인다. 우리는 종종 남달리 친절함, 이타주의, 관대함, 협동심이 뛰어난 사람을 볼 수 있다. 이러한 사람들을 배출한 가족의 다른 구성원들의 이야기를 들어 보면 하나같이 그 사람은 아주 어린 시절부터 그러한 경향을 보였다고 한다. 그러나 우리는 한편으로 그 반대쪽 사례도 알고 있다. 많은 범죄자들이 병적인 범죄 성향을 가지고 있으며 이들을 교육하고자 하는 어떤 노력도 대개 실패로 돌아간다는 것이다. 그러나 대부분의 개인들은 이 두 극단의 중간 어디쯤에 자리 잡고 있다. 이들은 학습을 통해 참된 윤리(이방인에 대한 이타주의를 포함)를 습득할 수 있다. 예를 들어 모르몬교의 도덕 원칙이 널리 받아들여지고 있는 유타 주에서 범죄율이 낮다는 사실이 학습의 효과를 입증해 주고 있다.

인류에게 윤리 원칙을 장려해 온 사람들은 매우 힘겨운 싸움을 벌여야 했다. 왜냐하면 이방인(외부자)에 대한 타고난 의심과 적대감은 극복하기 힘든 것이기 때문이다. 그러나 윤리를 받아들이는 데 도움이 되는 요소들 역시 존재한다. 호혜적 도움은 집단 안의 구성원들 사이에서 못지않게 집단 밖의 이방인들에게도 성공적으로 작동할 수 있다. 그러나 더욱 중요한 요소는 각 개인의 다양성이다. 모든 인구 집단은 특별히 친절한 성향을 지닌 개인들을 포함하고 있다. 그리고 이들이 각기 다른 집단 및 인구 사이에서 교량 역할을 하는 것이다. 다양성과 다양성을 인식하는 것은 인종과 같이 경직된 유형론적 개념을 반박하는 데 도움이 된다.

광범위한 개념의 인간 윤리가 전 세계적으로 받아들여지는 것에 대해 가장 큰 걸림돌이 되고 있는 외부인에 대한 차별은 평등, 민주주의, 관용, 인권 등과 같은 기본적인 원칙에 의해 점차적으로 극복되고 있다. 세계의 몇몇 위대한 종교들은 이러한 원칙을 매우 성공적으로 설파해 왔다. 이러한 종교의 가르침이 성공을 거두지 못한 경우에도(끔찍한 두 차례의 세계 대전의 경우와 같이) 우리는 이세계가 과거의 실수로부터 교훈을 얻을 것이라는 희망을 품을 수있다. 그리고 기독교 세계의 문화가 완벽하게 건전한 윤리적 원칙을 가지고 있다는 점에 감사하도록 하자. 비록 우리가 지금까지 그원칙을 완벽하게 지켜 오지는 못했지만 말이다.

인간과 환경

뛰어난 뇌 덕분에 인간은 환경에 덜 의존할 수 있는 새로운 발명품을 계속해서 만들어 낼 수 있었다. 어떤 동물도 인간처럼 어떤대륙에서든, 어떤 기후에서든 전천후로 존재할 수는 없었다. 어떤동물도 인간에 필적할 정도로 자연에 대한 지배력을 손에 넣지 못했다. 그러나 지난 50년 동안 우리는 우리가 여전히 자연 세계에완전히 의존하고 있으며, 자연을 지배하고자 했던 우리의 노력이커다란 대가를 치러야 한다는 사실을 깨닫게 되었다. 우리가 치러야 할 비용 가운데에는 재생 불가능한 자원의 남용, 재생 가능한자원의 원천을 파괴하는 행동 등이 포함된다. 구체적으로는 공기와 물의 오염, 자연 환경과 동식물상 파괴의 가속화, 그리고 빈곤, 빈부 격차와 같은 섬뜩한 사회적 조건의 형성 등이 그 예이다 (Ehrlich, 2000).

인류의 미래

인류의 미래에 대해서는 종종 두 가지 질문이 제기된다. 첫째, 인간이라는 하나의 종이 여러 개의 종으로 나뉠 가능성은 어느 정도일까? 대답은 분명하다. 그럴 가능성은 전무하다. 인간은 북극에서부터 열대 지방까지 인간과 비슷한 동물이 살 수 있을 것이라고 생각되는 모든 생태적 지위를 점유하고 있다. 뿐만 아니라 인구 집단 사이에는 지리적 격리가 전혀 존재하지 않는다. 지난 10만 년간 지리적으로 격리되어 있던 인종의 접촉이 재개되자 곧 서로 다른 인종 사이의 짝짓기가 가능하다는 것이 드러났다. 오늘날에는 종 분화로 연결될 만큼 장기적인 격리가 일어나기에는 인구 집단 사이의 접촉이 너무나 잦다.

두 번째 질문은 현재의 인간 종이 전체적으로 '더 나은' 새로운 종으로 진화할 수 있는가 하는 문제이다. 인간이 슈퍼맨이 될 수는 없을까? 이 문제에 대해서도 우리는 희망을 갖지 않는 편이 좋다. 분명 인간의 유전자형에는 적절한 선택의 재료가 될 수 있는 풍부한 유전적 변이가 존재한다. 그러나 현대적 삶의 조건은 호모 에렉투스의 일부 개체군이 호모 사피엔스로 진화했던 무렵과는 크게 다르다. 그 당시에는 우리 조상의 종은 여러 개의 작은 집단들로 이루어져 있었고 각 집단에는 강력한 자연선택이 작용했다. 그리고 자연선택은 궁극적으로 호모 사피엔스를 낳은 형질들에 가산점을 주었을 것이다. 뿐만 아니라 대부분의 사회성 동물에게서 나타나듯 강력한 집단 선택이 작용했을 것이다.

그러나 오늘날의 인간은 거대한 대중 사회(mass society)를 구성하고 있으며, 우수한 유전자형에 대한 자연선택이 일어나 인류를 현재의 능력 이상으로 상승시킬 것이라는 조짐은 어디에도 보이지 않는다. 실제로 이 문제를 연구하는 학자들 가운데 일부는 대중 사회와 같은 조건에서는 인간 종의 질이 저하되는 것을 피할 수 없을 것이라고 우려하는 사람들도 있다. 그러나 인간의 유전자 풀의 높은 변이성을 생각해 보면 유전적 퇴화는 당면한 위기라고 보기는 어렵다.

인종이 존재할까?

이누이트 족을 아프리카의 부시맨 족이나 나일 족 흑인, 또는 오스트레일리아의 원주민, 또는 중국인이나 금발에 푸른 눈을 가진 북유럽 인종과 비교해 보면 인종적 차이를 쉽게 인식할 수 있다. 인종적 차이라는 개념은 인간 평등이라는 우리의 강력한 믿음과 상충하는 것이 아닐까? 그렇지 않다. 평등과 인종이라는 개념을 제대로 정의하면 이 두 개념은 서로 모순 없이 양립할 수 있다.

평등은 시민으로서의 평등을 의미한다. 즉 평등은 법 앞에서의 평등과 기회의 평등을 말하는 것이지 모든 사람들이 완전히 동일하다는 의미가 아니다. 이제 우리는 60억에 이르는 인간이 각각 모두 유전적으로 독특한 존재라는 사실을 알고 있다. 모든 인간이 아인슈타인의 수학 능력과 올림픽에 출전하는 육상 선수의 달리기 속도를 지닐 수는 없다. 또 훌륭한 소설가의 상상력이나 뛰어난 화가의 미적 감각을 가질 수도 없다. 우리가 정직하게 이러한 차이들에 직면해야 할 때가 왔다. 중요한 것은 이러한 차이가 모든 인종에도 존재한다는 사실을 깨닫는 것이다.

인종 문제의 가장 큰 원인은 너무 많은 사람들이 인종에 대해 그릇된 편견을 가지고 있다는 점이다. 그들은 바로 유형론자들이다. 유형론자들은 어느 인종의 실질적, 또는 허구적 형질들을 그 인종에 속한 모든 구성원들이 가지고 있다고 생각한다. 이와 같은 편견에 대한 우스꽝스러운 예를 들자면 모든 흑인들이 모든 백인보다 100미터를 더 빨리 뛸 수 있다고 생각하는 것이다. 그러나 여러 인종이 혼합된 학급에서 다양한 종류의 정신적, 신체적, 기술적, 예술적 도전에 대한 성취도에 따라 학생들의 자리를 배정해 보면 각각의 종목의 순위는 모두 다르며 각 '인종'이 다양한 순위에 걸쳐서 분포하는 것을 보게 될 것이다. 다시 말해 어떤 인종의 구성원들을 하나의 유형으로 간주하는 유형론적 접근 방법을 거부하면, 그리고 각 개인을 그 자신의 고유 능력에 따라 판단하는 개체군적 사고방식을 채택하면 현실에 대한 더욱 진실한 이해를 얻을 수 있고 어떤 유형론적 서열화나 그와 같은 서열화에 기초한 차별을 피할 수 있을 것이다.

인간은 외톨이일까?

우리는 종종 이러한 질문을 던져 왔다. 이 광대한 우주에서 지적 능력을 지닌 존재는 오직 인간밖에 없는 것일까? 이 질문에 답하기 위해서 우리는 먼저 이 질문을 여러 개의 요소로 분해해야 한다. 생명이 존재할 수 있는 곳은 어디일까? 오직 행성뿐이다. 왜냐하면 항성들은 너무 뜨겁기 때문이다. 분명 수많은 항성들이 행성을 가지고 있다. 그러나 태양계 바같에 있는 행성을 발견한 지는 고작 20년밖에 되지 않았다. 그리고 지금까지 발견된 행성들은 생명이 출현하거나 유지되기에 적합하지 못한 것으로 드러났다. 지구에서 발견되는(그리고 한때 화성과 금성에서도 나타났던), 생명을 가능하게 하는 일련의 조건들은 상당히 예외적인 것으로 보인다. 그렇다고 하더라도 행성의 수가 엄청나게 많다는 점을 고려해 본다면 그 행성 가운데 일부는 아마도 생명이 생겨나기에 적합한 조건을 가지고 있을지도 모른다.

그렇다면 적절한 조건을 지닌 행성에서 생명이 출현할 확률은 어느 정도일까? 그 가능성은 분명히 높다. 퓨린, 피리미딘, 아미노산을 비롯하여 생명의 출현에 필요한 많은 종류의 분자들은 우주에 고르게 분포되어 있다. 심지어 실험실에서 특정 무산소 대기 조건에서 단순한 분자들로부터 상당히 복잡한 유기 분자가 자발적으로 합성된 일도 있었다. 따라서 일부 원시적인 생명의 형태가 다른 행성에서 반복해서 만들어졌을 가능성을 생각해 볼 수 있다. 만일 그와 같은 분자가 성공적으로 진화할 수 있었다면 결국에는 세균과 비슷한 생물이 만들어졌을 것이다.

그러나 안타깝게도 세균에서 인간에 이르는 길은 멀고도 험하다. 지구에서 생명이 출현한 다음 수십억 년 동안 오직 원핵생물밖에 존재하지 않았다. 그리고 고도의 지능을 가진 생명체가 출현한 것은 고작 30만 년 전의 일이다. 지구상에 생겨난 10억 종 이상의 생물 가운데 오직 한 종만이 그와 같이 고도로 발달한 지능을 갖추게 된 것이다. 이것은 실제로 엄청나게 희박한 확률이 아닐 수 없다.

인간의 출현과 비슷한 사건이 무한한 우주 어딘가에서 실제로 일어났다고 하더라도 우리가 그들과 소통할 확률은 거의 0이라고 보아야 할 것이다. 그렇다. 모든 실질적인 측면에서 인간은 외톨이라고 할 수 있다.

끝

많은 경우에 진화는 미리 예기치 못했던 것으로 여겨진다. 그렇다면 모든 것이 그대로 머무르는 편이 더 자연스러운 것이 아니겠느냐고 진화론에 반대하는 사람들은 묻는다. 아마 우리가 유전학을 이해하기 전에는 이런 질문도 나름대로 의미가 있었을 것이다. 그러나 이제 더 이상 이러한 질문은 타당성을 갖지 못한다. 실제로 생물이 구성되는 방식에서 진화는 불가피한 요소이다. 각각의 생물들은 심지어 가장 단순한 세균조차도 수천 개에서 수백만개의 염기쌍으로 이루어진 유전체를 가지고 있다. 그리고 각각의 염기쌍은 이따금 돌연변이를 겪는다. 그리고 각기 다른 개체군들은 각기 다른 돌연변이를 겪을 것이다. 게다가 이 개체군들이 서로 격리되어 있다면 세대를 거듭함에 따라서 제각기 다른 모습의 개체군으로 변화해 나갈 수밖에 없다. 이처럼 가장 단순한 시나리오조차도 진화가 불가피하다는 것을 보여 준다. 거기에 추가적인 생물학 과정들, 예를 들어 재조합이나 자연선택과 같은 요소들을 덧붙이면 진화의 속도는 지수적으로 증가할 것이다. 그러므로 유전 프로그램이 존재한다는 단순한 사실이 변화하지 않는 정적인 세계라는 가정을 불가능하게 만든다. 따라서 진화는 추측이나 가정이 아니라 확고한 사실이다.

'진화론'이라는 용어를 계속 사용해야 할지 의문을 제기해 볼만하다. 진화가 늘 일어났으며 지금도 일어나고 있다는 것은 너무나 확고하게 자리 잡은 사실이어서 이러한 주장을 이론으로 부르는 것 자체가 비합리적인 것이 되었다. 확실히 공통 유래 이론이나 생명의 기원, 점진주의, 종 분화, 자연선택 등과 같은 특정 진화 이론들이 있을 수는 있지만, 이와 같은 주제들에 대하여 상충하는 이론들이 과학적 논쟁을 벌인다고 해서 진화 그 자체가 확고한 사실이라는 데에 영향을 미칠 수는 없다. 생명이 출현한 이래로 진화는 계속되어 왔다.

12
진화 생물학의
미개척 분야

과학이 눈부시게 발달했지만 이 세계에 대한 우리의 이해가 아직도 완전하지 못하다는 사실을 우리는 모두 알고 있다. 따라서 우리는 진화 생물학 분야에서의 우리의 지식이 얼마나 불완전한지 자문해 볼 필요가 있다.

분자 생물학의 발달이 진화에 대한 관심과 이해를 엄청나게 증폭시켰다는 사실을 다시 강조할 필요가 있다. 오늘날 발표되는 분자 생물학 논문의 3분의 1 이상이 진화론적 주제를 다루고 있다. 분자적 기법은 예전에는 접근할 수 없었던 수많은 문제들을 풀수 있게 해 주었다. 계통 발생학적 문제, 진화의 연대에 관련된 문제, 진화에서 발달의 역할 등의 주제들도 부분적으로 분자 생물학에 빚지고 있다.

　지난 140년간 벌어졌던 논쟁들을 뒤돌아볼 때 무엇보다 인상적인 것은 원래의 다윈주의적 패러다임의 견고함이다. 다윈주의적 이론과 경쟁했던 세 가지 주요 이론, 즉 변환주의, 라마르크주의, 정향 진화론은 1940년 무렵 완전히 반박되었으며, 그 후 60년 동안 다윈주의를 대체할 만한 어떤 이론도 제기되지 않았다. 그렇다고 해서 이러한 사실이 우리가 진화의 모든 측면을 완전히 이해하고 있음을 의미하는 것은 아니다. 나는 이제부터 진화의 현상 가운데에서 좀 더 연구와 설명이 필요한 분야들을 열거하고자 한다.

　먼저 생물 다양성에 대한 우리의 이해는 아직도 매우 불완전한 수준이다. 거의 200만 종의 동물들을 기술해 왔지만 아직까지 제대로 알려지지 않은 동물들의 수는 약 3000만 종에 이르는 것으로 보인다. 균류, 하등 식물, 원생동물, 원핵생물 등에 대한 이해는 더욱 부족한 형편이다. 분자 수준의 방법으로 나날이 새로운 이해가 추가되고 있지만 대부분의 분류군의 계통 발생학적 관계에 대한 지식은 불완전하거나 아니면 전무한 실정이다. 과거의 진화에 대한 화석 기록은 호미니드의 화석 기록에서 드러나듯 안타까울 정도로 불완전한 상태이다. 거의 매달 세계 어딘가에서 새로운 화석이 발견되고 있으며 이러한 발견은 오래된 문제를 풀기도 하고 새로운 문제를 제기하기도 한다. 그리고 과거의 생물상의 번성과 쇠락은 대량 절멸과 제각기 다른 계통 및 상위 분류군들의 다양한 운명에 대하여 무수히 많은 문제들을 제기한다. 어느 정도 설명이 가능한 수준에서도 우리의 무지는 아직 어마어마하다. 그러나 진화론에도 불확실한 측면이 많이 있다.

종 분화의 형태에는 지리적(이소성) 종 분화와 (식물의 경우) 배수체 형성이 압도적이지만, 동소성 종 분화를 비롯한 다른 형태의 종 분화의 빈도는 아직 잘 알려지지 않은 실정이다. 특정 종류의 어류에게서 나타나는 특이하게 빠른 종 분화 속도(1만 년 이내, 심지어는 1,000년 이내에 종 분화가 일어났다.)에 기여하는 다양한 요인들 역시 완전히 알지 못하고 있다.

한편 이른바 '살아 있는 화석'이라고 하는 특정 진화 계통에서 나타나는 현상 역시 당혹스러운 문제이다. 그와 같은 생물 계통이 속한 생물상의 다른 생물들은 비교적 정상적인 진화 속도를 보이는데, 유독 해당 계통만 정체되어 있거나 놀라울 정도로 느리게 진화한다. 그 반대쪽 극단에 있는 현상, 즉 창시자 개체군에서 특정 유전자형의 구조가 변화하는 속도도 마찬가지로 당혹스러운 문제이다.

　이 모든 당혹스러운 문제들은 궁극적으로 유전자형의 구조 때문인 것으로 보인다. 분자 생물학의 발견에 따르면 유전자에는 다양한 종류가 있어서 다른 물질(효소)을 생산하는 임무를 맡고 있는 유전자가 있는가 하면, 다른 유전자의 활성을 조절하는 유전자도 있다. 대부분의 유전자들은 항상 활성을 띠고 있는 것이 아니라 일생 주기 가운데 특정 시점에 특정 세포(조직)에서만 활성을 띤다. 중립 유전자들도 있으며 전체 DNA 가운데 놀라울 정도로 높은 비율을 차지하고 있는 DNA들은 전적으로 비활성 상태이다. 따라서 어떤 유전자형의 유전자들은 복잡한 상호 작용 시스템을 구성하게 된다. 이와 같이 유전자형을 구성하는 유전자들의 다중적 상호 작용 때문에 유전자형은 변화에 상당히 구속되어 있다고 할 수 있다. (이 시스템에 일어나는 변화는) 일부 영향이나 환경의 압력에 적절하게 반응할 수도 있지만, 대부분의 경우 불균형으로 이어져 자연선택에 의해 도태되고 만다.

　후생동물의 존재 초기에는 유전자형의 구속이 지금처럼 심하지 않아서 선캄브리아기 말이나 캄브리아기 초에 2억~3억 년 동안 70~80종에 이르는 새로운 구조적 유형이 진화할 수 있었다는 주장이 제기되었다. 그중 오직 35종만이 지금까지 남아 있는데, 남아 있는 종들은 모두 (기초적인 신체 계획에서) 그다지 많은 변화를 겪지 않았다. 그렇다면 그와 같은 진화 속도의 급격한 변화를 어떻게 설명해야 할까? 한편 이 생존한 구조 유형 가운데에는 곤충이나 척추동물처럼 놀랄 정도로 활발한 방산을 일으킨 경우도 있다.

진화론적 사고의 유용성

진화론적 사고, 특히 개체군, 생물학적 종, 공진화, 적응, 경쟁 등과 같이 진화 생물학에서 발견된 새로운 개념들은 대부분의 인간의 활동에서 필수 불가결한 요소라고 할 수 있다. 우리는 병원균의 항생제에 대한 내성이나 해충의 살충제에 대한 내성, 그리고 질병의 감염 매개체(예를 들어 말라리아 모기)의 통제, 인간의 역학 (epidemics), 진화론적 유전학을 이용한 새로운 작물의 생산, 그밖에 수많은 새로운 도전에 진화론적 사고와 진화 모델을 적용한다 (Futuyma, 1998:6~9).

과학자들이 진화를 연구하는 가장 큰 이유는 생명 세계의 모든 측면에 영향을 주는 이 현상을 더욱 더 깊이 이해하기 위해서이다. 진화 연구는 인간의 복지에 수많은 중요한 기여를 해 왔다. 진화론적 사고는 생물학의 다른 모든 분야를 풍부하게 만들어 주었다. 예를 들어 오늘날 발표되는 분자 생물학 논문의 3분의 1 이상은 진화론적 접근 방법을 통해서 중요한 생물학적 분자의 본질과 역사를 밝히고 있다. 진화론적 문제에 대한 연구와 유전자의 범주를 확립하고 계통 발생적 맥락에서 각 유전자의 생성을 밝히려는 노력은 발달 생물학의 소생을 가져왔다. 진화론적 접근 방법은 인류의 역사에도 놀라운 통찰을 제공했다. 인간의 마음, 의식, 이타적 행동, 성격 및 기질, 정서와 같은 인간의 특징에 대한 이해에 무엇보다 크게 기여한 것은 바로 동물 행동과의 비교 연구였다.

유전자형이 조화롭게 상호 작용하는 시스템이며 그 전체로서 자연선택에 노출된다는 사실을 결코 잊어서는 안 된다. 어떤 유전자형이 다른 유전자형과의 경쟁에서 열세를 보이면 그 유전자형은 자연선택에 의해 도태되며, 이러한 과정을 통해 열등한 종은 멸종하게 된다.

생물학은 그밖에 발달계, 신경계, 생태계라는 세 가지의 복잡한 시스템을 설명하기 위해 노력해 왔다. 생물학의 세 분야가 이 작업을 떠맡아 수행하고 있다. 발달계에 대한 연구는 발달 생물학의 몫이다. 신경계(중추 신경계)에 대한 연구는 신경 생물학, 그리고 생태계에 대한 연구는 생태학의 임무이다. 그러나 이 세 가지 경우에 모두 생물이 이 세 가지 시스템의 도전에 어떻게 대응하는지에 궁극적 책임을 가진 것은 바로 유전자형의 구조이다. 이 세 시스템의 기반이 되는 구성 요소에 대한 우리의 지식은 이미 상당한 진보를 이루었다. 우리가 제대로 설명하지 못한 부분은 이 시스템의 구성 요소 사이의 상호 작용이 어떻게 통제되는가 하는 문제이다. 이 문제에서도 진화 생물학이 가장 큰 기여를 할 것이라는 데 의심의 여지가 없다.

부록 A

진 화 론 에
대 한
비 판 들

　지난 50년 동안 진화론은 발전과 동시에 끊임없는 공격과 비판을 받아 왔다. 진화론을 비판하는 사람들은 창조론자처럼 완전히 다른 이데올로기를 가지고 있거나 아니면 단순히 다윈의 패러다임을 제대로 이해하지 못한 사람들이다. 예를 들어 "눈 같은 기관이 일련의 우연에 의해 진화했다는 것은 믿을 수 없다."라고 말하는 사람은 두 단계로 이루어진 자연선택의 본질을 이해하지 못하고 있는 것이다. 개체군적 사고에 익숙하지 않은 유형론자는 자연의 개체군에서 자연선택의 대상이 될 유전적 변이의 양이 어느 정도로 풍부한지를 이해하는 데 큰 어려움을 겪는다.

　다윈주의의 모든 이론들은 참이 아니라면 얼마든지 반박될 수 있다. 다윈주의는 신의 계시에 의한 교의나 종교처럼 신성불가침한 것이 아니다. 진화 생물학의 역사는 진화 이론을 반박했던 수많은 사례들을 보여 준다. 유전자가 선택의 직접적 대상이라는 믿음이나 획득 형질이 유전된다는 믿음이 반박을 받은 사례에 속한다.

앞에서 나는 오늘날의 진화론자들이 보는 진화 현상과 진화 과정을 독자들에게 소개하고자 노력했다. 그러나 모든 사람들이 그 결론을 받아들이는 것은 아니다. 이 자리에서 진화론에 대한 비판과 그에 대한 진화론자들의 대응을 간략하게 다루어 보는 것도 의미가 있을 것이다. 또한 일부 저자들이 다윈주의와 상충한다고 생각하는 일부 생물학 현상들에 대해서도 논의할 것이다.

창조론

창조론자들의 주장은 너무나 자주, 그리고 너무나 철저히 반박되었기 때문에 이 책에서 그 주제를 또다시 다룰 필요는 없을 것이다. 참고 문헌의 목록 가운데 앨터스(Alters), 앨드리지(Eldredge), 푸투머(Futuyma), 키처(Kitcher), 몬터규(Montagu), 뉴월(Newell), 피콕(Peacocke), 루스(Ruse), 영(Young)의 책을 읽어 볼 것을 권한다[박스1].

단속 평형

일부 저자들(Gould, 1977)은 단속 평형 현상이 다윈의 점진적 진화라는 개념과 상충한다고 주장했다. 그러나 이는 옳지 않다. 언뜻 보기에 도약 진화 이론이나 불연속(단절, discontinuity) 이론을 지지하는 것처럼 보이는 단속 평형 현상조차도 실제로는 철저히 개체군적 현상이며 따라서 점전적일 수밖에 없다(Mayr, 1963). 이 현상은 진화의 종합의 결론과 모든 측면에서 결코 충돌을 일으키지 않는다.

중립 진화

기무라(Kimura, 1983)를 비롯한 몇몇 사람들이 중립 진화 현상이 다윈주의와 상충한다고 주장했다. 그러나 그 주장 역시 옳지 않다. 왜냐하면 중립 진화 이론은 개체가 아닌 유전자가 선택의 대상이라고 가정하고 있기 때문이다. 그러나 실제로 선택의 목표물이 되는 것은 개체 전체이다. 이러한 상황에서는 선호되는 특정 개체가 선택될 때 일부 대체된 중립 유전자가 선호되는 유전자형의 부수적인 요소로서 후세에 전달될 수 있다 10장 참조.

형태 형성

일부 저자들은 형태 형성(morphogenesis) 현상, 특히 발달 과정이 다윈주의와 상충한다고 주장한다. 비록 발달의 인과적 현상들 중 상당수가 여전히 완전히 이해되지 못했지만, 지금까지 이해된 사실들은 다윈주의적 설명과 완전히 양립 가능하다. 아마도 이러한 비판을 제기하는 사람들은 오직 발달의 최종 단계인 성인의 표현형만이 자연선택에 노출된다고 생각하는 듯하다. 그러나 사실 생물은 수정란(접합자)에서 나이 든 상태에 이르기까지 모든 발달 단계에서 끊임없이 선택에 노출된다. 단 생식 후기에 있는 개체의 운명은 진화와 별 관계가 없다6장 참조.

오해가 일어나는 원인

진화 과정에 왜 그토록 많은 오해가 빚어지는가 하는 데에는 많은 원인이 있다. 그 원인들 중 일부를 살펴보자.

동시에 여러 원인이 작용한다. 과학자들은 많은 경우에 특정 진화 현상의 직접 원인과 궁극 원인 중 오직 하나만을 생각한다. 이러한 태도는 종종 잘못된 결론으로 이어질 수 있다. 왜냐하면 진화 현상은 직접 원인과 궁극 원인이 동시에 작용한 결과이기 때문이다. 이처럼 여러 원인이 작용하는 것은 자연선택의 모든 사례에서 나타난다. 선택과 동시에 우연적 사건이 일어나기 때문이다. 예를 들면 종 분화는 결코 단순히 유전자나 염색체에 의해 일어나는 현상이 아니라, 유전적 변화가 일어나는 개체군의 자연 환경이나 지리 환경과 맞물려서 일어나는 현상이다. 개체군의 지리적 조건과 유전적 변화는 종 분화에 동시에 영향을 미친다.

다수의 해결책이 존재한다. 거의 모든 진화적 도전에 대해서는 여러 해결책이 존재한다. 종 분화를 예로 들면 일부 생물 집단에서는 생식 전 격리 기작이 먼저 작용하고 또 다른 생물 집단에서는 생식 후 기작이 먼저 일어난다. 지리적으로 격리되어 있는 품종들은 어떤 경우에는 생식적으로 격리되어 있지 않지만 거의 별개의 종으로 보일 만큼 서로 확연히 구분된다. 한편 서로 구분할 수 없을 만큼 비슷한 표현형을 가진 종(자매종)들이 유전적으로 완전히 격리되어 있을 수도 있다. 배수체 형성과 무성 생식은 일부 생물 집단에서는 매우 중요하지만 다른 집단에서는 전혀 존재하지 않을 수도 있다. 염색체 구조의 변경은 일부 생물 집단의 종 분화에서는 매우 중요한 요소이지만 어떤 집단에서는 전혀 일어나지 않는다. 일부 집단에서는 종 분화가 매우 빈번하게 일어나는 반면 다른 집단에서는 종 분화가 극히 드물게 일어난다. 유전자 확산 역시 어떤 종에서는 매우 활발하게 일어나는 반면 다른 종에서는 매우 제한적으로 일어난다. 어떤 계통은 매우 빠르게 진화하기도 하지만 지리적으로 격리된 종들이 수백만 년 동안 거의 변화하지 않고 정체되어 있을 수도 있다. 간단히 말해서 대부분의 진화적 도전에는 다수의 해법이 가능하며 이 모든 해법들이 다윈주의적 패러다임과 양립할 수 있다. 이와 같이 다수의 해법이 존재한다는 사실로부터 우리가 배워야 할 점은 진화 생물학에서는 모든 경우를 아우르는 압도적 일반화가 옳은 경우가 드물다는 것이다. 어떤 것이 '대개(usually)' 일어난다고 해서 항상 일어나는 것을 의미하지는 않는다 10장 참조.

모자이크 진화 나는 항상 진화의 속도가 높은 변이를 보인다는 사실에 주의를 기울여 왔다. 이는 자매 계통 사이에만 적용되는 것이 아니라 한 유전자형 안의 여러 요소들 사이에도 적용된다. 예를 들어 인간과 침팬지가 공통의 조상으로부터 분기해 온 과정에서도 이러한 현상을 찾아볼 수 있다. 양쪽 계통에서 어떤 단백질 유전자는 전혀 변화하지 않았으나 인간의 계통에서 중추 신경계의 발달에 기여해 온 유전자들은 극도로 빠른 진화를 겪었다. 어떻게 일부 계통이 완전한 정체 단계에 들어가서 수백만 년 동안 변화하지 않을 수 있는지(살아 있는 화석)는 여전히 의문으로 남아 있다 10장 참조.

분자 생물학의 발견들

가끔 분자 생물학이 다윈주의 이론을 완전히 개편하는 것이 불가피하다는 주장이 제기되고는 한다. 그러나 이는 사실과 다르다. 분자 생물학 분야에서 이루어진 진화와 관련된 모든 발견은 유전적 변이의 본질과 기원을 다룬다. 여기에는 전이 인자(어느 한 염색체에서 다른 염색체로, 또는 어느 한 위치에서 다른 위치로 옮겨 뛸 수 있는 유전자)처럼 예기치 못했던 현상들이 일부 포함되기도 하지만 이러한 현상들은 단지 가능한 변이의 본질과 양에 영향을 줄 뿐이며 이러한 모든 변이는 궁극적으로 자연선택에 노출되고 따라서 다윈주의적 과정의 일부이다. 진화적으로 가장 중요한 분자 생물학의 발견에는 다음과 같은 것들이 있다.

1. 유전적 프로그램(DNA)은 그 자체로서 새로운 생명체의 구성 물질이 아니며 단지 표현형을 구성하는 단백질을 만드는 데 사용되

는 청사진(정보)이다.

2. 핵산에서 단백질로 이어지는 경로는 일방통행이다. 단백질과 그 단백질에 포함된 정보는 다시 핵산으로 번역될 수 없다.

3. 가장 원시적인 원핵생물에서부터 인간에 이르기까지, 유전 암호뿐만 아니라 실질적으로 기본적인 분자 수준의 세포 기전은 동일하다5장 참조.

답을 얻지 못한 질문들

다윈주의 진화론자들은 그들이 확립한 진화 생물학 패러다임에 긍지를 느낄 충분한 이유가 있다. 지난 50여 년 동안 다윈주의의 가정을 반박하고자 했던 모든 시도들이 수포로 돌아갔다. 뿐만아니라 다윈주의 진화론과 경쟁할 만한 다른 진화 이론도 제기되지 못했다. 분명 그 어떤 이론도 도전에 성공하지 못했다. 그렇다면 이러한 사실들로 미루어 우리가 진화 과정의 모든 세부 사항까지 이해하게 되었다고 말할 수 있을까? 그에 대한 대답은 분명히 "아니오."이다.

특히 지금까지 완전히 해결되지 않은 한 가지 문제가 있다. 진화적 변화 과정에서, 특히 매우 급속한 진화나 아니면 완전한 정체 같은 극단적인 현상에 처했을 때 유전자형에서 어떤 일이 일어나는가 하는 문제는 아직 완전히 이해하지 못하고 있음을 인정해야 한다. 그 이유는 진화가 하나의 유전자에 일어나는 변화가 아니기 때문이다. 진화는 유전자형 전체의 변화들로 이루어진다. 유전학의 역사에서 상당히 이른 시기에 우리는 이미 유전자가 다면 발현적이라는 사실, 즉 하나의 유전자가 표현형의 여러 측면에 동시에 영향을 준다는 사실을 깨달았다. 마찬가지로 표현형의 요소들 중 대부분은 다인자 발현적으로 결정되어 있어서 여러 유전자의 영향을 받는다. 유전자들 사이의 빈번한, 사실상 보편적인 상호 작용은 개체의 적합성과 선택의 효과에서 결정적으로 중요하다. 그러나 그와 같은 상호 작용을 분석하는 것은 매우 어려운 일이다. 대부분의 개체군 유전학은 여전히 추가적인 유전자의 효과와 어느 한 유전자좌의 분석에 초점을 맞추고 있다. 진화적 정체나 신체 계획의 지속성을 분석하기 어려운 것도 그 때문이다. 유전자형 안에 별개의 도메인들이 존재하고 있으며 특정 유전자 복합체는 재조합을 통해 내부 응집력이 잘 깨지지 않음을 암시하는 발견들이 많이 이루어졌다. 그러나 아직까지는 가정일 뿐이며, 미래에 유전자 수준의 분석이 이루어져야 할 것이다. 아마도 유전자형의 구조는 진화 생물학 분야에 남아 있는 가장 도전적인 문제일 것이다.

진화에 대하여
사람들이 자주 묻는 질문과
그에 대한 간략한 답변

1. 진화는 사실인가?

2. 진화 과정 가운데 목적론적 설명을 필요로 하는 부분이 있을까?

3. 다원주의 이론이란 무엇인가?

4. 진화의 '사실'이 물리학의 사실과 다른 점은?

5. 진화 이론은 어떻게 성립되었나?

6. 다원주의는 수정 불가능한 교의인가?

7. 왜 진화는 예측할 수 없을까?

8. 진화의 종합이 달성한 것은 무엇일까?

9. 분자 수준의 발견들은 다원주의 패러다임의 변화를 요구했나?

10. '진화'와 '계통 발생'은 같은 의미인가?

11. 진화는 진보인가?

12. 오랫동안 지속된 정체기는 어떻게 설명할 수 있을까?

13. 동물의 계통 발생에서 나타나는 두 가지 커다란 수수께끼를 어떻게 설명할 수 있을까?

14. 가이아 가설은 다윈주의와 상충하는가?

15. 진화에서 돌연변이의 역할은 무엇일까?

16. 종 선택이라는 개념은 유효한가?

17. '선택의 목표는 각 개체'라는 말은 무성 생식을 하는 생물에도 적용될 수 있을까?

18. 자연선택의 목적은 무엇일까?

19. 개체는 발달 과정의 어느 단계에서 자연선택의 목표물이 되는 것일까?

20. '생존 경쟁'이라는 용어는 글자 그대로 해석해도 무방할까?

21. 선택은 일종의 힘이나 압력일까?

22. 우연(확률론적 과정)은 선택 과정의 어느 단계에서 개입할까?

23. 선택은 완벽을 낳을까?

　진화 이야기는 너무나 다각적인 측면을 가지고 있기 때문에 진화와 관련된 문제를 처음 마주하는 사람들은 수많은 질문을 갖게 된다. 12개의 장을 통해 진화에 관련된 질문에 비교적 상세한 답을 제공하고자 했지만 여기에서는 가장 빈번하게 제기되는 질문들에 대해 간략한 답변을 들려주고자 한다.

1. 진화는 사실인가?

진화는 단순한 개념이나 이론이 아니라 아무도 반박할 수 없는 압도적인 증거들이 입증한 자연의 과정에 붙여진 이름이다. 그 증거들 중 일부는 1~3장에 요약되어 있다. 이제 진화를 하나의 이론으로 보는 것이 오히려 현실을 제대로 반영하지 못하는 것이라고 할 수 있다. 지난 140년 동안 발견된 엄청난 양의 증거들이 진화의 존재를 입증해 주고 있기 때문이다. 진화는 더 이상 이론이 아니라 엄연한 사실이다.

2. 진화 과정 가운데 목적론적 설명을 필요로 하는 부분이 있을까?

분명히 그렇지 않다. 예전에는 많은 사람들이 진화에 완벽을 향해 나아가는 과정이 관여하고 있을 것이라고 생각했다. 자연선택 원리가 발견되기 전에는 눈처럼 완벽하게 보이는 신체 기관, 철새가 계절에 따라 정확히 이동하는 행동, 특정 질병에 대한 저항성 등을 비롯한 생물의 놀라운 특징들을 적절하게 설명할 방법이 목적론 이외에는 없었다. 그러나 정향 진화나 그밖에 다른 목적론적 설명들은 오늘날 철저히 반박되었다. 그리고 우리가 과거에 정향 진화에 의한 것이라고 생각했던 모든 종류의 적응성은 자연선택으로 완전히 설명할 수 있다6장, 7장 참조.

3. 다윈주의 이론이란 무엇인가?

다윈주의 이론이라는 표현 자체가 적절하지 못하다. 『종의 기원』과 그 이후의 저작을 통해서 다윈은 여러 가지 이론들을 발전시켜 나갔다. 그중 다섯 가지 이론이 가장 중요하다4장 참조. 그중 두 가지, 즉 진화 자체에 대한 이론과 공통 유래 이론은 1859년 『종의 기원』이 출간된 후 몇 년 안에 생물학자들 사이에 받아들여졌다박스 5.1 참조. 이것이 첫 번째 다윈주의 혁명이다. 나머지 세 이론들, 즉 점진주의, 종 분화, 자연선택 이론은 그보다 훨씬 나중인 1940년대 진화의 종합 과정에서 널리 수용되었다. 이것이 두 번째 다윈주의 혁명이다.

4. 진화 생물학의 '사실'은 천문학에서의 사실, 즉 지구가 태양 주위를 돈다는 사실처럼 명확하게 입증할 수 있는 사실과는 다르지 않은가?

어떤 면에서는 다르다. 행성의 움직임은 직접 관찰할 수 있다. 반면에 진화는 역사적 과정이다. 과거의 단계들은 직접 관찰할 수 없고 배경 자료를 통해서 추측하는 수밖에 없다. 그런데 이 추측은 엄청난 정확성을 가지고 있다. 첫째, 많은 경우에 문제에 대한 대답을 예측한 다음에 실질적인 발견이 나와 그 예측을 확증해 주었다. 둘째, 그 대답은 여러 가지 서로 다른 계통의 증거들로 확인되었다. 셋째, 대부분의 경우 그 설명을 대신할 다른 합리적인 설명이 존재하지 않는다.

예를 들어 시대순으로 놓인 지층에서 발견되는 일련의 수궁류 파충류의 화석들은 점점 더 나중 지층으로 갈수록 점점 더 포유류와 비슷해져서, 결국 파충류인지 포유류인지를 놓고 전문가들이 논란을 벌여야 할 정도의 생물로 이어지는 현상에 대해 생각해보자. 이러한 사실을 가지고 포유류가 수궁류 조상으로부터 진화한 것이라는 설명 이외에 다른 어떤 설명을 이끌어 낼 수 있을지 의문이다. 실제로 화석 기록에는 그와 같은 예가 수천 가지나 있다. 대부분의 사례에서 중간중간 단절이 보이는 것도 사실이지만 그

것은 대개 화석을 포함한 층위의 소실에 의한 것이다.

솔직히 말해서 나는 그와 같이 압도적으로 많은 수의 잘 정립되고 실증된 추론이 직접적인 관찰보다 과학적 확신을 떨어뜨릴 이유가 없다고 본다. 지질학이나 우주론과 같은 다른 역사 과학의 많은 이론들 역시 추론을 기반으로 하고 있다. 두 종류의 증거에 근본적 차이가 있다고 주장하는 특정 철학자들의 노력은 사람들을 오도할 수 있다고 나는 생각한다.

5. 과학에서 가장 흔히 사용되는 방법인 실험을 수행할 수 없는 상황에서 어떻게 역사적 진화 과정의 원인에 대한 이론들을 수립할 수 있을까?

예를 들어 우리가 공룡의 절멸을 실험해 볼 수 없다는 것은 당연한 일이다. 그러나 우리는 '역사적 이야기 구성(narrative)'이라는 방법을 이용해서 진화를 포함한 역사 과정을 설명할 수 있다. 다시 말해 우리는 역사적 시나리오를 하나의 가능한 설명으로 가정한 다음 이것이 옳을 가능성에 대해 철저한 시험을 거친다. 공룡 절멸의 경우 가능한 수많은 시나리오들(파괴적인 바이러스의 전염설, 기후 변화에 의한 재해설)에 대한 시험이 이루어졌으나 증거와 상충하는 것으로 드러나면서 거부되었다. 결국 (우주에서 날아온 소행성의 충돌로 공룡이 절멸되었다는) 앨버레즈 절멸 이론이, 기존의 증거나 차후에 이루어진 연구들에 의해 매우 설득력 있게 뒷받침되었기 때문에 오늘날 널리 받아들여지고 있다 10장 참조.

6. 다윈주의는 수정 불가능한 교의인가?

다윈주의를 포함한 모든 과학 이론들은 거짓으로 드러날 경우 거부당할 수 있다. 과학 이론들은 종교적 교의와 달리 얼마든지 수정되고 반박될 수 있다. 진화와 관련된 문헌에서 결국 사실이 아닌 것으로 드러나 반박된 많은 진화 이론을 찾아볼 수 있다. 유전자가 진화의 직접적 대상이라는 믿음이 그 예이다. 또한 과거에 널리 받아들여졌던 변환주의나 변형주의 역시 반박되었다.

7. 왜 진화는 예측할 수 없을까?

진화는 수많은 상호 작용의 결과이다. 어느 한 개체군 안의 서로 다른 유전자형들은 동일한 환경 변화에 제각기 다르게 반응할 수 있다. 뿐만 아니라 환경의 변화, 특히 특정 지역에 새로운 포식자나 경쟁자가 나타나는 것과 같은 사건 역시 예측할 수 없다. 마지막으로 전 세계적으로 급격한 변화가 발생해서 이른바 대절멸을 가져오기도 한다. 그와 같은 대규모 사건에서는 개체의 생존 여부에 우연이 더 큰 역할을 하게 된다. 이 모든 상황의 예측 불가능성 때문에, 개체군이 반응하는 진화적 변화의 본질 역시 필연적으로 예측 불가능할 수밖에 없다. 그렇지만 유전자형의 잠재성과 유전적 구속의 본질에 대한 이해는 대부분의 사례에서 상당히 정확하게 예측할 수 있다.

8. 진화의 종합이 달성한 것은 무엇일까?

진화의 종합이 이룬 것 중 세 가지가 특히 중요하다. 첫째, 다원주의와 경쟁하는 세 가지 진화 이론에 대한 광범위한 반박이다. 정향 진화(궁극 원인론), (도약 진화에 기초한) 변환주의, 획득 형질의 진화가 그 세 가지 이론이다. 둘째, 진화의 종합은 적응을 강조하는 학파(향상 진화)의 사고와 생물 세계의 다양성을 강조하는 학파(분기주의)의 사고를 하나로 결합시켰다. 셋째, 진화의 종합은 변이와 선택에 대한 원래의 다원주의의 패러다임을 확립시키고 그에 대한 모든 비판을 논박했다.

9. 분자 수준의 발견들은 다윈주의 패러다임의 변화를 요구했나?

분자 생물학은 진화 과정을 이해해 나가는 데 많은 기여를 했다. 그러나 변이나 선택에 대한 다윈주의적 개념들은 분자 생물학의 발달에도 조금도 흔들리지 않았다. 유전 정보의 전달자가 단백질이 아니라 핵산이라는 사실이 밝혀진 것조차도 진화 이론의 변화를 요구하지 않았다. 실제로 유전적 변이의 본질에 대한 이해는 오히려 다윈주의를 강화시키는 데 크게 기여했다. 예를 들어 획득 형질은 유전되지 않는다는 주장은 유전학의 발견으로 더욱 확실해졌다. 또한 분자 수준의 증거는 형태학적 증거와 아울러 많은 계통 발생학적 문제들을 해결했다.

10. '진화' 와 '계통 발생' 은 같은 의미인가?

그렇지 않다. 진화가 훨씬 더 광범위한 개념이다. 계통 발생은 단지 여러 진화 현상 가운데 하나인 공통 유래 패턴을 가리킬 뿐이다. 그러나 한편으로 생각해 보면 계통 발생은 분기점의 패턴뿐만 아니라 분기점 사이의 변화를 의미하기도 한다.

11. 진화는 진보인가?

계통 발생학적으로 나중에 나타난 생물이 그 조상보다 '고등'하다고 할 수 있을까? 그렇다. 나중에 나타난 생물은 계통수에서 더 높은 가지에 자리하고 있다. 그렇다면 이들이 조상들보다 더 '우수하다.'고 말할 수 있을까? 그렇다고 주장하는 사람들은 진보를 입증할 수 있는 '고등' 생물의 형질들, 이를테면 신체 기관 사이에 분업이 잘 이루어져 있고 분화되어 있으며, 더욱 복잡하고, 환경의 자원을 더 잘 활용하고, 일반적으로 더 잘 적응하고 있음을 보여 주는 형질들을 열거한다. 그러나 이와 같은 '진보'의 척도들이 과연 진정한 '향상'의 증거일까?

세균에서 고등 생물로 이어지는 진화에서 어떤 종류의 진보도 부정하는 사람들은 진보라는 개념에 목적론적이고 결정론적인 의미를 부여하는 경향이 있다. 실제로 세균에서 단세포 원생동물로, 그 다음 고등 식물과 동물, 영장류, 인간으로 이어지는 계통을 살펴보면 진화는 매우 진보적인 현상으로 보인다. 그러나 이 생물들 가운데 가장 오래된 생물인 세균은 오늘날에도 여전히 가장 성공적인 생물이라고 말할 수 있다. 총생물량을 따져 보면 세균의 생물량은 다른 모든 생물들을 합친 것을 넘어선다. 뿐만 아니라 고등 생물 가운데 기생충, 동굴에 사는 동물, 지하 동물, 그밖에 퇴보나 단순화의 경향을 보이는 계통들도 존재한다. 이들은 계통수에서는 더 높은 곳에 위치할지 모른다. 그러나 이들에게는 진화적 진보의 증거로 열거되는 형질이 결여되어 있다. 그러나 부정할 수 없는 사실은 진화적 진보의 매 세대마다 생존하는 개체는 그렇지 못한 개체들에 비해서 평균적으로 더 잘 적응하고 있다는 사실이다. 그러한 측면에서 볼 때는 진화는 분명 진보적이다. 또한 진화의 역사 전체에 걸쳐서 기능적 과정을 더욱 효율적으로 만들어 주는 혁신이 도입되어 왔다.

12. 오랫동안 지속된 정체기는 어떻게 설명할 수 있을까?

일단 한 종이 효율적인 격리 기작을 획득하면 이 종은 수백만 년 동안 거의 변화하지 않을 수도 있다. 실제로 이른바 살아 있는 화석 생물들은 수억 년 동안 거의 변화하지 않았다. 이러한 사실을 어떻게 설명할 수 있을까? 이러한 정체는 최적의 유전자형으로부터 벗어나는 모든 일탈을 솎아 내기 위한 정상화 선택의 작용에 의한 것이라는 주장이 오랫동안 제기되었다. 그러나 이러한 정상화 선택은 빠르게 변화하는 계통에서도 똑같이 활발하게 작용한다.

정체는 분명 해당 생물이 기본적인 표현형을 변화시킬 필요 없이 모든 종류의 환경 변화에 적응할 수 있는 유전자형을 가지고 있음을 의미한다. 어떻게 그런 일이 가능한지를 설명하는 일은 발달 유전학의 숙제이다.

13. 동물의 계통 발생에서 나타나는 두 가지 커다란 수수께끼를 어떻게 설명할 수 있을까?

첫 번째 수수께끼는 캄브리아기 초기에 60~80개의 서로 다른 구조 유형(신체 계획)이 갑자기 나타난 일이고 두 번째 수수께끼는 캄브리아기 이후로 5억 년 동안 어떤 새로운 중요한 유형도 나타나지 않았다는 사실이다.

오늘날에는 캄브리아기 초기에(지금으로부터 5억 4400만 년 전부터) 그토록 많은 동물 유형이 갑작스럽게(100~2000만 년 동안) 나타난 것처럼 보이는 것이 사실은 화석의 보존 상태 때문에 빚어진 오해임이 분명하게 드러나고 있다. 분자 시계를 이용할 경우 동물 유형들의 기원은 약 6억 7000만 년 전까지 거슬러 올라간다. 그러나 6억 7000만 년 전과 5억 4400만 년 전 사이에 살았던 동물들은 매우 작고 골격이 없기 때문에 화석으로 보존되지 못했다.

왜 그 후 5억 년 동안 주요 신체 구조 유형이 새롭게 나타나지 못했는가 하는 문제는 더욱 복잡하고 오늘날까지도 다 풀지 못한 수수께끼이다. 그러나 분자 유전학이 설명의 실마리를 제공해 주었다. 현존하는 생물들의 경우 발달은 조절 유전자들의 '협력'을 통해 매우 엄격하게 통제되고 있다. 선캄브리아기에는 아마 그러한 조절 유전자가 적은 수로 존재하고 또한 통제 역시 비교적 덜 엄격하게 이루어졌을 것이다. 그 결과 구조 유형의 대폭적 변화가 신속하고 빈번하게 일어날 수 있었을 것이다. 캄브리아기 말에는 이러한 조절 유전자의 지배가 완전히 정착되어서 전혀 새로운 구조 유형이 출현하는 것이 불가능하거나 어려워졌을 것이다. 화석으로 기록되지는 않았지만 캄브리아기 이전의 변화는 갑자기 일어난 것이 아니라 수억 년에 걸쳐서 일어난 것이라는 사실을 기억해야 한다.

14. 가이아 가설은 다윈주의와 상충하는가?

대부분의 다윈주의자들은 가이아 이론을 받아들이지 않고 있지만 가장 저명한 가이아 이론 지지자들, 이를테면 린 마굴리스 같은 사람들은 다윈주의를 완전히 수용한다. 다윈주의는 가이아 이론과 전혀 충돌하지 않는다.

15. 진화에서 돌연변이의 역할은 무엇일까?

돌연변이는 개체군 안에서 새로운 유전적 변이의 원천이 된다. 대부분의 돌연변이는 감수 분열 시 복제 과정에서 일어난 오류가 복구 기작으로 제대로 복구되지 못해 일어난다. 돌연변이압은 존재하지 않는다. 개체군 안에서 선택의 대상이 되는 유전자형 변이의 대부분은 새로운 돌연변이에 의한 것이 아니라 재조합에 의한 것이다.

16. 종 선택이라는 개념은 유효한가?

일찍이 다윈은 영국에서 건너간 동식물이 뉴질랜드의 토착종을 절멸시켰다는 사실에 주목했다. 실제로 다른 곳에서도 어느 한 종의 성공이 다른 종의 몰락을 부르는 사례가 종종 보고되었다. 일부 전문가들은 이를 종 선택이라고 불렀다. 그러나 이는 오해를 불러일으킬 수 있는 용어이다. 실제로 선택은 두 종의 각 개체들에게 작용하는 것이다. 두 종의 개체들이 마치 한 개체군의 구성원처럼 작용하는 것이다. 따라서 사실은 두 종의 개체 사이에서 '생존 경쟁'이 일어나는 것이지만 장기적으로는 둘 중 어느 한 종의 개체들이 다른 종의 개체들보다 더욱 성공적인 결과를 보인다. 따라서 이는 전형적인 다윈주의적 개체 선택의 사례이다. 종 전체는 결코 선택의 대상이 되지 않는다. 그러나 전체 종의 성공의 격차가 개체의 선택에 겹쳐진다는 사실을 시인해야 한다. 종 선택 대신 종의 교체(species turnover)나 종의 대체(species replacement)와 같은 용어를 사용하면 혼란을 막을 수 있을 것이다.

17. 일반적으로 선택의 목표는 각 개체라는 말은 무성 생식을 하는 생물에도 적용될 수 있을까?

무성 생식을 하는 생물의 개체들은 모두 클론(clone), 즉 유전적으로 동일한 개체들이다. 이와 같은 개체들은 클론의 마지막 개체가 죽게 될 때 선택을 통해 비로소 대체된다. 이러한 제거는 유성 생식을 하는 생물에서 자연선택을 통해 개체가 제거되는 것과 원칙적으로 동일하다고 할 수 있다.

18. 자연선택의 대상은 무엇일까?

선택의 대상에 대해 왜 그토록 많은 논란이 있었던 것일까?

진화의 종합이 이루어질 무렵 유전학자들은 선택의 대상이 유전자라고 믿었다. 그러나 자연사학자들은 다윈이 언제나 믿어 왔던 것처럼 선택의 대상은 개체라고 믿었다. 40년에 걸친 분석의 결과 유전자는 결코 선택의 직접적 대상이 될 수 없는 것으로 드러났다. 그러나 어떤 집단이 사회적 집단이고 집단 구성원들의 협력이 집단 전체의 생존을 강화시킬 경우 집단 역시 선택의 대상이 될 수 있다. 마지막으로 배우자 역시 선택에 직접 노출되어 있으며 동일한 개체에서 생산된 서로 다른 배우자들은 수정에 도달하는 능력이 각기 다를 수 있다.

19. 개체는 발달 과정의 어느 단계에서 자연선택의 목표물이 되는 것일까?

접합체 상태에서부터 계속해서 자연선택의 목표가 된다. 일부 진화론자들은 배아기나 유생기를 간과해 버린다. 이 시기에 생물은 종종 성체기보다 더 큰 선택압을 받게 된다. 그러나 일생 중 생식 가능한 시기가 지나면서 선택의 진화적 효율성은 끝나게 된다. 예를 들어 인간 종의 경우 생식 후기에만 발병하는 질병은 사실상 선택에 영향을 미치지 않는다. 그러나 그와 같은 질병은 건강한 조부모들이 (사회적 생물의 경우) 친족 선택에 기여하는 몫을 감소시킬 수는 있다.

20. '생존을 위한 투쟁'이라는 용어는 글자 그대로 해석해도 무방할까?

전혀 그렇지 않다. 다윈이 일찍이 강조한 바와 같이 이 용어는 일종의 비유로 해석해야 한다. 사막 언저리에 살고 있는 식물들은 생존을 위해 서로 치열한 경쟁을 벌일 수도 있다. 왜냐하면 거의 대부분은 사막의 조건에 굴복하고 극도로 적은 소수만이 살아남게 될 테니까. 그러나 글자 그대로 생존을 위한 투쟁이 일어나는 경우는 상당히 드물다. 일부다처제를 따르는 동물 종에서 수컷들이 한 영역에서 마주하게 될 때 실제로 투쟁이 일어난다. 또한 해양의 저생성(benthic) 생물들 사이에서 영역을 놓고 다툼이 일어나기도 한다. 영역에 대한 경쟁이 벌어질 때 생존을 위한 투쟁은 가장 명확하게 드러난다. 사회적 생물의 경우 낮은 서열의 개체들이 자원을 얻기 위해 높은 서열의 개체들과 투쟁을 벌이기도 한다.

21. 선택은 일종의 힘이나 압력일까?

진화에 관한 논의에서 종종 '선택압'이 특정 형질의 성공이나 제거를 가져왔다는 이야기가 나온다. 진화론자들은 이 '압(압력)'

이라는 표현을 물리학에서 차용했다. 그 의미는 물론 단지 특정 표현형이 성공하지 못해서 개체군으로부터 계속 제거될 경우 개체군에 변화가 나타난다는 것이다. 힘이나 압력과 같은 용어는 엄밀하게 말해 비유적으로 사용될 뿐이며 실제로는 선택과 관련되어 물리학에서 쓰이는 것과 같은 의미의 힘이나 압력이 존재하는 것은 아니다.

22. 우연(확률론적 과정)은 선택 과정의 어느 단계에서 개입할까?

선택의 첫 번째 단계인 유전적 변이의 생성 과정은 거의 전적으로 우연적 현상이다. 오직 주어진 유전자의 유전자좌에서 생기는 변화의 본질이 강력하게 제한되어 있다는 점만이 예외이다. 우연은 선택의 두 번째 단계, 즉 덜 적합한 개체들이 제거되는 단계에서도 중요한 역할을 한다. 한편 대절멸 시기에 모든 생물의 생존 여부가 혼란스러운 상태에서 우연은 특히 중요한 역할을 한다.

23. 선택은 완벽을 낳을 수 있을까?

다윈은 선택이 결코 완벽을 만들어 내지 못하며 단지 현존하는 조건에 대한 적응을 생산할 수 있다고 언급했다. 예를 들어 뉴질랜드의 동물과 식물은 서로에게 적응하도록 선택되었다. 그런데 영국의 동물과 식물이 뉴질랜드에 도입되자 '완벽'하지 못했던, 즉 침입자들에게 적응하지 못한 뉴질랜드의 토착종들은 절멸해 버렸다. 인류는 매우 성공적인 종이지만 아직도 네발보행에서 두발보행으로의 신체 구조의 전이가 완전하게 이루어지지 못한 상태이다. 그러한 측면에서 볼 때 인간 역시 완벽하지 못하다.

24. 인간의 의식은 어떻게 진화되었을까?

심리학자들이 무척 궁금하게 여기는 질문이다. 그런데 그 답은 상당히 간단하다. 인간의 의식은 동물의 의식으로부터 진화했다. 의식이 인간 고유의 속성이라는 생각은 널리 퍼져 있지만 사실 그 정당함을 입증할 길이 없다. 동물 행동학자들은 동물들 사이에 의식이 얼마나 널리 퍼져 있는지를 보여 주는 증거들을 취합해 왔다. 개를 길러 본 사람이라면 개가 벌을 받을 만한 잘못을 저지르고 나서 주인이 없는데도 '죄책감'과 같은 감정을 표출하는 것을 관찰할 수 있다. 그와 같은 의식의 징후를 동물계에서 얼마나 '아래까지' 추적해 내려갈 수 있을지에 대해서는 논란이 있을 수 있다. 어쩌면 그 징후는 일부 무척추동물, 심지어 원생동물들이 보이는 회피 반응까지 거슬러 내려갈 수 있을지도 모른다. 인간의 의식은 인간 종의 탄생과 함께 완전히 무르익은 상태로 나타난 것이 아니라 길고 긴 진화의 역사의 마지막 순간에 고도로 발달한 것이 분명해 보인다.

용어 해설

가이아 이론(Gaia hypothesis) 생물과 생물이 살고 있는 무생물 세계(대기 포함)의 상호
작용. 특히 화학적 상호 작용이 가이아라는 통제 프로그램에 의해 조절되고 있다는
이론.

감수 분열 (Meiosis) 유성 생식을 하는 생물에서 배우자(정자와 난자)가 형성될 때 일어
나는 특별한 형태의 핵분열. 이 과정에서 염색체의 교차와 염색체 수의 반감이 일
어난다.

격리 기작 (Isolating mechanism) 동일한 지역에 공존하는 서로 다른 종의 개체군들이 상
호 교배하는 것을 방지하는 개체의 유전적(행동적 포함) 속성.

겸상 적혈구 질병 (Sickle cell disease) 적혈구에 일어나는 유전 질병. 겸상 적혈구 유전자
를 동형 접합 상태로 지니고 있을 경우 젊은 나이에 사망에 이르게 되지만 반면 이형
접합 보인자의 경우 말라리아가 창궐하는 지역에서 더 우수한 접합성을 보인다.

경쟁 배타 원리 (Competitive exclusion principle) 두 종이 동일한 생태적 요구를 가질 경
우 같은 지역에서 공존할 수 없다는 원리

계통 진화 (Phyletic evolution) 시간 척도상에서 생물 계통에 일어나는 진화적 변화.

계통 (Phyletic lineage) 계통수의 한 가지. 조상종으로부터 선형적으로 이어지는 모든 후
손들.

계통 발생론 (Phylogeny) 한 집단의 생물의 후손으로 이루어진 추론된 계통.

계통 분기군 (Clade) 계통수에서 두 분기점 사이의 부분 또는 분기점에서 가지의 끝에 이르는 구간.

공생 (Symbiosis) 서로 다른 두 종 사이에서 일어나는, 대개 호혜적인 상호 작용.

공진화 (Coevolution) 꽃과 수분 매개체(pollinator)와 같이 서로 의존하거나 아니면 먹이감과 포식자, 기생충과 숙주와 같이 적어도 어느 한쪽이 다른 쪽에 의존해서 어느 한쪽에 일어나는 변화가 다른 쪽의 적응적 반응을 이끌어 내는 생물들이 서로 비슷한 양상으로 진화해 나가는 현상.

과학 혁명 (Scientific Revolution) 16세기와 17세기 갈릴레오, 뉴턴 같은 과학자들이 현대 과학의 기초를 수립한 시기.

교차 (Crossing-over) 어머니와 아버지의 염색체 사이에서 서로 상응하는 단편을 교환하는 현상. 감수 분열의 첫 단계에서 어머니와 아버지에게서 온 상동 염색체가 서로 짝을 이룰 때 교차가 일어난다.

궁극 원인론 (Finalism) 완벽한 상태의 도달처럼 미리 예정된 궁극적 목표나 목적을 향해 나아가는 경향이 자연 세계에 내재되어 있다는 믿음.

균형잡힌 다형성 (Polymorphism, balanced) 서로 다른 두 대립 유전자가 같은 개체군 안에 공존하면서 각각의 동형 접합보다 더 큰 적합성을 가진 이형 접합을 생산하는 상태.

근지역성 (Parapatric) 서로 인접하여 살아가지만 겹치지 않는 개체군 또는 종.

난할 (Cleavage) 수정란(접합체)의 일련의 유사 분열 가운데 하나로 초기의 배아 조직을 형성한다.

니치 (Niche) 어떤 종이 점유하기에 적절하도록 만들어 주는 환경의 여러 가지 특질들. '생태적 지위'라고도 함.

다계통성 (Polyphyly) 둘 이상의 조상으로부터 하나의 분류군이 유래된 현상.

다면 발현 (Pleiotropic) 하나의 유전자가 표현형의 여러 측면에 영향을 미치는 현상.

다윈주의 (Darwinism) 훗날 신봉자들이 진화를 설명하는 기초로 삼았던 다윈의 개념과 이론들.

다인자 발현 유전 (Polygenic inheritance) 여러 유전자(폴리진(polygenes, 개개의 작용은 대단히 미약하지만 다수가 동의적으로 서로 보충하고 양적으로 계측할 수 있는 형질의 발현에 관계하는 유전. ── 옮긴이) 또는 여러 인자들)에 의해 조절되는 형질(예, 키)의 유전. 그 효과는 누적되어 나타난다.

다형성 (Polymorphism) 어떤 개체군에서 몇몇 서로 다른 대립 유전자 또는 불연속적 표현형이 동시에 나타나며 이때 가장 드문 종류조차도 반복적인 돌연변이에 의해 유지될 수 있는 수준 이상으로 존재하는 상황.

단속 평형 (Punctuated equilibria) 어느 생물 계통에서 진화적 변화가 매우 빠르게 일어나는 시기와 보통이거나 느리게 일어나는 시기가 반복되면서 그 결과로 종분화적 진화가 일어나는 현상.

대륙 이동 (Continental drift) 지질학적 시간에 걸쳐서 지각판의 구조적 변화에 의해 지구의 맨틀의 판이 밀려서 일어나는 대륙의 이동.

대립 유전자 (Allele) 어떤 유전자의 가능한 형태(뉴클레오타이드의 서열) 중 하나. 동일한 유전자의 서로 다른 대립 유전자는 대개 표현형에 제각기 다른 영향을 미친다.

대절멸 (Mass extinction) 기후 변화, 지질학적 원인, 우주의 영향, 그밖에 환경에 일어나는 사건에 의해 지구상의 생물상의 상당 비율이 소멸되는 사건.

대진화 (Macroevolution) 종 수준 이상에서 일어나는 진화. 상위 분류군의 진화와 새로운 신체 구조와 같은 진화적 신형질의 생성.

도약 (Saltation) 불연속(간극)을 낳는 갑작스러운 사건. 새로운 종이나 상위 분류군이 갑작스럽게 출현하는 것이 그 예이다.

도약 진화론 (Saltationism) 새로운 종류의 개체가 갑작스럽게 출현해서 새로운 종류의 생물의 창시자가 되는 식으로 진화적 변화가 일어난다는 믿음.

돌연변이 (Mutation) 자손에게 유전될 수 있는, 유전 물질에 일어나는 변화. 대부분의 돌연변이는 세포 분열 도중에 일어나는 복제 오류에 의한 것이며 그 결과 대립 유전자 가운데 하나가 다른 것으로 바뀌게 된다. 그와 같은 유전자 돌연변이 이외에도 배수성(polyploidy)을 포함하여 염색체 전체 수준에서 일어나는 염색체 돌연변이가 있다.

동물상 (Fauna) 주어진 시기에 주어진 지리적 영역에 살고 있는 동물들의 종.

동소성 (Sympatric) 서로 서식 범위가 겹치는 서로 다른 종을 일컫는 표현. 또는 동일한 지역에서 공존하는 종들.

동소성 종 분화 (sympatric speciation) 지리적 격리 없이 일어나는 종 분화. 최소 교배 단위 안에서 새로운 종류의 격리 기작이 출현하여 종분화로 이어진다.

동일 과정설 (Uniformitarianim) 다윈 시대 이전의 일부 지리학자들이 내놓은 이론. 특히 찰스 라이엘이 주장한 이론으로 지구의 역사상의 모든 변화들은 도약에 의해서가 아니라 점진적으로 일어난다는 내용. 이처럼 점진적으로 일어나는 변화는 특별한 창조의 결과물로 간주할 수 없다.

동형 접합 (Homozygous) 특정 유전자의 동일한 대립 유전자 또는 상동염색체 쌍을 가지고 있는 상태.

린네식 (Linnaean) 이명법 분류 체계를 고안한 스웨덴의 자연학자 칼 린네의 이름을 딴 분류 체계.

모자이크 진화 (Mosaic evolution) 어떤 분류군에서 신체 구조나 기관, 또는 그밖에 다른 표현형의 요소들이 제각기 다른 속도로 진화적 변화를 겪는 현상.

목적론 (Teleology) 궁극 원인을 추구하는 이론. 방향성을 가진 힘의 존재에 대한 믿음.

무산소 (Anoxia) 산소가 없거나 부족한 상태.

무체강동물 (Acoelomate) 체강(coelom)이 없는 동물. 편형동물(Platyhelminth)이 무체강동물에 속한다.

물벼룩 (Daphnia) 지각류(Cladocera)에 속하는 플랑크톤성 갑각류 동물.

뮐러 의태 (Mullerian mimicry) 맛이 없거나 독이 있는 종이 마찬가지로 맛이 없는 또 다른 종과 비슷해지는 의태.

반수체 (Haploid) 배우자의 경우와 같이 한 쌍의 염색체 중 오직 한쪽만 가지고 있는 상태.

발생 반복 (Recapitulation) 한 종의 유생이나 미성숙한 개체의 구조적 특징이나 그밖에 다른 속성이 조상종의 성체의 해당 특징과 유사한 경우를 말한다. 이는 그 종이 조상종으로부터 유래한 증거로 해석된다.

배경 멸종 (Background extinction) 모든 지질학적 연대에 걸쳐서 특정 수의 종들이 꾸준히 소멸한 현상.

배우자 (Gamete) 수컷 또는 암컷의 생식 세포. 정자 또는 난자.

범생식적 (Panmictic) 분산 능력이 매우 커서 전체 범위의 모든 부분의 개체들 간에 완벽한 상호 교배가 가능한 개체군 또는 종을 일컫는 표현.

범주 (Category) 분류학적 범주는 위계적 서열에 따라 각 분류군의 지위를 지정한다. 즉 모든 구성원들이 동일한 범주 서열에 배치된 분류군에 속하는 부류를 말한다.

베이츠 의태 (Batesian mimicry) 맛있는 종이 맛이 없거나 독이 있는 종과 비슷한 모양을 취하는 의태.

변형주의 (Transformationism) 획득형질의 유전이나 환경의 직접적 영향, 또는 목적론적 원인에 의해 종의 본질이 변화하는 것을 진화의 원인으로 돌리는 이론. 지금은 반박되고 있다.

변환주의 (Transmutationism) 갑자기 새로운 돌연변이나 도약이 일어나 단번에 새로운 종을 탄생시킴으로써 진화적 변화가 일어난다는 이론. 도약 진화론 참조.

병렬 상동 유전자 (Orthologous genes) 서로 다른 종에 존재하지만 그들이 공통 조상으로부터 파생되었으리라 추측하기에 충분할 만큼 뉴클레오티드 서열이 서로 비슷한 유전자.

복제 오류 (Copying error) 유전자가 유사 분열과 감수 분열 단계에서 정확하게 자신을 복제하는 데 실패해서 돌연변이가 생기는 현상.

본질주의 (Essentialism) 자연의 변이는 제한된 수의 기본적 범주들로 환원될 수 있다는 믿음. 이 범주들은 일정불변하고 분명하게 경계가 지워진 유형을 의미한다. 본질주의는 유형론적 사고방식이다.

볼드윈 효과 (Baldwin effect) 다양한 표현형의 유전적 기초를 강화시키는 유전자의 선택.

분기 진화 (Cladogenesis) 분기에 해당되는 진화의 구성 요소.

분류군 (Taxon) 제한된 형질들을 공유하는 것으로 알려진 단일 계통적 생물 집단(또는 하위 분류군).

분류학적 불연속성 (Taxic discontinuity) 친족 관계에 있는 분류군. 예를 들어 한 속에 속하는 종이나 한 과에 속하는 속들 사이의 변이 범위에 존재하는 불연속(간극).

분산 (Dispersal) 개체가 자신의 탄생지로부터 다른 곳으로 이동하는 현상. 더 널리 쓰이는 의미는 한 종의 개체들이 현재의 종의 범위를 벗어난 지역으로 퍼져 나가는 현상을 가리킨다.

분자 시계 (Molecular clock) 지질학적 시간 척도에서 분자(유전자)나 유전자형 전체의 변화가 보이는 시계와 같은 규칙성.

비임의 제거 (Nonrandon elimination) 이른바 자연선택이라는 과정을 통해서 적합성이 떨어지는 개체들이 제거되는 현상.

사회 다윈주의 (Social darwinism) 무자비한 이기주의가 가장 성공적인 정책이라고 가정하는 정치 이론.

살아 있는 화석 (Living fossil) 모든 친족들인 5000만~1억 년 전에 절멸해 버렸는데 여전히 생존하고 있는 종들.

상동 (Homologous) 가장 가까운 공통의 조상의 동일하거나 유사한 특징으로부터 파생된 두 분류군의 신체 구조, 행동, 그밖의 형질들.

상동 형성 (Homoplasy) 두 분류군 사이에서 가장 가까운 공통 조상의 동일한 형질에서 파생된 것이 아니면서 서로 유사한 형질.

상위성 (Epistasis) 둘 이상의 유전자 사이의 상호 작용

생물상 (Biota) 어떤 지역의 동물상과 식물상의 합.

생물학적 종 (Biological species) 실질적으로 또는 잠재적으로 상호 교배가 가능하며 다른 집단으로부터 번식적으로 격리되어 있는 자연적 개체군의 집단.

생태적 역할 (Ecological role) 생물이 가지고 있는 형질이 생물의 생존에 기여하는 것.

섬모충류 (Infusorian) 작은 수중 생물(대부분 원생동물, 갑각류, 윤형동물, 단세포 조류 등)을 부르던 명칭으로 요즘은 사용되지 않는 사어(死語)이다.

성 연관 (Sex-linkage) 어떤 유전자가 X 또는 Y 염색체상에 위치하고 있어서 성과 연관되는 현상.

성 선택 (Sexual selection) 번식의 성공을 강화시켜 주는 속성의 선택.

소진화 (Microevolution) 종 수준이나 그 이하에서 일어나는 진화.

수궁류 (Therapsida) 포유류로 이어지는 단궁형 파충류. 화석 기록으로 남아 있다.

수렴 (Convergence) 두 분류군이 공통 조상으로부터 물려받은 유전자형에 의해서가 아니라 제각기 독립적으로 서로 비슷한 표현형을 획득하는 현상.

수상도 (Dendrogram) 분류군들 간의 관계의 정도를 나타내기 위해 가지를 치는 나무 형태로 그린 그림.

수정 (Fertilization) 수컷의 배우자(정자)와 암컷의 배우자(난자)의 융합. 그 결과 어미의 염색체 세트의 반수체와 아비의 염색체의 반수체가 결합해서 새로운 이배체의 접합체를 이루게 된다.

식물상 (Flora) 특정 시간에 특정 지리적 지역에 살고 있는 식물 종들.

신체 계획 (Body plan) 척추동물이나 절지동물 등을 규정하는 신체 구조의 유형.

신체 형성 프로그램 (Somatic program) 발달이 일어날 때 인접한 조직에 보유되어 있는 정보가 배아의 신체 구조나 조직의 추가적 발달에 영향을 주거나 통제하는 현상.

앨버레즈 사건 (Alvarez event) 6500만 년 전 백악기 말기에 소행성이 지구에 충돌해서 공룡을 비롯한 동물상과 식물상의 대절멸을 가져왔다는 가상 시나리오. 물리학자인 월터 앨버레즈가 제시한 시나리오이다.

엔트로피 (Entropy) 우주의 물질과 에너지가 활성이 없고 균질한 궁극적 상태로 분해되

는 현상. 엔트로피는 오직 폐쇄된 시스템에만 적용될 수 있다.

연속 변이 (Cline) 대개 기후나 기타 환경적 변화의 구배(gradient)와 맞물려서 나타나는, 한 종 안에서 점진적으로 나타나는 형질의 변이.

열성 유전자 (Recessive gene) 이형 접합 상태일 때(하나만 존재할 때) 그 효과를 나타낼 수 없는 유전자. 이러한 유전자는 동형 접합 상태로 존재해야만 효과를 나타낼 수 있다.

염색체 (Chromosomes) 세포핵에서 발견되는 대개 막대 모양을 하고 있는 구조적 요소. 유전 물질(유전자)의 대부분을 함유하고 있다. 염색체는 DNA와 단백질로 이루어져 있다.

오스트랄로피테쿠스 (Australopithecine) 초기의 아프리카의 호미니드. 약 440∼200만 년 전에 살았으며 뇌가 작고(500cc 이하) 이족 보행을 했으며 대체로 나무에서 생활했다. 오스트랄로피테쿠스는 석기를 사용하지 않았다.

우발적 사건 (Contingency) 예측할 수 없이 일어나는 사건.

원기 (原基, Anlage) 특정 신체 구조나 기관을 형성하고자 하는 발생기의 조직의 경향.

원생동물 (Protists) 단세포 진핵생물을 집단적으로 일컫는 편의적 명칭.

월리스선 (Wallace's Line) 생물 지리학에서 인도네시아와 말레이시아의 군도를 가로지르는 선으로 순다 대륙붕의 동쪽 끝을 나타내 준다. 이 선은 열대 아시아 대륙 동물상, 특히 포유류의 서식 범위의 동쪽 경계가 된다.

유사 분열 (Mitosis) 세포 분열의 한 양식. 각 염색체가 길이 방향으로 쪼개지고 (염색체는 스스로 복제한다.) 각각의 딸세포들이 딸염색체를 하나씩 나누어 받는다. 유사 분열은 전형적인 체세포 분열 양식이다.

유소성 (Philopatry) 개체가 자신의 고향(탄생한 곳 또는 또 적응한 곳)으로 돌아가고자 하는(또는 머무르고자 하는) 경향.

유전 프로그램 (Genetic program) 생물의 DNA에 수록된 정보.

유전자 부동 (Genetic drift) 선택이 아니라 우연에 의해 일어나는 유전자 빈도의 변화. 특히 규모가 작은 개체군에서 이러한 현상이 일어난다.

유전자 확산 (Gene flow) 한 종의 서로 다른 개체군 사이에서 일어나는 유전자의 이동.

유전자 (Gene) 염색체의 특정 위치에 자리 잡고 있는 유전적 단위(염기쌍의 세트)

유전자좌 (Gene Locus) 염색체에서 특정 유전자의 위치.

유전자형 (Genotype) 생물의 유전자 세트.

유전적 항상성 (Genetic Homeostasis) 혼란스러운 환경적 영향을 상쇄하는 유전자형의 능력.

유형론자 (Typologist) 변이를 인정하지 않고 한 개체군의 구성원들을 특정 유형의 복제품으로 생각하는 사람들. 본질주의자.

유형론적 종 개념 (Typological species concept) 표현형의 차이 정도에 기초한 종 개념.

이배체 (Diploid) 중복된 염색체 세트를 가지고 있는 경우. 한 세트는 아버지로부터, 다른 한 세트는 어머니로부터 받은 것이다.

이소성 (Allopatric) 개체군 내지는 종이 서로 각자의 영역이 겹치지 않는 상태.

이소성 종 분화 (Allopatric speciation) 부모종으로부터 지리적으로 격리된 다음 효과적인 격리 기작을 획득하여 새로운 종의 기원이 되는 현상.

이소성 종 분화 (Dichopatric speciation) 부모종이 지리적 원인이나 식생 또는 그밖에 외부적 장벽에 의해 둘로 갈라져 새로운 종이 출현하는 현상.

이소종 (Allospecies) 같은 상종(上種, superspecies)에 속하지만 지리적으로 서로 분리되어 있는 종.

이형 접합 (Heterozygous) 상동 관계의 염색체 쌍이 특정 유전자에 대한 각기 다른 두 대립 유전자를 가지고 있는 경우.

잃어버린 고리 (Missing link) 조상과 그로부터 파생된 생물 집단 사이의 커다란 간극에 다리를 놓아줄 화석. 파충류와 조류 사이의 틈새를 이어 주는 시조새의 화석이 그 예이다.

자연선택 (Natural selection) 각 세대마다 적합성이 낮은 개체들이 개체군에서 제거되는 과정.

자연의 계단 (Scala naturae) 거의 무생물에 가까운 가장 하등한 생물 형태에서 가장 완벽한 생물 형태에 이르는 생물의 선형적 배치. 존재의 대사슬과 같은 개념.

재조합 (Recombination) 감수 분열 동안 일어난 교차와 염색체의 재편(reassortment)에 의해 새로운 접합체에서 유전자가 다시 섞이는 현상. 그 결과 매 세대마다 새로운 세트의 유전자형이 만들어진다.

적응 (Adaptation) 생물의 적합성에 보탬이 되는 것으로 생각되는 생물의 특성.

적응 만능론 (Adaptationist program) 어떤 분류군의 신체 구조나 그밖에 속성의 잠재적 적응 가치에 대한 연구.

적응 방산 (Adaptive radiation) 어느 한 계통이 다른 니치나 적응 구역으로 뻗어 나가는 진화적 분기.

전적응 (Preadapted) 적합성을 잃어버리지 않고서 새로운 기능이나 생태 역할에 적응할 수 있는 형질을 묘사하는 표현. 원래의 기능을 저해하지 않고 새로운 니치 또는 서식지로 이동하는 것을 가능하게 해 주는 특징을 보유한 상태.

접합체 (zygote) 수정란. 두 개의 배우자와 그 핵이 하나로 합쳐져 만들어진 개체.

정상화 선택 (Normalizing selection) 어떤 개체군의 정상적인 변이 범위를 벗어나는 변이체가 자연선택에 의해 제거되는 현상.

정체 (Stasis) 한 분류군의 역사에서 진화가 완전히 멈춘 것처럼 보이는 기간.

정향 진화 (Orthogenesis) 내재된 목적론적 원리에 의해 진화에 직선적 경향이 존재한다는 이론. 지금은 쓰이지 않는다.

종 개념 (Species concept) '종'이라는 단어의 생물학적 정의. 종 분류군을 한정하는 데 기초가 되는 기준.

종 분류군 (Species taxon) 주어진 종 개념에 따라 하나의 종으로 인정된 분류군.

종분화적 진화 (Speciational evolution) 창시자 개체군이나 잔존 개체군을 종의 지위에 이르도록 하는 가속화된 진화적 변화. 이러한 변화는 경우에 따라 새로운 상위 분류군을 탄생시키기도 한다.

주변 종 분화 (peripetric speciation) 주변에 격리된 창시자 개체군의 변화에 의해 새로운 종이 출현하는 현상. 출아(budding) 참조.

진화 (Evolution) 생명이 출현한 이래로 생명의 세계가 발달해 온 점진적 과정.

진화의 종합 (Evolutionary synthesis) 실험 유전학자, 자연사학자, 고생물학자 등 이전에 서로 반목하던 제각기 다른 유파의 진화론자들이 주로 1937년에서 1947년 사이에 이끌어 낸 진화에 대한 합의. 이를테면 향상 진화에 주력했던 분파나 분기주의를 연구해 오던 분파 등 진화 생물학의 다양한 분파들을 통합했다.

집단 선택 이론 (Group selection theory) 어떤 사회적 집단의 구성원들 사이에 이루어지는 협동적 상호 작용이 집단 전체의 적합성을 강화시킬 경우 그 집단 자체가 자연선택의 대상이 될 수 있다는 이론.

창시자 개체군 (Founder population) 예전의 종의 서식 범위를 넘어선 지역에서 한 마리 (또는 적은 수의 같은 종의) 암컷에 의해 창시된 개체군.

창조설 (Creationism) 성서 창세기에 기록된 천지창조의 진실을 문자 그대로 믿는 주의.

체세포 돌연변이 (Somatic mutation) 체세포에 일어나는 돌연변이

최소 교배 단위 (Deme) 잠재적으로 상호 교배가 가능한 개체들의 지역적 개체군.

출아 (Budding) 어떤 생물 계통에서 종 분화에 의해 새로운 곁가지가 생겨나고 새로 생긴 종과 그 후손이 새로운 니치나 적응 구역으로 들어가서 새로운 상위 분류군으로 구분되는 과정.

측계통성 (Parallelophyly) 동일한 형질이 서로 다른 다수의 종에서 독립적으로 나타나는데 이 종들이 해당 형질에 대한 유전적 잠재력을 가지고 있기는 하나 표현형으로 나타나지는 않았던 가장 가까운 공통의 조상에서 유래한 경우.

친족 선택 (Kin selection) 동일한 유전자형을 공유하는 개체들. 이를테면 형제자매 사이의 이타적 상호 작용에 의한 선택적 이점.

코돈 (Codon) 유전 프로그램(유전체)에 존재하는 한 벌을 이루는 세 개의 뉴클레오티드 세트. 각 코돈은 특정 아미노산을 지정한다.

클론 (Clone) 무성 (단성) 생식에 의해 만들어지는, 혹은 일란성 쌍생아에게서 나타나는 유전적으로 동일한 개체들.

판 (Plate) 판구조론에 따라 움직이는 지구 표면 지각의 한 조각.

판 구조론 (Plate tectonics) 지각이 이동 가능한 판으로 이루어져 있으며 이 판들이 지질학 시대를 거치면서 서로 접촉하기도 하고 분리되기도 한다는 이론.

표현학적 불연속성 (phenetic discontinuity) 한 개체군 안의 표현형의 변이 범위에 존재하는 불연속 간극.

표현형 (Phenotype) 발달 중인, 또는 발달이 완료된 개체에서 관찰되는 모든 특징.(해부학적, 생리학적, 생화학적, 행동적 형질 포함.) 표현형은 유전자형과 환경의 상호 작용의 결과물이다.

합체법(Coalescence method) 분자 시계로 측정한 분기 속도를 이용해서 서로 친족 관계에 있는 두 분류군이 공통 조상으로부터 떨어져 나간 시기를 추측하는 방법.

향상 진화 (Anagenesis) 이른바 진보적(상향(upward)) 진화.

형성체 (Organizer) 다른 미분화된 조직에 특별한 종류의 발달을 유도해 낼 수 있는 능력을 가진 조직.

환원주의 (Reductionism) 복잡한 시스템의 상위 수준에서의 통합이 더 작은 구성 요소들에 대한 지식을 통해 완전히 설명될 수 있다는 믿음.

흔적 형질 (Vestigial character) 어떤 종의 조상에게서는 완전히 기능을 했으나 현재는 기능을 하지 않는 형질을 말한다. 동굴에 사는 동물의 눈이나 인간의 충수(appendix)가 그 예이다.

참고 문헌

Alters, B. J., and S. M. Alters. 2001. *Defending Evolution in the Classroom*. Sundbury, Mass.: Jones and Bartlett.

Anderson, M. 1994. *Sexual Selection*. Princeton University Press.

Arnold, Michael L. 1997. *Natural Hybridization and Evolution*. Oxford: Oxford University Press.

Avery, O. T., C. M. MacLeod, and M. McCarthy. 1994. Studies on the chemical nature of the substance inducing transformation of pneumococal types. I. Induction of transfotmation by a deoxyribonucleic acid fraction isolated from pneumococcus type III. *Journal of Experimental Medicine* 79: 137~158.

Avise, Jone 2000. *Phylogeograph*. Cambridge, Mass.: Harvard University Press.

Baer, K. E. von. 1828. *Entwicklungsgeschichte der Thiere*. Königsberg: Bornträger.

Bartolomaeus, T. 1997/1998. Chaetogenesis in polychaetous Annelida. *Zoology* 100: 348~364.

Bates, H. W. 1862. Contributions to an insect fauna of the Amazon Valley. *Trans. Linn. Soc. London* 23: 495~566.

Bekoff, M. 2000. Animal emotions: Exploring passionate natures. *Bioscinece* 50:

861~870.

Bell, G. 1996. *Selection. The Mechanisms of Evolution.* New York: Chapman and Hall.

Berra, Tim M. 1990. *Evolution and the Myth of Creationism.* Stanford: Stanford University Press.

Bock, G. R., and G. and Cardew(eds.). 1999. *Homology. Novartis Symposium.* NewYork: John Wiley & Sons.

Bodmer, W., and R. McKie. 1995. *The Book of Man: The Quest to Discover Our Genetic Heritage.* London: Abacus.

Bonner J. T. 1998. The origins of multicellularity. *Integrative Biology,* pp.27~36

Bowler, Peter J. 1996. *Life's Splendid Drama: Ebolutionary Biology and the reconstruction of Life's Ancestry.* Chicago: University of Chicago Press.

Brack, Andre(ed.). 1999. *The Molecular Origins of Life: Assembling Pieces of the Puzzle.* Cambridge: Cambridge University Press.

Brandon, R. N. 1995. *Concepts and Methods in Evolutionary Biology.* Cambridge:Cambridge University Press.

Bush, G. N. 1994. Sympatric speciation in animals. *TREE* 9:285~288.

Butler,A.B., and W.M.Saidel.2000. Defining sameness: Historical, biological, and generative homology. *Bioessays* 22: 846~853.

Cain,A. J.,and P.M.Sheppard 1952.Natural selection in *Cepaea.* Genetics 39:89~116.

Campbell, Neil A., et al. 1999 *Biology* 5th ed. Menlo Park, Calif.:Benjamin cummings.

Cavalier-smith,T.1998. A revised six-kingdom system of life. *Biol.Rev.* 73:203~266

Chatterjee, Sankar.1997. *The Rise of Birds:225 Million Years of Evolution.* Baltimore: Johns Hopkins University Press.

Cheetham,A.H.1987. Tempo in evolution in a neogene bryozoan. *Paleobiology* 13: 286~296.

Corliss J.O.1998. Classification of protozoa and protists: The current status. In G.H. Coombs, K. Vickerman, M.A.Sleigh, and A.Warren(eds.),*Evolutionary Relationships Among Protozoa.* 409~447쪽. London: Chapman and Hall.

Cracraft Joel.1984.The terminolgy of allopatric speciation. *Syst.* Zool 33: 115~116.

Cronin,H.1991. *The Ant and the peacock*. Cambridge : Cambridge University Press.

Cuvier,G.1812.*Recherches sur les ossemens fossiles des quadrupèdes*……, 4 vols. Paris : Déterville.

Darwin,C.1859.*On the Origin of Species*. London :John Murray.

——.1871.*The descent of Man*. London : John Murray.

Dawkins,Richard. 1982. *The Extended phenotype : The Gene as the Unit of Selction*. Oxford : Freeman.

——.1986. *The Blind watchmaker :* New York : W.W.Norton.

——.1995. *River Out of Eden : A Darwinian View of Life*. New York : Basic Books.

——.1996. *Climbing Mount Improbable*. New York : W.W.Norton. de Waal,

der Waal Frans.1997.*Good Natured :The Origin of Right and Wrong in Human and Other Animals*. Cambrige, Mass : Harvard University Press.

Dobzhansky, R., and O. Pavlovsky. 1957. An experimental study of interaction between genetic drift and natural selection. *Evolution* 11 :311~319.

Ehrlich, P.2000. *Human Natures*. Washington, D.C : Island Press.

Ehrlich, P.,and D.H.Raven. 1965. Butterflies and plants : A Study in coevolution. *Evolution* 18 :587~608.

Eldredge, N.2000. *The Triumph of Evoultion and the Failure of Creationism*. New York : W.H.Freeman.

Eldredge, N.,and S.J.Gould.1972. Puncutuated equilibria : An alternative to phyletic gradualism. In T.J.M. Schopf and J.M.Thomas(eds.), *Models in Paleobiology*, 82~115쪽. San Francisco : Freeman, Cooper.

Endler John A.1986. *Natural Selection in the Wild*. Princeton : Princeton University Press.

Erwin, D., J. Valentine, and D Jablonski. 1997. The origin of animal body plans. *American Scientist* 85 :126~137.

Fauchald, K.,and G.W.Rouse. 1997 Polychaete Systematics : Past and present. *Zool.Scripte*. 26 :71~138.

Feduccia, Alan. 1999. *The Origin and Evolution of Birds*,.2nd ed. New Haven : Yale University Press.

Freeman, Scott, and Jon C. Herron. 2000. *Evolutionary Analysis*. New York :Prentice Hall.

Futuyma, Douglas J. 1983. *Science and Trial. The Case for Evoultion.* New York: Pantheon Books.

——.1998.*Evolutionary Biology,* 3rd ed. Sunderland,Mass: Sinauer Associates.

Gehring, W.J.1999.*Master Control Genes in Development and Evolution.* New Haven: Yale University Press.

Geoffroy, St. Hilaire,Etienne.1882. *La Loi de Balancement.* Paris.

Gesteland,R.,T.Cech, and J. Atkins. 1999. *The RNA World.* Cold Spring Harbor Laboratory Press.

Ghiselin, Michael T.1996. Charles Darwin, Fritz Muller, Anton Dohrn, and the orgin of evolutionary physiological anatomy. *Memorie della Societa Italiana di Scienze Naturali e del Museo Civico di Soria Naturald di Milano* 27:49~58.

Giribet, G.,D.L. Distel, M.Polz, W.Sterner, and W.C. Wheeler. 2000. Triploblastic relationships with emphasis on the acoelomates and the position of Gnathostomulida, Cycliophora, Plathelminthes, and Chaetognatha. Syst. *Biol.* 49: 539~562

Givnish, T.J.,and K.J.Sytsma (eds).1997. *Molecular Evolution and Adaptive Radiation.* Cambridge: Cambridge University Press.

Goldschmidt,R.1940. *The Material Basis of Evolution.* New Haven:Yale University Press.

Gould,S.J. 1977.The return of hopeful monsters. *Natural History* 86 (June/July):22~30.

——.1989. *Wonderful Life: The Burgess Shale and the Nature of History.* New York:W.W.Noron.

Gould,S.J.,and R.Lewontin.1979.The spandrels of San Marco and the Panglossian paradigm:A critique of the adaptationist programme. *Proceedings of the Royal Society of London, Series B* 205:581~598.

Gram,D.,and W.H.Li. 1999. *Fundamentals of Molecular Evolution,* 2nd ed. Sunderland, Mass.:Sinauer Associates.

Grant,Verne.1963. *The Origin of Adaptation.* New York: Columbia University Press.

——.1981. *Plant Speciation,* 2nd ed. New York: Columbia University Press.

——.1985. *The Evolutionary Process.* New York: Columbia University Press.

Graur, Dan, and Wen-Hsiung Li. 1999. *Fundamentals of Molecular Evolution*, 2nd ed. Sunderland, Mass.:Sinauer Associates.

Gray, Asa. 1963[1876]. *Darwiniana*(new edition, A. H. Dupree, ed.) 181~186쪽. Cambridge, Mass: Harvard University Press.

Griffin, Donald R. 1981. *The Questions of Animal Awareness: Evolutionary Continuity of Mental Experience*, rev. ed. Los Altos, Calif.:Kaufmann.

———.1984. *Animals Thinking*. Cambridge, Mass.: Harvard University Press.

———.1992. *Animal Minds*. Chicago: University of Chicago Press.

Haeckel,E. 1866. *Generelle Morphologie der Organismen*. Berlin: Georg Reimer.

Haldane J.B.S.1929. The origin of life. *Rationalist Ann.*,p.3.

———.1932.*The Causes of Evolution*. New York:Longman, Green.

Hall,B.K.1998. *Evolutionary Developmental Biology*, 2nd ed.Norwell, Mass:Kluwer Academic Publishers.

———.2001.*Phylogenetic Tress Made Easy*. Sunderland, Mass.:Sinauer Associates.

Hamilton,W.D.1964. The genetic evolution of social behavior. *F.Theoretical Bilolgy* 7:1~52.

Hartl,Daniel L.,and Elizabeth W.Jones. 1999. *Essential Genetics*, 2nd ed. Sudbury,Mass.: Jones and Bartlett.

Hatfield,T., and D. Schluter. 1999. Ecological Speciation in sticklebacks: Environment dependent fitness. *Evolution* 53:866~879.

Hines, P., and E. Culotta. 1998. The Evolution of sex. *Science* 281:1979~2008

Hopson J.A. and H.R. Barghusen. 1986. An analysis of therapsid realtionships. In N.Hotton III et al.(eds.), *The Ecology and Biology of Mammal-like Reptile*, 83~106쪽. Washington/London:Smithsonian Institution Press.

Howord, D.J., and S.H.Berlocher(eds.).1998. *Endless Forms: Species and Speciation*. New York: Oxford University Press.

Huxley, T.H.1863. *Evidence as to Man's Place in Nature*.

———.1868. On the animals which are most closely intermediate between the birds and the reptiles.*Ann. Mag. Nat. Hist.* 2:66~75.

Jacob, F. 1977. Evolution and thinkering. *Science* 196:1161~1166.

Kay, Lily E., and 2000. *Who Wrote the Book of Life? A History of the Genetic Code*.

Stanford: Stanford University Press.

Keller,E.F.,and E.A.Lloyd.1992. *Keywords in Evolutionary Biology*. Cambridge, Mass.:Harvard University Press.

Keller,L (ed.).1999. *Levels of Selection in Evolution*. Princeton:Priceton University Press.

Kimura,Motoo. 1983. *The Neutral Theory of Molecular Evolution*. Cambridge: Cambridge University Press.

Kirschner,M.,and J.Gerhart. 1998. Evolvability. *Proceedings of the National Academy of Sciences* 98:8420~8427.

Kitcher,Philip. 1982. *Abusing Science. The Case Against Creationism*. Cambridge, Mass.:MIT Press.

Lack, David. 1947. *Darwin's Finches*. Cambridge: Cambridge University Press.

Lamarck Jean-Baptiste.1809. *Philosophie Zoologique*. Paris.

Lawrenlce, P. A. 1992. *The Making of a Fly*. London: Blackwell.

Li,W.H.1997.*Molecular Evolution*. Sunderland, Mass.: Sinauer Associates.

Lovejoy, A. B. 1936. *The Great Chain of Being*. Cambridge, Mass.: Harvafd University Press.

Magurran, Ann E.,and Robert M.May(eds.).1999.*Evolution of Biological Diversity*. Oxford/New York: Oxford University Press.

Margulis, L. 1981. *Symbiosis in Cell Evolution*. San Franciso: W.H.Freeman.

——.1996.Archaeal-eubacterial mergers in the origin of Eukarya. Phylogenetic classification of life. *Proceedings of the National Academy of Sciences* 93:1071~1076.

Margulis, Lynn, and Rene Fester (eds.).1991. *Symbiosis as a Source of Evolutionary Innovation*. Cambridge, Mass.: MIT Press

Marugulis, L., and K.V. Schwartz. 1998. *Five Kingdoms*, 3rd ed. New York: W.H.Freeman.

Margulis,Lynn,Dorion Sagan, and Lewis Thomas. 1997. *Microcosmos:Four Billion Years of Evolution from Our Microbiao Ancestors*. Berkeley: University of California Press.

Margulis, Lynn, Michael F. Dolan, and Ricardo Guerrero. 2000. The chimeric eukaryote: Origin of the nucleus from the karyomastigont in amitochondriate protists. *Proceedings of the National Academy of Sciences* 97: 6954~6959.

Marshall, Charles, and J.W.Schopf(eds.).1996. *Evolution and the Molecular Revolution*. Sudbury,Mass:Jones and Bartlett.

Martin,W.,and Muller.1998. The hydrogen hypothesis for the first eukaryote. *Nature* 392:37~41

Masson, V.J., and Susan McCarthy. 1995. *When Elephants Weep: The Emotional Lives of Animals*. New York:Delacorte Press.

May,R.1990. How many species? *Philos. Trans. Roy. Soc. London, Ser.B* 330 :293~301:(1994)345:13~20.

——.1998.The dimensions of life on earth. In *Nature and Human Society*.Washington,D.C.:National Academy of Sciences.

Maynard Smith J. 1982. *Evolution and the Theory of Games*. Cambridge: Cambridge University Press.

——.1989.*Evolutionary Genetics*. Oxford:Oxford University Press.

Maynard Smith J., and E. Szathmary.1995. *The Major Transitions in Evolution*. Oxford: Freeman/Spektrum.

Mayr,Ernst. 1942.*Systematics and the Origin of Species*. New York:Columbia University Press.

——.1944. Wallace's line in the light of recent zoogeographics studies. *Quarterly Review of Biology* 19:1~14

——.1954. Change of genetic environment and evolution. In J.Huxley,A.C. Hardy, and E.B. Ford(eds.), *Evolution as a process*,157~180쪽. London:Allen and Unwin.

——.1959. Darwin and the evolutionary theory in biology. In *Evolution and Anthropology: A Centennial Appraisal*, 1~10쪽. Washington,D.C.: Anthropological Society of America.

——.1960. The emergence of evolutionary novelties. In Sol Tax(ed.), *Evolution after Darwin, I. The Evolution of Life*, 349~380쪽. Chicago :University of Chicago Press.

——.1963.*Animal Species and Evolution*. Cambridge,Mass.:Harvard University Press.

——.1969.*Principles of Systematic Zoology*. New York:MacGraw–Hill

——.1974. Behavior programs and evolutionary strategies. *Amercian scientist* 62:650~659

——.1982. *The Growth of Biological Thought: Diversity, Evolution, and Inheritance*. Cambridge, Mass.:Havard University Press.

——.1983. How to carry out the adaptationist program? *American Naturalist* 121:324~334.

——.1986. The philosopher and the biologist. Review of *The Naturd of Seleciton: Evolutionary Theory in Philosophical Focus* by Elliott Sober(MIT Press, 1984), *Paleobiology* 12:233~239.

——.1991. *Principles of Systematic Zoology*, rev. ed. with Peter Ashlock. New york: McGraw–Hill.

——.1992. Darwin's principle of divergence. *F.Hist.Biol.*25:343~359

——.1994. Recapitulation reinterpreted: The somatic program. *Onart. Rev. Biol.* 64: 223~232

——.1997. The objects of selection. *Proceedings of the National Academy of Sciences* 94:2091~2094

Mayr,Ernst,and J.Diamond. 2001. *The Birds of Northen Melanesia*. New York:Oxford University Press.

Mayr,Ernst,and W.Provine(eds.).1980.*The Evolutionary Synthesis*(2nd ed.with new foreword published in 1999). Cambridge, Mass.:Havard University Press.

McHugh,D.1997.Molecular evidence that echiurans and pogonophorans are derived annelids. *Proceedings of the National Academy of Sciences* 94:8006~8009.

Michod,Richard E.,and Bruce R.Levin.1988. *The Evolution of Sex*.Sunderland, Mass.: Sinauer Associates.

Midgley,M.1994. *The Ethical Primate*. London:Routledge.

Milkman,R.1982. *Perspectives on Evolution*. Sunderland,Mass.:Sinauer Associates.

Montagu,Ashley(ed.)1983.*Science and Creationism*. New York:Oxford University Press.

Moore,J.A.2001.*From Genesis to Genetics*. Berkeley:University of California Press.Morgan,T.H.1910.Chromosomes and heredity. *American Naturalist*

44:449~496.

Morris,S.Conway.2000. The Cambrian "explosion":Slow fuse or megatonnage? *Proceedings of the National Academy of sciences* 97:4426~4429.

Müller,Fritz. 1864. *Für Darwin*. In A. Moller (ed.), *Fritz Müller, Werke, Briefe, und Leben*. Jena: Gustao Fischer.

Nevo, Eviatar. 1995. Evolution and Extinction. In W.A.Nierenberg (ed.), *Encyclopedia of Environmental Biology*, Vol. 1, 717~745쪽. San Diego, Calif.:Academic Press.

――.1999.*Mosaic Evolution of Subterranean Mammals: Regression,Progression, and Global Convergence*. New York: Oxford University Press.

Newell, Norman D.1982.*Creation and Evolution:Myth of Reality*:New York:Columbia University Press.

Nitecki, Matthew H.(ed.).1984.*Extinctions*. Chicago: University of Chicago Press.

――.1988.*Evolutionary Progress*. Chicago:University of Chicago Press.

Oparin,A.I.1938. *The Origin of Life*. New York: Macmillan.

Page, R.D.M., and E.C. Holmes.1998. *Molecular Evolution: APhylogenetic Approach*. Oxford:Blackwell Science.

Paley, William. 1802. *Natural Theology: On Evidences of the Existence and the Attributes of the Deity*. London: R.Fauldner.

Paterson, Hugh E.H.1985. The recognition concept of species. In E.S.Verba (ed.).,*Species and Speciation*, Transvaal Museum Monograph No.4, 21~29쪽. Pretoria, South Africa: Transvaal Museum.

Peacoke,A.R.1979. *Creation and the World of Science*. Oxford: Clarendon Press.

Pickford,M.,and B.Senut.2001. *Comptes Rend. Acad.Sci.*

Raff,R.A.1996. *The Shape of Life. Development and the Evolution of Animal Form*. chicaogo: University of Chicago Press.

Ray John.1691. *The Wisdon of God Manifested in the Works of the Creator*.

Rensch,B.1947. *Neuere Probleme der Abstammungslehre*. Stuttgart:Enke.

Rice,W.R.1987. Speciation via habitat specialization: The evolution of reproductive isolation as correlated character. *Evolution and Ecology* 1:301~314.

Ridley,Mark.1996. *Evolution*, 2nd ed. Cambridge,Mass.:Blackwell Science.

Riesenberg, Loren H.1997.Hybrid origins of plant species. *Annual Review of Ecology and Systematic* 28:359~389.

Ristan,Carolyn A. (ed.).1991. *Cognitive Ethology: The Minds of Other Animals.* Hillsdale, N.J.:Lawrence Erlbaum Associates.

Rizzotti,M.1996. *Defining Life.* Padova:University of Padova.

——.2000. *Early Evolution:From the Appearance of the First Cell to the First Modern Organisms.* Boston:Birkhauser.

Rose, Michael R., and G.V.Lander(eds.).1996. *Adaptation.* San Diego, Calif.:Academic Press.

Ruber,L.,E. Verheyen, and Axel Meyer. 1999. Replicated evolution of trophic specializations in an endemic cichlid fish lineage from Lake Tanganyika. *Proceedings of the National Academy of Sciences* 96:10,230~10,235.

Ruse, Michael. 1982. *Darwinism Defended.* Reading, Mass.:Addison&Wesley.

——.1998[1986]. *Taking Darwin Seriously.* Amherst, N.Y.:Prometheus Books.

Sagan, Dorion, and Lynn Margulis. 2001. Origin of eukaryotes. In S.A. Levin(ed.), *Encyclopedia of Biodiversity*, Vol.2, pp.623~633. San Diego, Calif.:Academic Press.

Salvini Plawen, L.,and Ernst Mayr. 1977. On the evolution of photoreceptors and eyes. *Evolutionary Biology* 10:207~263.

Sanderson, Michael, and Larry Hufford (eds.).1996. Homoplasy: *The Recurrence of Similarity in Evolution.* San Diego, Calif.:Academic Press.

Sapp J.1994.*Evolution by Association: A History of Symbiosis.* New York/Oxford: Oxford University press.

Schindewolf,H.O.1950. *Grundfragen der paläotologie.* Stuttgart:Schweizerbart.

Schpf J.W.1999.*Cradle of Life.* Princeton:Princeton University Press.

Simpson,G.G.1953. *The Major Features of Evolution.* New York:Columbia University Press.

Singh,E.,and C.B.Krimbas(eds.).2000.*Evolutionary Genetics: From Molecules to Morphology.* Cambridge/New York: Cambridge University Press.

Sober,E.,and D.S.Wilson. 1998. *Unto Others.* Cambridge,Mass.:Harvard University Press.

Stanley,Steven M.1998.*Children of the Ice Age:How a Golbal Catastrophe Allowed Humans to Evolve.* New York:W.H.Freeman.

Starr,Cecie, and Ralph Taggart. 1992. *Diversity of Life.* Pacific Grove,Calif.: Brooks/Cole.

Stewart,W.N.1983. *Paleobotany and the Evolution of Plants.* Cambridge: Cambridge University Press.

Strait,D.S.,and B.A.Wood.1999.Early hominid biogeography. *Proceedings of the National Academy of Sciences* 96:9196~9200.

Strickberger,Monroe W. 1985. Genetics, 3rd ed. New York:Prentice Hall.

——.1996.*Evolution,* 2nd ed. Sudbury,Mass: Jones and Bartlett.

Sussmen,Robert. 1997.*Biological Basis of Human Behavior.* New York:Simon and Schuster Custom Publishing.

Tattersall, I., and J.H.Schwartz.2000. *Extinct Humans.* New York: Westview Press.

Taylor, T.,and E.Taylor. 1993. *The Biology and Evolution of Fossil Plants.* New York: Prentice Hall.

Thompson J.N.1994. *The Coevolutionary Process.* Chicago: University of Chicago Press.

Vanosi, S.M., and D.Schluter. 1999.Sexual selection against hybrids between sympatric stickleback species. Evidence from a field experment. *Evolution* 53:874~879.

Vernadsky,Vladmir I.1926[1998]. *Biosfera [The Biosphere].* Forward by Lynn Margulis et al.; introduction by Jacques Grinevald: translated by David B.Langmuir; revised and annotated by Mark A.S.McMenamin. New York:Copernicus.

Wake,D.B.1997.Incipient species formation in salamanders of the *Ensatina complex. Proceedings of the National Academy of Sciences* 94: 7761~7767.

Wakeford, T.2001.*Liaisons of Life: How the Unassuming Microbe Has Driven Evolution.* New York:John Wiley & Sons.

Watson James D., and F.Crick. 1953. Molecular structure of nucleic acid. *Nature* 171:737~738.

West-Eberhard,W.J.1992.Adaptation. Current usages. In E.F.Keller and E.A.Lloyd (eds.). *Keywords in Evolutionary Biology*, pp.13~18. Cambridge, Mass.:Harvard University Press.

Westoll,T.Stanley.1949. On the evolution of the Dipnoi. In Glenn L.Jepson, Ernst Mayr, and George Gaylord Simpson(eds.), *Genetics, Paleontology, and Evolution. Priceton*: Princeton University Press.

Wheeler,Quentin D., and Rudof Meier(eds.).2000. *Species Concepts and Phylogenetic Theory:A debate*. New York : Columbia University Press.

Willis J.C.1940. *The Course of Evolution*. Cambridge : Cambridge University Press.

Wills,C., and Jeffry Bada. 2000.*The Spark of Life*. Boulder : Perseus Books.

Wilson James Q.1993.*The Moral Sense*. New York : The Free Press.

Wolf,J.B., E.D.Bradie, and M.J.Wade.2000. *Epistasis and the Evolutionary Process*. New York : Oxford University Press.

Wrangham, Richard W. 2001. Out of the pan and into the fire : From ape to human. In F. de Waal(ed.), *Tree of Origins*. Cambridge, Mass : Harvard University Press.

Wright,R.1994.*The Moral Animal: Evolutionary Psychology and Everydya Life*. New York : Pantheon Books.

Wright,S.1931.Evolution in Mendelian populations. *Genetics* 16:97~159.

Young, Willard. 1985. Fallacies of Creationism. Calgary, *Alberta, Canada: Detrelig Enterprises*.

Zahavi,Amotz.1997.The Handicap Principle:*A Missing Piece of Darwin's Puzzle*. New York/Oxford : Oxford University Press.

Zimmer,Carl.1998. *At the Water's Edge: Macroevolution and the Transformation of Life*. New York : Free Press.

Zubbay, G. 2000, *Origins of Life on Earth and in the Cosmos*. San Diego, Calif.: Academic Press.

Zuckerkandle, E., and L. Pauling. 1962. In M. Kasha and B. Pull mann(eds.), *Horizons in Biochemistry*, 189~225쪽. New York:Academic Press.

옮긴이 임지원

서울 대학교에서 식품영양학을 전공하고 동 대학원을 졸업했다. 현재 전문 번역
가로 활동하며 다양한 과학서를 번역하고 있다. 번역한 책으로는 『섹스의 진화』,
『사랑의 발견』, 『이브의 몸』, 『너와 나를 묶어주는 힘, 보살핌』, 『스피노자의 뇌』,
『에덴의 용』 등이 있다.

사이언스 마스터스 16

진화란 무엇인가 | 에른스트 마이어가 들려주는 진화론의 핵심 원리

1판 1쇄 펴냄 2008년 11월 7일
1판 8쇄 펴냄 2024년 3월 15일

지은이 에른스트 마이어
옮긴이 임지원
펴낸이 박상준
펴낸곳 (주)사이언스북스

출판등록 1997. 3. 24.(제16-1444호)
(06027) 서울특별시 강남구 도산대로1길 62
대표전화 515-2000 팩시밀리 515-2007
편집부 517-4263 팩시밀리 514-2329
www.sciencebooks.co.kr

한국어판 ⓒ (주)사이언스북스, 2008. Printed in Seoul, Korea.

ISBN 978-89-8371-940-9 (세트)
ISBN 978-89-8371-956-0 03400

사이언스
마스터스

『사이언스 마스터스』를 읽지 않고 과학을 말하지 마라!

사이언스 마스터스 시리즈는 대우주를 다루는 천문학에서 인간이라는 소우주의 핵심으로 파고드는 뇌과학에 이르기까지 과학계에서 뜨거운 논쟁을 불러일으키는 주제들과 기초 과학의 핵심 지식들을 알기 쉽게 소개하고 있다.

전 세계 26개국에 번역·출간된 사이언스 마스터스 시리즈에는 과학 대중화를 주도하고 있는 세계적 과학자 20여 명의 과학에 대한 열정과 가르침이 어우러져 있다. 과학적 지식과 세계관에 목말라 있는 독자들은 이 시리즈를 통해 미래 사회에 대한 새로운 전망과 지적 희열을 만끽할 수 있을 것이다.

01 섹스의 진화   제러드 다이아몬드가 들려주는 성性의 비밀

02 원소의 왕국   피터 앳킨스가 들려주는 화학 원소 이야기

03 마지막 3분   폴 데이비스가 들려주는 우주의 탄생과 종말

04 인류의 기원   리처드 리키가 들려주는 최초의 인간 이야기

05 세포의 반란   로버트 와인버그가 들려주는 암세포의 비밀

06 휴먼 브레인   수전 그린필드가 들려주는 뇌과학의 신비

07 에덴의 강   리처드 도킨스가 들려주는 유전자와 진화의 진실

08 자연의 패턴   이언 스튜어트가 들려주는 아름다운 수학의 세계

09 마음의 진화   대니얼 데닛이 들려주는 마음의 비밀

10 실험실 지구   스티븐 슈나이더가 들려주는 기후 변화의 과학